中国气象局
CHINA METEOROLOGICAL ADMINISTRATION

U0558731

北京2022年冬奥会和冬残奥会

气象保障服务成果

组织管理卷

中国气象局

气象出版社
China Meteorological Press

内 容 简 介

本书聚焦北京2022年冬奥会和冬残奥会气象保障服务组织管理方面的宝贵经验。为管理好、运用好冬奥遗产，本书对北京冬奥会、冬残奥会从申办、筹备到实施全过程中在组织管理方面的各类工作方案、实施方案、应急预案、会议部署等方面的工作文件进行了整理汇编，供气象部门在今后的重大活动气象保障服务中参阅，以期能够充分发挥北京冬奥会气象成果的效益，不断推动气象高质量发展。

图书在版编目（CIP）数据

北京2022年冬奥会和冬残奥会气象保障服务成果. 组织管理卷 / 中国气象局编著. -- 北京 : 气象出版社, 2022.9

ISBN 978-7-5029-7786-3

Ⅰ. ①北… Ⅱ. ①中… Ⅲ. ①冬季奥运会－气象服务－研究成果－汇编－北京－2022②世界残疾人运动会－奥运会－气象服务－研究成果－汇编－北京－2022 Ⅳ. ①P451

中国版本图书馆CIP数据核字(2022)第151386号

北京2022年冬奥会和冬残奥会气象保障服务成果·组织管理卷

Beijing 2022 Nian Dong'aohui he Dongcan'aohui Qixiang Baozhang Fuwu Chengguo · Zuzhi Guanli Juan

中国气象局　编著

出版发行：气象出版社

地　　址：北京市海淀区中关村南大街46号　　**邮　　编：**100081

电　　话：010-68407112（总编室）　010-68408042（发行部）

网　　址：http://www.qxcbs.com　　**E-mail：**qxcbs@cma.gov.cn

责任编辑：杨泽彬　刘瑞婷　张锐锐　　**终　　审：**吴晓鹏

责任校对：张硕杰　　**责任技编：**赵相宁

封面设计：楠竹文化

印　　刷：中媒（北京）印务有限公司

开　　本：787 mm × 1092 mm　1/16　　**印　　张：**19.25

字　　数：465千字

版　　次：2022年9月第1版　　**印　　次：**2022年9月第1次印刷

定　　价：98.00元

本书如存在文字不清、漏印以及缺页、倒页、脱页等，请与本社发行部联系调换。

《北京 2022 年冬奥会和冬残奥会气象保障服务成果》

总 编 委 会

主　　编：余　勇　黎　健

成　　员：张祖强　张　晶　王志华　曾　琮　王亚伟　张志刚　裴　翀
张跃堂　郭雪飞　林吉东　李照荣　曲晓波　梁　丰　刘　强
郭树军　方　翔　张恒德　肖　潺　唐世浩　罗　兵　陆其峰
邵　楠　赵志强　朱小祥　郭彩丽　彭莹辉　王晓江　蔡　军

本卷编写组

组　　长：王亚伟　李照荣　曲晓波　郭树军

成　　员：（按姓氏笔画排序）

付宗钰　白　金　冯冬霞　刘　刚　刘　慧　闫　峰
李　冉　李　晋　李　竞　李　崴　李红艳　杨心怡
时少英　吴瑞霞　宋巧云　张　静　范增禄　孟金平
段欲晓　龚志强　韩　超　曾凡雷　赖　敏　薛红喜

总　序

时光荏苒，白驹过隙。转眼间，北京 2022 年冬奥会和冬残奥会胜利落下帷幕已近半年。在习近平总书记亲自谋划、亲自部署、亲自推动下，这场自北京申办冬奥成功后，历经 7 年艰辛努力成功举办的奥运盛会，全国人民团结一心，众志成城，向世界奉献了一届简约、安全、精彩的冬奥盛会和冬残奥盛会，全面兑现了对国际社会的庄严承诺，为促进世界奥林匹克运动发展、增进世界人民团结友谊作出了重要贡献，北京成为全球首个“双奥之城”。北京冬奥会和冬残奥会在大陆性冬季风气候条件下举办，举办期间更容易受到低温、大风等天气影响，不同于夏奥会，气象保障服务工作少有经验可借鉴。且冬奥会冰雪项目多集中在室外山地进行，地形复杂、局地小气候特征明显，在申办冬奥之前，我国冬奥气象服务几乎算得上“从零开始”——“赛区观测零基础、山地预报零积累、冬奥服务零经验、冬奥人才零储备”，这使得做到监测精密、预报精准、服务精细面临前所未有的困难和挑战。

道阻且长，行则将至。在党中央的坚强领导下，在北京冬奥组委、北京市委市政府、河北省委省政府以及相关部门的大力支持下，全国气象部门深入贯彻习近平总书记关于北京 2022 年冬奥会和冬残奥会系列重要指示和对气象工作重要指示精神，认真落实党中央、国务院决策部署，举全部门之力，集气象行业之智，心怀“国之大者”，牢牢把握“简约、安全、精彩”办赛要求，坚持“三个赛区、一个标准”，尽职尽责、凝心聚力，圆满完成了各项气象保障服务任务，赢得国际国内广泛赞誉。

成功的气象保障服务离不开组织管理的统筹协调。2016 年 7 月，北京冬奥会气象服务领导小组成立，拉开北京冬奥气象服务筹备的大幕。2017 年 6 月，中国气象局举全部门之力成立冬奥气象中心，滚动跟踪了解气象服务需求。2020 年 10 月，首次由第 24 届冬奥会工作领导小组设立了北京冬奥会气象服务协调小组，凝聚各方面力量，统筹协调北京冬奥会跨区域、跨部门、跨军地的气象保障服务各项任务，研究解决北京冬奥会气象设施建设、气象科研、气象预报和气象服务保障等重大事项和重大问题。不断健全的组织保障机制，以及北京冬奥会、冬残奥会从申办、筹备到实施全过程中逐步修订完善的各类工作方案、实施方案、应急预案等，撑起了冬奥气象保障服务工作的“四梁八柱”，为圆满完成各项任务奠定了坚实基础。

成功的气象保障服务离不开业务技术的不断完善。气象部门始终以监测精密、预报精准、服务精细为目标，建成了相较历届冬奥会更为完善精密的气象观测系统——“多要素、三维、秒级”立体气象监测网络，首次建成“百米级、分钟级”冬奥气象预报服务系统，实施“智慧冬奥 2022 天气预报示范计划”为精细化气象预报服务提供有力支撑，建成智慧化、数字化冬奥气象服务网站和手机客户端，全面融入北京冬奥会和冬残奥会服务体系。北京冬奥会和冬残奥会气象保障服务的成功，彰显了中国气象科学技术的现代化能力和水平。

成功的气象保障服务离不开气象科技的不断创新。作为“科技冬奥”领导小组成员单位，中国气象局积极参与“科技冬奥（2022）行动计划”

前　言

历经7年艰辛努力，北京冬奥会、冬残奥会胜利举办，向世界奉献了一届简约、安全、精彩的奥运盛会，全面兑现了我国对国际社会的庄严承诺，为促进奥林匹克运动发展、促进世界人民团结友谊作出了重要贡献。北京冬奥会在大陆性冬季风气候条件下举办，举办期间更容易受到低温、大风等天气影响，加之延庆赛区、张家口赛区山地地形复杂、局地天气变化剧烈，北京冬奥会气象保障服务难度和挑战更大。

申办、筹办和举办北京冬奥会、冬残奥会，是习近平总书记亲自决策、亲自推动的一件国家大事。习近平总书记关于北京冬奥会和冬残奥会筹办工作作出了一系列重要指示，党中央国务院高度关心支持北京冬奥会、冬残奥会气象保障服务工作。2019年12月在新中国气象事业70周年之际，习近平总书记对气象工作作出重要指示。国务院总理李克强同志多次对办好北京冬奥会提出明确要求。韩正副总理、胡春华副总理等中央领导同志多次对北京冬奥会气象保障服务工作作出批示，要求高质量高标准做好各项工作。

中国气象局历任党组书记、局长郑国光、刘雅鸣，中国气象局党组书记、局长庄国泰同志先后在北京冬奥会申办、筹办和举办阶段，动员组织全国气象部门认真贯彻习近平总书记关于北京冬奥会和冬残奥会系列重要指示以及对气象工作重要指示精神，深入落实党中央、国务院决策部署，紧紧围绕“简约、安全、精彩”的办赛要求，举全部门之力，集行业之智，坚持“三个赛区、一个标准”，圆满完成了北京冬奥会和冬残奥会气象保障服务各阶段各项任务，得到各方广泛赞誉。

在北京申办冬奥会期间，中国气象局积极配合中国奥委会参加相关工作，开展北京延庆、河北张家口气候特征及滑雪适宜性分析、冬奥会期间高影响天气风险分析，科学模拟了赛区山地气候特征，为成功申办冬奥会提供详实科学的气象依据。2015 年北京申奥成功后，中国气象局在第一时间主动启动北京冬奥会、冬残奥会气象服务筹备工作。2015 年以来，中国气象局党组始终将北京冬奥会气象筹备工作当成一项重要政治任务来抓，强化组织部署，先后成立冬奥会气象服务工作领导小组，组建北京 2022 年冬奥会和冬残奥会气象中心；连续 5 年向国际奥委会提供赛区天气风险分析报告，连续 4 年开展赛区气候预测、造雪窗口期气象条件分析；首次建成山区复杂地形下“三维、秒级、多要素”气象综合观测网和“百米级、分钟级”精细化气象预报体系，以实战标准完成“相约北京”22 大项系列测试赛气象保障服务，期间高影响天气“全经历”、天气预报“零漏报”、保障服务“零差错”。

在进入北京冬奥会、冬残奥会赛事举办阶段，为全力做好北京冬奥会、冬残奥会赛事期间气象保障服务工作，中国气象局集部门之力组织制定赛时运行指挥工作方案和各项应急预案，不断优化完善职责清晰、指挥有力、协调高效、运行流畅的气象保障服务运行指挥机制，确保各项气象保障服务工作有力有序开展。北京冬奥会赛事期间共经历了 9 次低温、降雪、大风等高影响天气过程，28 项官方训练或比赛活动受到影响。气象部门派出优秀工作专班进驻冬奥组委主运行中心、各个赛区场馆、冬奥村，与各场馆竞赛指挥团队会商沟通，强化监测预报和服务对接，为竞赛组织、日程变更提供了精准及时的气象信息，确保了北京冬奥会在预定时间内完成所有比赛、产生所有金牌。与此同时，也为赛会各项组织运行和保障工作提供了强有力支撑。中国气象局还首次选派中央气象台首席预报员参加中国体育代表团，充分调研并力求满足参赛队伍需求，提供针对性专项服务，为中国体育健儿获得优异成绩提供气象保障。

在北京冬奥会气象保障服务筹备和赛事气象保障服务全过程中，始终得到北京冬奥组委、北京市委市政府、河北省委省政府等单位的指导、支持和帮助。中共中央政治局委员、北京市委书记、北京冬奥组委主席蔡奇同志和北京市市长、北京冬奥组委执行主席陈吉宁同志多次召开专题会议，调度并听取开闭幕式和赛时气象保障服务工作汇报。河北省委书记王东峰同志多次指挥调度张家口赛区冬奥会气象保障服务工作。河北省省长、北京冬奥组委执行主席王正谱同志亲自到张家口赛区气象服务中心检查赛事气象保障工作。北京冬奥组委专门设立气象办公室，协调做好气象保障服务工作，张建东副主席、杨树安副主席、韩子荣副主席多次组织召开专题会议，研究部署气象保障服务工作。各地方各部门的全力支持和配合，凝聚形成了北京冬奥会气象保障服务强大合力。

北京冬奥会、冬残奥会气象保障服务工作的圆满完成是我国为国际性大型综合体育赛事提供全方位气象保障服务的又一重大里程碑，为我国气象部门开展大型活动，特别是冬季体育赛事气象保障服务积累了宝贵的经验。为总结凝练好北京冬奥会和冬残奥会气象保障服务组织管理方面的宝贵经验，管理好、运用好冬奥遗产，我们对北京冬奥会、冬残奥会从申办、筹备到实施全过程中在组织管理方面的工作方案、实施方案、应急预案、会议部署等方面的工作文件进行了整理汇编，编制《北京 2022 年冬奥会和冬残奥会气象保障服务成果 · 组织管理卷》，作为全套丛书五卷之一出版发行，供气象部门在今后的重大活动气象保障服务中参阅，以期能够充分发挥北京冬奥会和冬残奥会气象保障服务成果的效益，不断推动气象高质量发展。

目　录

总　序

前　言

综　述　1

第一章　领导关怀　7

一、习近平总书记对气象工作和北京冬奥会冬残奥会筹办重要指示精神　7

二、李克强总理对气象工作和北京冬奥会冬残奥会筹办重要指示精神　8

三、韩正副总理主持召开第 24 届冬奥会工作领导小组全体会议，中国气象局就北京冬奥会气象保障服务工作进行汇报　8

四、胡春华副总理调研督导北京冬奥会冬残奥会气象服务保障工作　9

五、北京市委市政府领导关于北京冬奥会冬残奥会气象保障服务重要部署要求　9

六、河北省委省政府领导关于北京冬奥会冬残奥会气象保障服务重要部署要求　11

第二章　组织建设　12

一、北京冬奥会气象服务协调小组　12

二、中国气象局冬奥气象服务领导小组　14

三、北京 2022 年冬奥会和冬残奥会气象中心　16

四、北京冬奥组委气象办公室　25

五、北京冬奥会和冬残奥会核心气象服务团队　25

六、北京冬奥会和冬残奥会气象服务赛时运行指挥机制　29

七、北京 2022 年冬奥会和冬残奥会天气会商机制　32

八、北京市气象局冬奥会气象保障服务组织建设 33
九、河北省气象局冬奥会气象保障服务组织建设 40

第三章 筹备方案 46

一、北京冬奥会冬残奥会申办气象保障工作方案 46
二、国际奥委会 2022 年冬奥评估委员会考察期间气象保障工作方案 50
三、北京冬奥组委和中国气象局冬奥气象服务协议 51
四、中国气象局北京冬奥会冬残奥会气象服务筹备工作方案 52
五、北京冬奥会冬残奥会气象服务行动计划 61
六、智慧冬奥 2022 天气预报示范计划工作方案 84

第四章 实施方案 92

一、冬奥气象中心赛时气象保障服务实施方案 92
二、冬奥北京气象中心赛时气象保障服务工作方案 101
三、冬奥河北气象中心赛时气象保障服务工作方案 115
四、国家气象中心赛时气象保障服务实施方案 129

第五章 应急预案 134

一、气象服务协调小组气象重大风险应急预案 134
二、冬奥气象中心气象保障服务应急预案 140
三、北京赛区和开闭幕式气象保障服务应急预案 150
四、延庆赛区气象保障服务应急预案 151
五、张家口赛区气象保障服务应急预案 160
六、国家气象中心预报服务应急预案 168
七、冬奥气象数值预报业务应急保障预案 172
八、冬奥气象服务网站应急预案 176
九、气象网络安全事件气象保障服务应急预案 185

第六章 党建引领 191

一、北京市气象局“四抓两做”融入型党建，为北京冬奥气象保障服务提供坚强政治保证 191
二、河北省气象局坚持党建引领 弘扬优良作风 凝神聚力做好冬奥一流气象服务保障 196
三、国家气象中心坚持“人民至上、生命至上”理念 以红心致匠心 以匠心守初心 202
四、气象宣传与科普中心（报社）以党建引领冬奥会和冬残奥会气象保障服务宣传科普工作 212

第七章　工作总结 216
一、北京冬奥会气象保障服务 2018 年度进展情况报告 216
二、北京冬奥会气象保障服务 2019 年度进展情况报告 218
三、北京冬奥会气象保障服务 2020 年度进展情况报告 220
四、中国气象局关于北京 2022 年冬奥会气象保障服务工作情况的报告 222
五、北京市气象局关于北京冬奥会气象保障服务工作总结 227
六、北京市气象局关于北京冬残奥会气象保障服务工作总结 231
七、河北省气象局关于北京冬奥会气象保障服务工作情况的报告 234
八、河北省气象局关于北京冬残奥会气象保障服务工作情况的报告 236
九、国家气象中心关于北京冬奥会气象保障服务工作情况的报告 238

第八章　重要会议讲话 244
一、北京冬奥组委杨树安副主席在气象服务协调小组全体会议上的讲话（2020 年 10 月 20 日） 244
二、北京市卢映川副市长在气象服务协调小组全体会议上的讲话（2021 年 9 月 22 日） 246
三、河北省时清霜副省长在北京冬奥会气象服务协调小组全体会议上的讲话（2021 年 9 月 22 日） 248
四、中国气象局刘雅鸣局长在北京延庆调研北京冬奥会气象服务筹备工作座谈会上的讲话（2020 年 4 月 28 日） 250
五、中国气象局刘雅鸣局长在北京冬奥会气象服务协调小组全体会议上的讲话（2020 年 10 月 20 日） 252
六、中国气象局庄国泰局长在听取北京冬奥会气象保障服务工作汇报时的讲话(2021 年 1 月 11 日） 254
七、中国气象局庄国泰局长在北京冬奥会气象服务协调小组第二次全体会议上的讲话(2021 年 9 月 22 日） 257
八、中国气象局庄国泰局长在北京 2022 年冬奥会和冬残奥会气象服务动员部署会上的讲话（2022 年 1 月 5 日） 260
九、中国气象局庄国泰局长在北京冬奥会气象服务特别工作状态启动会上的讲话(2022 年 1 月 27 日） 264
十、中国气象局庄国泰局长在北京冬奥会冬残奥会气象保障服务工作总结大会上的讲话(2022 年 3 月 29 日） 266

第九章 气象服务社会评价 271
一、各有关部门对冬奥气象保障服务工作的反馈 271
二、北京冬奥会组织筹办部门对冬奥气象保障服务工作的反馈 272
三、北京冬奥会各竞赛团队对冬奥气象保障服务工作的反馈 273
附录 1 北京冬奥会和冬残奥会气象保障服务大事记 275
附录 2 北京冬奥会和冬残奥会气象保障服务获表彰情况 281

综　述

举办北京冬奥会、冬残奥会（以下简称北京冬奥会），是以习近平同志为核心的党中央着眼于我国改革开放和现代化建设全局作出的重大决策，是我国重要历史节点的重大标志性活动。与夏季奥运会不同，冬季奥运会特别是雪上比赛项目受天气影响较大。北京冬奥会在大陆性冬季风气候条件下举办，举办期间更容易受到低温、大风等天气影响，加之延庆赛区、张家口赛区山地地形复杂、局地天气变化剧烈，北京冬奥会气象保障服务难度和挑战更大。中国气象局深入贯彻习近平总书记关于北京冬奥会筹办工作系列重要指示精神和李克强总理批示要求，认真落实党中央、国务院决策部署，按照第24届冬奥会工作领导小组部署要求，强化组织领导，举全部门之力，集气象行业之智，紧紧围绕“简约、安全、精彩”办赛目标，坚持“三个赛区、一个标准”，圆满完成北京冬奥会气象保障服务各项任务。

一、提高政治站位，全力抓好北京冬奥会筹办和举办气象保障服务工作

（一）深入学习贯彻习近平总书记关于冬奥会筹办工作系列重要指示精神

中国气象局始终将北京冬奥会气象保障服务工作作为重大政治任务，认真贯彻习近平总书记关于冬奥会筹办工作系列重要指示精神，精心组织筹划做好冬奥会气象保障服务各项工作。2019年在新中国气象事业70周年之际，习近平总书记对气象工作作出重要指示，要求广大气象工作者发扬优良传统，加快科技创新，做到监测精密、预报精准、服务精细，推动气象事业高质量发展，提高气象服务保障能力。气象部门始终以习近平总书记关于冬奥会筹办工作系列重要指示精神为指引，坚持把做好北京冬奥气象保障服务工作与贯彻落实习近平总书记对气象工作重要指示精神相结合，心怀“国之大者”，牢牢把握坚定如期办赛目标和“简约、安全、精彩”办赛要求，尽职尽责、凝心聚力，确保完成冬奥气象服务各项工作。

（二）认真落实党中央国务院对北京冬奥会气象保障服务决策部署

中央领导同志对北京冬奥会气象保障服务工作高度关心和重视，专门成立气象服务协调小组。中共中央政治局常委、国务院总理李克强同志多次对办好北京冬奥会提出明确要求，并在 2022 年 1 月对气象工作作出重要批示，要求以提供优质高效气象服务为导向，加强气象现代化建设，增强气象科技自主创新能力，加强国际合作，进一步提升精密监测、精准预报、精细服务水平，切实做好北京冬奥会气象保障服务工作。2020 年 6 月，中共中央政治局常委、国务院副总理韩正同志专题听取气象保障服务工作进展汇报，要求妥善防范应对冬奥会筹办重大风险，制定专门的工作方案和应急预案。在北京冬奥会开幕倒计时 100 天之际，中共中央政治局委员、国务院副总理胡春华同志到中国气象局调研督导北京冬奥会气象保障服务工作，强调要以高度负责、精益求精的态度，高标准、高质量做好气象保障服务各项工作，切实保障北京冬奥会顺利举办。中国气象局认真贯彻落实党中央国务院决策部署要求，加强组织领导，坚持底线思维，认真组织分析历届特别是近 3 届冬奥会气象条件对申办、筹办、测试赛和正式赛事举办的影响、经验和教训以及冬奥会赛事对气象保障服务的需求，主动加强与北京冬奥组委对接沟通，全力配合做好北京冬奥会申办、国际奥委会迎检、测试赛等工作。特别是克服新冠肺炎疫情影响，组织全部门力量，集全国气象行业之智，强化气象监测预报预警，提前做好极端天气应对工作方案，全力组织做好北京冬奥会气象保障服务各项筹办任务。

（三）北京冬奥组委、北京市委市政府、河北省委省政府高度重视北京冬奥会气象保障服务工作

在北京冬奥会气象保障服务筹备和赛事气象保障服务全过程中，始终得到北京冬奥组委、北京市委市政府、河北省委省政府等单位的指导、支持和帮助。中共中央政治局委员、北京市委书记、北京冬奥组委主席蔡奇同志和北京市市长、北京冬奥组委执行主席陈吉宁同志多次召开专题会议，调度并听取开闭幕式和赛时气象保障服务工作汇报。河北省委书记王东峰同志多次指挥调度张家口赛区冬奥会气象保障服务工作。河北省省长、北京冬奥组委执行主席王正谱同志亲自到张家口赛区气象服务中心检查赛事气象保障工作。北京冬奥组委专门设立气象办公室，协调做好气象保障服务工作，冬奥组委张建东副主席、杨树安副主席、韩子荣副主席多次组织召开专题会议，研究部署气象保障服务工作。各地方各部门的全力支持和配合，凝聚形成了北京冬奥会气象保障服务强大合力。

二、强化组织领导，气象现代化和科技创新有力支撑北京冬奥会气象保障服务工作

在 2013 年北京冬奥会申办期间，中国气象局党组高度重视，为中国奥委会申办工作组织开展延庆、崇礼气候特征及滑雪适宜性分析、冬奥会期间高影响天气风险分析，在延庆和张家口赛区建设气象观测站，为成功申办北京冬奥会提供详实科学的气象依据。2015 年北京

申奥成功后，中国气象局进一步加强与北京冬奥组委沟通对接，在第一时间启动冬奥会气象保障服务筹备工作，连续5年为国际奥委会提供气候分析报告，气象保障服务筹备工作受到各方充分肯定。

一是建立通畅高效的组织运行和赛时指挥体系。随着北京冬奥会申办成功和筹办工作的推进，2016年中国气象局成立北京冬奥会气象服务工作领导小组，2017年组建北京2022年冬奥会和冬残奥会气象中心，全面对接北京冬奥组委需求做好各项气象保障服务筹备工作。2020年经第24届北京冬奥会工作领导小组批准，联合北京冬奥组委、国家体育总局、北京市政府、河北省政府、军队相关部门组建北京冬奥会气象服务协调小组，不断优化完善跨地区、跨部门、跨军地的协调机制，多次组织召开会议，研究部署北京冬奥会气象保障服务工作。制定印发北京冬奥会气象保障服务赛时运行指挥工作方案和各项应急预案，建立了职责清晰、指挥有力、协调高效、运行流畅的赛时运行指挥机制。

二是组建最优秀的冬奥会气象保障服务团队。2017年从全国气象部门选派优秀业务骨干52人，组成冬奥气象预报服务核心团队，连续5年开展赛区冬训、赛事观摩、出国培训、英语训练等，为赛时气象保障服务打下坚实基础。精心组织2019—2020年和2020—2021年冬季测试赛气象保障服务，检验系统、锻炼队伍、积累经验、改进不足。按照“一馆一策”“一项一策”要求，在北京冬奥会期间，气象部门选派45名预报服务和保障人员闭环进驻3个赛区各场馆以及北京冬奥组委主运行中心、竞赛指挥组前方指挥部，根据国家体育总局要求首次派出气象预报专家参加中国体育代表团，形成了“三地六方”（北京城区、延庆、张家口三地，北京赛区、延庆赛区、张家口赛区、北京冬奥组委主运行中心、竞赛指挥组前方指挥部、中国体育代表团团部六方）伴随式气象服务新模式，得到北京冬奥组委、国家体育总局和北京冬奥会各竞赛团队的高度赞誉。北京市气象局、河北省气象局，以及国家气象中心（中央气象台）、国家卫星气象中心、中国气象局数值预报中心、中国气象局气象探测中心、中国气象局人工影响天气中心等国家级气象业务单位组建10余个专项支撑团队，全力支持和保障前方一线预报服务团队开展工作。

三是首次建成超精密复杂山地和超大城市一体化的“三维、秒级、多要素”冬奥气象综合监测网。以北京冬奥会赛场为核心，在北京、延庆和张家口3个赛区及周边共建设各种现代立体气象探测设施441套，建成延庆海陀山和张家口康保新一代天气雷达，实现了超精密复杂山地和超大城市一体化的“三维、秒级、多要素”冬奥气象综合监测，较历届冬奥会更为完善精密。针对延庆和张家口赛区低温天气，研发和布设加热融雪及超声波气象观测设备，全面保障赛时气象观测设备安全稳定运行。

四是首次建成“百米级、分钟级”冬奥气象预报服务系统。在科技部“科技冬奥”项目支持下，组织全部门、全行业冬奥气象预报技术攻关，在冬奥会历史上首次实现了“百米级、分钟级”天气预报服务，首次实现了气象服务数据采集、制作、传输的全流程自动化。针对赛场特殊地理环境特征和预报难点，研发形成涵盖风、降水、气温、积雪深度、沙尘、能见度等要素的短时临近到中长期天气预报的无缝隙专项保障产品体系。启动“智慧冬奥2022天气预报示范计划”，招募全国气象部门、高校、企业等22家顶尖技术团队参与，征集国内最优秀的高分辨率数值天气预报模式，配合人工智能预报技术方法，为精细化气象预报服务提供了有力支撑。建成智慧化、数字化冬奥气象服务网站和手机客户端，全面融入北京冬奥会服务体系。

三、心怀“国之大者”，高标准高质量完成北京冬奥会气象保障服务任务

北京冬奥会赛事期间共经历了 9 次低温、降雪、大风等高影响天气过程，给赛事运行和赛会组织带来严峻挑战。北京冬奥会气象预报服务团队强化监测预报和服务对接，为竞赛组织、日程变更提供了精准及时的气象信息，确保了北京冬奥会在预定时间内完成所有比赛、产生所有金牌，同时也为赛会各项组织运行和保障工作提供了强有力的支撑。

（一）精准预报，气象服务为冬奥会全部赛事顺利完赛保驾护航

作为北京冬奥会运行指挥部竞赛指挥组联合组长单位，中国气象局负责为竞赛日程变更提供所需的气象信息和决策建议。进驻闭环的预报服务人员每天参与竞赛指挥组、各场馆竞赛指挥团队的会商，实时监视天气变化，为各项赛事提供气象条件适宜的窗口期建议。北京冬奥会期间，北京、延庆、张家口 3 个赛区不同程度地经历了低温、降雪、大风等高影响天气。据统计，赛事期间共有 20 项官方训练或比赛活动因不利天气影响而推迟、中断、延期或取消。针对冬奥会复杂天气，气象部门围绕赛事组委会的需求，准确精细预报冬奥会赛事天气，为准确及时调整赛事提供了科学的气象保障。例如，在延庆国家高山滑雪中心原计划 2022 年 2 月 4 日 11 时举行的高山滑雪滑降项目第二轮官方训练，受大风影响推迟，组委会依据准确天气预报，抓住有利天气窗口期延迟 1 小时顺利进行。又如，在崇礼云顶滑雪公园原计划 2 月 13 日 10 时举行的自由式滑雪女子坡面障碍技巧资格赛，因降雪和能见度低延期，组委会根据准确天气预报调整到 2 月 14 日顺利进行。针对冬残奥会，自 2 月 25 日开始逐小时滚动更新发布各场馆预报产品，为官方训练和正赛赛程调整抢抓比赛“窗口期”、赛道处理等提供决策支撑，做到了与冬奥会气象服务保障一样精彩、精准、精细，多次受到冬奥组委以及中外专家的一致肯定。国际奥委会体育部部长吉特 · 麦克康奈尔在竞赛变更委员会例会上表示，准确可靠的气象预报确保了高山滑雪、自由式滑雪坡面障碍技巧、越野滑雪等比赛日程的成功调整。北京冬奥组委副主席杨树安在例行新闻发布会上指出，北京冬奥会很好地体现了“一流的气象保障服务”。

（二）提前研判，高影响天气过程预报实现“零失误”

2021 年 10 月初，北京冬奥会气象预报团队进驻服务一线，进入赛时服务状态。2022 年 1 月 27 日，气象部门全面进入北京冬奥会气象保障服务特别工作状态，与北京冬奥组委和各赛区建立每天定时“三地六方”会商天气机制，前方预报团队随时滚动订正。冬奥会期间，共开展专题会商 85 次，京冀晋蒙 4 地联合加密观测 2089 站次，持续 46 天启动风云四号气象卫星逐分钟加密观测。准确预报 2022 年 1 月 30 日蒙古国沙尘对赛区无影响和开幕式前彩排降雪天气、2 月 4—6 日大风天气需关注、12—13 日强降雪低能见度道路结冰要防范、14—

18 日“相对好天气（风小天气）”利用好、19—20 日大风天气要“早安排”等。特别是提前 10 天研判出 2 月 13 日强降雪、降温、低能见度天气，为赛事组织和调整赢得了充分的准备时间。针对冬残奥会气象服务需求，气象部门提前制定方案和应急预案，并在冬奥会保障服务的基础上增加竞技赛道等点位预报服务。国际雪联负责人多次提到，北京冬奥会气象服务工作做得非常好，做得比任何一届冬奥会都好，这与气象保障服务人员努力是分不开的，非常感谢！

（三）力求卓越，确保北京冬奥会和冬残奥会开闭幕式闪亮登场完美谢幕

中国气象局将保障北京冬奥会开闭幕式作为气象服务的重中之重。自 2019 年以来，针对开闭幕式活动举办、焰火燃放等提供气候评估分析报告 20 余份。2021 年 10 月，气象部门组建开闭幕式气象保障专项工作组和预报服务专班团队，分析开闭幕式期间历史上高影响天气特征，定期滚动提供气候趋势预测。2022 年 1 月以来，针对开闭幕式彩排演练开展了 20 次天气会商，提供了 80 余次专项预报和为期 3 个月的现场服务。提前 3 天精准预报北京冬奥会开幕式将有弱冷空气，主要影响时段为 2 月 4 日白天，晚间风力逐渐减弱。提前 3 天预测出北京冬残奥会开幕式当天大风、沙尘天气的转折时间，为开幕式场地布设、演职人员和观众入场提供了重要依据。2 月 4 日北京冬奥会开幕式和 2 月 20 日闭幕式，以及 3 月 4 日北京冬残奥会开幕式、3 月 13 日闭幕式当日，中国气象局庄国泰局长率各位局领导分别驻守在冬奥会气象服务总指挥部、冬奥会北京气象中心进行现场指挥，选派首席预报员赴国家体育场现场负责开闭幕式气象保障服务。人工影响天气联合指挥中心全程密切监视天气变化。北京冬奥会和冬残奥会开闭幕式在适宜的气象条件下顺利举行，24 小时的逐小时温度和风预报与实况高度吻合，气象服务得到各方高度赞誉。国际奥委会主席巴赫及多名国际奥委会官员和领队特别对 1 月 30 日开幕式彩排的“精准”降雪预报高度称赞。

（四）精细服务，为北京冬奥会中国体育代表团夺金保驾护航

根据国家体育总局需求，为保障中国国家队取得更好的成绩，中国气象局首次选派中央气象台首席预报员参加中国体育代表团。充分调研参赛队伍需求，紧密围绕恶劣天气对交通、训练和比赛的不利影响，提前做好赛前和赛时器械保养工作，制定工作流程，优化产品推送方案，确保所有中国体育代表团参赛队能够根据科学天气预报结论和影响提示选择雪板打蜡时间和材质。在 2022 年 2 月 4—5 日大风、12—14 日降雪降温、17—19 日降雪低温等天气过程到来前，针对自由式滑雪、空中技巧等比赛，提前告知领队和教练低能见度、顺逆风转换等情况，提醒领队和教练做好合理战术安排。保障期间，通过加强实地勘察和预报产品检验，提高预报准确率，14 日、16 日女子和男子空中技巧夺金比赛期间的预报与实况基本吻合。特别是首钢大跳台 2 月 8 日、15 日中午前后的偏东风精准风向预报，为中国体育代表团谷爱凌、苏翊鸣获得金牌，首钢滑雪大跳台成为“双金”场馆提供重要气象保障。

（五）主动融入，为相关部门和社会公众提供全方位气象服务

积极主动对接生态环境、应急管理、交通运输等部门，配合做好北京冬奥会期间空气质量、应急救援、森林草原防火、交通保畅以及城市运行保障等服务工作。北京、河北两地气

象部门赛事运行保障单位建立“一户一策”服务模式，实现了与城市运行指挥中心、重点交通枢纽、999 急救中心等部门气象信息共享，为不同场景提供专属服务。特别是针对 2022 年 2 月 12—13 日强降雪、降温天气，北京、河北两地根据准确的气象预报提前安排部署各项应对工作，有效保障了两地城市安全运行。中国气象局开发具有中英双语功能的冬奥智慧气象应用程序（App）、冬奥公众气象网站，累计访问量达 77 万余次。在微博、抖音、快手等新媒体平台全渠道发布 3 大赛区场馆天气预报、冬奥公众观赛指数预报和冬奥冰雪项目气象科普视频等，为公众更好地了解冰雪运动、场馆天气信息提供了直观、精准的气象服务。

四、弘扬冬奥精神，不断推进气象高质量发展

冬奥盛会圆满落幕，拼搏奋斗永不止步。北京冬奥会气象保障服务这项工作从申办、筹办到举办持续了近 10 年时间，气象部门最后以优质的保障服务完美收官，广大气象工作者将大力弘扬“胸怀大局、自信开放、迎难而上、追求卓越、共创未来”的北京冬奥精神，心怀“国之大者”，敢于担当作为、勇于攻坚克难，甘于无私奉献，立足本职岗位，努力写好冬奥气象保障服务“后半篇”文章。

一方面要大力推动北京冬奥会气象保障服务各项成果的推广应用，为国家重大活动开展和京津冀协同发展、区域防灾减灾、生态文明建设以及国家重大工程建设等提供更有力的气象保障服务。例如，在重大活动保障中，要强化精细化监测预报服务系统推广使用；在大城市气象保障服务中要加强精细化监测预报系统的推广应用；在京津冀协同发展气象服务中，要加强“一个标准，多地协同”的气象服务机制和服务体系的推广应用。

另一方面，要继续发挥好北京冬奥会气象服务保障团队的作用，大力推广复杂地形下精细化气象预报预测技术、冰雪运动气象保障技术，为国家冰雪经济和产业发展提供更好支撑。继续推进冬季体育运动和气象领域的合作，为后续国际冬季体育赛事提供中国经验、中国智慧，也为中国体育代表团参加重大国际赛事保驾护航。

成绩属于过去，奋进正当其时。站在新的起点上，气象部门将以更加昂扬的姿态，奋进新征程，建功新时代，一起向未来，为推动我国气象高质量发展作出新的更大的贡献。

第一章　领导关怀

北京冬奥会在大陆性冬季风气候条件下举办，举办期间更容易受到低温、大风等天气影响，加之延庆赛区、张家口赛区山地地形复杂、局地天气变化大，北京冬奥会气象保障服务难度超过历届冬奥会。中央领导同志高度关心2022年北京冬奥会和冬残奥会气象服务工作。2019年在新中国气象事业70周年之际，习近平总书记对气象工作作出重要指示。国务院总理李克强同志多次对办好北京冬奥会提出明确要求。中国气象局始终将北京冬奥会气象保障服务工作作为重大政治任务，认真贯彻习近平总书记关于冬奥会筹办工作系列重要指示精神和李克强总理批示要求，落实党中央、国务院决策部署，按照第24届冬奥会工作领导小组部署要求，紧紧围绕“简约、安全、精彩”办赛目标，举全部门之力，集气象行业之智，圆满完成北京冬奥会气象保障服务各项任务。

一、习近平总书记对气象工作和北京冬奥会冬残奥会筹办重要指示精神

在新中国气象事业70周年之际，习近平总书记专门作出重要指示，指出气象工作关系生命安全、生产发展、生活富裕、生态良好，做好气象工作意义重大、责任重大。要求广大气象工作者发扬优良传统，加快科技创新，做到监测精密、预报精准、服务精细，推动气象高质量发展，提高气象服务保障能力，发挥气象防灾减灾第一道防线作用，努力为实现中华民族伟大复兴的中国梦做出新的更大的贡献。（来源：《学习时报》，2021年8月4日）

2022年1月4日，习近平总书记在北京考察2022年冬奥会、冬残奥会筹办备赛工作时强调，办好北京冬奥会、冬残奥会，是我们向国际社会作出的庄严承诺。要坚定信心、振奋精神、再接再厉，全面落实简约、安全、精彩的办赛要求，抓紧抓好最后阶段各项赛事组织、赛会服务、指挥调度等准备工作，确保北京冬奥会、冬残奥会圆满成功。（来源：新华社，2022年1月4日）

2021年1月20日上午，习近平在人民大会堂主持召开北京2022年冬奥会和冬残奥会筹办工作汇报会。习近平总书记指出，做好赛时运行工作，建立高效有力的赛时运行指挥体系，提升跨区域、跨领域的指挥调度和应急保障能力，确保赛时运行安全高效。推进赛会服

务保障，按照“三个赛区、一个标准”的原则，全面做好住宿、餐饮、交通、医疗、安保等各项赛会服务保障工作。（来源：新华社，2021 年 1 月 20 日）

2017 年 2 月 24 日下午，习近平总书记在人民大会堂北京厅主持召开北京城市规划建设和北京冬奥会筹办工作座谈会。习近平总书记指出，赛事组织、后勤保障、对外联络、宣传推广、市场开发、社会动员等赛会运行保障和服务工作，要系统设计、扎实推进。要积极运用现代科技特别是信息化、大数据等技术，提高赛会运行保障和服务效率。（来源：新华社，2017 年 2 月 24 日）

二、李克强总理对气象工作和北京冬奥会冬残奥会筹办重要指示精神

在北京 2022 年冬奥会和冬残奥会即将召开之际，李克强总理、胡春华副总理对气象工作作出重要批示。2021 年 12 月 30 日，中国气象局党组书记、局长庄国泰在 2022 年全国气象工作会议上传达了李克强总理、胡春华副总理的重要批示。会议特别强调，要着力深化重点领域气象服务，围绕粮食生产和重要农产品供给，交通运输、能源保供、远洋导航，以及北京冬奥会等重大活动、重大工程，提升服务经济社会高质量发展水平。

中共中央政治局常委、国务院总理李克强作出批示指出，筹办好 2022 年北京冬奥会，对于促进奥林匹克事业发展、进一步提升中国的国际影响力，意义重大。相关地方和部门要按照党中央、国务院部署，把创新、协调、绿色、开放、共享发展理念贯穿筹办全过程，主动对接京津冀协同发展战略，有序高效抓好重点设施、重点项目建设，积极借鉴各方经验，广泛动员社会力量，节约用好宝贵资金，确保工程优质安全，把这一届冬奥会办好办精彩，推动冰雪运动普及、体育产业发展、生态环境改善和城市治理水平提升，让更多群众参与体育健身，共享美好生活。（来源：新华社，2015 年 11 月 24 日）

三、韩正副总理主持召开第 24 届冬奥会工作领导小组全体会议，中国气象局就北京冬奥会气象保障服务工作进行汇报

2020 年 6 月 11 日，中共中央政治局常委、国务院副总理、第 24 届冬奥会工作领导小组组长韩正 11 日主持召开第 24 届冬奥会工作领导小组全体会议，深入学习贯彻习近平总书记关于北京冬奥会和冬残奥会筹办工作的重要指示精神，研究部署下一阶段重点工作。

韩正表示，2022 年北京冬奥会和冬残奥会筹办工作已经全面进入测试就绪阶段，这是各项计划完善定型、实战演练的关键时期。要进一步提高政治站位，以习近平总书记重要指示精神为根本遵循，按照精彩、非凡、卓越的办赛目标，扎实做好各项筹办工作。

韩正强调，新冠肺炎疫情给冬奥会和冬残奥会筹办工作带来一系列影响，要细化应对措施，全力克服困难，在常态化疫情防控前提下，高标准、高质量推进各项筹办工作。要科学

合理安排工期进度，确保所有竞赛场馆年内完工、达到测试赛要求，同步完成基础设施建设。要精心筹备好测试赛，确保赛事安全，对筹办工作进行全面实战检验。要扎实做好场馆运行工作，为赛事顺利举办提供有力支撑。要全面推进赛会服务保障，制定专门的冬奥会公共卫生、重大疫情防控工作方案和应急预案，以“零容忍”的态度做好反兴奋剂工作。要开展好宣传推广和文化活动，大力弘扬奥林匹克精神、传播北京冬奥会理念。要狠抓冬奥备战，提高竞技水平，继续推动大众冰雪运动普及发展。

韩正表示，有关地方和部门单位要强化责任担当，共同把各项筹办工作任务落实好、完成好。要按照廉洁办奥要求，加强过程监督，勤俭节约、杜绝腐败，确保筹办工作纯洁干净。（来源：新华社，2020 年 6 月 12 日）

四、胡春华副总理调研督导北京冬奥会冬残奥会气象服务保障工作

北京冬奥会开幕倒计时 100 天之际，中共中央政治局委员、国务院副总理胡春华 2021 年 10 月 27 日到中国气象局调研督导北京冬奥会气象服务保障工作。他强调，要深入贯彻习近平总书记重要指示精神，以高度负责、精益求精的态度，高标准、高质量做好气象服务保障各项工作，切实保障北京冬奥会顺利举办。

胡春华来到中国气象局，实地察看气象探测中心冬奥气象监测系统建设有关工作进展，听取北京冬奥会气象服务保障汇报，了解今冬明春全国气候变化情况。

胡春华指出，高效有力的气象服务是成功举办北京冬奥会的重要保障。要按照党中央、国务院部署要求，加强精细化监测预报预警，充分应用风云卫星、天气雷达等现代气象监测手段和技术，提高气象预测预报精准度。要强化实战演练，不断查缺补漏，完善运行指挥机制，增强赛时气象服务保障的针对性和有效性。要做好应对极端天气等风险挑战的充分准备，进一步完善应急预案，严格落实安全管理、疫情防控等要求，确保不利情况发生时能够有力有序有效应对。要加强组织领导，强化责任落实和协作配合，不折不扣完成气象服务保障各项任务。

胡春华强调，今冬明春天气气候形势复杂严峻，要高度重视做好秋冬季农业生产气象服务，切实发挥好气象防灾减灾第一道防线作用，为最大限度降低不利天气气候影响提供有力保障。（来源，新华社，2021 年 10 月 27 日）

五、北京市委市政府领导关于北京冬奥会冬残奥会气象保障服务重要部署要求

2019 年 5 月 23 日上午，北京市委书记、北京冬奥组委主席蔡奇来到延庆区调研北京冬奥会、冬残奥会筹办工作，市委副书记、市长、北京冬奥组委执行主席陈吉宁一同调研。陈

吉宁肯定了前期筹办工作进展，指出：测试赛即将举办，时间紧、任务重，要确保场馆和基础设施建设高质量按时完成。要做好生态修复，各施工单位严格落实责任，加强场地及道路施工管理和清场工作。汛期即将来临，要针对地域特点，及早制定切实可行的应急预案，有效防范山洪和地质灾害，保证施工安全。要加强气象预测评估，专人负责、定期上报，提升气象监测预测的准确性，为工程建设及赛事举办提供可靠保障。（来源：识政，2019 年 5 月 4 日，蔡奇、陈吉宁再次来到小海陀调研冬奥场馆建设）

2019 年 11 月 23 日，北京市委书记蔡奇来到延庆区调研冬奥延庆赛区工程建设情况，检查高山滑雪世界杯服务保障工作，市委副书记、市长陈吉宁一同调研。蔡奇要求，抓好场馆运行和竞赛组织。抓紧完善场馆运行计划，细化竞赛各项安排。加强岗位培训和实战演练，提升场馆运行人员管理水平。做好国内外高水平团队和专业人员聘请工作，加强志愿者招募和培训。提前制定各类应急预案，做好大风天气影响应对准备。陈吉宁肯定了前期工作进展，要求，要牢固树立安全生产红线意识，继续坚持质量第一的要求，严防火灾隐患，防范施工风险，制定细化应急预案，做到责任无盲区、管理无死角，高质量做好有关测试赛工程建设收尾工作。要进一步抓好细节，学习借鉴 2018 年韩国平昌冬奥会经验做法，有针对性地完善工作措施，提升各项筹办工作水平。要加强气象预测评估的研究部署，进一步提高预测精准度，为赛事顺利举办提供更好的气象服务。（来源：《北京日报》，2019 年 11 月 25 日，蔡奇：全力以赴做好冬奥筹办各项工作 确保高山滑雪世界杯“一炮打响”）

2020 年 12 月 16 日，北京冬奥组委召开主席办公会。北京市委书记、北京冬奥组委主席蔡奇主持会议。会议对过去 5 年北京冬奥会筹办工作给予肯定，指出未来一年多时间是冬奥筹办全力冲刺、全面就绪、决战决胜的关键时期。会议强调，要抓好疫情防控工作。发挥国际、国内两个防控机制的作用，制定实施冬奥会举办期防疫和运行方案。密切跟踪境外疫情动态，优化全过程闭环管理流程，不断完善各项预案。加强专业医疗保障，确保参赛各方安全。完善气象监测体系，努力实现精准气象预报。（来源：《北京日报》，2020 年 12 月 16 日，北京冬奥组委召开主席办公会研究部署冬奥筹办重点工作）

2021 年 12 月 31 日，北京 2022 年冬奥会和冬残奥会誓师动员大会召开。市委书记、北京冬奥组委主席蔡奇强调冬奥筹办到了最后迈向胜利的关键时刻，要进一步增强责任感、紧迫感，铆足干劲、再接再厉，以首善标准完成好最后阶段各项任务，确保办成一届简约、安全、精彩的奥运盛会，书写“双奥之城”新的历史华章。要扎实有序推进赛事组织和赛会服务保障，确保做到精益求精、万无一失。按照“三个赛区、一个标准”，加强赛会服务保障，为运动员提供良好参赛体验。精准开展气象预报，保证各项系统和设施设备赛时正常运行。（来源：《北京日报》，2022 年 1 月 1 日，北京：以首善标准完成冬奥会决战决胜最后阶段各项任务）

2022 年 1 月 7 日，北京市委书记蔡奇来到北京市第十五届人大五次会议延庆代表团，与大家一起参加审议。蔡奇强调，当前冬奥筹办已进入决战决胜最后阶段，要保持跑秒计时、压线冲刺状态，再接再厉、一鼓作气，努力为办成一届简约、安全、精彩的奥运盛会贡献延庆力量。抓好疫情防控，严格全流程闭环管理。加强实战演练和压力测试，完善极端天气应对方案。精心做好交通、餐饮、住宿、医疗、安保、气象、城市运行等服务保障，让各国参赛人员宾至如归，展现大美北京和最美延庆赛区形象。（来源：金台资讯，2022 年 1 月 8 日，

蔡奇：交出决战决胜冬奥会和推动区域转型发展两份优异答卷）

六、河北省委省政府领导关于北京冬奥会冬残奥会气象保障服务重要部署要求

2022年3月2日，河北省委书记、省人大常委会主任王东峰在张家口市崇礼区调研检查。他强调，要深入学习贯彻习近平总书记重要指示和党中央决策部署，始终保持拼搏奋进良好精神状态，持续用力办好北京冬残奥会，确保两个奥运同样精彩，确保后奥运经济高质量发展。省委副书记、省长王正谱参加有关活动。王东峰强调，要始终强化城市运行保障，加强水电气路讯等各类设施设备巡查巡护，科学做好气象监测预警，统筹抓好安全生产、森林草原防火、信访维稳等工作，为赛事创造和谐稳定环境。（来源：河北新闻网，2022年3月3日，王东峰在张家口市崇礼区调研检查）

2022年2月10日晚，河北省召开冬奥会服务保障工作视频调度会议。省委书记、省人大常委会主任王东峰在会议上强调，要深入学习贯彻习近平总书记重要指示精神和党中央决策部署，抓住关键、盯紧细节、防范风险，全力举办一届简约、安全、精彩的奥运盛会。省委副书记、省长王正谱主持，省委副书记廉毅敏出席。会议强调，要超前部署、精心组织，有力有效防范极端天气。据气象部门预报，近日，河北省部分地区将迎来大风降温和强降雪天气，张家口赛区要紧急动员，聚焦极端天气可能对运动员转场、道路交通、竞赛环境、大气质量带来的影响，制定工作方案和应急预案，全力做好铲冰除雪、赛道塑形、防灾减灾等准备工作，科学应对，迅速处置，最大限度降低极端天气对赛事的影响。（来源：河北新闻网，2022年2月11日，河北省召开冬奥会服务保障工作视频调度会议）

2022年2月16日晚，河北省委书记、省人大常委会主任王东峰主持召开冬奥工作视频调度会议。他强调，要深入学习贯彻习近平总书记重要指示精神和党中央决策部署，慎终如始持续用力做好北京冬奥会赛事运行和服务保障，超前周密细致推进北京冬残奥会各项准备工作，确保冬奥会圆满收官、冬残奥会顺利举办。省委副书记、省长王正谱，省委副书记廉毅敏出席会议。会议指出，要积极应对极端天气，确保赛事运行不受影响。严密防范大风、降温、降雪等极端天气，完善方案预案，加强应急演练，做好人员和机械设备力量准备，及时做好铲冰除雪、赛场清扫等工作，全力保障冬奥会、冬残奥会顺利进行。（来源：河北新闻网，2022年2月17日，王东峰主持召开冬奥工作视频调度会议）

2022年2月16日，河北省省长王正谱在张家口赛区检查赛事气象保障工作，与云顶场馆群、国家跳台滑雪中心气象保障团队视频连线，会商最新天气预报信息。他说，要进一步发挥“百米级”业务预报技术和人工智能技术优势，密切与场馆、竞赛团队的沟通，在赛事组织安排、交通运行等方面提供精细化预报服务，不负这场冰雪之约、冬奥盛会。（来源：河北新闻网，2022年2月16日，王正谱在张家口赛区检查工作）

第二章　组织建设

随着北京冬奥会申办成功和筹办工作推进，2016 年中国气象局成立北京冬奥会气象服务工作领导小组，2017 年组建冬奥气象中心，全面对接北京冬奥组委需求做好各项气象保障服务筹备工作。2020 年中国气象局联合北京冬奥组委、国家体育总局、北京市政府、河北省政府组建北京冬奥会气象服务协调小组，不断优化完善跨地区、跨部门的协调机制，多次组织召开会议，研究部署北京冬奥会气象保障服务工作。制定印发了北京冬奥会气象保障服务赛时运行指挥工作方案和各项应急预案，建立了职责清晰、指挥有力、协调高效、运行流畅的赛时运行指挥机制。北京市、河北省气象部门在地方党委政府的支持下，也建立了相应的冬奥会气象保障服务组织机构，保障北京冬奥会气象服务工作的有序有力开展。

一、北京冬奥会气象服务协调小组

为进一步做好北京冬奥会气象服务筹备工作，第 24 届冬奥会工作领导小组设立了“北京冬奥会气象服务协调小组”，并由 2016 年 7 月成立的北京冬奥会气象服务工作领导小组全面履行各项职责，负责领导和统筹部署气象部门冬奥会各项保障和服务任务。随着北京冬奥会筹备工作的整体推进和各项测试赛的临近，跨区域、跨部门的气象保障服务统筹协调任务越来越多，各项保障服务任务越来越艰巨，2020 年 9 月 27 日，经第 24 届冬奥会工作领导小组批准，中国气象局和北京冬奥组委联合发文（中气函〔2020〕154 号），调整组建了“北京冬奥会气象服务协调小组”。

（一）机构名称

北京冬奥会气象服务协调小组，简称气象协调小组。

（二）组织架构

1. 气象协调小组组长、副组长

中国气象局局长刘雅鸣、北京冬奥组委副主席杨树安、北京市副市长卢彦、河北省副省长时清霜担任协调小组组长。中国气象局副局长余勇担任协调小组副组长。

2. 气象协调小组成员单位

协调小组成员单位包括：中国气象局、北京冬奥组委、北京市政府、河北省政府、国家体育总局。各成员单位相关司局级负责人担任协调小组成员。

3. 气象协调小组办公室

协调小组下设办公室，具体负责日常组织、协调、督促工作，相关工作由中国气象局应急减灾与公共服务司承担。中国气象局应急减灾与公共服务司负责人、北京冬奥组委体育部负责人共同担任办公室主任，中国气象局冬奥气象中心执行副主任担任常务副主任。协调小组各成员单位确定一名处级干部作为联络员，负责联系日常工作。

（三）工作职责

1. 气象协调小组职责

以习近平新时代中国特色社会主义思想为指导，贯彻落实习近平总书记关于北京冬奥会筹办工作的系列重要指示精神，落实第 24 届冬奥会工作领导小组安排部署，坚持“绿色、共享、开放、廉洁”的办奥理念，以满足北京冬奥会服务需求为目标，统筹协调各方面力量，统筹协调北京冬奥会跨区域、跨部门的气象保障服务各项任务，研究确定不同阶段冬奥气象服务的目标和任务，商讨决定冬奥气象设施建设、气象研究、气象预报和气象服务保障等重大事项和重大问题，为举办一届“精彩、非凡、卓越”的奥运盛会做出积极贡献。

2. 各成员单位职责

（1）中国气象局

负责组织实施北京冬奥会气象保障管理工作；负责统筹规划国家气象设施建设为北京冬奥会提供支持；统筹组织北京冬奥会气象服务工作；组织北京冬奥会气象设备技术标准、检测、许可工作；组织制定并督促落实北京冬奥会气象保障应急预案；指挥调度相关省市气象部门完成北京冬奥会赛前和赛时气象服务工作；组织制订并督促落实北京冬奥会气象人员培训计划。

（2）北京冬奥组委

负责研究并明确北京冬奥会气象服务需求；协助推进北京、河北两地北京冬奥会气象保障系统建设；协助制定并落实北京冬奥会气象服务应急预案。负责将冬奥气象团队纳入冬奥相应的国际合作交流计划；负责招募冬奥会雪上项目气象观测员（志愿者）；负责为北京冬奥会气象服务开展提供必要工作条件、生活条件。

（3）北京市政府

负责北京市辖区内直接为北京冬奥会服务的气象设施建设；落实北京地区冬奥会气象保障应急预案。

（4）河北省政府

负责河北省辖区内直接为北京冬奥会服务的气象设施建设；落实河北地区冬奥会气象保障应急预案。

（5）国家体育总局

负责对北京冬奥会气象保障服务提供咨询和建议，提供冬奥会比赛项目气象保障服务技术支撑。

3. 气象协调小组办公室

协调小组办公室根据协调小组的决定，负责组织冬奥会筹备和举办各个时期所涉及的气象设施建设、气象科学技术研究、气象预报和气象服务保障等重大事项和重大问题的落实，并指导、监督、协调、检查各项工作进展；负责与其他部门及机构等做好沟通和协调，确保重要紧急事项能够及时有效处置。

（四）工作规则

1. 工作原则

属地负责：北京市、河北省要切实落实冬奥会气象保障服务工作的属地责任。
两地协调：北京冬奥组委要牵头积极推动涉及京、冀两地冬奥会气象保障服务的协同事项。
统筹推进：协调小组要统筹协调好跨区域、跨部门的气象保障服务任务。

2. 工作机制

贯彻落实党中央、国务院决策部署，执行第 24 届冬奥会工作领导小组的工作安排，根据工作需要不定期召开会议（每年至少一次），研究确定每个阶段北京冬奥会气象服务的目标和任务。各成员单位可根据工作需要提出召开协调小组会议的建议。研究工作事项时，召集人可视情况召集部分成员单位参加，也可邀请其他部门参加。气象服务协调小组以会议纪要形式明确议定事项，经与会单位同意后印发有关单位执行。建立信息通报制度，保证各成员单位之间信息共享，各项工作有效衔接。

二、中国气象局冬奥气象服务领导小组

（一）组建成立

2016 年 7 月，中国气象局办公室印发《关于做好 2022 年冬奥会气象服务筹备工作的通知》（气办函〔2016〕218 号），成立中国气象局冬奥气象服务领导小组，负责统一领导和指挥冬奥气象服务行动。冬奥气象服务领导小组办公室设在中国气象局应急减灾与公共服务司，负责协调、落实与冬奥气象服务有关的各项工作。

1. 中国气象局冬奥气象服务领导小组

组　长：矫梅燕　中国气象局副局长
副组长：姚学祥　北京市气象局局长
　　　　宋善允　河北省气象局局长
　　　　张祖强　应急减灾与公共服务司司长
成　员：北京市气象局、河北省气象局、办公室、预报与网络司、综合观测司、科技与气候变化司、国际合作司、国家气象中心、国家气候中心、中国气象局人工影响天气中心负责人

2. 中国气象局冬奥气象服务领导小组办公室

领导小组下设办公室，挂靠减灾司，主要负责冬奥会气象保障服务和宣传工作的日常协调；负责组织完成国家级业务科研单位及华东区域气象部门的工作任务；负责落实领导小组交办的各项工作。其组成人员名单如下：

主　任：张祖强　应急减灾与公共服务司司长（兼）
副主任：北京市气象局减灾处、河北省气象局减灾处、应急减灾与公共服务司应急减灾处负责人
成　员：办公室宣传科普处、预报与网络司资料处、综合观测司站网处、科技与气候变化司科技项目处、国际合作司双边处、气象中心业务处、气候中心业务处、探测中心业务科技处、公共服务中心业务科技处负责人

3. 建立健全工作机制

（1）建立筹备会议制度

定期会议制度。领导小组原则上每半年召开一次筹备工作会议，检查前一时期工作落实情况。2020年后，根据需要加密筹备工作会议。会议由领导小组组长主持，领导小组办公室承办。

技术层面会议。不定期召开，主要研究解决技术层面的问题，由领导小组授权中国气象局应急减灾与公共服务司或北京市气象局、河北省气象局具体组织实施。

（2）建立信息沟通制度

建立书面信息沟通制度，主要包括：冬奥组委相关工作信息通报、气象服务筹备工作进展等，每月定期向领导小组办公室提交。

4. 加大资金投入

（1）中国气象局计划财务司根据“十三五”规划，加大资金支持力度，并加强使用指导。

（2）北京、河北及延庆区和张家口市、崇礼区等要主动融入地方冬奥相关规划，积极向当地申请项目，加强资金支持力度。

（二）调整成员

2018 年 4 月，为进一步加强冬奥气象服务的组织领导，切实发挥统筹协调作用，中国气象局印发《关于调整中国气象局冬奥气象服务领导小组及其办公室组成人员的通知》（中气函〔2018〕67 号），对中国气象局冬奥气象服务领导小组及其办公室进行调整。

1. 领导小组组成人员

组　长：余　勇　中国气象局副局长
副组长：张祖强　中国气象局应急减灾与公共服务司司长
　　　　姚学祥　北京市气象局局长
　　　　张　晶　河北省气象局局长
成　员：北京市气象局、河北省气象局、办公室、预报与网络司、综合观测司、科技与气候变化司、计划财务司、人事司、国际合作司、国家气象中心、国家气候中心、国家卫星气象中心、国家气象信息中心、气象探测中心、公共气象服务中心、中国气象科学研究院、气象宣传与科普中心、中国气象报社负责人

2. 领导小组办公室组成人员

主　任：张祖强（兼）
副主任由中国气象局应急减灾与公共服务司、北京市气象局、河北省气象局一名领导担任。成员由应急减灾与公共服务司商有关内设机构或直属单位研究确定；组成人员由于职务和岗位变动不能继续履行其职责时，成员随之变动。

三、北京 2022 年冬奥会和冬残奥会气象中心

（一）组建成立

为筹备做好北京 2022 年冬奥会和冬残奥会气象保障服务工作，进一步完善冬奥气象服务工作的协调运行机制，2017 年 6 月 8 日，中国气象局印发了《北京 2022 年冬奥会和冬残奥会气象中心组建方案》（中气函〔2017〕125 号），决定成立北京 2022 年冬奥会和冬残奥会气象中心（以下简称冬奥气象中心），组建方案如下：

1. 组建方式

冬奥气象中心以北京市气象局、河北省气象局为主体，国家级业务单位为支撑，统筹全国气象部门业务技术力量，吸纳有关部门和国内外高校、科研机构专家参与，共同组建形成。该中心由中国气象局审定批准成立，并报北京 2022 年冬奥会和冬残奥会组织委员会（以下简称北京冬奥组委）备案。

2. 中心定位

冬奥气象中心是代表中国气象局，针对北京冬奥组委及北京城区、延庆、张家口赛区的气象服务需求，负责承担北京冬奥会和冬残奥会筹备期间及比赛期间气象保障服务工作的权威、唯一工作机构。

3. 工作职责

（1）负责冬奥会和冬残奥会气象服务需求的收集分析，以及冬奥会和冬残奥会气象服务方案的编制和实施。

（2）组织实施冬奥会和冬残奥会气象服务所需的气象观测、气象信息网络、预报系统及智慧服务系统等能力建设。

（3）组织实施冬奥会和冬残奥会气象科技攻关和科技项目的集成应用。

（4）负责冬奥会和冬残奥会筹办与比赛期间的各项气象保障服务工作。

（5）配合北京冬奥组委及相关单位进行冬奥气象保障服务宣传工作。

（6）综合协调北京市、河北省及火炬接力城市的气象局、中国气象局直属单位冬奥会和冬残奥会气象保障服务工作。

（7）负责与北京冬奥组委联络沟通和相关协调工作。

（8）承担中国气象局和冬奥组委交办的其他工作。

4. 机构和岗位设置

冬奥气象中心设主任 1 名，副主任 3 名，执行副主任 1 名。

主　　任：北京市气象局局长

副 主 任：河北省气象局局长
国家气象中心主任
应急减灾与公共服务司副司长

执行副主任：北京市气象局局领导

冬奥气象中心设立专家指导委员会，由国家气象中心、国家气候中心、国家卫星气象中心、国家气象信息中心、中国气象局气象探测中心、中国气象局公共气象服务中心、中国气象科学研究院、中国气象局气象宣传与科普中心等单位各推荐 1 名负责同志或专家，并邀请有关部门和国内外高校、科研机构专家参与（具体由冬奥气象中心负责组建）。

冬奥气象中心下设综合协调办公室、北京赛区气象服务中心、河北赛区气象服务中心，以及综合探测部、预报技术研发部、集成应用研发部、人工影响天气工作部 4 个技术支持保障部门。具体如下：

（1）综合协调办公室

负责冬奥会和冬残奥会气象服务工作计划、方案的编制起草，与北京冬奥组委有关部门的对口联络，冬奥筹备及运行期气象科普、新闻宣传工作，以及中心日常事务性工作协调管理。

主　任：北京市气象局局领导（兼气象首席联络官）

成　员：北京市气象局、河北省气象局应急与减灾处处长，减灾司应急减灾处处长，国家气象中心、国家气候中心、国家卫星气象中心、国家气象信息中心、中国气象局气象探测中心、中国气象局公共气象服务中心业务科技处处长，中国气象科学研究院科技管理处处长，中国气象局气象宣传与科普中心宣传部主任。

另设专职岗位 4 人，其中北京市气象局 2 人，河北省气象局 2 人。专职人员办公地点设在北京市气象局。

（2）北京赛区气象服务中心

负责组织实施北京地区冬奥会和冬残奥会气象筹备期间及赛时服务工作。同时，北京赛区气象服务中心作为气象服务的牵头部门面向北京冬奥组委，负责冬奥会和冬残奥会筹备期间及赛时天气气候服务的统一出口。

部　长：北京市气象局局领导

副部长：北京市气象台台长、延庆区气象局局长、国家气象中心天气预报室主任

成　员：北京市气象局、国家气象中心、国家气候中心、中国气象局公共气象服务中心相关业务服务人员，抽调全国相关业务服务人员专职工作（具体由部长负责组建）。

（3）河北赛区气象服务中心

负责组织实施河北地区冬奥会和冬残奥会气象筹备期间及赛时服务工作。

部　长：河北省气象局局领导

副部长：河北省气象台台长、张家口市气象局局长

成　员：河北省气象局、国家气象中心、国家气候中心、中国气象局公共气象服务中心相关业务服务人员，抽调全国相关业务服务人员专职工作（具体由部长负责组建）。

（4）综合探测部

负责冬奥会和冬残奥会气象综合探测及信息网络总体规划、技术支持，向冬奥气象中心提供综合探测业务技术支持。

部　长：河北省气象局局领导

副部长：北京市气象探测中心主任、河北省气象技术装备中心主任，中国气象局气象探测中心相关业务处室负责人

成　员：（具体由部长负责组建）

（5）预报技术研发部

面向冬奥会和冬残奥会赛事预报服务需求，负责提供精细化数值预报模式等先进技术支持。

部　长：北京市气象局预报技术研发专家

副部长：北京市气象局、河北省气象局、中国气象科学研究院、国家气象中心预报技术研发专家

成　员：（具体由北京市气象局负责组建）

（6）集成应用研发部

面向冬奥会和冬残奥会赛事预报服务需求，负责做好数值预报解释应用，负责综合业务服务平台和系统建设，负责信息网络系统建设和运行保障，向冬奥气象中心提供预报预测业务系统和智慧服务业务系统支持。

部　长：北京市气象局局领导

副部长：北京市气象局科技发展处处长，河北省气象局科技与预报处处长，中国气象局公共气象服务中心、国家气象信息中心各 1 名处级领导

成　员：（具体由部长负责组建）

（7）人工影响天气工作部

负责提供人工增雪技术支持工作，以及组织开展赛前人工增雪试验工作。

部　长：北京市气象局局领导

副部长：北京市、河北省人工影响天气办公室主任，中国气象局人工影响天气中心 1 名处级领导

成　员：（具体由部长负责组建）

5. 运行管理机制

（1）管理体制

冬奥气象中心作为承担冬奥会和冬残奥会气象保障服务的组织机构，应在中国气象局和北京冬奥组委的领导下，定期向中国气象局冬奥气象服务领导小组和北京冬奥组委汇报有关工作进展和计划安排。遇有重大事项须及时向中国气象局冬奥气象服务领导小组报告。

（2）业务运行机制

冬奥气象中心挂靠北京市气象局，日常运行由执行副主任全面负责。各部门分别负责制定本部门工作规划和年度工作计划，由综合协调办公室汇总，并向中国气象局冬奥气象服务领导小组办公室报告。中国气象局冬奥气象服务领导小组办公室负责监督和考核工作。

冬奥气象中心直接面向北京冬奥组委和地方冬奥运行中心提供气象保障服务，根据服务需求有针对性地开展气象观测、信息网络、预报技术、集成应用、服务产品、雪务保障、人工影响天气等方面的能力建设。综合协调办公室负责协调相关技术支持部门做好科研开发、成果应用和转化等工作。

（3）协调沟通机制

综合协调办公室负责建立与北京冬奥组委相关部门的沟通协调机制，通过会议、简报等形式及时沟通信息。

综合协调办公室负责建立冬奥气象中心各部门之间常态化的联系机制，定期组织召开会议，协调沟通落实各部门相互协作配合等工作。

（4）人才队伍建设机制

冬奥气象中心各部门根据工作任务组建工作团队，团队人员应相对固定，人员调整须报领导小组办公室备案。京外专职人员在京办公期间的办公环境和食宿由北京市气象局负责。通过双边国际合作、国内业务集中培训等方式，开展冬奥气象中心业务人员技术交流和培训。

（5）资金保障机制

冬奥气象中心要在有关职能司的指导协调下，积极通过多种渠道，向科技部和地方政府申请筹措冬奥气象保障服务能力建设和服务工作经费，统筹各方资源支撑冬奥气象保障服务能力建设。中国气象局对冬奥气象中心运行经费给予补助，保障中心日常工作顺利开展。

（二）测试赛期间运行机制

2021 年 1 月 29 日，为深入贯彻落实习近平总书记关于北京冬奥会筹办系列重要指示精神，建立职责清晰、指挥有力、协调高效、运行流畅的赛时运行指挥机制，有序推进冬奥会测试赛和实战气象保障服务工作，中国气象局制定《赛时气象保障服务运行指挥机制工作方案》（气办发〔2021〕4 号）。根据该方案，北京冬奥会气象保障服务赛时运行指挥层对外称冬奥气象中心，是赛时运行指挥具体实施主体，与冬奥组委（主运行中心）、国家体育总局建立工作对接机制，直接向中国气象局党组、北京冬奥会气象协调小组和气象服务工作领导小组负责。

主　　任：中国气象局分管领导

副 主 任：减灾司、北京市气象局、河北省气象局主要负责人

成　　员：预报司、观测司、气象中心、宣传科普中心、人工影响天气中心主要负责人（即运行指挥层各中心 / 工作组主要负责人）

主要职责：负责冬奥气象中心运行管理、决策解决与赛时气象保障服务相关的重要问题，决定向决策指挥层请示报告的重大事项，处置重大突发事件。根据冬奥会各类气象保障需求，冬奥气象中心下设气象服务调度中心、气象服务调度河北分中心、火炬传递气象服务专项工作组（视服务需求）、预报与网络保障专项工作组、综合观测保障专项工作组、新闻宣传科普专项工作组。

1. 气象服务调度中心

主　　任：北京市气象局局长

副 主 任：减灾司分管领导、河北省气象局分管领导

专职副主任：聘任专人专职负责

成　　员：抽调办公室、减灾司、观测司、预报司、北京市气象局、河北省气象局有关处级人员专职负责

办公地点：设在北京市气象局。

主要职责：作为冬奥气象中心的日常办事机构，是气象部门冬奥气象保障服务上传下达、内外沟通的枢纽。负责组织协调决策指挥层部署的任务和工作，对口联络冬奥组委（主运行中心），与中国气象局各内设机构、直属单位、相关省局建立协调机制，与气象服务调

度河北分中心、火炬传递气象服务专项工作组、预报与网络保障专项工作组、综合观测保障专项工作组、新闻宣传科普专项工作组等建立统筹协调机制。负责跨地区、跨单位的冬奥会赛事、开闭幕式等大型活动、各种演练等气象保障服务业务工作的综合协调、会商组织、信息服务、产品统一出口、运行保障等。同时负责北京区域的冬奥气象服务工作协调管理，协调落实北京赛区和延庆赛区现场气象服务，协调落实北京区域内探测、信息网络和预报服务业务系统、后勤保障等。

2. 气象服务调度河北分中心

主　　任：河北省气象局局长

副 主 任：河北省气象局分管领导

办公地点：设在河北省张家口市崇礼区气象局。

主要职责：全面负责协调河北省区域的冬奥气象服务工作；参与天气会商并提出会商要求；面向河北赛区组委会和河北省政府及所属机构，落实气象服务任务；负责协调张家口赛区现场气象服务；负责协调落实河北省区域内探测、信息网络和预报服务业务系统、后勤保障等；向气象服务调度中心上传所需信息。

3. 火炬传递气象服务专项工作组（视服务需求）

组　　长：气象中心主任

副 主 任：减灾司、气象中心分管领导，视情况增加相关省（区、市）气象局分管领导

主要职责：全面负责冬奥会火炬传递气象服务保障工作。

4. 预报与网络保障专项工作组

组　　长：预报司司长

副 组 长：气象中心、气候中心、信息中心、公服中心，以及北京市、河北省气象局分管领导

主要职责：提供天气、气候等预报预测技术支持；保证数值预报模式和气候预测模式稳定运行，国外数值预报等出现重大事故时提供应对支持；对北京和河北气象信息网络提供指导和支持；负责信息网络、网站安全工作，协调涉及冬奥组委和国家相关部门的信息网络安全工作；统筹做好业务系统和数据应急备份。

5. 综合观测保障专项工作组

组　　长：观测司司长

副 组 长：卫星中心、探测中心，以及北京市、河北省气象局分管领导

主要职责：保证气象探测装备稳定运行；保证气象卫星资料的支持，对北京或河北气象部门提出的加密观测需求提供支持；统筹做好观测装备、备品、备件的调度和应急保障。

6. 新闻宣传科普专项工作组

组　　长：宣传科普中心主任

副 组 长：办公室、气象报社、学会秘书处、出版社、华风集团，以及北京市、河北省气象局分管领导

主要职责：负责新闻宣传口径、宣传策划、气象与冬奥知识普及、舆情监控与研判工作等，建立新闻发言人制度。

（三）赛时运行机制

2021 年 9 月 29 日，根据《北京 2022 年冬奥会和冬残奥会赛时运行指挥实施方案》（冬奥组委发〔2021〕26 号），在 2021 年测试赛气象保障服务工作基础上，为进一步健全完善赛时指挥体系内部运行制度，有序推进冬奥会赛时气象保障服务工作，北京冬奥会气象服务协调小组印发了《北京 2022 年冬奥会和冬残奥会赛时气象保障服务运行指挥实施方案》（冬奥气象协调小组〔2021〕5 号）。该实施方案进一步明确了北京冬奥气象中心的职责和组成。

北京冬奥气象中心是赛时运行指挥具体实施主体，与北京冬奥会运行指挥部各工作机构，北京市冬奥会城市运行和环境建设管理指挥部、张家口市冬奥会城市运行和环境建设管理指挥部，北京冬奥组委、国家体育总局建立工作对接机制，直接向协调小组负责。

主　　任：余　勇　中国气象局副局长
副 主 任：佟立新　北京冬奥组委体育部部长
王志华　中国气象局应急减灾与公共服务司司长
张祖强　北京市气象局党组书记、局长
张　晶　河北省气象局党组书记、局长
成　　员（即运行指挥层各中心 / 工作组主要负责人）：
毕宝贵　中国气象局预报网络司司长
曹晓钟　中国气象局综合观测司司长
王建捷　国家气象中心主任
于玉斌　中国气象局气象宣传与科普中心主任
李集明　中国气象科学研究院副院长、中国气象局人工影响天气中心主任

主要职责：负责冬奥气象中心运行管理，决策解决与赛时气象保障服务相关的重要问题，决定向决策指挥层请示报告的重大事项，处置重大突发事件。根据冬奥会各类气象保障需求，冬奥气象中心下设综合协调办公室、冬奥北京气象中心、冬奥河北气象中心、火炬传递气象服务专项工作组、预报与网络保障专项工作组、综合观测保障专项工作组、新闻宣传科普专项工作组。

1. 综合协调办公室

主　　任：王志华　中国气象局应急减灾与公共服务司司长
佟立新　北京冬奥组委体育部部长
常务副主任：王亚伟　中国气象局应急减灾与公共服务司副司长
首席气象官：曲晓波　北京市气象局副局长
副 主 任：郭　虎　北京市气象局副局长

王世恩　河北省气象局副局长
赵会强　中国气象局办公室副主任
金荣花　中国气象局预报与网络司副司长
裴　翀　中国气象局综合观测司副司长

专职副主任： 范增禄（专职）

成　　员： 甘　璐（专职）　吴瑞霞（专职）

中国气象局办公室宣传科普处赵帆、观测司运行管理处庞晶、预报司天气处刘慧、宣传科普中心宣传部胡亚、北京冬奥组委体育部刘博

主要职责： 作为冬奥气象中心综合协调服务部门，是气象部门冬奥气象保障服务上传下达、内外沟通的枢纽。承担气象协调小组与其他各协调小组、北京冬奥会运行指挥部各工作机构运行指挥机制的联络与沟通工作。负责组织协调冬奥气象决策指挥层部署的任务和工作，与中国气象局各内设机构、直属单位、相关省气象局建立协调机制。与冬奥北京气象中心、冬奥河北气象中心、火炬传递气象服务专项工作组、预报与网络保障专项工作组、综合观测保障专项工作组、新闻宣传科普专项工作组等建立统筹协调机制。负责组织向第24届冬奥会工作领导小组和中办、国办呈报冬奥气象服务保障工作信息。

首席气象官曲晓波和副主任郭虎赛时进驻北京冬奥组委主运行中心（MOC），具体负责对接北京冬奥组委主运行中心相关工作。2021年10月至2022年1月15日，范增禄、甘璐、吴瑞霞专职负责综合协调办公室工作，办公地点设在中国气象局机关楼；2022年1月16日至赛事结束，王亚伟、范增禄、甘璐、吴瑞霞、赵帆、庞晶、刘慧、胡亚专职负责综合办公室工作，办公地点设在北京市气象局。

2. 冬奥北京气象中心

主　　任： 张祖强　北京市气象局党组书记、局长

主要职责： 全面负责协调北京市区域的冬奥气象服务工作；面向北京赛区组委会、北京市冬奥会城市运行和环境建设管理指挥部，落实气象服务任务；负责协调北京赛区和延庆赛区现场气象服务；负责协调落实北京市区域内探测、信息网络和预报服务业务系统、后勤保障等（联络人：段欲晓 北京市气象局减灾处处长）。

3. 冬奥河北气象中心

主　　任： 张　晶　河北省气象局党组书记、局长

主要职责： 全面负责协调河北省区域的冬奥气象服务工作；面向河北赛区组委会、张家口市冬奥会城市运行和环境建设管理指挥部，落实气象服务任务；负责协调张家口赛区现场气象服务；负责协调落实河北省区域内探测、信息网络和预报服务业务系统、后勤保障等（联络人：李崴　河北省气象局减灾处副处长）。

4. 火炬传递气象服务专项工作组

组　　长： 王建捷　国家气象中心主任

副 主 任： 王亚伟　中国气象局应急减灾与公共服务司副司长

薛建军　国家气象中心副主任

视情况增加相关省（区、市）气象局分管领导

主要职责：全面负责冬奥会火炬传递气象服务保障工作（联络人：张小玲　气象中心业务科技处处长）。

5. 预报与网络保障专项工作组

组　　长：毕宝贵　中国气象局预报与网络司司长

副 组 长：薛建军　国家气象中心副主任

贾小龙　国家气候中心副主任

罗　兵　国家气象信息中心副主任

朱小祥　中国气象局公共气象服务中心副主任

梁　丰　北京市气象局副局长

郭树军　河北省气象局副局长

主要职责：提供天气、气候等预报预测技术支持；保证数值预报模式和气候预测模式稳定运行，国外数值预报等出现重大事故时提供应对支持；对北京和河北气象信息网络提供指导和支持；负责信息网络、网站安全工作，协调涉及冬奥组委和国家相关部门的信息网络安全工作；统筹做好业务系统和数据应急备份（联络人：刘慧 中国气象局预报与网络司天气处副处长）。

6. 综合观测保障专项工作组

组　　长：曹晓钟　中国气象局综合观测司司长

副 组 长：方　翔　国家卫星气象中心副主任

李　麟　中国气象局气象探测中心副主任

梁　丰　北京市气象局副局长

李　湘　河北省气象局副局长

主要职责：保证气象探测装备稳定运行；保证气象卫星资料的支持，对北京或河北气象部门提出的加密观测需求提供支持；统筹做好观测装备、备品、备件的调度和应急保障（联络人：庞晶 中国气象局综合观测司运行管理处二级调研员）。

7. 新闻宣传科普专项工作组

组　　长：于玉斌　中国气象局气象宣传与科普中心主任

副 组 长：赵会强　中国气象局办公室副主任

彭莹辉　中国气象报社总编辑

王金星　中国气象学会秘书处秘书长

吴晓鹏　气象出版社总编辑

王晓江　华风气象传媒集团有限责任公司副总经理

牛国良　北京市气象局副局长

王世恩　河北省气象局副局长

主要职责：负责新闻宣传口径、宣传策划、气象与冬奥知识普及、舆情监控与研判工作等，建立新闻发言人制度（联络人：胡亚 中国气象局气象宣传与科普中心宣传部主任）。

四、北京冬奥组委气象办公室

2016 年 6 月，北京冬奥组委设立气象服务保障工作办公室，由规划建设部负责，规划建设部可持续发展处加挂气象服务保障工作办公室牌子。2017 年 7 月，北京冬奥组委将气象服务保障工作办公室调整至体育部，体育部竞赛处加挂气象服务保障工作办公室牌子。

五、北京冬奥会和冬残奥会核心气象服务团队

为做好北京冬奥会和冬残奥会的气象服务工作，推进冬奥人才队伍建设，2018 年 9 月 18 日，中国气象局正式组建了冬奥气象服务团队（中气函〔2018〕203 号）。根据冬奥组委体育部赛事运行安排，冬奥现场气象服务团队（包括北京赛区、延庆赛区和张家口赛区）需要 56 名预报服务人员，总体架构如下：

（一）组建目标

冰雪项目与气象条件关系密切，气象是冬奥会成功举办最关键因素之一。冬奥会是第一次将在我国举办，我国的气象部门从未开展过类似的气象保障工作，技术积累严重缺乏。加强冬奥会气象服务保障能力建设，组建冬奥气象服务团队是快速提升冬奥气象服务能力、为冬奥会提供高质量气象保障的基本保证。

从满足冬奥赛事气象服务需求，依托北京市气象局和河北省气象局，举全国之力，有序推进气象服务团队的建设，包括冬奥现场服务团队、信息支撑团队、维护和保障团队等。根据冬奥组委赛事运行的需求，前期冬奥气象服务团队先考虑现场服务团队的组建，未来将根据需求逐步组建，相关管理办法适用其他团队。

（二）冬奥现场服务团队

1. 服务范围和工作职责

冬奥现场服务团队是指直接服务于赛事运行的北京赛区、延庆赛区和张家口赛区的预报员，由北京市气象局、河北省气象局、国家气象中心、中国气象局公共气象服务中心以及有关省（区、市）气象局的业务人员组成。服务类型包括服务于冬奥组委主运行中心（MOC）、赛事场馆预报中心（WFC）和赛事场馆服务中心（WIC）。

工作职责是为北京冬奥会北京赛区、延庆赛区和张家口赛区在北京冬奥会筹备期间、赛前和赛时提供赛事运行的现场预报服务。具体职责依据北京赛区气象服务中心和河北赛区气象服务中心的工作岗位确定。

2. 冬奥现场气象服务团队工作任务和人员规模

根据目前冬奥组委体育部赛事运行安排，2018 年 9 月发文时，初步安排冬奥现场气象服务团队（包括北京赛区、延庆赛区和张家口赛区）需要 56 名预报服务人员（已确定人员 52 名见附表 2–1，略），总体架构见图 2–1。3 个赛区的赛事气象服务类型及服务内容见附表 2–2（略），预报内容和预报点位分别见附表 2–3（略）和附表 2–4（略）。随着冬奥组委的测试赛服务、赛前和赛时运行安排，3 个赛区的具体服务内容和现场服务团队也进行了调整。北京冬奥会和冬残奥会正式服务期间，北京冬奥组委主运行中心（MOC）调整为北京冬奥组委赛事调度中心（MCC），安排 3 名预报服务人员在 MCC 开展气象服务；同时成立在冬奥村工作的赛事调度中心前方工作组，安排 1 名预报服务人员与气象联络员刘博一同直接为杨树安副主席提供天气咨询。正式服务期间，共有 55 名预报服务人员在冬奥现场直接为冬奥赛事提供气象服务。

（1）赛事调度中心前方工作组安排 1 名预报员

北京冬奥会和冬残奥会正式服务期间，安排 1 名预报服务人员和气象联络员刘博一起在冬奥村前方工作组直接为杨树安副主席提供天气咨询。

（2）MOC/MCC 安排 3 名首席预报员

考虑到北京冬奥会主运行中心（MOC）位于北京城区，将安排 3 名首席预报员负责面向冬奥组委指挥体系提供冬奥会涉及的赛事、公众以及决策服务等相关的天气咨询以及报告等工作。

3 名首席预报员轮值，由中央气象台 1 名、北京市气象台 1 名和河北省气象台 1 名组成，具体人选基于赛事运行需要另行确定。

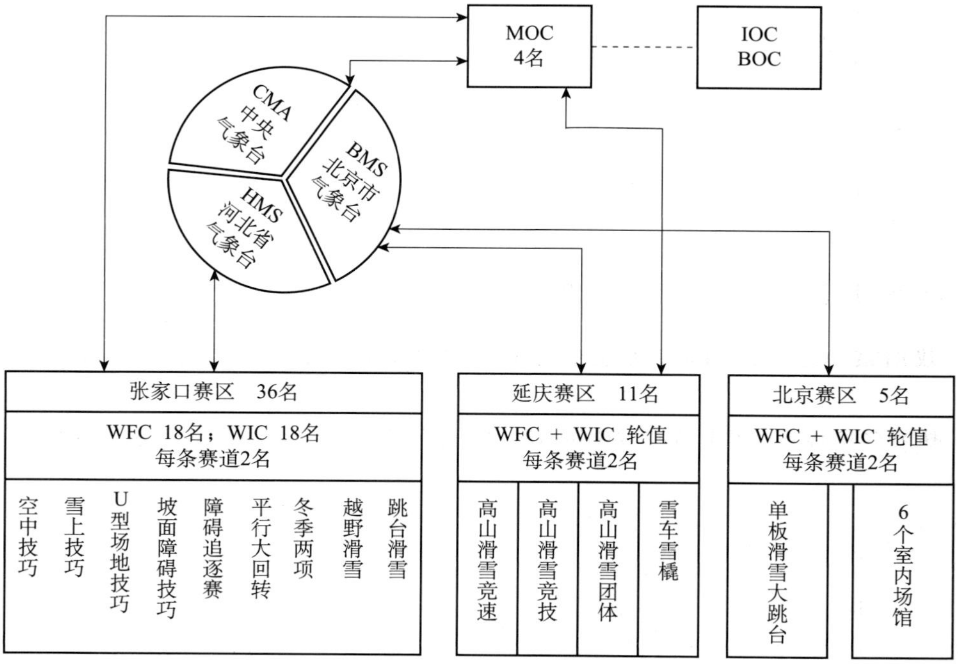

图 2–1 冬奥气象服务团队的架构及人员布局

（3）延庆赛区安排 11 名预报员

延庆赛区承担高山滑雪和雪车雪橇两大赛事服务，有 2 个竞赛场馆。设 8 个预报点位，即高山滑雪竞速赛道和竞技赛道各有 3 个预报站点（起点、中点、终点），雪车雪橇中心 2 个预报站点（最高点和最低点）。延庆赛区设一个 WFC；高山滑雪竞速赛道和竞技赛道、雪车雪橇中心各设 1 个 WIC，每天每个 WIC 安排 2 名预报员值班，进行赛事服务。统筹考虑 WFC 和 WIC 共 11 名预报员轮值，完成上述预报点的预报制作和发布、赛事现场服务等相关赛事服务工作。

人员由北京市气象局 5 名、国家气象中心 1 名、中国气象局公共气象服务中心 2 名、山西省气象局 1 名、内蒙古自治区气象局 2 名预报员组成。

（4）北京赛区安排 4 名预报员

北京赛区承担单板滑雪大跳台（首钢）以及冰壶等 6 个竞赛场馆的赛事服务，设有 6 个预报点位。单板滑雪大跳台比赛日期间或有现场服务需求时，每天安排 1～2 名预报员到现场服务。同时，北京赛区赛事、开闭幕式、其他大型活动等气象服务工作由北京市气象台负责。

统筹考虑 WFC 和 WIC 共 5 名预报员轮值，完成上述预报点的预报制作和发布、赛事现场服务等相关赛事服务工作。由北京市气象局 3 名、国家气象中心 1 名预报员组成。

（5）张家口赛区安排 36 名预报员

张家口赛区承担云顶滑雪公园场地 A、B 和北欧中心、冬季两项中心三大中心共 9 条赛道的赛事服务，设有 9 个预报点位。

WFC 计划安排在张家口运行中心。由 1 名局领导带队，预报服务首席 3 名，预报员 3 组，每组 5 人，共需预报服务人员 18 名。WIC 人员设置按照冬奥组委提出的“一项一策”服务要求，河北赛区 9 条赛道，设置 9 个 WIC，每 WIC 安排 2 名预报员，共 18 名。

张家口赛区考虑直接服务赛事运行的预报员共计 36 名，完成上述预报点的预报制作和发布、赛事现场服务等相关赛事服务工作。由河北省气象局 22 名、国家气象中心 2 名、黑龙江省气象局 4 名、吉林省气象局 4 名、内蒙古自治区气象局 4 名预报员组成。

3. 冬奥现场服务团队抽调人员基本条件

（1）政治素质过硬，团队意识强，事业心和责任心强；遵纪守法，品行端正，身心健康。

（2）热爱冬奥体育气象服务，爱岗敬业，吃苦耐劳，有较强的服务意识、良好的沟通协调能力和现场应变能力。

（3）有较好的英语听说读写能力且普通话标准。

（4）应具有天气预报方向的工程师及以上职称且在预报岗位连续工作 3 年以上，具有北方山地地区冬季预报经验或大型赛事预报服务经验。

（5）年龄一般在 40 岁以下，考虑赛事气象服务均在山区，男性优先。

4. 冬奥现场服务团队抽调人员工作时段

围绕冬奥气象服务以及相关服务能力提升等方面，抽调工作时段一般安排在 10 月至次年 3 月。其中每年冬季实战训练阶段安排在 1 月至 3 月，气象服务能力提升培训等安排 10 月至 11 月期间（通常 3 周左右），预报技术交流通常安排在 4 月（一般 2 天左右）；围绕冬奥组委体育部安排的相关测试赛、赛前和赛时等气象服务一般在每年的 11 月至次年的 3 月。此外，团队人员自由安排时间完成技术总结和学习任务。

（三）冬奥现场服务团队管理

1. 组建程序

（1）坚持组织安排与个人意愿相结合，从严掌握，择优选用。

（2）冬奥气象中心根据北京、河北两个赛区气象服务中心的工作需要，提出团队人员组建方案，报中国气象局冬奥气象服务领导小组办公室会同相关业务职能司审核同意。

（3）北京市气象局、河北省气象局按照团队人员组建方案，与相关省（区、市）气象局和直属单位协商团队人员初步人选。

（4）冬奥气象中心将团队人员初步人选名单等材料报中国气象局冬奥气象服务领导小组办公室，并经相关业务职能司审核同意。

2. 管理与考核

（1）团队人员应严格遵守冬奥气象中心的工作安排和工作纪律，严格执行各项规章制度。冬奥气象中心将与确定的团队人员签署服务协议，并根据个人工作表现，实行淘汰制。

（2）北京市气象局和河北省气象局分别负责管理北京赛区气象服务中心和河北赛区气象服务中心的气象服务团队人员，明确团队人员的工作任务和岗位，并对团队人员阶段工作的现实表现函报派出单位，同时抄送中国气象局人事司。

（3）团队人员需按照冬奥气象中心统一安排全程参加自 2018 年开始的相关工作，直至 2022 年北京冬奥会和冬残奥会气象服务结束。确因特殊原因需要调整的，需由冬奥气象中心正式报中国气象局冬奥会气象服务领导小组办公室同意和备案。

（4）团队人员在参加冬奥气象服务工作期间的工作表现将作为评价其业绩的重要依据之一。

3. 相关保障和待遇

（1）参加冬奥气象服务团队人员，由原工作单位发放工资（含绩效工资），享受原工作单位同类同级人员的各项福利待遇。

（2）参加冬奥气象服务团队人员，其办公条件、差旅费和培训费等，北京赛区、延庆赛区的团队人员由北京市气象局统一负责；张家口赛区的团队人员由河北省气象局统一负责。具体事宜另有约定的，从其约定。

4. 其他情况

北京冬奥组委另有规定的，从其规定。

附表 2-1　冬奥气象服务团队已确定队员名单（52 名）（略）

附表 2-2　冬奥预报服务类型及服务内容列表（略）

附表 2-3　冬奥会场馆预报（略）

附表 2-4　冬奥现场服务预报点位和所需预报员情况（略）

六、北京冬奥会和冬残奥会气象服务赛时运行指挥机制

2021 年 9 月 29 日，根据《北京 2022 年冬奥会和冬残奥会赛时运行指挥实施方案》（冬奥组委发〔2021〕26 号）和《北京 2022 年冬奥会和冬残奥会赛时气象保障服务运行指挥机制工作方案》（气办发〔2021〕4 号）要求，为深入贯彻落实习近平总书记关于北京冬奥会筹办系列重要指示精神，构建职责清晰、指挥有力、协调高效、运行流畅的赛时运行指挥体系，完善决策指挥层、运行指挥层、服务运行层 3 个层级决策、调度、运行有序衔接，建立健全指挥体系内部运行制度，有序推进冬奥会赛时气象保障服务工作，北京冬奥会气象服务协调小组印发了《北京 2022 年冬奥会和冬残奥会赛时气象保障服务运行指挥实施方案》（冬奥气象协调小组〔2021〕5 号），具体运行工作机制、对接方案见图 2–2。

（一）定位和作用

赛时气象保障服务运行指挥体系是为冬奥会气象保障服务各项活动按计划、按标准有序推进而建立的赛时衔接上下、沟通内外的运行指挥工作体系。实施方案旨在全面贯彻习近平总书记关于北京冬奥会筹办系列重要指示精神，认真落实第 24 届冬奥会工作领导小组部署，按照中国气象局、北京冬奥组委、北京市政府、河北省政府、国家体育总局联合组建的气象服务协调小组（以下简称协调小组）要求，统筹协调气象资源力量，实现赛时气象保障服务统一指挥、有序运行。

赛时气象保障服务运行指挥实施方案主要作用包括：一是强化衔接上下、沟通内外的运行指挥；二是强化中间环节少、执行力强的统筹协调；三是强化权威、高效应对重大突发事件的应急指挥。

（二）赛时气象保障服务运行指挥体系

赛时气象保障服务运行指挥体系在原有冬奥气象服务协调小组、冬奥气象中心的组织架构体系下，进一步优化工作机制，对标冬奥组委赛时运行指挥体系，实行“三级设置”。分别是决策指挥层即冬奥气象服务协调小组，运行指挥层即冬奥气象中心，服务运行层即北京赛区、延庆赛区、张家口赛区冬奥气象现场保障服务团队，以及北京、河北区域非赛区气象服务团队。

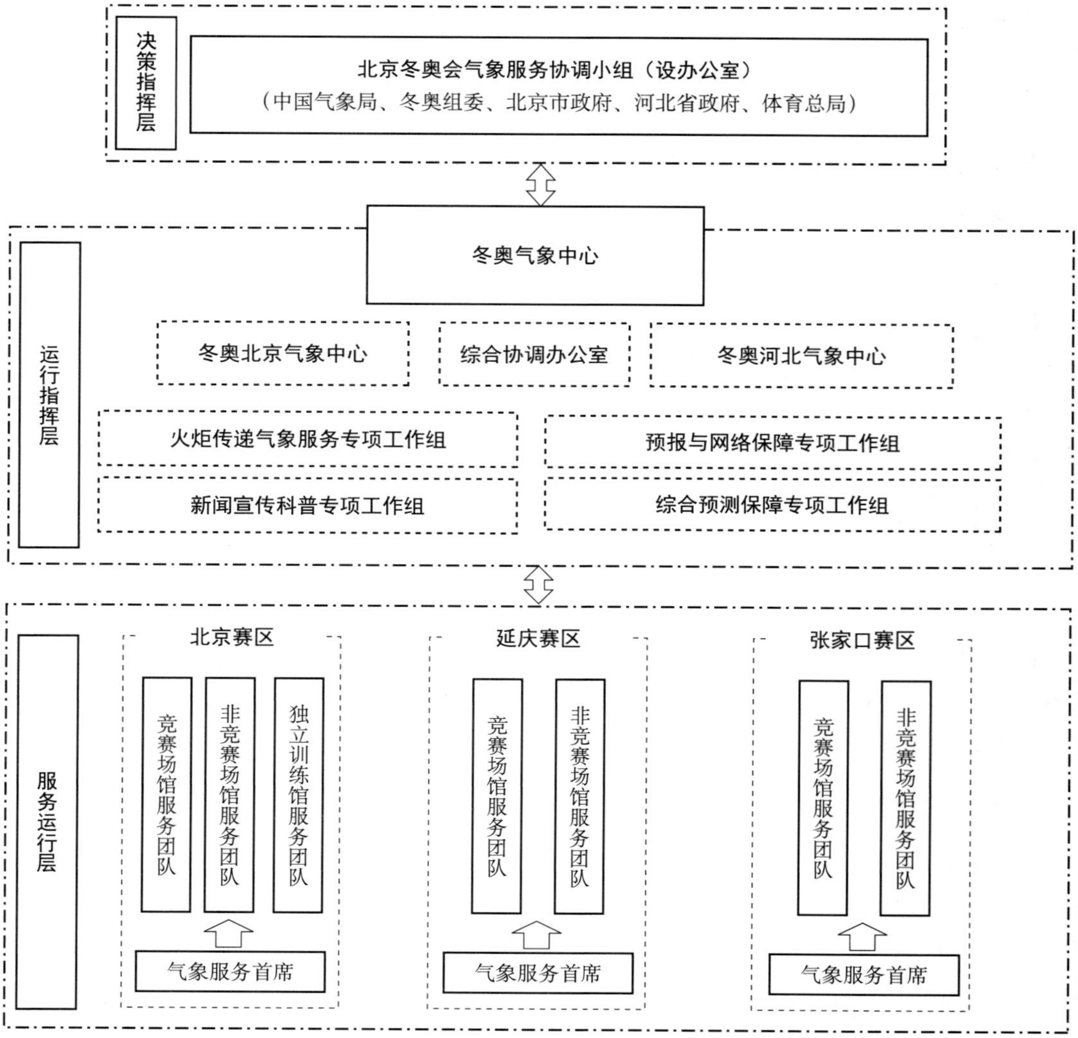

图 2-2　北京 2022 年冬奥会和冬残奥会赛时气象保障服务运行指挥组织框架图

1. 决策指挥层（协调小组）

在第 24 届冬奥会工作领导小组领导下，统筹协调跨区域、跨部门的气象保障服务，根据需求组织实施人工影响天气保障，协调气象重大风险的应急防范工作；从全国层面统筹调度、整合资源力量，指导赛时气象保障服务和重大突发事件。以现场检查、专题会议等形式研究协调解决赛时气象保障服务重点工作和问题。

组　　长：庄国泰　中国气象局党组书记、局长
　　　　　杨树安　中国奥委会副主席，北京冬奥组委党组成员、副主席
　　　　　卢映川　北京市政府副市长
　　　　　时清霜　河北省政府副省长
副 组 长：余　勇　中国气象局党组成员、中国气象局副局长

主要职责：负责贯彻落实第24届北京冬奥会工作领导小组要求，统筹协调跨区域、跨部门的气象保障服务，根据需求组织实施人工影响天气保障，协调气象重大风险的应急防范工作；从全国气象工作层面统筹调度、整合资源力量、指导赛时气象保障服务和重大突发事件。

2. 运行指挥层（冬奥气象中心）（略，详见本章第三节相关内容）

3. 服务运行层

根据北京2022年冬奥会和冬残奥会场馆运行需要，为北京、延庆和张家口等3个赛区的所有竞赛场馆和7个非竞赛场馆提供气象信息，其中在室外项目竞赛场馆（包括首钢滑雪大跳台、国家雪车雪橇中心、国家高山滑雪中心、云顶滑雪公园、国家越野滑雪中心、国家跳台滑雪中心、国家冬季两项中心）、主运行中心及其下的竞赛指挥组均设有专职气象服务人员，现场沟通研判天气。

（三）运行机制

1. 协调沟通机制

各部门要加强协调配合，综合协调办公室要切实发挥统筹协调作用，积极主动做好与北京冬奥会运行指挥部各工作机构、冬奥气象中心各组成部门以及与北京市气象局、河北省气象局、各直属业务单位、相关省（区、市）气象局的沟通联系，畅通渠道。

2. 主要领导负责制

冬奥气象中心和各组成部门实行主要领导负责制，各组成部门负责人按照工作责任，建立和完善观测、预报、信息网络、服务、人工影响天气、新闻宣传等工作相关任务，建立工作台账。

3. 例会和简报制度

2021年10月至2022年1月15日，根据工作需要建立每周例会和简报制度。

2022年1月16日至赛事结束，建立每日例会和简报制度。

综合协调办公室负责组织召开工作例会；负责制作和分发工作简报。

4. 服务和宣传统一口径制度

建立服务和宣传统一口径制度。涉及对外宣传和服务工作，要加强与北京市气象局、河北省气象局沟通联系，决策服务、宣传和信息报送任务负责人要严格把关，确保所有天气实况、预报预测和服务产品必须保持一致，确保宣传口径保持一致。

5. 重大事项报告和应急响应制度

建立重大突发事件报告制度，遇有复杂性天气情况和重大事项，第一时间电话报告综合协调办公室。冬奥气象中心牵头进行各类重大风险的梳理排查，制定重大风险应急预案，与相关部门和单位建立紧密联系协调机制。

6. 特别工作状态制度

2022 年 2 月至赛事结束，拟进入中国气象局重大活动气象保障服务特别工作状态。期间，各单位实行 24 小时领导带班和业务值班制度，严格实行业务系统运行和突发事件零报告制度。

七、北京 2022 年冬奥会和冬残奥会天气会商机制

2021 年 2 月雪上项目和 4 月冰上项目测试活动期间，冬奥气象中心安排了“三级六方”天气会商方案，圆满助力测试活动气象保障的顺利进行。借鉴前期经验，并考虑疫情防控要求和实际工作需要，现对北京冬奥会和冬残奥会期间天气会商机制规定如下：

（一）会商总则

本机制适用于针对北京 2022 年冬奥会气象服务保障需求以及影响赛事的天气过程，定期、不定期开展的北京冬奥会和冬残奥会天气会商。

（二）会商单位

会商单位分为 3 个层级，分别为：
一级：中央气象台、北京市气象台、河北省气象台；
二级：北京城区、北京延庆、河北张家口 3 个赛区的场馆预报中心；
三级：各场馆现场服务团队和 MOC 主运行中心。

（三）会商组织

1. 火炬接力会商

由中央气象台组织，北京市气象台、河北省气象台按要求发言。

2. 开闭幕式会商

由北京市气象台组织，一级会商单位参加。参照重大活动保障，成立专家组，针对开闭幕式保障需求进行现场或视频会商。

3. 赛时会商

（1）一般天气会商

由二级会商单位或三级会商单位（即各赛区或现场团队）自行组织，视需求选择二级和三级单位参与会商。

（2）重大天气过程会商

当可能出现特殊天气并对赛事产生较大影响时，由北京市气象台按照天气过程和赛事服

务需求启动会商，或由各赛区提前 1 天向北京市气象台提出会商需求，由北京市气象台组织启动会商。重大天气过程会商参加单位为一级、二级、三级单位（根据天气影响范围确定参加单位），会商前由各赛区将需要发言的场馆通过电话、气政邮等即时方式报告北京市气象台。

（四）职责分工

（1）中央气象台、北京市气象台、河北省气象台设置冬奥首席岗位，对冬奥会期间天气系统总体把关。

（2）中央气象台负责组织火炬接力会商；北京市气象台负责组织开闭幕式会商；北京市气象台视需求负责组织重大天气过程会商；各赛区预报中心和现场团队视需求组织一般天气会商。

（3）各赛区预报中心和现场团队根据需要向北京市气象台提出会商申请，并按职责对责任范围内天气进行把关。

（4）MOC 主运行中心视需要与北京市气象台沟通确定会商发言。

（五）会商重点

一级单位：对冬奥会和冬残奥会气象服务期间可能影响各赛区的天气系统进行把关；

二级单位：重点阐述当天以及未来 3 天内赛事关注点、场馆天气以及对赛事的可能影响；

三级单位：重点补充说明最新的现场服务需求以及关注点。

（六）会商保障

（1）视频会商通过全国视频会商系统和小鱼易连同步进行；

（2）请会商组织方及时联系国家气象信息中心、北京市气象信息中心、河北省气象信息中心做好视频会商保障，会商前应主动与会商参与单位联系，进行有关设备调试，会商过程应设专人负责会商系统的保障，直至会商结束。

八、北京市气象局冬奥会气象保障服务组织建设

2021 年 9 月 3 日，为全力做好北京 2022 年冬奥会和冬残奥会北京市气象保障服务工作，根据《2022 年冬奥会和冬残奥会北京市运行保障指挥部工作方案》，在中国气象局指挥体系下，北京市气象局组织制定了《北京 2022 年冬奥会和冬残奥会北京市气象局气象保障服务工作方案》。

（一）北京市气象局组建北京中心

按照属地组织实施原则，统筹考虑北京区域预报、服务、探测、信息网络、人影、后勤保障等相关工作，组建北京中心。

主　　任：张祖强　市气象局局长

副 主 任：曲晓波　市气象局副局长

牛国良　市气象局副局长
郭　虎　市气象局副局长
王月宾　市气象局党组纪检组长
梁　丰　市气象局副局长
郭彩丽　市气象局副局长
刘　强　市气象局二级巡视员
季崇萍　市气象局总工程师

成员单位：办公室、减灾处、预报处、科技处、计财处、人事处、法规处、机关党办、纪检组，气象台、气候中心、环境气象中心、城市院、气象服务中心、灾害防御中心、信息中心、探测中心、机关服务中心、人影办，延庆区气象局。

工作职责：北京中心负责对接中国气象局冬奥气象服务领导小组及其下属的冬奥气象调度中心（综合协调办公室），对接 2022 年冬奥会和冬残奥会北京市运行保障指挥部（以下简称北京市指挥部）。全面负责协调落实北京区域冬奥赛时气象服务保障工作。负责相关系列文化活动、考察活动等北京属地气象保障服务。负责提供北京区域冬奥气候分析服务工作；负责开闭幕式彩排、预演及正式活动气象服务和现场保障；协调落实北京赛区和延庆赛区赛事、冬奥村及外围的气象保障服务；负责北京区域内探测、信息网络和预报服务业务系统运行保障及后勤保障等；负责按照火炬传递气象服务专项工作组统一要求完成火炬传递北京属地气象服务工作。负责北京区域非赛区交通、旅游、能源等城市运行及环境保障气象服务。向冬奥气象调度中心（综合协调办公室）、北京市指挥部上报信息。完成上级交办的各项相关工作。

北京中心副主任分别负责对接北京市指挥部和中国气象局冬奥气象调度中心下设的相关工作组。

曲晓波负责对接北京冬奥组委相关部门，赛时进驻北京冬奥组委主运行中心（MOC）；负责组织落实北京市指挥部办公室等相关工作；负责统筹北京中心综合运行管理办公室相关工作。

牛国良负责组织落实北京市指挥部新闻宣传及文化活动工作组、安全保卫工作组、医疗防疫工作组和冬奥气象调度中心新闻宣传科普专项工作组等相关任务；负责统筹北京中心应急保密宣传后勤工作组相关工作。

郭虎负责组织落实北京市指挥部火炬接力保障组、赛事综合保障组和冬奥气象调度中心火炬传递气象服务专项工作组等相关任务；负责统筹北京中心北京城区预报服务组相关工作。

王月宾负责组织落实北京市指挥部监督组等相关任务；负责统筹北京中心监督组相关工作。

梁丰负责组织落实北京市指挥部技术服务保障组、冬奥村保障组和冬奥气象调度中心预报与网络保障专项工作组、综合观测保障专项工作组等相关任务；负责统筹北京中心延庆区气象服务组、技术支撑工作组相关工作。

郭彩丽负责组织落实北京市指挥部礼宾及机场协调保障组、人力资源及志愿者工作组等相关任务。

刘强负责组织落实北京市指挥部开闭幕式工作组、交通运行保障组、城市运行及环境保障组等相关任务；负责统筹北京中心开闭幕式服务组、气候服务组、城市运行和环境气象服务组、人影工作组相关工作。

季崇萍负责组织落实北京市指挥部开闭幕式服务组相关任务；组织科技冬奥技术成果在开闭幕式及赛事预报服务中的落地应用。

（二）北京中心下设综合运行管理办公室和10个工作组

具体组成和分工职责如下：

1. 综合运行管理办公室（简称“办公室”）

赛时负责局领导：张祖强　市气象局局长
主　　　　任：曲晓波　市气象局分管局领导
副　主　　任：段欲晓　市气象局应急与减灾处处长
成　　　　员：（略）
工　作　职　责：负责对接北京市指挥部办公室、冬奥气象调度中心及相关工作组的气象保障服务需求；组织编制、协调、落实冬奥会和冬残奥会北京地区气象服务工作方案；统筹协调安排督办北京中心内设各组工作；负责北京中心相关会议筹备、纪要撰写和督导落实、简报编制、信息动态报送等；负责组织北京中心总结报告材料；负责协调落实经费保障、做好经费使用管理；完成北京中心交办的其他工作。

文稿与信息团队
队　　长：孟金平　市气象局应急与减灾处副处长
工作职责：负责冬奥会和冬残奥会赛前和赛时期间北京中心各工作组各类工作动态信息收集、汇总、撰写及报送；负责有关领导讲话的起草；负责向北京市指挥部及各专项保障组、中国气象局领导小组、冬奥气象调度中心报送工作动态、总结等材料的起草和报送；负责北京中心全体及办公室会议纪要的起草；各副主任指定联络员负责向对应上级机构反馈信息，同时抄报队长、副队长；完成办公室交办的其他工作。

2. 应急保密宣传后勤工作组

分管局领导：牛国良
组　　长：韩桂明　市气象局办公室副主任
工作职责：负责组织落实北京市指挥部新闻宣传及文化活动工作组、安全保卫工作组、医疗防疫工作组和中国气象局冬奥气象中心新闻宣传科普专项工作组相关任务。制定专项方案；协调北京中心突发事件应急处置工作；统筹组织做好会议保障、后勤保障、防疫、保密和档案、新闻宣传和舆情应对等工作；完成北京中心交办的其他工作。

（1）应急与后勤团队

队　　长：李永成　市气象局办公室一级调研员
工作职责：负责落实局内突发事件应急处置工作，及时启动应急响应；提前对值班带班、信息接报、值班检查等工作进行安排部署，及时指导日常行政和应急带班处长及值班员妥善处置各类突发事件；组织做好与应急响应有关的全市后勤保障，指导有关区局做好相关后勤保障；完成组里交办的其他工作。

（2）保密与档案团队

队　　长：韩桂明　市气象局办公室副主任

工作职责：负责落实保密和档案管理相关工作，严格遵守并指导其他工作组规范执行保密和档案管理制度，按保密要求开展档案资料的收集、整理、归档和使用等的统筹管理；做好相关文件保管、大事记收集整理；按照北京市指挥部对赛前及赛时服务保障工作的保密要求，适时开展北京中心内部保密检查；完成组里交办的其他工作。

（3）宣传与舆情团队

队　　长：张　静　市气象局办公室副主任

工作职责：负责落实中国气象局冬奥气象中心新闻宣传科普专项工作组的分工任务，制定北京中心新闻宣传和舆情应对工作方案；按中国气象局和市及相关区政府有关单位要求，统一口径，做好适度宣传的各项准备；负责沟通协调中国气象局、市及相关区有关宣传单位以及主流媒体；做好重大会议的新闻宣传报道以及气象服务的宣传和图文视频素材收集工作；负责宣传纪录片等产品的制作；组织做好赛时气象服务相关舆情监测，做好舆情引导和应对等工作；完成组里交办的其他工作。

3. 气候服务组

分管局领导：刘　强

组　　　长：王　冀　市气候中心主任

工作职责：负责面向北京冬奥组委、相约北京系列体育赛事组委会、高山滑雪世界杯延庆站组委会、北京市委市政府等提供冬奥赛区气候预测及延伸期预测信息、雪务气候预测信息等；提供开闭幕式气候风险分析；提出并落实气候专项会商联动方案；完成北京中心交办的其他工作。

4. 开闭幕式服务组

分管局领导：刘　强

组　　　长：季崇萍　市气象台台长

工作职责：负责落实北京市指挥部开闭幕式工作组气象服务保障任务；负责开闭幕式及彩排和预演期间所在地的天气实况、预报和预警服务；根据开闭幕式需求，向奥组委、北京市政府提供国家体育场天气实况和天气趋势，制作和发布国家体育场未来 0～10 天精细化天气预报和短时临近预报预警及现场服务；按需开展现场应急观测保障；完成北京中心交办的其他工作。

5. 北京城区预报服务组

分管局领导：郭　虎

组　　　长：乔　林　市环境气象中心主任

工作职责：负责落实北京市指挥部火炬接力保障组、综合赛事保障组北京城区赛事、冬奥村保障组北京冬奥村气象服务保障任务。负责冬奥会和冬残奥会赛前和赛时期间北京城市 0～10 天无缝隙天气预报制作；负责城市高影响和灾害性天气预警；负责提供城市天气实况信息；负责火炬接力、北京城区内各赛事场馆预报服务；负责冬奥筹备期和比赛期间各类相关活动的气象服务；指导各区局，保持预报服务口径一致，做好属地服务；面向 MOC、竞赛团队、组委会等发放满意度调查问卷，赛后分析赛事气象服务满意度情况；完成北京中心交办的其他工作。

（1）北京冬奥组委主运行中心（MOC）现场服务团队

队　　长：何　娜　市气象台首席预报员

工作职责：负责为 MOC 现场提供天气信息和咨询服务；协调北京、延庆和张家口赛区，保持气象预报服务口径一致；完成组里交办的其他工作。

（2）火炬接力服务团队

队　　长：甘　璐　市气象台副台长

工作职责：负责落实火炬传递气象服务专项工作组工作要求，提供北京属地气象服务和现场服务；完成组里交办的其他工作。

（3）首钢赛区赛事预报服务团队

队　　长：杜　佳　市气象台首席预报员

工作职责：负责首钢赛区文化活动、训练、比赛时段气象服务保障产品制作和发布，提供现场预报服务保障和相应的咨询服务工作；完成组里交办的其他工作。

（4）北京城区场馆赛事预报服务团队

队　　长：郭　锐　市气象台副台长

工作职责：负责国家体育馆、五棵松体育中心、国家速滑馆、首都体育馆、国家游泳中心 5 个竞赛场馆和国家体育场、北京冬（残）奥村、北京颁奖广场 3 个非竞赛场馆气象服务保障工作。负责临时现场保障任务和相应的咨询服务工作；负责与场馆、区气象局等预报服务人员之间的沟通联络；完成组里交办的其他工作。

（5）北京城区外围气象服务团队

队　　长：郭　锐　市气象台副台长

工作职责：市气象台统筹指导各区气象局保持服务口径一致，各区气象局根据各属地政府部门需求，提供属地气象保障；完成组里交办的其他工作。

6. 延庆区气象服务组

分管局领导：梁　丰

组　　　长：闫　巍　延庆区气象局局长

工作职责：负责落实北京市指挥部综合赛事保障组延庆赛区赛事、冬奥村保障组延庆冬奥村气象服务保障任务。负责对接北京冬奥组委主运行中心（MOC）现场服务团队，保持延庆赛区气象预报服务口径一致。负责贯彻落实北京中心、延庆赛区冬奥领导小组、延庆赛时运行指挥部、延庆运行分中心各项工作要求和任务。负责延庆赛区、外围及城市运行气象服务保障的运行指挥和组织实施；负责检查督导各任务落实；协调解决服务中遇到的重大问题；负责延庆区气象服务宣传和后勤保障工作；负责周边和协助赛区综合气象监测系统加密观测、维护巡检和抢修工作；负责接待联络来延气象保障人员按区统一规定的场馆出入、注册、餐饮、住宿、考察、抵离等保障工作；落实延庆区领导和涉及本区气象服务的礼宾工作；负责来延气象保障人员的疫情防控、监管和应急处置工作；面向竞赛团队、组委会等发放满意度调查问卷，赛后分析赛事气象服务满意度情况；完成北京中心交办的其他工作。

（1）延庆赛区现场预报服务团队

队　　长：时少英　市气象台副台长

工作职责：充分发挥团队临时党支部战斗堡垒作用，负责延庆赛区国家高山滑雪中心和国家雪车雪橇中心两个室外项目竞赛场馆的预报和现场服务；负责延庆冬奥村、延庆颁奖广场两个非竞赛类场馆的预报；完成组里交办的其他工作。

（2）延庆赛区外围气象服务团队

队　　长：张　曼　延庆区气象局副局长

工作职责：负责落实延庆区三处十二组相关要求和任务；负责延庆赛时运行指挥部现场气象服务保障；负责对接延庆冬奥村、冬奥颁奖广场两个非竞赛场馆的服务需求，与延庆赛区现场预报服务团队保持预报口径一致，做好现场等服务；负责制服与注册分中心、阪泉综合服务区及冬奥相关各类非赛事活动气象预报服务保障工作；负责延庆赛区内的气象自动站和海陀山雷达的现场保障，配合落实技术支撑工作组其他保障任务；完成组里交办的其他工作。

（3）延庆区城市运行服务团队

队　　长：伍永学　延庆区气象局副局长

工作职责：负责延庆区交通运输、交通抵达、医疗救治、餐饮住宿、森林防火、大气环境、应急处置和疫情防控等城市运行安全气象服务保障工作；负责赛区周边气象综合监测系统加密观测、维护巡检和抢修工作；负责信息与数据安全保障工作；完成组里交办的其他工作。

（4）延庆区接待联络服务团队

队　　长：马姗姗　延庆区气象局副局长

工作职责：负责统筹与接待来延气象保障人员和区服务单位的联络协调，安排来延气象保障人员按区统一规定的场馆出入、注册、餐饮、住宿、考察、抵离等保障工作；落实延庆区领导和涉及本区气象服务的礼宾工作；负责来延气象保障人员的疫情防控、监管和应急处置工作；完成组里交办的其他工作。

7. 城市运行和环境气象服务组

分管局领导：刘　强

组　　　长：郭文利　市气象服务中心主任

工作职责：负责牵头落实北京市指挥部城市运行及环境保障组和交通运行保障组气象服务保障相关任务。负责联合相关区局做好全市及赛区外围重点区域的扫雪铲冰气象服务；

负责冬奥智慧气象 App 运维保障，负责配合冬奥气象服务网站运维；负责延庆赛区直升机救援气象服务；负责北京区域非赛区交通、能源、旅游等城市运行保障气象服务及公众气象服务工作。配合市生态环境局做好北京赛区冬奥会和冬残奥会赛事期间空气质量联合预报会商；负责开展空气重污染、低能见度等天气应急工作；参加现场应急保障观测服务；完成北京中心交办的其他工作。

8. 技术支撑工作组

分管局领导：梁　丰

组　　　长：宋巧云　市气象局观测与预报处处长

工作职责：负责组织做好全市（协助延庆赛区）各类探测设备稳定运行保障；负责组织各类加密观测工作。负责组织做好冬奥气象数据环境的实时稳定运行及保障；负责组织做好各地网络通信保障；负责组织做好冬奥气象综合可视化系统、冬奥多维度预报系统等、睿图数值预报各子系统、冬奥 FDP 系统的实时稳定运行；负责组织做好多地多类视频通信保障；负责按照国际奥组委要求开展 ODF 实时数据服务工作；负责冬奥会期间全局网络安全防御工作。负责组织央地联合天气会商，确定会商倒排期表；负责组织冬奥天气预报技术交流；负责组织成熟的冬奥气象科技成果在冬奥系统中的稳定运行。负责对接北京市指挥部技术服务保障组；完成北京中心交办的其他工作。

（1）观测保障团队

队　　长：刘旭林　市气象探测中心主任

工作职责：负责做好全市（协助延庆赛区）各类探测设备稳定运行保障，做好各类探测设备运行监控、维护维修、计量检定、应急等保障工作，负责实时监控各赛区观测数据质量情况，确保各赛区实时观测数据及时、准确。按要求开展加密观测等相关工作；完成组里交办的其他工作。

（2）信息技术保障团队

队　　长：林润生　市气象信息中心主任

工作职责：负责做好京、冀两地冬奥气象数据环境的实时稳定运行及保障；负责做好京冀、奥组委、冬奥场馆、大型观测设备的网络通信保障；负责做好冬奥气象综合可视化系统、冬奥全流程监控系统的实时运行；负责做好多地多类视频通信保障；负责按照国际奥组委要求开展 ODF 实时数据服务工作；负责开展冬奥会期间全局网络安全攻防演练及技术防御工作；完成组里交办的其他工作。

（3）预报客观产品支持团队

工作职责：负责开展睿图模式、冬奥客观实况分析及预报产品的实时运行及检验评估；负责冬奥气象科技成果应用情况分析；负责睿图各数值预报子系统、多维度冬奥预报业务平台、智慧冬奥 2022 天气预报示范计划（FDP）等各类业务系统平台的稳定运行；完成组里交办的其他工作。

9. 人影工作组

分管局领导：刘　强

组　　　长：丁德平　市人工影响天气办公室常务副主任

工作职责：负责落实中国气象局人工影响天气联合指挥专项工作组任务；负责以国家体育场地区、海陀山周边地区为重点区域，开展冬季人工影响天气作业试验，做好技术、人员、设备物资等各项储备；根据保障需求，针对开闭幕式活动等开展人影作业；负责人影作业等工作与相关国家级业务单位服务口径一致；完成北京中心交办的其他工作。

10. 监督组

分管局领导：王月宾

组　　　长：奚　文　市气象局纪检组常务副组长、机关纪委书记

工作职责：负责对接北京市指挥部监督组。统筹冬奥会和冬残奥会气象服务监督执纪问责和监督调查处置工作；督促各工作组切实履行主体责任，坚决落实党组相关部署要求；负责监督各工作组、有关部门和单位严格落实中央八项规定精神，力戒形式主义、官僚主义；负责监督有关党组织、党员干部履职尽责，对不担当、不作为、乱作为的严肃问责，对违纪违法问题严肃查处；完成北京中心交办的其他工作。

11. 专家咨询工作组

由各工作组根据需要，分别组建天气预报、气候分析和预测、环境气象服务、人工影响天气等专家咨询组，负责为冬奥会和冬残奥会气象服务提供远程或现场技术支持、各专项方案技术把关和总结技术指导；具体人员组成等详见各专项方案。

以上如遇人员岗位和职务变动等原因不能继续履行其职责时，成员随之变动。具体运行工作机制、对接方案见图 2–3。

九、河北省气象局冬奥会气象保障服务组织建设

（一）申办阶段

为做好冬奥申办筹备期间的气象服务保障工作，河北省气象局按照中国气象局及省委、省政府的统一部署安排，成立了申办 2022 年北京冬季奥运会筹备工作领导小组，统一指挥全省冬奥申办筹备期间的气象服务保障工作，对接和落实中国气象局、北京市气象局以及河北省申奥办的有关服务需求，同时成立了预报预测组、人工影响天气组、气象服务组 3 个工作组。领导小组人员如下：

组　长：宋善允　省气象局局长

副组长：彭　军　省气象局副局长

成　员：于占江、卢建立、连志鸾、顾光芹、吴孟恒、李宝东、马翠平、王建平

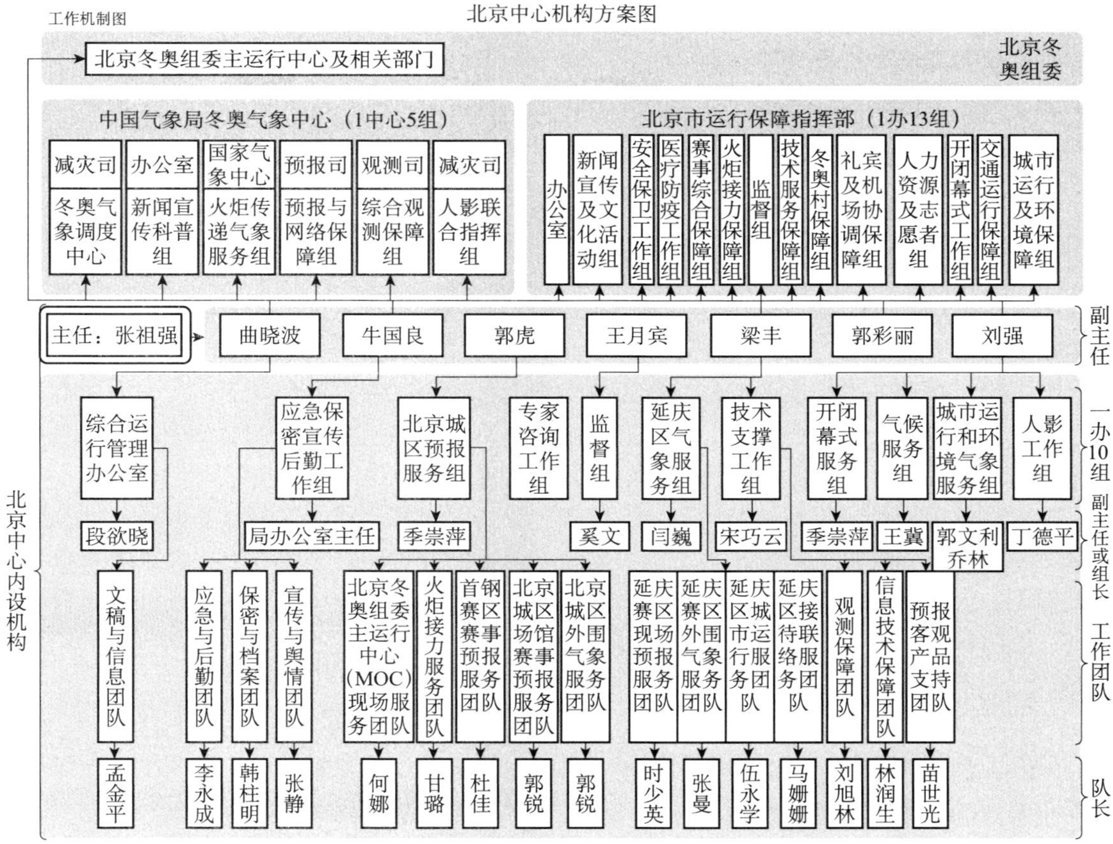

图 2-3　北京市气象局冬奥会和冬残奥会气象服务保障组织结构图

（二）筹办阶段

2016 年 2 月 25 日，河北省气象局办公室印发《关于成立第 24 届冬奥会气象服务工作领导小组的通知》（冀气办发〔2016〕7 号），成立河北省气象局第 24 届冬奥会气象服务工作领导小组，领导小组办公室设在省气象局应急与减灾处，具体负责领导小组各项重大决策的安排部署和督导落实，定期调度年度重点工作，成员如下：

组　长： 宋善允　省气象局局长

副组长： 关福来　省气象局副局长

　　　　彭　军　省气象局副局长

成　员： 刘怀玉、闫巨盛、郭艳岭、卢建立、刘建文、连志鸾、顾光芹、陈小雷

　　　　魏俊国、关彦华、张中杰、马翠平、石立新、李宝东、王建平

随人员岗位调整，河北省气象局每年更新第 24 届冬奥会气象服务工作领导小组成员名单，2017 年领导小组副组长调整为郭树军、赵黎明；2018 年，组长调整为张晶；2019 年，副组长调整为王世恩、王欣璞、郭树军；2021 年，副组长增加李湘。2022 年 4 月 25 日，河北省气象局印发《关于调整议事协调机构的通知》（冀气函〔2022〕106 号），对第 24 届冬奥会气象服务工作领导小组进行了最终调整，成员如下：

组　长：张　晶　省气象局局长
副组长：郭树军　省气象局副局长
成　员：赵妙文、李海青、赵建明、王新龙、刘建文、连志鸾、顾光芹、陈小雷
　　　　杨海龙、刘玉民、李　崴、扈　勇、卢建立、王建恒

（三）举办阶段

2020 年 10 月 22 日，河北省气象局印发《北京 2022 冬奥会和冬残奥会气象服务保障运行方案》（冀气发〔2020〕73 号），组建北京 2022 年冬奥会和冬残奥会张家口赛区气象服务保障前方工作组，组长为王世恩、副组长为卢建立，负责指挥调度张家口赛区一线气象服务保障工作，协调各单位、各岗位以及相关工作人员做好各项服务保障工作。下设首席专家团、媒体新闻官，由综合协调组、新闻宣传组、决策服务组、赛事服务组、交通服务组、装备保障组、信息保障组、人影保障组 8 个专项工作组组成。

根据服务需求和测试赛保障情况，河北省气象局对张家口赛区气象服务保障前方工作组进行了 3 次调整，下设机构调整为综合协调组、赛事服务组、赛会服务组、装备保障组、网信安保组、人影保障组、信息宣传组、后勤保障组 8 个专项工作组以及首席专家团、媒体新闻官、场馆保障团队（图 2–4）。具体组成如下：

1. 工作组领导

前方工作组设组长 1 名、副组长 3 名，由副组长协助组长全面领导冬奥气象服务保障一线各项工作。具体组成如下：

组　长：郭树军　省气象局副局长
副组长：赵国石　省气象局二级巡视员
　　　　李兴文　省气象局二级巡视员
　　　　卢建立　张家口市气象局局长

2. 综合协调组

综合协调组由省气象局及相关单位有关工作人员组成，具体负责冬奥气象服务保障期间前方工作组与冬奥气象中心、张家口市冬奥会城市运行和环境建设管理指挥部、北京 2022 年冬奥会和冬残奥会河北省运行保障指挥部综合办公室（下设省冬奥调度指挥中心）以及省气象局后方各有关单位的联系，对接省市赛会、赛事运行保障单位，启动气象风险应急响应，统筹组织应急处置工作。具体组成如下：

组　　　长：卢建立（兼）　张家口市气象局局长
副组长、成员：（略）

3. 赛事服务组

赛事服务组由张家口赛区现场气象服务团队和雪务服务人员组成，具体负责冬奥气象服务保障期间做好面向赛事与场馆运行的现场预报服务和雪务服务工作。具体组成如下：

组　　　长：王宗敏　现场气象服务团队负责人，省气象台副台长

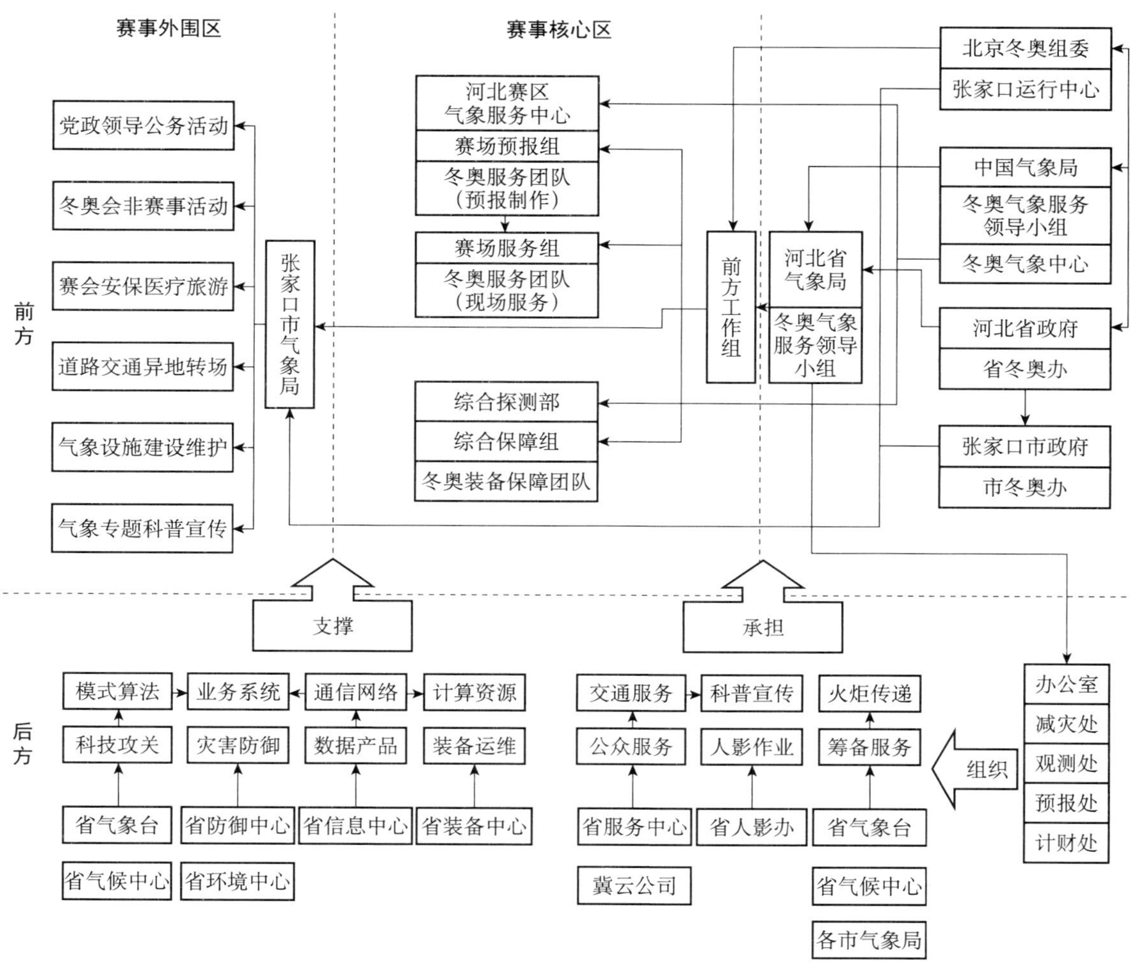

图 2-4　张家口赛区冬奥会和冬残奥会赛时气象服务工作组组织架构

副组长、成员：（略）

4. 赛会服务组

赛会服务组由省气象局及相关单位有关工作人员组成，具体负责冬奥气象服务保障期间做好赛区及周边地区交通、电力、安保、环境等城市和赛会运行气象服务，承担面向赛区各级党政领导以及省冬奥调度指挥中心、张家口市冬奥会城市运行和环境建设管理指挥部的各类决策气象服务保障工作。具体组成如下：

组　　　长：苗志成　张家口市气象局副局长

副组长、成员：（略）

5. 装备保障组

装备保障组由省气象局以及相关单位有关工作人员组成，具体负责冬奥气象服务保障期间赛区及周边相关探测装备巡查维护与故障排除。具体组成如下：

组　　　长：幺伦韬　装备保障团队负责人，省气象技术装备中心副主任
副组长、成员：（略）

6. 网信安保组

网信安保组由省气象局及相关单位有关工作人员组成，具体负责冬奥气象服务保障期间监控冬奥探测系统、冬奥预报服务系统、冬奥气象服务网站等张家口赛区实况与预报产品状态和网络通信状态，及时排除涉奥气象信息与通信系统故障，确保各类气象业务数据、产品传输及时准确，通信稳定可靠。具体组成如下：

组　　　长：安文献　省气象局观测与网络处副处长
副组长、成员：（略）

7. 人影保障组

人影保障组由省气象局及相关单位有关工作人员组成，具体负责冬奥气象服务保障期间根据统一部署综合协调空地协同作业指挥，组织开展张家口赛区及周边地区的人工影响天气地面作业。具体组成如下：

组　　　长：董晓波　省人工影响天气中心副主任
副组长、成员：（略）

8. 信息宣传组

信息宣传组由省气象局及相关单位有关工作人员组成，具体负责冬奥气象服务保障期间组织采访一线工作人员、采集图像影音素材、制作与发布宣传报道稿件和工作信息，协助首席新闻官起草新闻通稿，提供相关新闻宣传技术支持，负责冬奥气象服务舆情管控工作；制作与发布前方工作组工作简报，起草阶段性工作总结、报告等文字材料。具体组成如下：

组　　　长：杨雪川　省气象局办公室副主任
副组长、成员：（略）

9. 后勤保障组

后勤保障组由省气象局和张家口市气象局有关工作人员组成，具体负责统筹管理调派参加保障的车辆与司机，对接驻地酒店做好食宿安排，组织做好前方工作组疫情防控管理，保障崇礼区气象局供水、供电、供暖等。具体组成如下：

组　　　长：马　光　张家口市气象局副局长
副组长、成员：（略）

10. 首席专家团

首席专家团由 5 名首席专家组成，具体承担预报、服务领域的技术支撑与技术把关，辅助组长和副组长决策部署。具体组成如下：

王宗敏　现场气象服务团队负责人，省气象台副台长
董　全　现场气象服务团队成员，中央气象台副首席预报员

李江波　现场气象服务团队成员，省气象台国家级首席预报员
李宗涛　现场气象服务团队成员，省气象服务中心副主任
段宇辉　现场气象服务团队成员，省气象台首席预报员

11. 媒体新闻官

媒体新闻官由 2 名熟悉赛区气象服务保障工作的服务团队成员组成，包括：1 名首席媒体新闻官，具体负责冬奥气象服务保障期间代表气象部门统一接受赛区新闻媒体采访、参加有关新闻发布会、发布赛区相关权威气象信息；1 名助理媒体新闻官，负责辅助首席媒体新闻官完成相关采访与发布会任务，必要时担任首席媒体新闻官英语翻译；4 名场馆新闻官，具体负责云顶滑雪公园、冬季两项中心、跳台滑雪中心、越野滑雪中心 4 个竞赛场馆相关媒体联络工作，在前方工作组新闻采访相关制度和竞赛团队运行规则下接受媒体采访。具体组成如下：

首席媒体新闻官　王宗敏　现场气象服务团队负责人
助理媒体新闻官　李彤彤　现场气象服务团队成员
云顶场馆新闻官　李宗涛　现场气象服务团队成员
冬两场馆①新闻官　郭　宏　现场气象服务团队成员
跳台场馆新闻官　段宇辉　现场气象服务团队成员
越野场馆新闻官　徐　玥　现场气象服务团队成员

12. 场馆保障团队

场馆保障团队负责与场馆运行团队和竞赛团队对接，协调解决场馆内气象服务保障工作中存在的问题和困难，负责提供现场气象服务，负责赛时场地气象仪器的实时巡检和维护。

（1）云顶滑雪公园场馆保障团队

组长：李宗涛　省气象服务中心副主任
成员：金　龙　郗云翔　何　涛　张可嘉　白　万　彭德利　殷学舟　郭金河
杨宜昌　孔凡超　姬雪帅　石文伯　钱倩霞　刘华悦　张曦丹　张晓瑞

（2）跳台滑雪中心场馆保障团队

组长：段宇辉
成员：蒋　涛　王彦朝　李　哲　范文波　李嘉睿　刘昊野　杨　玥

（3）越野滑雪中心场馆保障团队

组长：徐　玥
成员：杨　斌　王旭海　胡赛安

（4）冬季两项中心场馆保障团队

组长：郭　宏
成员：孙云锁　杨　津　许　康　付晓明

① 冬两场馆：国家冬季两项中心场馆。

第三章　筹备方案

为实现向世界奉献一届精彩、非凡、卓越的北京冬奥会，气象部门提早谋划，精心准备，从申办工作开始就制定了详细的工作方案。申办成功后，中国气象局组织北京市气象局、河北省气象局和有关职能部门联合编制2022年冬奥会气象服务筹备工作方案，与北京冬奥组委签署战略合作协议，编制了气象服务行动计划，全力组织做好2022年北京冬奥会冬残奥会气象服务筹备工作。

一、北京冬奥会冬残奥会申办气象保障工作方案

2014年7月7日，北京和张家口正式成为2022年冬奥会候选城市，冬奥申办工作由第一阶段转向以争取最终举办权为目标的第二阶段。为全力做好冬奥会申办气象保障，中国气象局减灾司经商北京市气象局、河北省气象局，制定2022年冬奥会申办气象保障工作方案。

（一）冬奥会气象服务需求分析

根据2022年冬奥会申办方案，2022年冬奥会将于2月4日至3月13日分别在北京城区、北京延庆小海陀山、河北张家口崇礼区举行。冬奥会比赛包括冰上、雪上项目。其中，短跑道速度滑冰、花样滑冰、冰壶、冰球等所有冰上项目比赛在北京城区举办。雪上项目比赛分别由延庆县、张家口崇礼区承办，延庆小海陀山承办高山速降、高山大回转、雪橇、雪车四项滑雪项目比赛，赛道海拔高度在1300～2198米；张家口崇礼区云顶山承办自由式滑雪、单板滑雪、现代冬季两项、越野滑雪、跳台滑雪、北欧两项六项滑雪项目比赛，赛道海拔高度为1500～2100米。

在北京城区举办的冬奥会冰上项目均在室内进行，对气象条件要求不高。在延庆小海陀山、张家口崇礼区举办的雪上项目均在室外进行，对气象条件有较高要求。气象条件能否满足雪上项目比赛要求，是国际奥委会关注的重点，也是影响冬奥会能否成功申办的重要因素。敏感气象因素主要有：气温，冬奥会雪上项目对气温要求较为严格，气温不能太高，也不能太低，气温过高会导致积雪融化影响比赛，过低则会影响运动员健康。积雪，自然积雪是冬奥申办的重要气象条件，积雪越深，越有利于赛道建设。结冰期，结冰期是影响雪上项目赛道建设和维护的重要因素，结冰期越长，越有利于赛道建设和维护。风速，风力也是滑

雪运动的重要影响因素，风力适宜有利于运动员稳定发挥。此外，相对湿度要适中，以增加运动员人体舒适度；雾霾天气要少，以保持良好空气质量。

（二）前期已开展的工作

一是完成《申办报告》气象专题初稿。气象条件是影响冬奥申办工作的重要因素，是北京市和张家口市在国际奥委会《评估报告》中得分最低的指标之一，尤其是气候变暖背景下室外滑雪场可能出现积雪量不足和质量不佳的问题，是北京冬奥申委会下一步在《申办报告》中要集中力量重点说明的内容。目前，北京和河北气象部门已向冬奥申委会提交了北京延庆、张家口崇礼区冬奥运动项目敏感气象要素统计分析报告，协助冬奥申委会完成申奥问卷调查中环境与气象部分的填报，在此基础上完成冬奥会《申办报告》气象专题分析报告初稿，并按时提交冬奥申委会。

二是完成冬奥会气候条件分析。北京市气象局根据冬奥申委会赛事运行部要求，利用数值模式等方法推算延庆小海陀山气候背景，提供小海陀山滑雪场所需气象数据；河北省气象局利用崇礼区太舞滑雪场观测资料，完成崇礼赛区滑雪项目气候条件分析；减灾司组织国家气候中心、北京市气象局、河北省气象局完成了《2022年冬奥会申办地北京延庆、河北崇礼气候条件分析》报告，并于2014年11月4日报送中央、国务院有关领导，以及北京市委市政府、河北省委省政府、国家体育总局有关领导。

三是完成赛事拟办地立体观测系统建设。针对延庆小海陀、张家口太子城现有气象观测系统缺乏的现状，北京市及河北省气象局积极推进观测系统建设。截至目前，北京市气象局已在小海陀山建成由两个6要素（山顶、山腰）和一个12要素（山脚）自动气象观测站组成的立体气象观测系统，并于10月22日实现三层完整梯度观测。河北省气象局在太舞滑雪场建成一个9要素自动气象观测站，在云顶山滑雪场建成由3个9要素自动气象站组成的立体气象观测系统，并于10月4日实现完整梯度观测。

四是向冬奥申委会提交冬奥气象服务保障工作的初步设计和经费测算。北京市气象局根据冬奥申委会要求，对冬奥筹备及举办气象服务保障工作进行了初步设计和经费测算，提交了北京市冬奥筹备及举办气象保障经费预算。

（三）冬奥申办第二阶段气象保障重点任务

从现在开始至2015年最终投票前，冬奥申委会第二阶段的重点任务共有3项。一是完成《申办报告》，2015年1月7日正式提交；二是做好评估考察接待，2015年3月22—29日，国际奥委会评估团将择机来华实地考察；三是完成高水平陈述，2015年6月向国际奥委会委员陈述，7月向国际奥委会第128次大会陈述。

根据冬奥申委会重要时间节点和重点任务，冬奥申办第二阶段气象保障重点工作如下：

一是高质量完成《申办报告》气象章节。根据冬奥申委会要求，在前期工作基础上，由北京市气象局和河北省气象局分别利用小海陀山和云顶山立体观测系统观测资料，开展延庆小海陀山、崇礼区云顶山小气候分析，重点分析论证气温、积雪、结冰期、风、相对湿度等因素对于冬奥会滑雪项目比赛的适宜性，进一步修改完善《申办报告》气象章节，经专家咨询论证后，于12月底前，由北京市气象局、河北省气象局分别报送北京市冬奥申委会和河北省冬奥申委会。

二是做好国际奥委会评估团实地考察质询问答。根据冬奥申委会要求，由北京市气象局负责提供小海陀山气象条件对赛道建设维护，以及对高山速降、高山大回转、雪橇、雪车等比赛项目影响分析和解释材料，并选派专家参加国际奥委会评估团在北京的实地考察及质询活动。由河北省气象局负责提供云顶山气象条件对赛道建设维护，以及对自由式滑雪、单板滑雪、现代冬季两项、越野滑雪、跳台滑雪、北欧两项等比赛项目影响分析和解释材料，并选派专家参加国际奥委会评估团在张家口的实地考察及质询活动。由气候中心牵头，完成华北地区 2022 年冬季气温、降水趋势预估，为评估团实地考察质询提供备答支持。

三是做好评估团实地考察期间的气象服务保障。2015 年 3 月的国际奥委会评估团实地考察是一项非常重要的活动，除做好质询问答工作外，还需做好实地考察期间的气象服务保障。北京市气象局、河北省气象局应按照重大活动气象保障服务要求，制定国际奥委会评估团实地考察气象服务方案，并提前做好考察期间气象灾害风险特别是重污染天气风险分析研判，及时提交冬奥申委会，为不利天气防范应对决策部署提供支撑。

四是做好人工增雪工作。冬奥申委会要求加大冬春季人工增雪力度，尽最大可能增加小海陀山和云顶山地区积雪量，为国际奥委会评估团实地考察提供气象条件适宜冬奥会赛事举办的支持证据。北京市气象局、河北省气象局分别制定今冬明春延庆小海陀地区和张家口太子城地区人工增雪工作方案，抓住一切有利时机实施人工增雪作业。

五是加强资料收集和细化气象条件分析，为申奥陈述提供支持。北京市气象局、河北省气象局在做好延庆小海陀山、崇礼区云顶山小气候观测和分析的同时，通过多种渠道了解国际奥委会关于冬奥会申办的气象要求，并及时向冬奥申委会提供跟进式服务。要根据冬奥会申办陈述需要，以及国际奥委会评估团实地考察时提出的质询，进一步做好相关气象资料收集和气象条件分析，为申奥陈述提供保障。

六是着力提升重污染天气预报预警能力和人工消减雾霾作业水平。北京及张家口的大气污染问题也是国际奥委会关切的问题之一，是《申办报告》需要明确回答的问题。国家气象中心、中国气象科学研究院和北京市气象局等单位，在北京 APEC 会议环境气象预报服务和评估工作的基础上，加强京津冀地区重污染天气机理分析，提升重污染天气预报预警能力，为应急减排提供决策支持。北京市气象局、河北省气象局应进一步完善人工消减雾霾作业实施方案，组织开展作业试验，提高作业效益，为污染防控提供帮助。北京市气象局组织 2022 年冬奥会申办人工影响天气作业能力及效果评估专家组，在人工增雨雪消减雾霾作业试验的基础上，完成人工增雨雪消减雾霾作业能力及效果评估报告。

（四）成立中国气象局冬奥申办工作机构

中国气象局和北京市气象局、河北省气象局为冬奥申委会成员单位，矫梅燕副局长、北京市气象局姚学祥局长、河北省气象局宋善允局长担任冬奥申委会委员。鉴于以上情况，拟参照国务院 2022 年冬奥申办工作领导小组的组织架构，成立中国气象局 2022 年冬奥申办气象保障工作领导小组和中国气象局 2022 年冬奥申办气象保障工作组。同时，为加强冬奥申办气象保障技术支持，成立 2022 年冬奥申办气象条件适应性分析专家组、2022 年冬奥申办人工影响天气作业能力及效果评估专家组。

1. 中国气象局2022年冬奥申办气象保障工作领导小组

主要负责对接国务院2022年冬奥申办工作领导小组的工作部署安排，组织协调冬奥申办气象保障服务。其组成人员如下：

组　长：矫梅燕　中国气象局副局长
副组长：张祖强　应急减灾与公共服务司司长
　　　　姚学祥　北京市气象局局长
　　　　宋善允　河北省气象局局长
成　员：（略）

2. 中国气象局2022年冬奥申办气象保障工作组

工作组主要负责对接2022年冬奥申办委员会的部署安排，承担冬奥申办的气象服务任务。其组成人员建议如下：

组　长：姚学祥　北京市气象局局长
　　　　宋善允　河北省气象局局长
副组长：王志华　应急减灾与公共服务司副司长
　　　　曲晓波　北京市气象局副局长
　　　　彭　军　河北省气象局副局长
成　员：（略）

3. 2022年冬奥会申办气象条件适应性分析专家组

主要负责冬奥申办气象服务技术支持，承担冬奥申办气象条件评估分析，以及相关气象服务材料审核把关，为国际奥委会评估团实地考察质询、申奥陈述提供技术保障。

组　长：王　冀　北京市气候中心副主任、高工
顾　问：丁一汇　院士
　　　　李维京　研究员
成　员：郭文利　北京市气象服务中心正研级高工
　　　　张小玲　京津冀环境气象预报预警中心正研级高工
　　　　扈海波　中国气象局北京城市气象研究所副研究员
　　　　顾光芹　河北省气候中心正研级高工
　　　　安月改　河北省气候中心高工
　　　　高　歌　国家气候中心正研级高工
　　　　周自江　国家气象信息中心正研级高工
　　　　武炳义　中国气象科学研究院研究员

4. 2022年冬奥申办人工影响天气作业能力及效果评估专家组

主要负责冬奥申办人工影响天气服务实施方案编制，负责人工影响天气作业能力及效果评估分析，根据冬奥申办需要组织实施人工影响天气作业。

组　长：丁德平　北京市人工影响天气办公室正研级高工
成　员：郭学良　中国气象局人工影响天气中心研究员
　　　　王广河　中国气象局人工影响天气中心研究员
　　　　牟玉静　中国科学院生态环境所研究员
　　　　赵春生　北京大学教授
　　　　姚展予　中国气象局人工影响天气中心研究员
　　　　肖　辉　中国科学院大气物理研究所研究员
　　　　张　蔷　北京市人工影响天气办公室正研级高工
　　　　段　英　河北省人工影响天气办公室正研级高工

二、国际奥委会 2022 年冬奥评估委员会考察期间气象保障工作方案

2015 年 3 月 22—29 日，国际奥委会评估委员会将对北京和张家口赛区进行考察，为全面做好此次考察活动的气象服务保障工作，制定工作方案。

（一）气象服务任务

（1）进一步了解冬奥会气象服务需求，完善冬奥期间专题气候背景分析、气候风险评估报告，针对延庆、张家口地区雪上项目申办和开展的特殊需求，充分利用新建气象观测站点资料，提供气象条件对于比赛项目影响的分析和解释材料。

（2）提供国际奥委会专家考察期间北京、延庆及张家口地区气候背景分析、天气预报预警等气象服务，联合环保部门做好考察期间空气质量预报预警工作。

（3）按照今冬延庆、张家口地区人工增雪工作方案，进一步强化开展人工增雪作业，保障冬奥委会专家实地考察效果。

（4）依托已成立的冬奥会申办气象条件适应性分析专家组，选派有关专家全程参与评估委员会考察，及时应答国际奥委会专家质询。

（二）重点工作安排

1. 全力做好国际奥委会评估委员会考察气象服务保障

2 月 28 日前，提供国际奥委会评估委员会考察期间北京城区、延庆、河北张家口地区气候背景和空气污染气象条件分析材料（已完成）。3 月上旬起，滚动提供考察期间北京城区、延庆、河北张家口地区气候趋势及空气污染气象条件预测。考察期间，滚动提供北京城区、延庆、河北张家口地区天气情况和空气污染气象条件，加密提供国际奥委会专家考察地点精细化预报预警及气象服务提示，必要时提供现场服务保障。期间还将联合环保部门共同提供考察期间上述地区空气质量预报情况。具体联合会商安排和气象服务产品制作工作安排详见附件。（北京市气象局、河北省气象局，气象中心、气候中心、气科院）

2. 深入分析赛区气候适宜性，应对评估委员会专家质询

3 月上旬，充分利用延庆小海陀山地区、张家口崇礼地区新建自动气象站今冬观测资料，进一步补充完善赛区气候背景分析材料，发挥冬奥会申办气候适应性分析技术专家组的作用，深入分析北京城区、延庆和张家口赛区气候适宜性。3 月中旬，根据国际奥委会评估委员会质询内容，准备气象相关应答策略；评估委员会考察期间，派出气象专家组陪同评估委员会考察，应对质询。4—6 月期间，根据奥委会评估委员会的质询反馈情况，进一步补充、调整质询应答内容。（北京市气象局、河北省气象局，气候中心、信息中心、气科院）

3. 继续开展人工增雪作业

抓住时机，全力做好人工增雪工作。3 月底前，延庆和张家口要抓住每一次可进行人工增雪作业的天气过程，并以此为契机，完善人工增雪业务指挥和效果评估体系，为更好地服务 2022 年冬奥会奠定基础。（北京市气象局、河北省气象局，气科院）

附件：

（1）国际奥委会评估委员会考察期间天气会商排期表（略）

（2）国际奥委会评估委员会考察气象服务产品制作发布排期表（略）

三、北京冬奥组委和中国气象局冬奥气象服务协议

2017 年 8 月，中国气象局与北京冬奥组委签署冬奥气象服务协议，双方建立定期沟通协调工作机制，推进冬奥气象保障工作有序实施。在冬奥会筹备筹办及比赛期间，中国气象局履行气象服务职责，向不同群体提供气象保障服务，提供时间精确到分钟级、空间精确到百米级的赛事气象预报服务产品。协议内容如下：

（一）中国气象局职责

中国气象局作为北京冬奥会赛时主要气象服务机构，负责冬奥会和冬残奥会天气预报服务总体工作，结合北京冬奥组委及主办城市政府的相关需求，向比赛不同客户群体（如北京冬奥组委、国际奥委会、国际残奥委会、奥林匹克 / 残奥大家庭、奥林匹克广播服务公司（OBS）、持权转播商和注册媒体、国际单项体育组织、国家单项体育组织、运动员、交通部门、嘉宾和观众、中国公众和全球公众等）提供气象保障服务。具体如下：

1. 2017 年 10 月前建设完成北京冬奥会场馆及赛道周边气象自动监测站，2018 年 10 月前建设完成场馆周边气象监测站网。2019 年 12 月前完成气象信息网络建设，测试赛前完成预报系统及智慧服务系统建设。

2. 组织实施北京冬奥会气象科技攻关，研发冬季山区复杂地形天气预报、赛场微尺度短时临近预报、赛事专项（如交通、医疗、安保等）预报以及体育项目特别关注的气象要素（如温度、相对湿度、风速及风向、雪温及能见度等）预报等关键技术，为冬奥赛事提供赛场、赛道、转场交通通道及其他关键区域时间和空间上满足需求的气象监测预报预警产品，以及有针对性的赛事专项服务产品。

3. 成立专家团队，开展北京冬奥会高影响天气事件影响的案例研究，组织实施赛区气候分析，年度更新分析报告，向体育项目说明手册提供历史分析和气候预测信息。

4. 确定北京冬奥会首席气象专家、赛区气象工作组及场馆气象预报员。2017 年建立工作机制并开展冬奥会和冬残奥会气象监测、预报、预警服务的试运行，2019 年起常驻户外竞赛场馆，并与竞赛和场馆管理团队共同开展工作。

5. 做好气象数据收集存储、质量控制以及统计订正。建立场馆气象数据库，为北京冬奥会奥运专用信息系统提供高质量的气象数据，为场馆及基础设施的规划建设提供必要的气象资料。

6. 制定北京冬奥会人工影响天气作业保障实施方案，赛前及赛时组织开展跨区域人影联合作业。

7. 为北京冬奥组委员工及志愿者提供冬季气象知识培训。

8. 为北京冬奥会雪务工作提供所需的气象观测和评估服务。

9. 为火炬和仪式相关的所有活动提供天气预报。

（二）北京冬奥组委职责

1. 将冬奥会和冬残奥会气象科技攻关、气象监测、信息网络、预报服务及相关系统建设纳入北京冬奥会总体计划。

2. 根据工作需要及年度计划，适时将冬奥气象团队纳入影随计划、观察员项目及实习计划等冬奥国际合作交流计划。

3. 招募冬奥会雪上项目气象观测员（志愿者）。

4. 建立冬奥会赛事组织、场馆规划建设等部门与气象部门的协调协作机制，明确赛道观测网建设需求，协助推进北京市、河北省加快两地冬奥气象保障系统建设。

5. 将冬奥气象服务保障运行经费列入专项预算。

（三）合作机制

1. 中国气象局牵头成立北京冬奥会气象服务中心，负责组织实施北京冬奥会气象服务工作，在筹备及比赛期间全权履行气象服务职责。

2. 北京冬奥组委、中国气象局建立定期沟通协调工作机制，强化联勤联动，推进冬奥气象各项工作有序实施。

（四）其他事项

1. 本协议未尽事项，由北京冬奥组委和中国气象局协商解决。

2. 本协议自签署之日实施，至 2022 年冬残奥会闭幕日有效。

3. 本协议一式六份，双方各执三份。

四、中国气象局北京冬奥会冬残奥会气象服务筹备工作方案

2016 年 7 月，中国气象局印发《2022 年冬奥会气象服务筹备工作方案》（气办函

〔2016〕218号），内容如下：

（一）战略目标

结合国家京津冀协同发展规划纲要、中国气象局“十三五”期间气象事业发展规划和全面推进气象现代化决策部署，瞄准国际先进水平，建立一流的冬奥会气象服务体系和技术保障体系。在北京和张家口奥运气象服务区，建设多要素、高时空分辨率的探测系统，精细化、格点化的预报预测系统，人性化、智慧化服务系统，全方位满足赛事气象服务需求，为2022年冬奥会的精彩、非凡、卓越做出重要贡献。

（二）基本原则

1. 坚持属地为主原则

以北京市气象局、河北省气象局为主体承担冬奥会气象服务筹备工作；国家级业务单位提供技术支持；各职能司提供所需的组织协调服务和保障。

2. 坚持统筹协调的原则

以北京城区、延庆、张家口3个场馆群为着力点，两省三地统筹部署、统一规划，建立合理、高效的区域联动工作机制，快速形成冬奥筹备互动合力，协调发展北京、张家口冬奥气象服务保障业务。

3. 坚持需求牵引的原则

以冬奥会赛事气象服务为导向，坚持需求牵引，充分了解冬季冰雪运动赛事气象服务需求，研发精细化、个性化专业气象服务产品，切实满足冬奥组委会等决策部门，交通、环境、供暖、供气、供电等专门机构，教练员、运动员等专业人员和观赛公众的气象服务需求，实现多部门、多专业、多媒体共享气象服务。

（三）2022年冬奥会气象服务需求分析

2015年12月15日，北京2022年冬奥会和冬残奥会组织委员会在北京人民大会堂正式成立，郭金龙任主席。冬奥会筹备工作正式启动和规划。据初步调研，2022年冬奥会共设15个大项，102个小项，计划使用25个场馆（包括12个竞赛场馆、3个训练场馆、3个奥运村、3个颁奖广场、3个媒体中心、1个开闭幕场馆）。北京将承办所有冰上项目，北京市的延庆县和河北省张家口市将承办所有的雪上项目。具体为（略）。

根据与冬奥组委会沟通及前期调研分析，冬奥会气象服务需求如下：

① 冬奥会以冰雪运动为主，需要更具针对性的特殊运动气象服务保障。

② 冬奥雪上运动均在山区开展，需要针对山区复杂下垫面的精细化预报服务技术。

③ 北京延庆、河北张家口地区冬季气象条件复杂，可能发生山地少雪干旱、极端低温、过暖融雪、大风、沙尘暴、雾霾、积冰或冻雨等不利气象条件，需要深入研究冬奥会气象风险及防控措施，为组委会提供决策支撑。

④ 针对少雪问题，需要开展人工增雪科学试验；为人工造雪、存雪等提供技术支持等。

⑤ 坚持科技引领的原则。以冬奥会气象业务服务中的关键科技问题为导向，坚持科技创新引领，重点突破冬奥冰雪运动气象业务服务中的科技瓶颈，提高气象科技对冬奥会气象保障的支撑能力。

⑥ 坚持开放合作的原则。要坚持开放发展理念，纵向合作有冬奥会或其他冬季运动赛事服务经验的国家和地区气象部门，横向合作冬奥组委会及其他服务部门，多角度拓展气象服务思路，提升京张冬奥会气象服务整体水准。

（四）冬奥会气象服务筹备主要任务

1. 加强冬奥气象服务能力建设

（1）提升综合探测与冬奥专项服务观测能力

① 地面气象监测站网建设

在北京国家体育场（奥林匹克森林公园）、延庆小海陀奥运村、张家口崇礼太子城奥运村建立多要素（包括云高、云量、天气现象、能见度、太阳辐射、紫外线强度等）综合气象观测站，更新升级北京冬奥会场馆和重点服务区自动气象站、扩展观测项目，实现冬奥会场馆区的多要素、全项目、多手段综合协同观测。

在延庆小海陀高山滑雪赛道建设 5 套间隔 400～500 米的多要素自动气象站，在张家口云顶、枯杨树 2 个雪场赛道（每个雪场暂按 3 个赛道计算）顶部、中部、底部各建设 1 套多要素自动气象站（共 18 套），并在常规观测的基础上增加雪压、雪温（雪面温度）、雪深等特种观测项目，为雪上赛事提供实时梯度和剖面气象监测信息。

② 雷达系统与大气垂直观测网建设

将张家口和北京两部 C 波段多普勒天气雷达调整为 S 波段多普勒天气雷达。结合北京及周边地区风廓线雷达业务试验，开展冬奥会期间赛区低空风廓线观测。根据冬奥会气象保障服务需求，建设冬奥会特殊气象观测系统。

③ 大气环境及交通监测系统建设

在现有探测网络的基础上，强化综合超级监测站的建设，加强大气污染物垂直分布观测，重点发展气溶胶激光雷达，以高分辨率连续探测 0～30 千米高度范围内大气气溶胶与云层的分布和物理性质，为重污染天气系统路径和预警等提供关键信息。在北京至张家口、崇礼，北京至承德以及承德、张家口之间的高速公路干线上以每 30 千米 1 站的密度建设 45 套交通气象观测站，八达岭等山区路段根据实际需要适度加密交通气象观测站，用于观测高速公路、轨道交通沿线低能见度、道路结冰、积雪、大风、降雪等气象要素，重点用于提升团雾、道路结冰等高速公路、轨道交通通行高影响天气要素的短时临近预警预报能力。

④ 人影监测系统建设

在延庆小海陀山地区、崇礼云顶和枯杨树所在地区分别选取 2～3 个自动气象站，增加水汽、云和降雪探测项目，站内增设毫米波云雷达、微波辐射计、冰核计数器、雪量测量仪、GPS 水汽等设备，同步建设 10 个左右专项观测（GPS、微波辐射计等）及雪样采样点，用于获取降雪粒子微物理特征等精细化信息，满足对局地性地形云降雪的观测需求，保障延庆赛区、崇礼赛区人工增雪方案科学有效。

⑤ 应急监测系统建设

北京和延庆赛区全面更新改造升级现有3辆气象应急指挥车，建设便携式自动气象监测站8套，实现保障设备和保障人员的快速移动，提升赛事移动应急观测和保障能力；在张家口赛区建设气象装备应急保障系统1套，具备气象监测预警与音视频通信功能的气象应急指挥车1套，便携式自动气象监测站10套。

⑥ 信息网络系统的改造升级

在观测信息实时共享的基础上，建立京津冀一体化气象监测分析系统。按集约化原则、以CIMISS为核心，升级改造北京市和河北省气象局、张家口市气象局、延庆区气象局信息网络及业务应用系统。建立与各赛区气象服务台（站、点）高速信息通信网络，搭建冬奥气象服务信息化平台及相关气象信息通信系统，实现多级通信的互联互通。

（2）提升冬奥专项预报预测能力

① 提升冬季山地精细化数值预报能力

在北京市气象局快速更新多尺度分析和预报系统（RMAPS）研究的基础上，加强对北京、张家口地区冬季山地复杂地形条件下精细化客观分析和预报技术的研究，包括复杂地形条件下高时空分辨率数值预报和资料同化技术、客观分析和预报的订正、释用技术等，提升雪上项目短时临近气象服务保障能力，全面提高冬奥会赛区精细化预报预警能力。

② 提升区域空气质量数值预报能力

以资料同化技术为核心，利用大气污染物浓度地基实时观测数据及卫星资料，结合高分辨率区域空气质量模式，发展基于资料同化技术的排放源反演和初始场同化方法，构建京津冀地区主要污染物数据同化系统，提供优化的重点区域较高精度的排放源数据集，并应用于区域空气质量数值预报模式，为冬奥会期间北京、张家口两地重污染天气预报预警提供技术支撑。

同步加强中长期气候趋势预测和重要天气过程的技术研发，从更长的时间尺度上对雾、霾及重污染天气的可能发生趋势进行预测。

③ 提升高影响天气预报与风险预警能力

建立针对冬季滑雪运动期的专业性气候条件预测及分析系统，基本满足对滑雪期主要影响气象因子的气候条件预测、适宜性评估、预评估等业务需求。建立针对山地少雪干旱、极端低温、过暖融雪天气、大风、沙尘暴、雾霾、积冰或冻雨等影响冬奥会比赛的高影响天气预报预测系统，制作发布影响预报和风险预警，为冬奥组委会提供精细化，滚动的长、中、短期及临近预报和预警产品。开展“首都机场—延庆—崇礼”轨道、高速公路安全出行及低空飞行器航空飞行的气象因子影响及风险预警指标研究，重点提升以团雾、道路结冰等高影响天气及航空危险天气风险预警的服务能力。

④ 提升冬奥场馆精细化要素预报能力

在2008年北京奥运场馆要素精细化预报系统的基础上，重点改进北京、张家口两地“格点化、精细化”气象要素预报系统，基于雷达、卫星和自动站等资料融合的定量降水估测和预报系统以及考虑地形和下垫面性质影响的气象要素插值分析系统，强化对数值预报的订正和释用，实现针对冬奥会比赛赛场、奥运村以及其他场馆的定点、定时、定量精细化要素与专业要素（雪面温度、积雪厚度、强风、湿度、降雪、低能见度、环境气象等）的实时监测和预报。

（3）提升智慧冬奥气象服务能力

① 建设冬奥智慧气象服务系统

建立冬奥赛事气象预报服务信息化流程，搭建集北京、张家口两地赛场实时数据采集与资料传输和预报服务产品制作与发布为一体的冬奥智慧气象服务系统，并在北京、张家口两地同步投入业务应用。依托互联网和新兴技术，实现多源气象观测数据、实景天气等综合观测信息的实时展示，以及多语言精细化冬奥气象预报预警和个性化专项服务产品的快速制作和分发，多元气象服务信息同步送达各类传统及智能终端。

② 建设服务多元化智慧气象终端

开发京张冬奥会气象服务网站（中英文）和移动终端应用，面向奥组委等决策部门和社会公众分级提供两地赛场及周边地区的实时天气情况、精细预报、风险预警等重要气象信息，以及冬奥赛区沿线交通气象灾害风险预警产品。在场馆或赛场附近设立智能气象服务终端或推送气象信息至已有终端，实时提供综合气象服务信息。

③ 建设冬奥气象服务保障分中心

建设北京城区、延庆和张家口冬奥气象服务保障分中心及赛事现场气象服务保障系统，布设和本地化对接冬奥气象预报服务系统平台，改造升级分中心的视频会商系统及视频通信设备。同时针对赛场服务保障，在冬奥会赛场建设移动气象台，包括场馆气象网络通信系统、移动设备、综合服务交互系统，实现面向冬奥组委会、社会公众以及政府决策的精细化服务保障。

④ 做好冬奥会筹办和运行气象保障

根据两地 3 个赛区和整个冬奥会运行保障的特点，开展相关赛场、设施和交通线路等设计气候服务，开展针对风能、太阳能和生命线保障气象服务，全方位提升冬奥会气象服务能力。

（4）提升人工增雪作业能力

① 加强地面人工增雪作业能力建设

在延庆和张家口区域，特别是坝上地区和坝下西部、南部、海陀山等人工增雪作业重点区域增加火箭人工增雨雪装备 23 套，每套包括作业车辆和发射系统，用以配合飞机、地面碘化银发生器等装备，提升综合人工增雪能力。在张家口市区、崇礼、康保、沽源、张北、赤城、尚义、万全、怀安、下花园区布设地面碘化银发生器 20 个，在小海陀山地区布设地面碘化银发生器 5 个，用以配合飞机、地面火箭等装备提升综合人工增雪能力，为云州、延庆松山水库增水提供支持。

② 加强冀西北飞机增雨雪基地建设

针对冀西北地区飞机增雨雪作业需求，在张家口市建设冀西北飞机增雨基地，通过建设，使基地基本具备满足飞机停场和设备维护、大气云物理探测、网络通信、增雨作业方案设计、实施指挥，催化剂的配备、储存，机载设备的维护，机组和作业人员生活、交通等要求的综合保障能力。建设 1 个具有省级标准的人工影响天气作业指挥中心，具备相应指挥能力，可实时指挥本区人影作业，并与河北省和北京市人工影响天气中心联网。

③ 开展人工增雪科学试验

基于北京市气象局快速更新多尺度分析和预报系统（RMAPS），进一步完善人工影响天气催化模拟系统，提高人工影响天气催化模拟的针对性。并以此为基础在延庆海陀山地区、崇礼赛区开展飞机、火箭、高山地基烟炉人工增雪试验。结合探测资料，研究分析在不同天气形势下作业点的布置方案、不同催化手段的组合使用方案、作业的有效剂量和作业时间的选择等。在数值模拟研究的基础上，选择合适的区域，开展针对小范围特定目标区的外场人工增雪试验，就局地作业潜力和条件、作业点布设条件、作业技术和方法、作业效果等开展试验研究。

④ 开展人工增雪效果评估试验研究

利用观测和数值模拟对增雪效果进行评估，主要包括利用毫米波云雷达、三维粒子图像仪、雪晶粒子数谱仪等对作业前后目标区云系进行监测，分析作业引起云系的变化情况，给出物理效果的评估，以及选择作业对比区与目标区的降雪量、雪中 Ag 粒子含量等进行对比分析，并利用模式对作业效果进行分析和验证。最终建立科学的增雪效果评估体系。

2. 强化冬奥气象服务科技支撑

（1）加强冬奥会气象灾害风险评估及风险预警技术研究

根据冬奥会场地承灾体脆弱性及风险暴露特征，进行干旱、极端低温、过暖融雪天气、大风、沙尘、雾霾、积冰等高影响天气导致的气象灾害风险评估（包括次生及衍生灾害）。基于临近预报及数值预报产品，结合承灾体特征及风险暴露因子等风险因子，研发气象灾害风险预警技术与产品。

（2）加强冬奥会高山复杂气象条件下气象探测技术研究

针对延庆和张家口赛区山区局地小气候特征明显，气象要素垂直变化大，需加强仪器设备在大风、低温等恶劣天气条件下运行稳定性、固态降水量、雪深的观测、雷达观测和大气垂直探测设备的稳定性以及装备保障和维护难度的研究等。

（3）加强山区复杂下垫面精细化数值预报技术研究

研发山区复杂下垫面的精细化预报服务技术，发展快速更新无缝隙集成系统。利用陆面资料同化系统、快速更新多尺度数值预报系统的预报产品与实时观测资料，发展复杂地形模式订正技术和动力降尺度技术，形成山区高时空分辨率的快速更新循环的天气实况分析和预报产品。加强精细化延伸期雾霾、强降雪、强降温预测研究，提高预测产品的针对性和时空分辨率。

（4）加强冬奥冰雪比赛项目专项预报技术研究

针对赛道冰面、雪温、雪压等进行专项预报技术研究。开展赛地雪面养护指标体系研究，赛道环境风安全比赛预警指标体系以及冬奥会观赛气象指数研究。

（5）加强冬季环境气象预报技术研究

改进区域环境气象预报模式，研发雾霾和重污染天气中长期预报预测技术；发展重污染天气监测预报方法及概念模型，研发环境气象影响评估技术。

（6）加强冬奥交通气象保障技术研究

研究冬奥会关键路段交通气象灾害指标，改进道路沿线交通气象要素预报和实况反演技术。

（7）加强可再生能源气象服务技术研究

针对张家口和延庆可再生能源示范区建设，开展风能、太阳能产能评估、预测技术以及智慧能源气象服务技术研究。

（8）加强冬奥人工增雪技术研究

利用多种探测手段结合数值模拟，分析北京山区冬季降雪云系的宏微观结构特征与降雪形成发展的概念模型，为人工增雪提供最佳部位、时机和催化剂量等提供科学依据。

3. 做好冬奥气象服务人才培养

面向冬奥气象保障服务需求，以优秀年轻气象科技工作者为培养对象，打造一支具有较高专业水平的冬奥气象保障服务人才队伍。

（1）加强技术培训

加强各级技术骨干的交流培训力度，特别是针对市、县两级基层业务人员的技术培训。开展精细化分类培养，按照冬奥气象保障服务各岗位职责的需求，重点加强相关技能的培训。

（2）广泛开展交流

派遣各类技术骨干赴吉林、黑龙江、内蒙古等省（区）气象局开展短期交流，参与国内重要冬季运动气象保障服务工作，派遣专家团队赴俄罗斯、韩国、日本等举办或将要举办奥运会的国家进行观摩调研，积累实战经验。

加强面向冬季运动的体育气象专业领域科研的支持，争取利用冬奥会的有利时机，培养出一支体育气象专业领域的技术专家。

4. 加强冬奥气象服务国际合作

加强与加拿大、俄罗斯、韩国气象部门合作，学习来自世界气象组织（WMO）世界天气研究计划（WWRP）加拿大温哥华、俄罗斯索契、韩国平昌冬奥会预报示范项目（FDP）和研究发展项目（RDP）的先进技术和经验。

以复杂地形条件下冬季天气精细化预报等冬奥气象保障技术为重点，加强与美国国家大气研究中心（NCAR）的合作，特别是针对天气雷达（S 波段、C 波段和 X 波段）在冬季天气监测和短临预报中的应用技术，以及以高分辨率数值模式和局地资料同化为基础的精细化预报技术等的合作研究，加强北京市气象局在快速更新多尺度分析和预报系统（RMAPS）的模式及资料同化技术、预报融合、集成、订正技术方面的研究能力。加强与奥地利国家气象局（ZAMG）的合作，持续开展复杂地形条件下客观预报的订正和释用技术研究，针对 ZAMG 在复杂地形条件下山地滑雪场的天气预报及服务经验，开展预报员

（业务服务人员）的培训。深化中韩双边气象科技合作，派员参与观摩 2018 年韩国平昌冬奥会气象服务。

5. 加强冬奥气象服务科普宣传

（1）加强领导，统筹冬奥会科普宣传

将冬奥会科普宣传作为筹办各个关键节点的重要工作来抓，由中国气象局办公室牵头，成立冬奥气象服务科普宣传组，加强与冬奥组委宣传管理部门的沟通联系，紧密围绕冬奥筹办及赛时各阶段重点工作，策划组织科普宣传，突出宣传重点，形成宣传亮点，努力营造良好的国内和国际舆论环境。根据冬奥会筹办的各个关键时间节点的重要气象服务工作、天气气候热点等，统筹安排好中国气象局气象宣传与科普中心、中国气象报社、公共气象服务中心、北京市气象局、河北省气象局科普宣传资源。

（2）强化责任，提高科普宣传的针对性

中国气象局气象宣传与科普中心要发挥科普资源优势，联合北京、河北两省（市）气象局，在冬奥天气和气候背景等方面设计通俗易懂的宣传手册，供集中采访和东奥组委各部门使用；中国气象报社要充分发挥报纸、网站、官方微博的作用，在关键时间节点，策划推出不同的科普产品，宣传报道气象部门在冬奥筹办和冬奥会期间的各项工作；公共气象服务中心要充分发挥中国天气网、华风影视的作用，通过专栏、专访等方式，形成冬奥会气象科普宣传的品牌；北京市气象局和河北省气象局要加强与本地宣传、科普管理部门的联系，利用社会资源和自身新媒体资源进行冬奥会有关的天气、气候和有关工作的连续的科普宣传。

（五）冬奥会筹备重点工作和进程

1. 需求调研和计划编制阶段 (2015 年 11 月至 2016 年 12 月)

广泛调研，做好统筹规划，制定冬奥气象服务行动计划和实施方案。其中，2016 年 11 月前，完成《2022 年冬奥会气象服务行动计划》，内容包括总体战略目标、任务、行动计划和保障措施。2016 年 12 月底，完成《2022 年冬奥会气象服务行动实施方案》。

2. 能力建设和系统研发阶段 (2017 年 1 月至 2019 年 12 月)

依照气象服务行动计划和实施方案，开展综合观测、精细预报预测、气象服务能力建设和科研实验与开发，其中综合观测建设在 2017 年底基本完成，并开始试运行积累资料；精细预报预测系统建设在 2019 年底完成。

3. 集成测试演练和测试赛准业务化阶段 (2020 年 1 月至 2021 年 10 月)

对冬奥气象服务系统进行集成、调试和测试，完成各个项目的建设和开发，全面启动各级冬奥气象服务机构，冬奥气象服务系统开始准业务运行。其中，2019 年 11 月前完成《2022 年冬奥会气象服务演练方案》；2021 年 9 月前，完成《2022 年冬奥会火炬传递气象保障服务实施方案》。2021 年 1 月冬奥测试赛中准业务化运行。2021 年 11 月前，完成《2022

年冬奥会气象服务开闭幕式气象保障服务实施方案》。

4. 赛事运行阶段（2021 年 11 月起）

冬奥会开幕前 3 个月正式开始业务化运行。

以上方案建议由中国气象局应急减灾与公共服务司组织北京市气象局、河北省气象局及有关职能司和直属单位，成立专门的班子，按计划分工落实。

（六）保障措施

1. 加强组织领导

中国气象局领导牵头，中国气象局机关职能司室、直属业务单位以及北京、河北等省（市）气象局参加，成立冬奥气象服务领导小组，负责统一领导和指挥冬奥气象服务行动。冬奥气象服务领导小组办公室设在中国气象局应急减灾与公共服务司，负责协调、落实与冬奥气象服务有关的各项工作。

（1）中国气象局冬奥气象服务领导小组

组　长：矫梅燕　中国气象局副局长

副组长：姚学祥　北京市气象局局长

宋善允　河北省气象局局长

张祖强　应急减灾与公共服务司司长

成　员：北京市气象局、河北省气象局、办公室、预报与网络司、综合观测司、科技与气候变化司、国际合作司、国家气象中心、国家气候中心、中国气象局人工影响天气中心负责人。

（2）中国气象局冬奥气象服务领导小组办公室

领导小组下设办公室，挂靠减灾司，主要负责冬奥会气象保障服务和宣传工作的日常协调；负责组织完成国家级业务科研单位及华东区域气象部门的工作任务；负责落实领导小组交办的各项工作。其组成人员名单如下：

主　任：张祖强　应急减灾与公共服务司司长（兼）

副主任：北京市气象局减灾处、河北省气象局减灾处、应急减灾与公共服务司应急减灾处负责人。

成　员：办公室宣传科普处、预报与网络司资料处、综合观测司站网处、科技与气候变化司科技项目处、国际合作司双边处、气象中心业务处、气候中心业务处、探测中心业务科技处、公共服务中心业务科技处负责人。

2. 建立健全工作机制

（1）建立筹备会议制度

定期会议制度。领导小组原则上每半年召开一次筹备工作会议，检查前一时期工作落实情况。2020 年后，根据需要加密筹备工作会议。会议由领导小组组长主持，领导小组办公室承办。

技术层面会议。不定期召开，主要研究解决技术层面的问题，由领导小组授权中国气象局应急减灾与公共服务司或北京市气象局、河北省气象局具体组织实施。

（2）建立信息沟通制度

建立书面信息沟通制度，主要包括：冬奥组委相关工作信息通报、气象服务筹备工作进展等，每月定期向领导小组办公室提交。

3. 加大资金投入

（1）中国气象局计划财务司根据“十三五”规划，加大资金支持力度，并加强使用指导。

（2）北京、河北及延庆区和张家口市、崇礼区等要主动融入地方冬奥相关规划，积极向当地申请项目，加强资金支持力度。

五、北京冬奥会冬残奥会气象服务行动计划

2017 年 8 月，为做好冬奥会气象服务筹备工作，冬奥会气象中心联合相关直属单位编制了《2022 年冬奥会和冬残奥会气象服务行动计划》，内容如下：

（一）概述

第 24 届冬季奥林匹克运动会（以下简称“冬奥会”）将于 2022 年由北京、张家口两地联合举办。党和国家高度重视冬奥举办工作，习近平总书记指出在北京举办一场全球瞩目的冬奥盛会，必将极大振奋民族精神，有利于凝聚海内外中华儿女为实现中华民族伟大复兴而团结奋斗，也有利于向世界进一步展示我国改革开放成就、和平发展主张。他在 2017 年 2 月视察北京时再次指出：筹办北京冬奥会是党和国家的一件大事，北京冬奥会将是我国重要历史节点的重大标志性活动，承办冬奥会对京津冀协同发展有着强有力的牵引作用。2017 年 1 月 18 日，习近平总书记在瑞士洛桑会见国际奥委会主席巴赫时承诺：一定会办好 2022 年北京冬奥会。为全面落实习总书记要求和“向世界奉献一届精彩、非凡、卓越的冬奥会”目标，科学有效地推进冬奥会气象服务筹备进程，中国气象局统一规划、精心组织，细化编制本行动计划。

2022 冬奥会、冬残奥会将分别于 2022 年 2 月 4 日至 20 日、3 月 4 日至 13 日举行，比赛地点分为北京城区、北京延庆区和河北张家口市崇礼区 3 个赛区（图 3–1）。冬奥会共设雪上项目和冰上项目 2 个大类，共 15 个大项，102 个小项，计划使用 25 个场馆（包括 12 个竞赛场馆、3 个训练场馆、3 个奥运村、3 个颁奖广场、3 个媒体中心、1 个开闭幕场馆）。其中，北京赛区包括 5 个比赛场馆、7 个非竞赛场馆，承办冰球、花样滑冰、短道速滑、速度滑冰、冰壶所有冰上项目，并新增了单板滑雪大跳台项目，共 5 个大项 34 个小项

赛事；延庆赛区包括比赛场馆 2 个和 3 个非竞赛场馆，承办雪橇、高山滑雪、雪车和钢架雪车共 4 个大项 20 个小项比赛；张家口赛区包括 5 个比赛场馆和 3 个非竞赛场馆，承办单板滑雪、自由式滑雪、越野滑雪、跳台滑雪、北欧两项、冬季两项共 6 个大项 48 个小项的比赛。

冰雪项目与气象条件关系密切，气象是冬奥成功最关键因素之一。作为器械运动对气象要素敏感度冬季运动远超夏季运动，同时冬季户外大型赛事对气象条件也提出了严苛要求，不论是雪务保障、运行保障还是赛事保障、运动员人身安全都对气象服务提出了严峻挑战。除此之外，冬奥会期间，观众众多，比赛地点分散，各类安全问题突出，也都对气象保障提出了更高要求。冬奥会又是第一次将在我国举办，我国的气象部门甚至整个气象界，从未开展过类似的气象保障工作，技术积累严重缺乏。同时，还面临着国际气象竞争的压力，挑战是巨大的，差距也是巨大。为此，必须加强冬奥会气象服务保障能力建设，为 2022 年北京冬奥会的成功举办，提供最优质的气象服务。

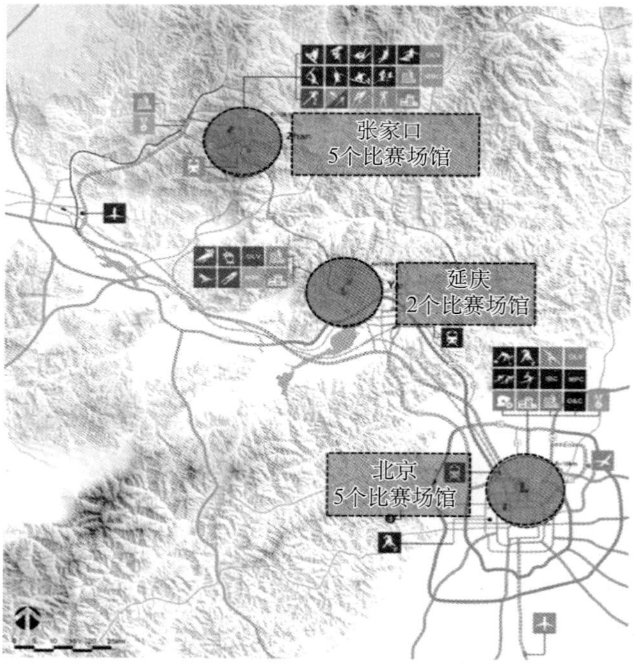

图 3-1　赛区分布图

（二）需求分析

冬奥气象服务需要满足比赛不同客户群体，包括：北京冬奥组委、国际奥委会、国际残奥委会、奥林匹克 / 残奥大家庭、奥林匹克广播服务公司（OBS）、持权转播商和注册媒体、国际冬季单项体育联合会、国家单项体育组织、参赛国家（地区）奥委会 / 残奥委会、交通部门、嘉宾和观众、中国公众和全球公众等；主办城市政府相关部门、场馆和配套设施建设单位等。具体如下：

1. 国际奥委会要求

根据《2022年第24届冬季奥林匹克运动会主办城市合同义务细则》，国际奥林匹克委员会（简称国际奥委会，IOC）要求：

（1）主办城市为各室外竞赛项目场馆设立气象站，收集赛季（冬季或夏季）期间的天气数据。气象站应在选出主办城市后尽快设立，不得迟于奥运会举办前4年。气象站应收集符合各国际单项联合会气象报告要求的数据。

（2）提供用于INFO+、冬奥组委网站以及其他数据系统的主办城市内的总体气象数据及指标。根据历届冬奥会服务要求，INFO中的天气数据包括主办城市、每个场馆周边的观测和预报数据。

2. 冬奥组委气象服务需求

（1）筹备服务需求

① 场馆规划建设需求

冬奥会比赛场馆和相关设施的规划及设计，需要气象部门提供场馆周边精细化的历史气候条件分析和风险评估，包括赛场周边降雪情况、盛行风向和风速等。根据《国际奥委会通用版总体计划》，奥运村临时建筑、服务和附属设施建设周期，需要充分考虑天气气候条件，节约建设成本，为冬奥会节俭办赛提供必要的技术支撑。

② 体育项目说明手册需求

冬奥组委体育部在筹备期间需要编制体育项目说明手册，该手册涵盖了代表团领队需要了解的全部相关信息，包括场馆信息、奥运村相关的具体规则、竞赛日程表、住宿、交通以及天气等信息。需要气象部门提前提供相关的气象信息。

（2）体育赛事服务

① 体育赛事项目需求

冬奥会赛事成绩受天气影响很大，特别是雪上项目对气象条件非常敏感，受天气的影响，需要进行延期、调整比赛时间，甚至取消比赛。根据雪上项目国际竞赛规则有关气象的规定，并经冬奥组委体育部确定。

② 天气预报需求

按照往届冬奥会的天气预报服务模式，天气预报服务产品包括未来4～10天逐12小时分辨率、未来3天逐3小时分辨率、未来1天逐1小时分辨率的预报产品，以及未来2小时逐15分钟分辨率的场馆临近预报产品，且参赛队伍和赛事筹备委员需要场馆附近更加精细的气象数据。

在服务产品发布频次上：一般情况下，3小时发布一次未来24小时和48小时气象要素预报。为体育部门及场馆提供的服务中，每天提供2次（06时和16时）天气通报。根据天气及需求情况，需要气象部门及时加密发布气象信息。基本气象要素需求见表3-1，比赛项目特殊要素及高影响天气预报服务需求还需后期与体育项目经理协商确定，由各国际冬季单项体育联合会及国际残奥委会确认。

表 3-1 气象预报要素需求表（2017 版）

预报时效	赛事情况	关注要素
0～24 小时 逐小时预报	有比赛	天气现象、气温、相对湿度、能见度、风向、风速、阵风、降雪量、累计降雪量、降水量、累计降水量、露点温度、体感温度、降水概率
	无比赛时	不提供逐小时预报
1～3 天 逐 3 小时预报	有比赛时	天气现象、气温、相对湿度、能见度、风向、风速、阵风、降雪量、累计降雪量、降水量、累计降水量、露点温度、体感温度
	无比赛时	天气现象、气温、相对湿度、风向、能见度、风速、降水量、降雪量
4～10 天预报		天气现象、气温（最高和最低）预报

③ 冬奥气象服务团队要求

冬奥会天气预报现场服务要提前 3 年，并在冬奥会期间每个户外竞赛场馆需要至少配备 1 名有过气象预报经验的天气预报员以及志愿气象观测员（天气助手）。在运行中心气象服务办公室需要配备气象专家、助理、气象预报员、信息网络工程师、协管员和志愿者。气象服务办公室需要配备能够代表气象部门的代表。

3. 专项气象保障

（1）冬奥火炬传递气象保障

冬奥组委火炬传递的设计方案需要提交国际奥委会执委会审批通过。该方案提交之前，与火炬相关的所有技术要素都应确定，其中包括天气测试。

（2）开闭幕式气象保障

开（闭）幕式是冬奥会、冬残奥会气象服务的关键环节之一。需要为开、闭幕式大规模演练、彩排、文艺表演等活动提供最大限度的精细化和连续跟进式的气象预报服务及现场气象服务。

（3）体育赛事运维及外围保障

① 雪场运维气象服务

造雪、保雪、除雪等雪务工作直接受气象条件影响。在气候筹备阶段，需要气象部门为冬奥造雪、保雪等方案设计提供气象分析支撑。在赛事期间，雪场运维部门需要根据气候预测、天气预报等预判造雪的最佳时段，开展赛道新雪清除工作等。造雪、除雪的预报支撑信息需求由造雪公司确定，并由北京冬奥组委确认。

② 交通气象保障

世界各地的贵宾、运动员、官员、媒体记者及观众、游客将频繁往返于酒店、奥运村、比赛或训练场馆、重要交通枢纽，组织相关人员的交通出行安全和效率高度取决于天气。冬奥期间，需要提供上述重要地点特别是“北京城区—延庆—张家口”交通气象预报服务，以及道路沿线、轨道沿线、机场和重要交通枢纽交通气象服务。

③ 环境气象保障

加强对冬奥赛事地区空气湿度、气溶胶、风的垂直探测能力，提升霾的垂直分布监测能力；加强京津冀区域气象部门的联动以及与环保部门应急联动，做好持续性雾、霾天气的预报服务，特别是霾的中长期预报和空气污染气象条件预报服务等，为政府大气污染防治及减排等工作提供科学支撑。

④ 人工影响天气保障

受全球气候变暖影响，2022 年冬奥会也可能面临温哥华冬奥会曾经的缺雪困境。根据赛事要求，赛道造雪、保雪等届时将通过大量人工造雪来满足。但赛道周边自然景观的造雪需要通过人工增雪试验等来补充完善。此外，在冬残奥会阶段气温回升有可能会出现降雨，会对赛事赛道造成影响，因此，还需要继续加强人工消雨等科学试验，应对赛季降雨的不利影响。

⑤ 应急救援气象保障

冬奥期间将在赛场周边建立直升机起降坪，开展应急医疗救援。由于直升机飞行高度低，绕行和续航能力弱，无论是起飞、降落还是空中飞行均对气象条件敏感，使得紧急救援风险很高。因此，冬奥期间直升机飞行需要掌握起飞点、降落点的近地面以及飞行过程中空中的结冰、颠簸、局地低能见度和低空风切变等气象观测信息，以及精细化航空气象风险预报。

4. 城市安全运行气象服务

城市安全运行气象服务主要是指冬奥会筹备和比赛期间为城市安全运行开展的气象服务。服务对象主要包括：主办城市政府及公安、民政、交通、安监、卫生、环保等部门。加强冬奥会场馆周边的城市生命线系统（供电、供水、供暖、通信等）等气象服务，提供包括扫雪铲冰、极端低温和覆冰条件下电力输送等专项气象预报，加强气象灾害及衍生灾害气象服务保障，以及反恐应急、突发事件应急气象服务支撑。

5. 公众气象服务

公众对气象服务需求集中在场馆精细化天气预报、冬奥交通出行气象预报以及便捷的气象服务三方面。公众需要提前 1 周以上了解赛场及周边天气情况；由于雪上项目观赛席设在室外，与观赛效果相关的天空状况、太阳光照、能见度、穿衣指数等都将成为公众关注的重点。其次，需要提前了解气象条件对交通的影响，以便提前做好观赛前的交通出行选择和准备。最后，公众对气象信息获取的便捷性要求也越来越高。随着新技术的发展，气象部门除了不断完善电视、广播、报纸、互联网、手机短信等传统媒体外，需要跟进新兴媒体技术的发展，随时提供满足各类新兴媒体传播所需要的产品表现形式和多样化的服务方式。同时，考虑到全球观众，还需要结合国际赛事的特点提供多语言服务。

（三）依据

本行动计划编制参考依据：

① 国际奥委会通用版总体计划

② 2022 年第 24 届冬季奥林匹克运动会主办城市合同义务细则

③ 国务院办公厅关于进一步加强人工影响天气工作的意见（国办发〔2012〕44 号）

④ 中国气象局“十三五”期间气象事业发展规划

⑤ 全国气象现代化发展纲要（2015—2030 年）（气发〔2015〕59 号）

⑥ 京津冀协同发展气象保障规划（中气函〔2016〕62 号）

⑦ 全国人工影响天气发展规划（2014—2020 年）（发改农经〔2014〕2864 号）

⑧ 中国气象局关于印发北京 2022 年冬奥会和冬残奥会气象中心组建方案的通知（中气函〔2017〕125 号）

⑨ 2022 年冬奥会气象服务筹备工作方案（气办函〔2016〕218 号）

⑩ 中国气象局、北京市人民政府共同推进“十三五”时期气象为首都经济社会发展服务合作协议

⑪ 中国气象局、河北省人民政府共同推进河北气象现代化建设联席会议纪要

⑫ 北京 2022 年冬奥会和冬残奥会可持续性承诺工作任务分解清单

⑬ 北京市“十三五”时期气象事业发展规划（京气发〔2016〕46 号）

⑭ 河北省气象事业发展“十三五”规划（冀政办字〔2016〕27 号）

⑮ 北京冬奥组委规划建设和可持续发展部关于加快推进北京 2022 年冬奥会和冬残奥会气象服务保障工作的函（冬奥组委规函〔2017〕16 号）

（四）建设原则与目标

1. 建设原则

（1）坚持问题导向，需求牵引

以冬奥气象服务整体需求为引领，坚持问题导向，充分把握科学技术的进步和需求的变化，与时俱进、完善方案，优化系统及服务策略，切实适应和满足冬奥气象工作要求。

（2）坚持科技引领，创新驱动

抓住冬奥气象服务中的关键问题，坚持科技创新，突破冬奥冰雪运动气象服务中的瓶颈和难点，提升冬奥气象服务水平，夯实冬奥会气象服务的科技和人才基础。

（3）坚持开放合作，共享共赢

坚持开放发展，纵向合作有冬奥会或其他冬季运动赛事服务经验的国家和地区气象部门，横向合作冬奥组委会及其他服务部门，探索吸收社会力量参与，共享促进冬奥气象服务整体水平的提高。

（4）坚持统筹协调，集约发展

在中国气象局统筹部署、统一规划下，以北京城区、延庆、张家口 3 个赛区场馆群为着力点，整合资源，集约建设，协调发展一流的冬奥气象业务服务体系。

2. 目标

瞄准国际先进水平，建立一流的冬奥气象服务体系和技术保障体系。在北京延庆、城区

和张家口冬奥气象服务区建设多要素、高时空分辨率的探测系统，精细化、格点化的预报预测系统，开放、智慧化的服务系统，全方位满足赛事气象服务需求，为2022年冬奥会的精彩、非凡、卓越做出重要贡献。

（1）建成满足冬奥需求的立体气象观测网，提高冬季山地中小尺度气象观测能力，重点地区（赛场及周边）气象要素观测时效达到分钟级。

（2）提高冬奥气象预报精细化和专业化能力，为冬奥赛事提供时间上精确到分钟级、空间上精确到百米级的气象观测预报预警产品以及有针对性的赛事专项服务产品。

（3）充分利用信息技术、可视化技术等，建立融媒体气象服务体系，提高智慧化服务能力，为冬奥气象服务用户提供个性化、便捷化气象信息。

（4）提高人工消雨、增雪试验水平，建立北京、延庆、张家口科学、统一的人工影响天气作业体系和效果评估体系，开展人工增雪科学试验。

（五）服务任务

根据需求分析及IOC要求，主要承担以下任务：

① 2017年10月前建设完成北京冬奥会场馆及赛道气象自动观测站，2018年10月前建设完成场馆周边气象观测站网，2018年12月前完成海陀山S波段雷达建设。2019年12月前完成气象信息网络建设，测试赛前完成预报系统及智慧服务系统建设。

② 组织实施北京冬奥会气象科技攻关，研发冬季山区复杂地形天气预报、赛场小尺度短时临近预报、赛事专项（如交通、医疗、安保等）预报以及体育项目特别关注的气象要素（如温度、相对湿度、风速及风向、能见度等）预报等关键技术，为冬奥赛事提供赛场、赛道、转场交通通道及其他关键区域时间上精确到分钟级、空间上精确到百米级的气象观测预报预警产品以及有针对性的赛事专项服务产品。

③ 成立专家团队，开展北京冬奥会高影响天气事件影响的案例研究，组织实施赛区气候分析，年度更新分析报告，向体育项目说明手册提供历史分析和气候预测信息。

④ 确定北京冬奥会首席气象联络官、赛区气象工作组及场馆气象预报员。2017年建立工作机制并开展冬奥会和冬残奥会气象观测、预报、预警服务的试运行，2019年起常驻户外竞赛场馆，并与竞赛和场馆管理团队共同开展工作。

⑤ 做好气象数据收集存储、质量控制、统计订正以及与北京冬奥会奥运专用信息系统的数据接口工作。建立场馆气象数据库，为北京冬奥会奥运专用信息系统提供高质量的气象数据，为场馆及基础设施的规划建设提供必要的气象资料。

⑥ 制定北京冬奥会人工影响天气作业保障实施方案，赛前及赛时组织开展跨区域人影联合作业。

⑦ 为北京冬奥组委员工及志愿者提供冬季气象知识培训。

⑧ 为北京冬奥会雪务工作提供所需的气象观测和评估服务。

⑨ 为火炬和仪式相关的所有活动提供天气预报。

（六）服务产品及方式

2022年冬奥会和冬残奥会气象服务，按照时间节点大致分为3个阶段，包括筹备期气候分析和风险评估服务、测试赛和预演阶段系列活动服务保障、冬奥会和冬残奥会活动气象服务保障。

1. 筹备期气候分析和风险评估

（1）冬奥会和冬残奥会气候分析手册

2022 年冬奥会和冬残奥会气候分析手册（中、英、法语 3 种），内容包括：冬奥会和冬残奥会主办城市气候特点和高影响天气概率、赛区气候特点和高影响天气概率、各场馆周边精细天气资料分析（逐时）及对赛事的影响分析。

（2）冬奥会和冬残奥会赛区规划气候条件分析

根据冬奥组委会要求，提供赛区场馆规划及建设的气候条件分析。

（3）冬奥会和冬残奥会火炬传递气候分析

提供火炬传递途经城市的气候背景及高影响天气概率分析。

（4）冬奥会和冬残奥会开闭幕式气象风险评估

提供冬奥会和冬残奥会开幕式期间、闭幕式期间精细气候背景及高影响天气影响分析评估。

2. 测试赛和预演阶段系列活动气象服务

冬奥会和冬残奥会前期系列活动主要包括：迎接冬奥的系列大型活动、冬奥测试赛（2019—2021 年）、冬奥火炬传递（2021—2022 年）、冬奥会和冬残奥会开闭幕式的彩排和预演（2022 年）。

（1）迎冬奥大型活动服务

针对迎冬奥的系列大型活动，按照需求制定大型活动气象保障方案并组织落实。

（2）测试赛和热身赛（2019—2021 年）服务

配合冬奥组委组织的测试赛，参照冬奥会服务产品，提供赛事天气实况、预报预警和场馆现场服务。

（3）火炬传递（2021—2022 年）服务

国家气象中心和火炬传递途经的各省（区、市）气象局，向冬奥组委、火炬传递护卫单位等提供火炬传递活动途经省市的天气实况、预报预警及传递路线天气服务。

（4）开闭幕式彩排和预演（2022 年）

根据冬奥组委和活动管理部门对彩排、预演活动的计划安排，提供彩排和预演期间开闭幕式所在地的天气实况、预报和预警服务，必要时提供现场服务保障。

3. 冬奥会和冬残奥会活动气象服务

冬奥会和冬残奥会举办期气象服务涉及开闭幕式等大型活动、体育赛事、城市运行、公众和决策气象服务 5 个方面。主要服务内容可以归纳为以下六大类：

（1）赛事气候风险评估及趋势预测

冬奥会和冬残奥会测试赛和比赛期间的气候风险评估、延伸期 11～30 天预测产品、月、季气候预测产品。

（2）城市和场馆 0～10 天无缝隙天气预报

城市天气预报是指北京城区、延庆、张家口赛区未来 10 天气象要素预报。场馆天气预报是指三大赛区竞赛场馆和非竞赛场馆的气象要素预报，其中 0～24 小时预报精细到逐小时，1～3 天短期预报精细到逐 3 小时，4～10 天预报精细到逐 12 小时。

① 0～3 天预报专报。制作发布频次为逐小时或逐 3 小时，或依据天气情况随时更新。专报内容包括：赛事期间为天气综述、天气现象、降雪量、累计降雪量、降水量、累计降水量、风向、风速、阵风、气温、体感温度、相对湿度、露点温度、能见度等。非赛事期间为天气现象、降水量、降雪量、风向、风速、气温、相对湿度、能见度、降水概率。

② 4～10 天预报专报。制作发布频次为每天 2 次或依据天气情况随时更新。专报内容包括：天气现象、降水量、降雪量、风向、风速、气温、相对湿度、能见度等。

③ 针对雪上项目等赛事服务。提供起点、中点或终点，跟体育赛事相关的精细气象要素预报。专报内容除天气综述、天气现象、降雪量、累计降雪量、降水量、累计降水量、风向、风速、阵风、气温、体感温度、相对湿度、露点温度、能见度等要素外，增加对各雪上项目关注的雪温、垂直风切、阵风等其他要素预报。具体待与冬奥组委进一步沟通后明确。

（3）城市和场馆天气预警

场馆天气预警是指制作竞赛场馆和非竞赛场馆的高影响天气预警。其内容、更新频次根据赛事等影响阈值来确定。

城市天气预警的内容与发布均参照现行业务执行。

（4）城市和场馆天气实况

① 城市天气实况是指北京城区、延庆、张家口赛区气候背景和逐小时天气实况。信息包括：天气现象、气温、风向、风速、相对湿度、降水量等信息。

② 场馆天气实况是指场馆代表站分钟级实况，产品显示时间间隔：5 分钟、10 分钟、30 分钟、60 分钟。实况信息包括：24 小时累计降水量、降雪量、气温、体感温度、2 分钟平均风向、2 分钟平均风速、阵风风向、阵风风速、相对湿度、能见度、气压（本站气压、海平面气压）、辐射。

③ 比赛区域内指定位置的雪面温度、雪深等。比赛时，每 30 分钟提供一次数据信息（由气象志愿者实时监测和提供）。

④ 提供每半小时的卫星图像、每 6 分钟的雷达速度和回波反射率平面图、每天的天气图等实况信息。

（5）专项预报服务

① 室外赛事雪场运维、除雪、造雪、保雪等气象专项服务。

② 运动员出行和转场、观众观赛的交通天气预报。

③ 赛区医疗救援气象服务。

④ 赛区及周边地区空气污染气象条件、雾、霾、大气稳定度、大气环境容量和边界层高度等环境气象专项预报服务。

⑤ 我国优势项目运动员训练专项服务。

⑥ 人工影响天气试验保障。

（6）科普宣传服务

针对冬奥会，开展冬奥与气象相互关系、冬奥气象筹备进展等宣传科普，并针对舆情监测情况提供舆论引导产品。

4. 服务方式

① 面向冬奥组委的数据方式。按照 INFO+、冬奥组委官网数据对接等要求提供主办城市气候背景、赛区和场馆天气实况和预报信息、气象指数信息等。

② 面向冬奥组委、决策部门等的专线、传真、电话、互联网、现场服务等方式提供气候风险及分析、系列活动专报及冬奥会和冬残奥会活动保障气象信息。

③ 面向社会公众，通过冬奥组委官方网站、冬奥气象服务网和客户端、微博、微信、电视、广播、新闻发布会等方式提供公众观赛所需的气象信息。

（七）主要建设任务

根据服务需求，冬奥气象服务系统建设主要任务包括：综合观测系统、信息网络系统、预报预测系统、气象服务系统，并开展人工增雪能力建设。

1. 综合观测系统

为做好冬奥气象保障服务，在已建成的空、地综合气象观测网络基础上，充分利用国家骨干综合观测资源，在北京市和河北省进一步加强和完善地面气象观测站网、大气环境气象观测系统、交通气象观测系统、气象应急观测系统及航空气象观测系统建设，并加强野外实验观测补充。冬奥综合观测系统建设初步规模见附表（略）。

（1）赛事观测系统建设

北京城区综合观测系统主要建设项目包括：改造升级 4 个冬奥城区场馆自动站，新建单板滑雪大跳台自动气象站 1 个。延庆赛区在小海陀山高山滑雪赛道建设自动气象站 5 套、专项观测自动站 6 套、雪橇雪车赛场建设自动气象站 2 套。张家口赛区建设太子城奥运村、云顶、古杨树冬奥会场馆多要素自动气象站 3 套，在赛道建设多要素自动气象站 18 套。

（2）预报观测系统建设

① 建设 S 波段双偏振多普勒天气雷达 2 部，建设地点分别为小海陀山顶和张家口康保县。建设 X 波段双偏振雷达 3 部，其中 1 部为北京车载 X 波段全固态双偏振雷达的改造，其余 2 部建设地点分别为承德围场县和张家口崇礼区。做好天气雷达数据质量控制业务工作，确保天气雷达业务系统、天气雷达拼图产品系统、雷达估测降水系统业务运行正常，相关产品按时传送至用户单位，做好天气雷达数据质量评估。

② 北京延庆赛区周围，在天气观测、预报、预警服务有重要参考的观测空白点，增设10套自动站，迁建升级3套自动站，改造升级19套自动气象站，小海陀山赛区周边新建面向固态降水和雪深的专项自动气象站6套。张家口赛区周边区域建设多要素自动气象站70套。

③ 在张家口赛区周边建设微波辐射计、全球定位系统气象观测（GNSS/MET）站各1部及其配套设施。

（3）交通气象观测系统建设

① 北京城区新建2个、改造2个交通自动气象站；延庆赛区主要高速公路等交通线路周边新建4站、改造3站交通自动气象站；张家口赛区主要交通线路周边建设包括气温、相对湿度、能见度、实景监控等观测要素的交通气象观测站45套。

② 北京城区新建1个航空气象观测站，延庆赛区改造西大庄科自动气象站，使之达到航空气象保障要求；在张家口市二医院、张家口251医院、崇礼区城区及云顶雪场救援直升机起落关键区建设航空气象观测站4套，在常规观测要素基础上增加能见度、云高仪、大气电场、实景观测等要素。

（4）地面人影观测系统建设

在延庆海陀山1200米处建设C波段连续波测云雷达1部、在海陀山900米处建设可移动毫米波云雷达1部、在海陀山500米处建设可移动风廓线雷达、在海陀山1200米处建设降雪形状显微观测仪1套；在崇礼区建设风廓线雷达和云雷达各1部及其配套设施。

（5）应急观测系统

北京城区升级气象应急指挥车、环境气象应急观测车、边界层气象观测车等应急气象观测设备；张家口赛区建设气象应急移动指挥系统1套，气象装备应急保障系统1套。北京新增便携式气温、气压、相对湿度、风向、风速和雪温6要素自动气象站14套，张家口新增16套。

（6）气象卫星观测

提升卫星观测能力，目前风云4号A星在雪季针对冬奥提供2分钟加密观测资料累积，到2022年前风云4号B星的快速成像仪为冬奥提供分辨率达1分钟500米的观测资料，作为天基观测的一个重要支撑。

卫星遥感产品新技术应用。调整卫星关注的区域，研发对应的产品，针对冬奥进行应用示范。在延伸产品，包括雪深、雪盖以及雾和霾观测、云的相态、云的类型等，风云4号气象卫星的垂直观测可以参与到区域数值预报中。

（7）移动标校及维护保障

冬奥赛事期间，面临不同竞赛团体自带气象仪器设备观测等情况，需要对不同设备气象仪器原理了解掌握，开展气象计量检定工作，便于进行数据换算及标准化比对等应用。因此，需要购置4套移动计量标校设备，涉及温度、湿度、风向、风速、气压、降水、能见度、辐射等要素，进行有关赛道气象要素观测的现场校准、数据比对和维护保障，完善量值溯源、量值传递、检定校准和比对核查等环节的流程。

（8）其他

针对冬奥组委等后续提出的气象建站、迁建以及观测要素变化等需求，将在冬奥组委、中国气象局及地方政府支持下逐步完善冬奥赛区气象观测网。

（9）完成时间

2017 年 8 月底前，面向冬奥气象服务保障与数值预报模式需求，完善《冬奥会气象观测系统专项计划》。

2017 年 10 月前完成赛事观测系统建设。

2018 年 10 月前建设完成场馆周边气象观测站网。

2018 年 12 月前完成雷达等探测系统建设。

2019 年 12 月前完成人工影响天气等专项探测系统建设。

2. 信息网络系统

（1）网络通信系统建设

① 气象通信网络系统升级

升级现有全国地面宽带网络，提高国家、北京、河北三地气象网络的水平，全面提升京冀地区省、市、县三级信息网络对于综合观测、预报服务和信息发布等气象业务的支撑能力。提升北京、河北双中心省际网络带宽，升级改造两地相关局域网络系统，实现北京、张家口赛区气象保障业务的高效统一、协同和资源共享，形成张家口崇礼、延庆、北京市气象部门三地互访能力，数据传输时效满足冬奥服务需求。实现国家气象中心、北京市气象局、河北省气象局、张家口市气象局、延庆区气象局、崇礼区气象局 6 点间点对点视频会商能力。

② 联通与冬奥组委等网络系统

在现有网络的基础上，建立北京市气象局与冬奥组委及延庆冬奥运行分中心的网络连接；建立河北省气象局与张家口冬奥运行分中心的网络连接。

（2）统一数据环境

升级和完善以 CIMISS 为基础的统一数据环境，对冬奥的相关气象观测数据和产品进行高效管理和服务，为冬奥气象预报和服务提供服务支撑。

① 冬奥数据资源池建设

建立冬奥气象数据基础资源池系统，为冬奥气象服务数据及产品的高效管理和服务提供基础设施支撑。扩充国家级基础设施资源池，支撑相关的数据处理、存储以及应用和服务系统运行。

② 数据环境及数据服务建设

建设冬奥气象数据环境及服务系统，提供统一标准化的数据服务，为京冀冬奥气象服务提供业务支撑。形成国家级、北京、河北三地冬奥气象服务支撑和相互备份。做好冬奥气象服务系统与 INFO+ 等系统的对接。

（3）高性能计算系统建设

大幅提升高性能计算与存储能力，为 RMAPS 等数值预报模式体系、冬奥气象服务系统等运行提供支撑。同时基于国家级高性能计算机，建设北京、河北等冬奥气象系统业务运行的备份系统。

（4）信息网络安全系统建设

提升和完善北京、河北、国家级气象信息网络的安全等级和能力，满足冬奥气象服务在信息安全方面的特殊需求。提高冬奥气象服务网站和业务应用的安全保护水平。制定安全事件应急处置机制，完善网络安全管理制度，在建立全面安全预警功能的基础上，提高对重大安全漏洞和重要攻击迅速应急响应的能力。

（5）完成时间

2017 年 8 月底，统筹中央、省、市、县与冬奥会赛区信息网络系统布局，编制《冬奥会气象信息网络系统专项计划》。

2019 年 10 月前，结合冬奥组委数据对接要求、信息技术发展等，完善布局，并完成气象信息网络建设。

3. 预报预测系统

为了快速有效地向大型活动、赛事、城市运行、公众等方面提供精细、准确的天气信息，构建面向冬奥服务的预报预测系统，总体框架图见图 3–2（包括 3 个系统 1 个平台）。

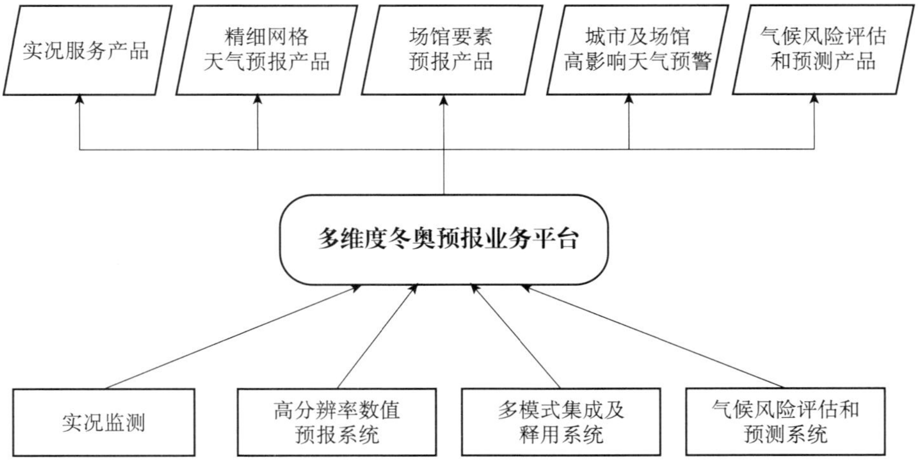

图 3–2　冬奥预报预测系统总体框架图

（1）高分辨率数值预报系统

建设聚焦 0～12 小时短时临近精细化预报的快速更新多尺度分析和预报系统（RMAPS），并以 RMAPS 为核心，Grapes 系列等多家模式并举，构建面向冬奥服务，时间分辨率达分钟级、空间分辨率达百米级的无缝隙精细数值天气预报模式体系。开发局地高时空分辨率非常规观测资料（卫星、雷达、自动站、风廓线等）快速同化、融合、分析技术；改进京津冀复杂地形及大城市等高分辨率数值模式的下垫面过程，建立冬奥场馆周边小环境、复杂地形下的高分辨率数值预报实时降尺度和订正技术，以及数值预报与外推临近预报快速融合技术。

（2）多模式集成及释用系统

基于高分辨数值预报产品，综合利用多种资料，运用不同的释用技术和方法，形成精细化到比赛场馆及赛道不同地点的天气预报技术体系，提高冬季降水、温度、风、积雪深度等气象要素的预报准确率和精细化水平。

基于高分辨率确定性模式以及统计降尺度等方法开展华北北部复杂地形下降水相态、降雪量、新增积雪深度、大风、温度等客观预报产品的开发；基于中尺度集合预报产品以及统计降尺度等方法开展降水相态、降雪量、积雪深度以及大风、极端低温等高影响天气的概率预报产品的开发。

基于精细化地理信息资料、高密度自动站观测资料、模式（全球、区域、集合）资料，综合不同模式在华北区域预报性能、高度、坡度、下垫面属性等对气象要素时空分布的影响，结合数值预报产品释用技术，研发针对华北北部区域，特别是比赛场馆及周边的冬季精细网格气象要素预报技术。

（3）气候风险评估和预测系统

冬奥气候风险评估和预测系统包括气候风险评估子系统和气候预测子系统。系统包含冬奥专用气象资料数据库，除常规气象要素之外，增加雪面温度等特殊要素。通过该系统能够生成针对冬奥不同赛事的气候风险评估产品、预测产品（以数据、图表等多种形式展示）等，能够快速为冬奥服务提供技术支撑。

（4）多维度冬奥预报业务平台

多维度冬奥预报业务平台是集实况监测、冬奥气候风险评估和预测系统、数值模式预报产品立体显示、精细化赛事气象预报产品快速制作于一体的智能化综合业务平台，包括精细化自动预报子系统（含精细化赛区专项预报）、精细化预报预警产品制作发布子系统（含赛区和场馆预报产品制作发布）和精细化预报质量自动检验与评分子系统等。平台具备从大尺度平面综合分析到小尺度立体监测分析的自由切换，建成时间分辨率从分钟到 10 天、空间分辨率百米至千米级的智能网格要素预报订正及制作功能。气象预报精细化水平和准确率满足北京冬奥会气象保障需求。

（5）完成时间

① 高分辨率数值预报系统

2017 年 8 月底前，加强冬奥气象需求及科技问题梳理，编制高分辨率数值预报模式研究及应用的可行性研究方案及路线图。

2019 年 12 月底前，完成高分辨率数值预报模式研发及业务化运行。

② 预报预测系统

2017 年 8 月底前，统筹设计冬奥气候风险评估和预测系统、多维度冬奥预报业务平台等建设方案，编制《冬奥气象预报系统专项计划》。

2019 年 10 月底前，完成预报系统建设及业务化运行。

4. 气象服务系统

在完善公众服务和城市运行保障气象服务的基础上，重点提升京、张两地赛事活动保障以及冬奥交通、医疗救援等专项服务能力，以期为赛事活动的顺利进行提供开放、智慧化气象服务产品。总体框架见图 3-3。

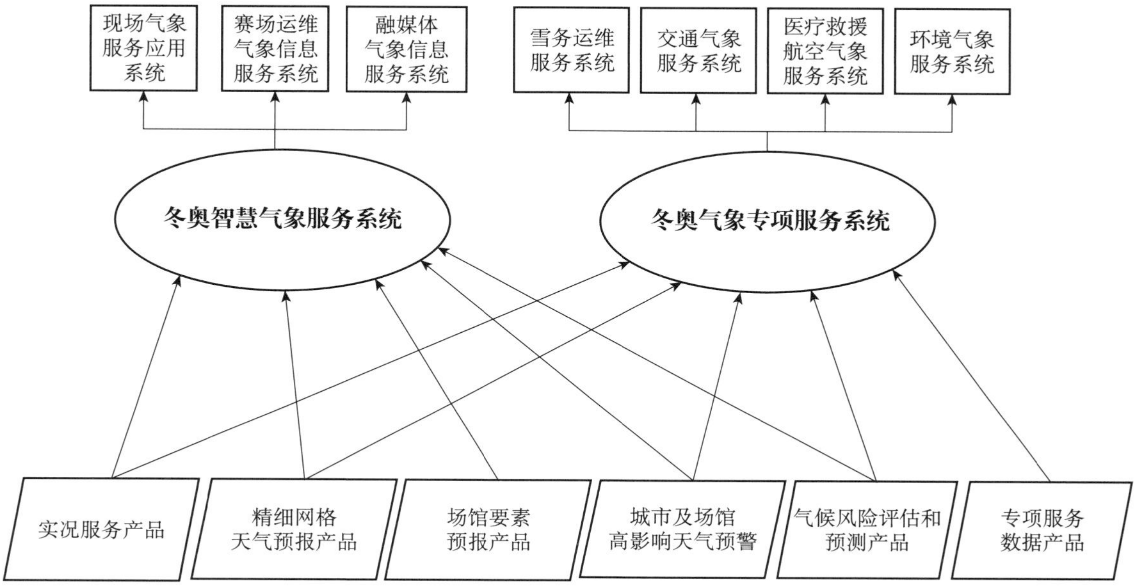

图 3-3　冬奥气象服务系统总体框架图

（1）冬奥智慧气象服务系统

基于北京和河北两地冬奥会主办地气象观测数据、海量气候资料、高分辨率短时临近数值预报产品和专业气象数据以及冬奥赛事相关数据，基于互联网、大数据、物联网及智能技术，建立智慧冬奥气象服务系统。包括现场气象服务应用系统、赛场运维气象信息服务系统、融媒体气象信息服务系统，分别部署在冬奥组委、赛会现场、气象及相关部门等，为不同群体服务用户提供更贴切和更具指导意义的气象信息产品，同时提供中、英、法多语言转换功能。

（2）冬奥气象专项服务系统

① 冬奥赛事运维气象服务系统

重点关注对造雪质量有很大影响的气象条件变化，例如气温、湿度、降雪的起始时间、积雪深度等，以此来预判造雪的最佳时段，降低造雪能耗等；同时为储雪、保雪、除雪提供适宜的气象服务。

② 冬奥交通气象服务系统

研发完善“北京城区—延庆—张家口”之间的轨道交通气象服务，以及针对冬奥出行相关的重要交通枢纽开展道面结冰、低能见度等气象灾害风险预警服务，并实现对不同服务方式的分发和管理，提升冬奥交通气象服务水平。

③ 冬奥医疗救援航空气象服务系统

冬奥会雪上项目赛区将设立直升机停机坪，开展紧急救援任务。冬奥航空气象服务保障系统针对直升机紧急救援开展气象保障服务，该系统实现快速采集、分析和发布起飞点至冬奥应急救援区、备降点沿线天气实况、预警信息，以及直升机结冰、颠簸等专项预报产品，并对直升机救援飞行轨迹实施实时跟踪显示和飞行保障，提高冬奥应急服务保障能力。

④ 冬奥环境气象服务系统

研发冬奥环境气象服务系统，为冬奥活动提供环境气象监测预报服务。通过系统建设，实现冬奥赛区及重点区域环境气象中期客观化预报，提供赛区未来 15 天空气污染气象条件、大气环境容量、大气清洁度、大气稳定度以及雾、霾和能见度预报。另外，改进系统中的扩散应急模式模块，为污染物的泄漏浓度量化评定以及应急方案的制定提供更准确的依据，保障 2022 年北京冬奥会期间突发应急事故的妥善处置。

⑤ 其他

针对冬奥会和冬残奥会期间专项服务需求的变化，研发和完善相应专项气象服务模块，以适应专项服务工作要求。

（3）赛场气象分中心能力建设

建设冬奥驻场气象台。在冬奥会赛场建设移动气象台，包括场馆气象网络通信系统、移动设备、综合服务交互系统。

建设延庆冬奥气象服务保障分中心，布设和本地化对接冬奥气象预报服务系统平台，改造升级分中心的视频会商系统及视频通信设备。建设与市级预警信息发布中心互联互通的延庆赛区预警信息发布平台，实现预警信息快捷有效地覆盖延庆赛区及周边的重点区域。

（4）完成时间

2017 年 8 月底前，统筹设计智慧服务系统、专项服务系统等建设方案，编制《冬奥气象服务系统专项计划》。

2019 年 12 月底前，完成服务系统建设及业务化运行。

5. 人工影响天气试验

人工增雪试验能力建设主要包括人影作业点安防和地面作业系统、空地卫星通信系统、飞机作业系统、决策指挥系统升级五部分，旨在提高人工增雪、消雨试验的科技水平。

（1）人影作业点安防系统和地面作业系统

结合京张地区空中云水资源分布和冬奥会人工增雪需求，在张家口坝上地区和坝下西部、南部、海陀山等人工增雪作业重点区域增加地面火箭作业装备数量。在张家口赛区西部和北部布设 20 部火箭作业装置和 20 部山地碘化银发生器。对北京市延庆区、昌平区、海淀区、平谷区、延庆区、密云区等 33 个人影作业站点进行震动光缆周界防护系统升级改造，提高人工增雪、消雨站的安保水平。

（2）空地卫星通信系统

对飞机通信系统进行北斗短报文通信和海事卫星通信系统的建设，实现复杂天气保障飞机的定位、地面人影业务指挥中心与作业飞机之间的语音联系和人影作业指挥协调；飞行轨迹、机载仪器实时数据、雷达资料、云图资料等数据的实时传输与交互功能。

（3）飞机作业系统

在张家口市建设冀西北飞机增雨基地，基本具备满足飞机停场和设备维护、大气云物理探测、网络通信、增雨作业方案设计、实施指挥，催化剂的配备、储存，机载设备的维护，机组和作业人员生活、交通等要求的综合保障能力。

对北京市现租用的 1 架空中国王 350（编号：B–3587）飞机探测设备进行必要的改装，将现有的运 12 飞机（编号：B–3830）升级成为高性能飞机，提高北京市飞机人工增雪试验能力。

（4）决策指挥系统升级

整合现有软件和人影平台，形成冬奥会人工影响天气一体化作业指挥平台。建立国家中心—北京指挥中心—作业现场一体化的信息采集传输、监控、共享发布系统。对北京 7 个区级人影指挥中心平台以及对昌平、海淀、平谷、延庆、密云等区共 33 个人影作业站点监控系统进行升级改造。在昌平、房山、海淀、门头沟、平谷等区新建 17 套单兵作业指挥调度系统；提高北京市冬奥会人工增雪试验的协调、指挥和安全监管科技水平。

（5）人工影响天气试验及评估

在延庆海陀山地区、张家口赛区周边山区有组织、有计划地长期开展飞机、火箭、高炮、高山地基烟炉等多举措联合并举的人工增雪试验。制定科学的人工增雪、消雨试验作业方案，实施科学人影作业试验，建立作业指标体系，不断丰富完善冬奥人工影响天气作业方案设计。采用统计或物理检验的方法进行冬奥人工影响天气效果检验。

（6）完成时间

2017 年 8 月底，根据冬奥会各项活动和比赛需求，以及自然景观的需要，统筹国家、北京、河北人工影响天气科技和业务资源，设计人工增雪和人工消云减雨作业系统建设与试验方案，编制《人工影响天气专项计划》。

2019 年 12 月底前，完成人工影响天气系统建设，开展人工影响天气试验及评估工作。

6. 宣传与科普

在中宣部和冬奥组委要求下，在中国气象局办公室指导下，紧密围绕冬奥筹办及赛时各阶段重点工作，策划组织科普宣传，通过新闻发布会、集中采访、新闻通稿、新闻背景材料等，突出宣传重点，形成宣传亮点，引导舆论，努力营造良好的国内和国际舆论环境。

（1）完善科普宣传工作机制

充分依托冬奥组委、中国气象局气象宣传与科普中心、中国气象报社、公共气象服务中心及北京、河北两地科普宣传资源，建立冬奥气象科普宣传工作机制，建立完善宣传团队，明确宣传和科普预案、工作流程。

（2）研制和发布科普宣传产品

针对冬奥会复杂的气象条件、气象条件与冬奥会比赛项目之间的关系等做好科普预案，研发和储备科普产品，制作宣传口径库，设计通俗易懂的宣传手册。研发与业务服务相衔接的宣传与科普平台、舆情监测平台，利用社会资源和新媒体资源等开展冬奥会有关的天气、气候和相关工作的连续科普宣传，提高冬奥气象科普宣传的发布效率。

（3）完成时间

2017 年至 2019 年 6 月，建立冬奥气象宣传及科普工作机制，组建宣传团队，研制和发布科普宣传产品。

2019 年 6 月至 2022 年赛时，在中宣部和冬奥组委要求下，做好冬奥相关气象服务宣传科普工作。

（八）科技项目研发

1. 科技研发重点

（1）综合探测技术领域

2022 年冬奥气象服务保障面临山区复杂地形和极端天气气候条件下提供实时精细观测资料的挑战，开展复杂地形和极端天气气候条件下综合气象观测技术研究，开展复杂地形和极端气候条件下观测设备保障技术研究，研发观测资料的质量控制技术，为冬奥赛事及相关运行保障提供及时准确的气象观测数据，为气象预报预测及赛事的实时调控提供科学依据。

（2）预报技术领域

为提升冬奥气象服务保障能力，需进行复杂地形下天气形成机理及预报技术研发，主要包括：进行冬奥场馆周边小环境、山区复杂地形下的精细化预报技术研究；研究精细到比赛场馆和赛道不同地点的气象特征；改进快速更新精细化数值预报系统（RMAPS-ST）并进行实时试验应用、评估；研究重污染天气过程的中长期预报预测技术；复杂地形下的冬季降水机理和弱气象场对雾霾影响及可预报性的研究；基于 GRAPES 的次公里尺度精细数值模式及区域复杂地形下精细网格气象要素预报研发等。

（3）专项服务领域

研究冬奥雪上项目气象专项预报及智能化服务，主要包括：赛道积雪属性观测、雪道演变规律、压雪（适用冬奥会）、仪式、医疗服务、场馆开发、城市运营以及应其他职能要求提供的区域预报、体育技术预报；高速公路和轨道交通气象服务、直升机救援气象服务；冬奥冰、雪比赛项目专项预报；冬奥气象 + 生活健康专项服务；冬奥会环境气象预报服务等。

（4）人工影响天气领域

通过开展冬季降雪综合观测和数值模拟研究，分析冬奥会复杂地形冬季降雪宏微观特征、降雪量预测及人工增雪技术，评估人工增雪作业潜力，科学有效地指导冬季人工增雪作业。开展冬季人工消雨等作业及效果评估技术分析研究。

2. 完成时间

2017 年 8 月底，凝练《冬奥科技研发专项计划》，明确项目申报研究及应用的路线图，组织申报科技部冬奥科技攻关项目。

2019 年 12 月底前，初步完成科技项目的研发和业务化运行。

2021 年 12 月底前，全部成果实现业务化。

（九）保障措施

1. 组织体系

（1）冬奥气象服务领导小组

中国气象局领导牵头，中国气象局机关职能司室、直属业务单位以及北京、河北等省市气象局参加，成立冬奥气象服务领导小组，负责统一领导和指挥冬奥气象服务行动。冬奥气象服务领导小组办公室设在中国气象局应急减灾与公共服务司，负责协调、落实与冬奥气象服务有关的各项工作。

（2）冬奥气象中心

冬奥气象中心代表中国气象局，是针对北京冬奥组委及其北京、河北赛区的气象服务需求，负责承担北京冬奥会和冬残奥会筹备期间及比赛期间气象保障服务工作的权威、唯一工作机构。以北京市气象局、河北省气象局为主体，国家级业务单位为支撑，统筹全国气象部门业务技术力量，吸纳有关部门和国内外高校、科研机构专家参与，共同组建。

冬奥气象中心设立专家指导委员会，设立综合协调办公室、北京赛区气象服务中心、河北赛区气象服务中心、综合探测部、预报技术研发部、集成应用研发部、人工影响天气工作部（图 3–4）。

2. 加强队伍建设

以北京和河北两地气象部门为主，充分发挥气象部门整体优势，面向冬奥气象保障服务需求，从全国气象部门选拔优秀年轻气象科技工作者，打造一支具有较高专业水平的冬奥气象保障服务人才队伍。

（1）建设赛场团队

在室外竞赛场馆建设 5 个气象服务办公室，包括国家雪车雪橇中心、国家高山滑雪中心、云顶滑雪公园、北欧中心（冬季两项、越野滑雪和跳台滑雪）、首钢单板大跳台场地。由气象协调员、气象预报员、信息网络工程师和志愿者等组成。

在主运行中心和体育指挥中心配备气象专家及助理，负责室内竞赛场馆和非竞赛场馆的气象服务。赛时气象服务由场馆气象预报员与场馆经理和体育经理直接沟通。

将根据与冬奥组委的具体沟通进一步明确。

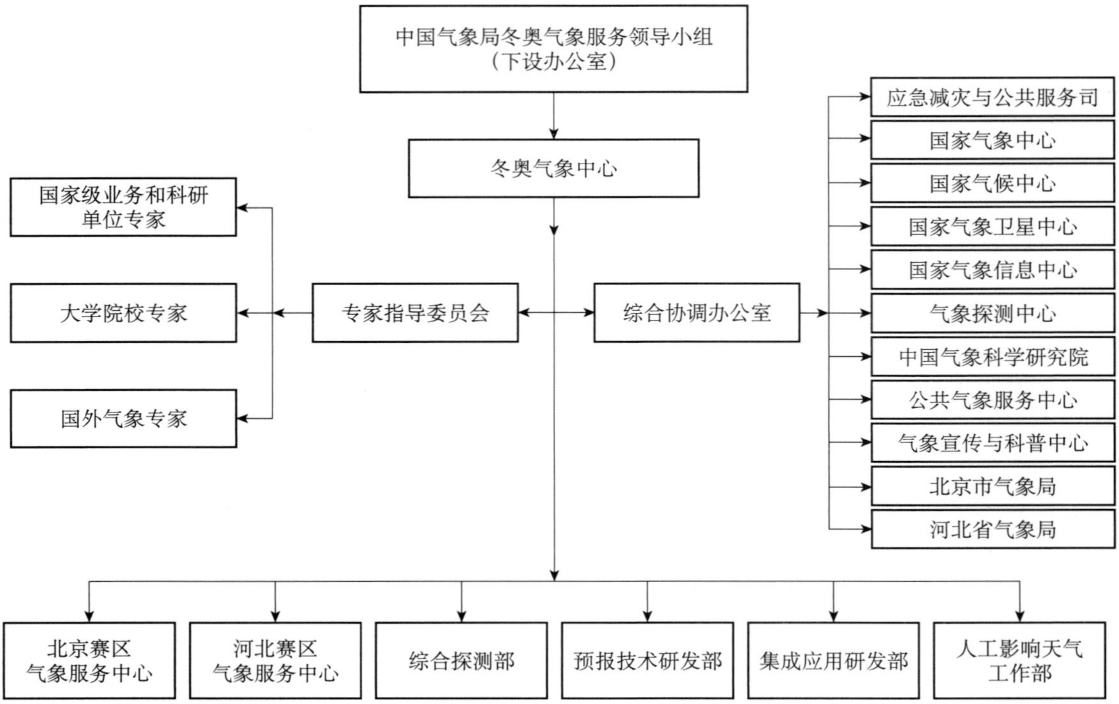

图 3-4　冬奥气象中心组织机构

（2）加强技术培训

按照冬奥气象保障服务需求，开展精细化分类培养，重点加强英语、雪上项目气象预报服务等相关技能的培训。

（3）广泛开展交流

广泛开展探测、预报、服务、人工影响天气及科研等各领域的国内外交流与合作，派遣气象服务团队参与国内重要冬季运动气象保障服务工作，派遣专家团队赴俄罗斯、韩国、日本等进行观摩调研，积累实战经验。

（4）制定有利的人事政策

根据中国气象局党组关于人才培养和使用的总要求，职能司要在冬奥人才队伍的建设上制定支持政策，在涉及冬奥气象服务的国际交流和学习等人员出国方面给予倾斜。冬奥气象中心要在冬奥气象服务队伍的培养和使用方面制定政策。其他省市气象部门也要鼓励和支持有能力的科技人员积极参与冬奥气象服务。

3. 加强国际合作

（1）学习借鉴国际冬奥气象服务经验

加强与加拿大、俄罗斯、韩国气象部门合作，学习来自世界气象组织（WMO）世界天气研究计划（WWRP）加拿大温哥华、俄罗斯索契、韩国平昌冬奥会预报示范项目（FDP）和研究发展项目（RDP）的先进技术和经验。深化中韩、中俄等双边气象科技合作，派员参与观摩2018年韩国平昌冬奥会气象服务。

（2）提高冬季复杂地形预报预警能力

加强与美国国家大气研究中心（NCAR）的合作，特别是针对天气雷达（S波段、C波段和X波段）在冬季天气监测和短临预报中的应用技术；加强与奥地利国家气象局（ZAMG）的合作，持续开展复杂地形条件下客观预报的订正和释用技术研究，开展预报员（业务服务人员）的培训。

4. 加强科普宣传

统筹科普宣传资源，做好冬奥气象科普宣传工作。中国气象局办公室加强指导，冬奥气象中心联合中国气象局气象科普与宣传中心、中国气象报社、中国气象局公共气象服务中心等，建立完善冬奥气象科普与宣传工作机制，制定科普与宣传管理制度、工作计划。统筹发挥国家级、北京和河北三地发布资源优势，依托北京冬奥组委发布资源以及社会和媒体资源，专题策划进行冬奥会有关的天气、气候和有关工作的连续的科普宣传。

5. 加大资金投入

（1）中国气象局计划财务司根据“十三五”规划，加大资金支持力度，并加强使用指导。

（2）加强面向冬季运动的体育气象专业领域科研的支持，科技司在冬奥气象科技项目上优先考虑，争取利用冬奥会的有利时机，培养出一支体育气象专业领域的技术专家。

（3）减灾司、预报司和观测司等要根据“十三五”规划在项目上优先考虑可能涉及冬奥会气象服务的建设。

（4）北京市、河北省及延庆区、张家口市、崇礼区等气象局要主动融入地方冬奥相关规划，积极向当地申请项目，加强资金支持力度。

（十）任务分工

（1）中国气象局冬奥气象服务领导小组负责统一领导和指挥冬奥气象服务行动。冬奥气象服务领导小组办公室负责协调、落实与冬奥气象服务有关的各项工作，并负责监督和考核工作。

（2）冬奥气象中心在中国气象局冬奥气象服务领导小组领导下，冬奥气象中心具体负责行动计划的组织实施。冬奥气象中心各部门，按照职责分工完成好行动计划的落实。

综合协调办公室负责冬奥会和冬残奥会气象服务工作计划、方案的编制起草，与北京冬奥组委有关部门的对口联络，冬奥筹备及运行期气象科普、新闻宣传工作，以及中心日常事务性工作的协调管理。

北京赛区与河北赛区气象服务中心分别负责组织实施北京地区与河北地区冬奥会和冬残奥会气象筹备期间及赛时服务工作，加强赛场预报方法研发，并做好数值预报解释应用和预报业务平台研发。同时，北京赛区气象服务中心作为气象服务的牵头部门面向北京冬奥组委，负责冬奥会和冬残奥会筹备期间及赛时天气气候服务的统一出口。

综合探测部负责冬奥会和冬残奥会气象综合探测总体规划、技术支持，向冬奥气象中心提供综合探测业务技术支持。

预报技术研发部面向冬奥会和冬残奥会赛事预报服务需求，负责提供精细化数值预报模式等先进技术支持。

集成应用研发部面向冬奥会和冬残奥会赛事预报服务需求，负责信息网络总体规划，信息网络系统建设和运行保障，负责智慧服务业务系统建设及运行保障。

人工影响天气工作部负责提供人工增雪技术支持工作，以及组织开展赛前人工增雪试验工作。

（3）北京市气象局作为冬奥气象中心挂靠单位，要积极支持冬奥气象中心组织落实行动计划，河北省气象局做好配合工作。

（4）国家级各业务单位按照各自的业务范围以及行动计划所涉及的工作内容，积极参与支持行动计划的实施。

（5）全国其他省（自治区、直辖市）气象局积极支持做好冬奥会气象服务的相关工作。

（6）各部门和单位具体承担的职责和任务，将在各专项实施方案中列出。

（十一）进度安排

1. 筹备建设阶段 (2017 年 6 月至 2019 年 8 月）

（1）完善组织机构

按照中国气象局《2022 年冬奥会气象服务筹备工作方案》（气办函〔2016〕218 号）精神，在 2017 年 8 月，完成冬奥气象服务中心人员的组建，建立中心运行管理制度。

2017 年 8 月，组建赛事气象预报服务团队，建立团队运行和管理制度，制订冬奥气象培训计划。2018 年冬季、2019 年冬季，预报服务团队进驻冬奥会赛场，开展实地业务考察，积累预报服务经验。期间，协调设置场馆驻场气象台等，组织气象预报服务团队的密集培训，招募气象服务志愿者并组织开展相关培训；组织冬奥组委相关气象服务用户单位的业务培训，以保证冬奥气象服务的顺利实施。

（2）完善气象服务方案

沟通明确冬奥赛事筹备、测试及赛事运行各阶段国际奥委会、冬奥组委会以及相关外围文化活动组织部门等的具体工作要求。沟通明确各单项赛事气象敏感度及其对气象服务的具体要求。根据需求情况，2017 年 8 月，完成《北京 2022 年冬奥会和冬残奥会气象服务行动计划》及气象观测、预报服务、信息网络、科技研发、人工影响天气等专项计划，并根据需求更新和完善。

（3）开展工程项目建设

全面梳理气象服务行动计划建设经费，2017 年年底前完成地方项目的立项和实施，并积极争取中央经费的建设支持。

全面启动系统建设工作。2017 年 10 月底前完成赛区赛道站建设，2018 年底全面完成冬奥会综合观测系统建设，开展试验性观测，其中依照 IOC 要求，完成赛区及场馆综合观测系统建设，并积累资料。2019 年 10 月，完成信息网络系统、预报预测系统、气象服务系统建设，以及人工增雪试验设备部署和科研实验与开发。所有系统要在 2019 年测试赛前建成，并投入业务试运行。

（4）开展冬奥技术攻关

以冬奥气象探测、预报预测、气象服务、人工影响天气等能力提升为核心，加快冬奥会科技研究项目的立项及实施，2017 年底前组织申报科技部冬奥科技攻关项目，完善科技研发管理机制，启动已申报项目的实施工作。

期间，加强国际合作交流，派遣专家团队及科研人员赴 2018 年韩国平昌冬奥会、2019 年俄罗斯克拉斯诺亚尔斯克大冬会等地开展实地观摩和考察。

2019 年 10 月之前，全面开展冬奥技术攻关，初步形成冬奥技术攻关项目成果，并在测试赛试运行。

（5）提供筹备期气象服务保障

根据冬奥组委需求，提供冬奥会场馆规划、建设等气候分析服务工作。从 2017 年开始，每年更新《2022 年冬奥会和冬残奥会天气报告》（中、英、法），并向 IOC 报送。完成冬奥筹备期间系列文化活动、考察活动以及雪务试验等气象服务保障，冬奥气象服务团队要在赛季在赛场开展现场预报服务工作。

2. 联调联试及演练阶段 (2019 年 9—10 月）

组织实施探测、预报、信息、服务等系统联调联试，确保测试赛期间业务系统能稳定运行，同时建立完善系统备份方案。组织实施测试赛整体工作流程的模拟、演练，从而完善测试赛服务方案、应急预案。

3. 测试运行阶段（2019 年 11 月至 2021 年 9 月）

（1）确定冬奥系列气象服务方案

落实 IOC、国际单项体育组织、冬奥组委、地方市政府以及相关文化活动举办部门的冬奥会和冬残奥会气象服务具体工作要求，确定服务技术、服务产品，确定冬奥气象服务系列实施方案，包括演练服务方案、火炬传递方案及开闭幕式等大型活动保障方案等。

（2）系统测试运行及科技研发成果集成

冬奥技术攻关项目成果集成并测试完善。完善信息网络系统，完成所有预报技术及预报产品的准备工作和预报预测系统建设；完成冬奥气象服务相关的数据采集、入库、显示、监控、产品加工，快速分发及服务系统的建设。通过各次测试赛，磨合和完善系统功能，并积累和夯实预报服务经验，实现系统的稳定运行。

（3）完成人工影响天气建设任务并开展科学试验

完成人工影响天气各支撑系统的建设和集成工作，开展大规模跨区域科学作业（包括设计、指挥），配合以相应的空基、地基观测，进行人工增雪效果检验的初步试验并总结提高。建立和完善冬奥人工增雪实施方案。

（4）做好冬奥会测试赛预报服务工作

协调北京、张家口两地跨区域气象服务工作，为冬奥会测试赛及相关演练工作提供气象服务保障。为冬奥组委提供各场馆翔实的气候背景及风险分析材料；从冬奥会测试赛开始，根据冬奥组委测试赛时间安排，通过网站、微博微信等多种方式开展天气实况、预报预警、交通等气象服务工作以及双语现场气象服务工作。

4. 赛时正式运行阶段（2021 年 10 月至 2022 年 4 月）

（1）火炬传递气象服务

国家气象中心组织火炬传递途经的各省、市气象局，向冬奥组委或火炬传递护卫单位提供相应活动时间内火炬途经省市的天气实况、预报和预警服务。

（2）开闭幕式气象服务

北京赛区气象服务中心、河北赛区气象服务中心等组织完成冬奥会开闭幕式彩排、预演及正式活动气象服务和现场保障。

（3）冬奥会和冬残奥会赛事气象服务

冬奥会和冬残奥会期间，北京赛区气象服务中心、河北赛区气象服务中心分别做好属地冬奥会和冬残奥会赛事气象服务工作；北京、河北周边相关省（自治区、直辖市）气象局负责有关探测资料的传输和加密探测任务。

（4）气象服务宣传

中国气象局办公室牵头联合冬奥组委做好冬奥会和冬残奥会气象服务期间的宣传、保密等工作。

5. 总结阶段（2022 年 4 月）

做好冬奥会和冬残奥会全面总结工作。

六、智慧冬奥 2022 天气预报示范计划工作方案

（一）目的意义

为满足北京 2022 冬奥会“百米级、分钟级”精细化天气预报需求，中国气象局计划组织实施“智慧冬奥 2022 天气预报示范计划（SMART2022-FDP[①]）”（以下简称预报示范计划），

① Sciences of Meteorology with Artificial-intelligence in Research and Technology for Beijing 2022 Winter Olympics – Forecast Demonstration Project

征集国内优秀的高分辨率区域数值天气模式和人工智能等客观预报技术、系统和方法，通过在 2021 年北京冬奥测试赛和 2022 年北京冬奥会正式赛期开展天气预报示范的方式，为冬奥气象预报团队提供更多、更好的科技产品支撑，为举办一届“精彩、非凡、卓越”的北京冬奥会提供气象智慧。

通过预报示范计划，也可对国内不同的高分辨率数值预报模式、降尺度技术、人工智能天气预报技术及系统方法等进行对比检验，从而推动精细化天气预报技术的深入发展，提升我国高精度客观天气预报核心技术的现代化水平和国际影响，并促进在国家重大活动气象保障及气象防灾减灾等方面的深化应用。

（二）预报示范内容

按照面向冬奥实战应用的原则，此次天气预报示范产品以提供预报员直接参考的地面气象要素预报产品为主，包括网格产品和站点产品，参加单位可根据自身情况选择至少一类参加预报示范。

1. 次公里级网格预报产品

网格范围应覆盖京津冀区域（经纬度信息见表 3–2），网格分辨率≤ 1 千米，预报时效≥ 24 小时，预报间隔≤ 1 小时，预报更新频率≤ 24 小时。要素包括：平均风速风向、阵风风速风向、气温、相对湿度、降水、降水相态、能见度等。网格数据产品统一为 NetCDF 格式或 GRIB2 格式（经纬度投影，以起报时间分割文件并包含所有预报时次和需要示范的预报变量）。

表 3–2　京津冀区域网格产品经纬度信息

参　数	经纬度
西南角经纬度	113.2° E，35.9° N
东北角经纬度	120.2° E，42.7° N
兰勃脱投影参考纬度	33° N，42° N
兰勃脱投影中心经度	116.5° E

2. 次百米级网格客观分析或短临预报产品

网格范围应覆盖冬奥山地赛区（包括张家口赛区和延庆赛区，经纬度信息见表 3–3，也可以分为两个不同区域），网格分辨率≤ 100 米，预报时效≤ 24 小时，预报间隔≤ 1 小时，预报更新频率≤ 6 小时（如果仅提供客观分析产品，更新频率≤ 30 分钟）。要素至少包括以下 1 种以上：风速风向（包括平均风和阵风）、气温、相对湿度、降水、降水相态、能见度、云等。

表 3-3　冬奥山地赛区网格产品经纬度信息

参　数	经纬度
西南角经纬度	115.0° E，40.4° N
东北角经纬度	116.0° E，41.2° N
兰勃脱投影参考纬度	40° N，42° N
兰勃脱投影中心经度	115.5° E

3. 冬奥赛场站点预报产品

站点范围包含冬奥组委最终确定的张家口赛区、延庆赛区和北京赛区所有场馆预报站点（表 3-4），预报时效至少达到 72 小时（最长 240 小时），预报间隔：0～24 小时≤ 1 小时，24～72 小时≤ 3 小时，72～240 小时≤ 6 小时，预报更新频率≤ 3 小时。要素至少包括以下 3 种以上：风速风向（包括平均风和阵风）、气温、相对湿度、降水、降水相态、能见度、风寒指数、雪深等。

表 3-4　冬奥赛场预报站点信息（2020 年 2 月版）

<table>
<tr><th>赛区</th><th>赛道 / 预报点位数</th><th>对应气象观测站点</th><th>站号</th><th>经度</th><th>纬度</th><th>海拔高度（米）</th></tr>
<tr><td rowspan="7">北京（7 个）</td><td rowspan="3">首钢大跳台 3 个</td><td>首钢 1 号站</td><td>A1105</td><td>116° 08′ 40″</td><td>39° 54′ 38″</td><td>90.0</td></tr>
<tr><td>首钢 2 号站</td><td>A1106</td><td>116° 08′ 40″</td><td>39° 54′ 38″</td><td>115.0</td></tr>
<tr><td>首钢 4 号站</td><td>A1108</td><td>116° 08′ 38″</td><td>39° 54′ 43″</td><td>138.0</td></tr>
<tr><td>国家体育场（鸟巢）</td><td>奥体中心站</td><td>A1007</td><td>待定</td><td>待定</td><td>待定</td></tr>
<tr><td>国家速滑馆</td><td>奥林匹克公园</td><td>A1017</td><td>待定</td><td>待定</td><td>待定</td></tr>
<tr><td>五棵松体育馆</td><td>五棵松</td><td>A1065</td><td>待定</td><td>待定</td><td>待定</td></tr>
<tr><td>首都体育馆</td><td>紫竹院</td><td>A1013</td><td>待定</td><td>待定</td><td>待定</td></tr>
<tr><td rowspan="4">延庆（9 个）</td><td rowspan="4">高山滑雪竞速赛道 4 个</td><td>竞速 1 号站</td><td>A1701</td><td>115° 48′ 49″</td><td>40° 33′ 31″</td><td>2177.5</td></tr>
<tr><td>竞速 3 号站</td><td>A1703</td><td>115° 48′ 13″</td><td>40° 33′ 21″</td><td>1925.0</td></tr>
<tr><td>竞速 5 号站</td><td>A1705</td><td>115° 48′ 12″</td><td>40° 32′ 58″</td><td>1669.1</td></tr>
<tr><td>竞速 8 号站</td><td>A1708</td><td>115° 47′ 52″</td><td>40° 32′ 28″</td><td>1289.1</td></tr>
<tr><td rowspan="5">延庆（9 个）</td><td rowspan="3">高山滑雪竞技赛道 3 个</td><td>竞技 1 号站</td><td>A1710</td><td>115° 48′ 54″</td><td>40° 33′ 07″</td><td>1941.5</td></tr>
<tr><td>竞技 2 号站</td><td>A1711</td><td>115° 48′ 46″</td><td>40° 33′ 00″</td><td>1789.0</td></tr>
<tr><td>竞技 3 号站</td><td>A1712</td><td>115° 48′ 25″</td><td>40° 32′ 51″</td><td>1519.8</td></tr>
<tr><td rowspan="2">雪车雪橇 2 个</td><td>西大庄科</td><td>A1489</td><td>115° 46′ 57″</td><td>40° 31′ 13″</td><td>928.0</td></tr>
<tr><td>待定</td><td>待定</td><td>待定</td><td>待定</td><td>待定</td></tr>
</table>

续表

赛区	赛道 / 预报点位数	对应气象观测站点	站号	经度	纬度	海拔高度（米）
张家口（9 个）	云顶滑雪公园场地 A、B 4 个	云顶 1 号站	B1620	115° 25′ 11″	40° 57′ 35″	1923.7
		云顶 2 号站	B1627	115° 25′ 02″	40° 57′ 35″	1873.9
		云顶 4 号站	B1629	115° 24′ 37″	40° 57′ 21″	2012.1
		云顶 6 号站	B1637	115° 24′ 50″	40° 57′ 28″	1886.8
	冬季两项越野滑雪中心 2 个	冬两 1 号站	B1638	115° 28′ 29″	40° 54′ 35″	1650.2
		越野 2 号站	B1649	115° 28′ 26″	40° 53′ 53″	1687.5
		越野 3 号站	B1650	115° 27′ 57″	40° 54′ 06″	1622.8
	跳台滑雪中心 2 个	跳台 2 号站	B3158	115° 27′ 47″	40° 54′ 35″	1762.9
		跳台 3 号站	B3159	115° 27′ 59″	40° 54′ 15″	1685.0

4. 其他产品

各参加单位根据自身模式或客观方法特点研发的赛道环境气象风险等冬奥赛事特色精细化预报产品。如提交特色产品，应给出相应检验评估方法、实时检验结果和集成显示建议。

（三）组织实施方式

1. 成立专项组织机构

预报示范计划在中国气象局冬奥气象服务领导小组的统一领导下，由中国气象局预报司主办、减灾司和科技司协办，冬奥气象中心具体承办。

（1）成立智慧冬奥 2022 预报示范计划管理组（以下简称“管理组”）

负责示范计划重大事项的决策，总体工作方案和技术方案的审定，计划实施的总体组织协调。由预报司主要领导任组长，北京市气象局主要领导和北京冬奥组委代表任副组长，减灾司、预报司、科技司、国家气象信息中心以及北京市气象局、河北省气象局等单位分管领导参加。

管理组下设协调办公室，由预报司分管领导任主任，北京市局分管领导任副主任，预报司技术应用处、减灾司减灾处（冬奥办）、科技司科技项目处、国家气象信息中心业务处、北京市气象局观测与预报处、河北省气象局科技与预报处参加，负责具体工作协调。

（2）成立指导专家组

由预报司从全国气象行业和相关高校、科研院所等单位遴选高水平技术专家组成。主要负责技术咨询、指导和评估。

（3）成立 4 个专项工作组

负责为预报示范计划的筹备和组织实施提供支持。

① 系统示范组：由北京城市气象研究院专家任组长，国家气象信息中心专家任副组长，各示范参加单位推荐 1 名专家参加。在管理组领导下，负责示范计划总体技术方案制定、总体技术协调；负责组织各参加单位按要求参加示范计划，并进行技术沟通，组织必要的技术会议等。各示范系统在参加单位本地运行，按规定格式生成数据产品，实时传输至国家气象信息中心和冬奥气象中心（北京市气象局）指定服务器。

② 数据保障组：由国家气象信息中心专家任组长，北京市气象信息中心、河北省气象信息中心专家任副组长。负责商系统示范组研究制定示范产品的统一文件命名方式、文件格式、数据推送方式、数据存储方式、数据时效等技术规范要求。负责向各参加单位提供冬奥赛区自动站观测历史和实时资料、京津冀雷达基数据，结合各参加单位需求提供规定区域内的所需数据；负责示范系统的产品收集。

③ 产品集成组：由北京城市气象研究院专家任组长，北京市气象信息中心和北京市气象台专家任副组长。负责组织开发统一的 SMART2022–FDP 产品显示平台，商各示范系统根据预报员使用习惯确定适当的产品显示方式，对全部有效示范产品和检验结果进行展示。根据第一试验期的运行检验结果，综合预报效果较好的系统产品，开发集成、概率预报产品，提供预报员应用。

④ 检验评估组：由北京市气象台专家任组长，河北省气象台、国家气象中心和中国气象科学研究院专家任副组长。采用统一的检验标准，建立检验系统，对全部有效示范产品开展检验评估，发布检验报告。

如图 3-5、表 3-5 所示。

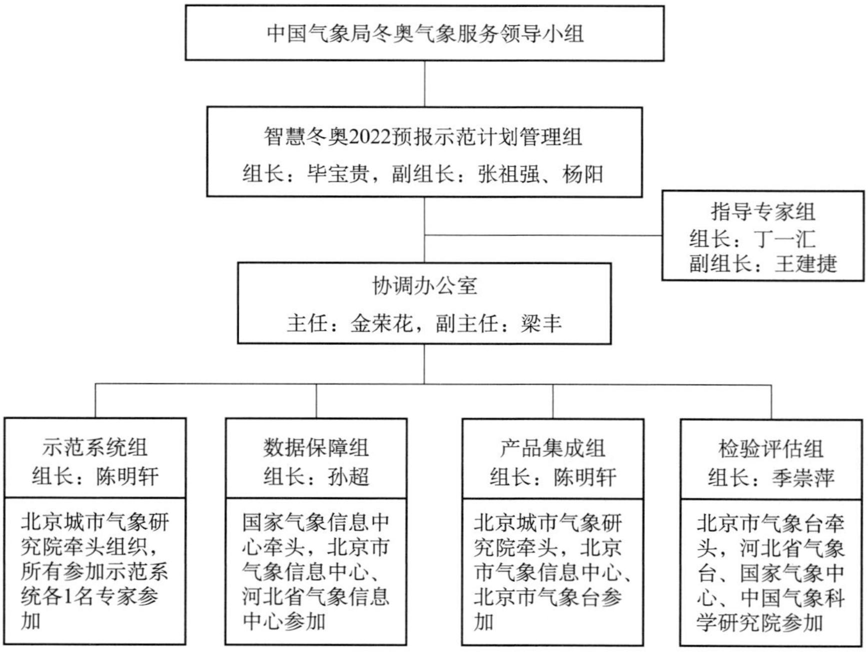

图 3–5　智慧冬奥 2022 天气预报示范计划组织机构图

表 3-5 计划管理组、指导专家组和专项工作组名单

类别		组成人员
计划管理组	管理组	**组长：**毕宝贵（预报司），**副组长：**张祖强（北京）、杨阳（冬奥组委） **成员：**赵志强（减灾司）、金荣花（预报司）、张跃堂（科技司）、罗兵（信息中心）、梁丰（北京）、郭树军（河北）
	协调办公室	**主任：**金荣花（预报司），**副主任：**梁丰（北京） **成员：**王亚伟（减灾司）、刘海波（预报司）、杨蕾（科技司）、孙海燕（信息中心）、宋巧云（北京）、秦宝国（河北）
指导专家组		**组长：**丁一汇（院士），**副组长：**王建捷（气象中心） **成员：**王建民（清华）、孟智勇（北大）、王元（南大）、智协飞（南信大）、曾沁（信息中心）、王迎春（北京）、王亚强（气科院）
专项工作组	系统示范组	**组长：**陈明轩（北京），**副组长：**师春香（信息中心） **成员：**代刊（气象中心）、佟华（数值预报中心）、郭建侠（探测中心）、慕建利（公服中心）、尹金芳（气科院）、陈敏（北京）、仲跻芹（北京）、宋林烨（北京）、王宗敏（河北）、黄伟（上海）、陈子通（广东）
	数据保障组	**组长：**孙超（信息中心），**副组长：**孙成云（北京）、聂恩旺（河北） **成员：**王颖（信息中心）、胡英楣（信息中心）、缪宇鹏（北京）、董保华（河北）
	产品集成组	**组长：**陈明轩（北京），**副组长：**窦以文（北京）、时少英（北京） **成员：**刘郁珏（北京）、秦睿（北京）、何娜（北京）、赵文芳（北京）、杨璐（北京）
	检验评估组	**组长：**季崇萍（北京），**副组长：**田志广（河北）、刘凑华（气象中心）、陈昊明（气科院） **成员：**韦青（气象中心）、李普曦（气科院）、李靖（北京）、郝翠（北京）、李宗涛（河北）

2. 计划参加预报示范计划的单位及系统产品

（1）指定参加单位

① 国家气象中心：智能网格及冬奥站点客观预报产品。

② 中国气象局数值预报中心：GRAPES 高分辨率模式产品。

③ 国家气象信息中心：高精度客观分析产品。

④ 中国气象局气象探测中心：高精度客观分析产品。

⑤ 中国气象局公共气象服务中心：高精度客观分析及预报产品。

⑥ 中国气象科学研究院：无缝隙分析预报前沿系统预报产品（SAFES：Seamless Analysis & Forecasting leading-Edge System）及 AI 预报产品。

⑦ 北京市气象局：睿图模式体系（ST、NOW、RISE、LES 等）相关产品。

⑧ 河北省气象局：高精度客观分析及短临预报产品。

⑨ 上海市气象局：华东区域数值预报模式相关产品。

⑩ 广东省气象局：华南区域数值预报模式相关产品。

（2）拟邀请参加单位

① 气象大数据实验室：基于 AI 技术的冬奥站点客观预报产品。

② 北京墨迹风云科技股份有限公司：基于 AI 技术的冬奥站点客观预报产品。

③ 国家电投能源科技工程公司：CFD 动力降尺度风场预报产品。

④ 相关高校、科研院所和企业：基于 AI 技术的冬奥客观天气预报产品（南京信息工程大学、成都信息工程大学、北京大学、南京大学、中山大学、复旦大学、中国科学院大气物理研究所等高校与研究单位，彩云天气、华风集团下属专业气象服务企业等）。

（四）计划进度安排

1. 准备期（2020 年 3—12 月）

3 月　广泛征集参加者，成立组织机构，召开预报示范计划启动会（第一次全会）。

4 月　各专项工作组完成各组技术方案，并在此基础上形成总体技术方案，依据总体技术方案组织实施。

5—10 月　各示范系统调试、优化；确定数据传输命名等格式规范、传输频次，具体预报产品要素等；确定检验评估标准；设计、开发 SMART2022-FDP 网站。根据需要，各工作组自行安排技术研讨会（以下不再标注）。

10 月　召开预报示范计划工作会（第二次全会），检查各项准备工作进展。

11 月 1 日至 12 月 31 日　各示范系统提供最终预报产品样例数据，在 SMART2022-FDP 网站进行集成测试；完成各示范系统所需观测数据的实时传输测试；完成各示范系统预报产品的实时传输测试。

2. 第一试验期（2021 年 1—10 月）

1 月 1 日至 3 月 31 日　各示范系统第一次实时业务运行测试，数据实时传输，产品在网站上实时显示，发现问题并改进完善。

5 月　召开预报示范计划工作会（第三次全会），总结分析第一次实时业务运行测试中发现的问题，确定参加第二次试验的系统和数据产品清单。

6—10 月　各示范系统、各技术组工作改进。

10 月　召开预报示范计划工作会（第四次全会），检查各项准备工作进展情况。

3. 第二试验期（2021 年 11 月 1 日至 12 月 31 日）

各示范系统第二次实时业务运行测试，进一步优化、封版，确定具备正式示范条件。

4. 预报示范期（2022 年 1 月 1 日至 3 月 15 日）

各示范系统参加 SMART2022-FDP 正式示范。

5. 总结评估期（2022 年 3 月 16 日至 6 月 30 日）

3—6 月　评估检验各示范系统的稳定性、准确性，给出预报示范计划总结评估报告。

6 月　召开预报示范计划总结会（第五次全会），对预报示范计划进行全面总结。

（五）其他

1. 经费

原则上各单位参加示范活动所需的经费由本单位自行承担。中国气象局为预报示范计划的整体运行、宣传等提供一定的经费。

2. 数据安全

数据保障组在向预报示范计划参加单位提供冬奥气象观测资料时须与申请方签订使用安全责任书，明确资料保密责任，原则上该资料只作为预报示范计划专项使用。

3. 信息安全

为确保冬奥气象相关工作符合冬奥组委信息安全和宣传工作要求，在 2022 年 3 月 15 日（预报示范期结束日）之前，预报示范计划各参加单位及相关人员不得公开发表涉及冬奥赛区气候分析和预测评估、天气条件及赛事高影响天气（含极端天气）分析研判等相关成果等。

4. 产权安全

在预报示范计划全过程中，禁止有侵犯他人知识产权行为。

第四章　实施方案

针对北京冬奥会复杂天气，气象部门围绕相关组织筹备部门需求，为赛事举办、赛会服务、城市安全运行等提供所需的气象信息和决策建议。作为北京冬奥会运行指挥部竞赛指挥组联合组长单位，中国气象局负责准确精细预报冬奥会赛事天气，为竞赛日程变更准确及时调整赛事提供了科学的气象保障。冬奥气象中心，北京、河北两地气象部门，以及国家气象中心等单位在测试赛气象服务保障的基础上，总结成绩、凝练经验，组织制定了各项赛时气象保障服务实施方案。

一、冬奥气象中心赛时气象保障服务实施方案

按照《北京 2022 冬奥会和冬残奥会组织委员会和中国气象局冬奥气象服务协议》《北京 2022 年冬奥会和冬残奥会赛时运行指挥实施方案》《北京 2022 年冬奥会和冬残奥会赛时气象保障服务运行指挥实施方案》等方案要求，为全力做好 2022 年冬奥会和冬残奥会赛时气象保障服务工作，为冬奥会提供国际一流水平的气象服务，2022 年 1 月，中国气象局制定印发《北京 2022 年冬奥会和冬残奥会赛时气象保障服务实施方案》（气办发〔2022〕2 号）。主要内容如下：

（一）指导思想和总体目标

以习近平新时代中国特色社会主义思想为指导，深入贯彻党的十九大和十九届历次全会精神，按照习近平总书记对办好北京冬奥会系列重要指示，坚持“绿色、共享、开放、廉洁”理念，牢牢把握“简约、安全、精彩”的办赛要求，切实增强责任感、使命感，聚焦赛事气象服务保障需求，细化工作任务，明确责任分工，确保各项任务内容明确、职责清晰、运行高效、推进有力。按照“三个赛区、一个标准”和“一场一策”“一项一策”要求，精益求精做好气象服务，最大程度满足北京 2022 年冬奥会和冬残奥会各项赛时气象服务需求。

（二）气象服务任务

针对赛时活动期间，开闭幕式、火炬传递、赛事保障、医疗救援、城市运行等，为竞赛团队、场馆运行团队等滚动发布北京、延庆、张家口 3 个赛区气候及延伸期预报以及各场馆

赛道天气预报和实况信息等。重点关注赛前和赛事期间大风、低温、低能见度、降雪等高影响天气预报。聚焦赛事运行，为国际雪联、北京冬奥组委、测试赛组委会、比赛队员等提供冬奥气象服务网站（含手机端）中英双语服务。做好开闭幕式、直升机救援和火炬传递等专项服务任务。根据赛时属地运行相关需求，按职责做好属地气象服务保障，重点做好政府决策气象服务、环境气象服务、交通气象服务、城市安全运行气象服务等。

1. 火炬传递

冬奥会火炬传递任务根据最终专项方案确定。

2. 冬奥会活动安排（第十二版）

（1）开闭幕式

见表 4-1。

表 4-1　开闭幕式安排表

举办地点	项目	时间
国家体育场	开幕式	2 月 4 日
	闭幕式	2 月 20 日

（2）赛事安排

见表 4-2、表 4-3、表 4-4。

表 4-2　北京赛区赛事安排表

地点	项目	日期
国家体育馆	冰球 1	2 月 3—20 日
五棵松体育中心	冰球 2	2 月 3—17 日
国家速滑馆	速度滑冰	2 月 5—19 日
首都体育馆	短道速滑	2 月 5—16 日
	花样滑冰	2 月 4—20 日
国家游泳中心	冰壶	2 月 2—20 日
首钢滑雪大跳台	单板滑雪和自由式滑雪大跳台	2 月 7—15 日

表 4-3　延庆赛区赛事安排表

地点	项目	日期
国家高山滑雪中心	高山滑雪速度项目（滑降、超级大回转、全能）	2 月 6—17 日
	高山滑雪技术项目（大回转、回转、混合团体、全能）	2 月 7—19 日
国家雪车雪橇中心	雪车	2 月 13—20 日
	钢架雪车	2 月 10—12 日
	雪橇	2 月 5—10 日

表 4-4　张家口赛区赛事安排表

地点	项目	日期
国家跳台滑雪中心	跳台滑雪 北欧两项	2 月 5—17 日
国家越野滑雪中心	越野滑雪 北欧两项	2 月 7—20 日
国家冬季两项中心	冬季两项	2 月 7—19 日
云顶滑雪公园	单板滑雪 平行大回转 障碍追逐 障碍追逐混合团体 自由式滑雪 障碍追逐	2 月 8—18 日
	单板滑雪 坡面障碍技巧 U 型场地技巧 自由式滑雪	2 月 5—19 日
	自由式滑雪 雪上技巧 空中技巧 空中技巧混合团体	2 月 3—16 日

3. 冬残奥会（2.3 版）

（1）开闭幕式

见表 4-5。

表 4-5　冬残奥会开闭幕式安排表

举办地点	项目	时间
国家体育场	开幕式	3 月 4 日
	闭幕式	3 月 13 日

（2）赛事安排

见表 4-6、表 4-7、表 4-8。

表 4-6　北京赛区赛事安排表

地点	项目	日期
国家体育馆	残奥冰球	3 月 5—13 日
国家游泳中心	轮椅冰壶	3 月 5—12 日

表 4-7　延庆赛区赛事安排表

地点	项目	日期
国家高山滑雪中心	残奥高山滑雪	3 月 5—13 日

表 4-8　张家口赛区赛事安排表

地点	项目	日期
国家冬季两项中心	残奥越野滑雪	3 月 6—13 日
	残奥冬季两项	3 月 5—11 日
云顶滑雪公园	残奥单板滑雪	3 月 6—12 日

（三）组织体系和工作职责

按照《北京 2022 年冬奥会和冬残奥会赛时运行指挥实施方案》要求，根据《北京 2022 年冬奥会和冬残奥会赛时气象保障服务运行指挥实施方案》所确定的组织架构，冬奥气象中心作为赛时运行指挥具体实施主体，负责与北京冬奥会运行指挥部各工作机构，北京市冬奥会城市运行和环境建设管理指挥部、张家口市冬奥会城市运行和环境建设管理指挥部、北京冬奥组委、国家体育总局等单位进行工作对接。

1. 综合协调办公室

负责贯彻落实北京冬奥组委、北京冬奥会气象服务协调小组以及中国气象局相关工作要求，全面负责协调落实冬奥赛时气象服务保障工作。负责赛事气象保障服务的运行指挥；协调国家级相关单位、周边省（区、市）气象局的支持帮助，解决服务中遇到的重大问题。负责协调开闭幕式、火炬传递等专项服务；负责赛时气象服务工作方案的编制、落实和检查督导；统筹开展气象服务工作，协调落实国家级单位和周边省（区、市）气象局的支持工作，协调解决执行遇到的问题。统筹做好与冬奥北京气象中心、冬奥河北气象中心、火炬传递气象服务专项工作组、预报与网络保障专项工作组、综合观测保障专项工作组、人工影响天气联合指挥专项工作组、新闻宣传科普专项工作组的工作协调。负责组织向第 24 届冬奥会工作领导小组和中办、国办呈报冬奥气象服务保障工作信息；完成冬奥气象中心交办的其他任务。

2. 冬奥北京气象中心

全面负责协调北京市区域的冬奥气象服务工作。面向 2022 年冬奥会和冬残奥会北京市运行保障指挥部、北京 2022 年冬奥会和冬残奥会开闭幕式服务保障指挥部、北京冬奥组委开闭幕式工作部、北京市冬奥会城市运行和环境建设管理指挥部等，落实气象服务任务；负责协调北京赛区和延庆赛区现场气象服务；负责协调落实北京市区域内探测、信息网络后勤保障等；负责做好多维度冬奥预报业务平台、冬奥气象综合可视化系统、冬奥气象全流程实时监控系统、冬奥现场气象服务系统、冬奥智慧气象 App、冬奥航空气象服务系统、智慧冬奥 2022 天气预报示范计划集成显示平台等冬奥预报服务系统的运维保障和应急备份等；完成冬奥气象中心交办的其他任务。

3. 冬奥河北气象中心

全面负责协调河北省区域的冬奥气象服务工作。面向河北赛区组委会、张家口市冬奥会城市运行和环境建设管理指挥部，落实气象服务任务；负责协调张家口赛区现场气象服务；负责协调落实河北省区域内观测、信息网络和预报服务业务系统、后勤保障等；做好冬奥备份中心的运维保障；完成冬奥气象中心交办的其他任务。

4. 预报与网络保障专项工作组

提供天气、气候等预报预测技术支持；保证数值预报模式和气候预测模式稳定运行，国外数值预报等出现重大事故时提供应对支持；对北京和河北气象信息网络提供指导和支持；做好信息网络、网站安全工作，协调涉及冬奥组委和国家相关部门的信息网络安全工作；统筹做好业务系统和数据应急备份；完成冬奥气象中心交办的其他任务。

5. 综合观测保障专项工作组

负责组织提供赛区气象观测装备稳定运行技术支持；负责组织提供赛区气象观测数据、观测产品准确及时提供的技术支持；根据赛区气象服务保障需求，组织相关单位开展加密观测；统筹做好观测装备备品备件调度和应急保障；完成冬奥气象中心交办的其他任务。

6. 新闻宣传科普专项工作组

负责新闻宣传口径、宣传策划、舆情监测与研判；加强冬奥气象科普工作；完成冬奥气象中心交办的其他任务。

（四）服务任务

1. 开闭幕式气象服务

（1）实时数据服务

奥体中心站观测数据实时传输至冬奥开闭幕式保障指挥部智慧场馆平台。

（2）天气预报服务

2021 年 12 月 23 日起至 2022 年 3 月 13 日冬残奥闭幕式结束，每日 09 时和 17 时，提供国家体育场（A 场地）未来 24 小时逐小时、未来 2～3 天逐 12 小时气象服务预报。

遇明显雨雪过程、低能见度、6 级以上大风、最低气温低于 −10℃等极端天气，增加提供重要天气报告、天气情况、预警信号等决策服务材料。

1 月份为焰火存放地开展服务保障。

在上述服务的基础上，提供更加有针对性的预报服务。

服务方式：指定微信群服务。

（3）气候预测服务

提供风险防控评估服务、场馆内外精细化风力监测及评估、焰火燃放效果及风险评估。

服务方式：指定微信群服务。

（4）现场服务

2021 年 11 月 3 日起派 1 名技术骨干驻现场作为开闭幕式运行团队一员，提供现场服务；其他需求根据要求及时提供。

2. 火炬接力气象服务

按照冬奥组委最终的火炬传递专项方案，根据《北京 2022 年冬奥会和冬残奥会火炬传递气象服务保障方案》要求做好服务。

3. 赛事气象服务

（1）赛区竞赛场馆及非竞赛场馆

北京赛区 6 个竞赛场馆：国家体育馆、五棵松体育中心、国家速滑馆、首都体育馆、国家游泳中心、首钢滑雪大跳台；3 个非竞赛场馆为：国家体育场、北京冬（残）奥村、北京颁奖广场。

延庆赛区 2 个竞赛场馆：国家高山滑雪中心、国家雪车雪橇中心；4 个非竞赛场馆为：延庆冬（残）奥村、延庆残奥颁奖广场、延庆阪泉综合服务中心、延庆制服和注册分中心。

张家口赛区 4 个竞赛场馆：云顶滑雪公园、国家跳台滑雪中心、国家越野滑雪中心、国家冬季两项中心；6 个非竞赛场馆：张家口山地新闻中心、张家口山地转播中心、张家口冬奥村、张家口颁奖广场、张家口赛区制服和注册分中心、张家口奥林匹克接待分中心。

其中，北京赛区的首钢滑雪大跳台、延庆赛区的国家高山滑雪中心和国家雪车雪橇中心、云顶滑雪公园、国家跳台滑雪中心、国家越野滑雪中心、国家冬季两项中心共 7 个场馆为室外项目竞赛场馆（以下简称室外竞赛场馆）。

（2）服务内容和频次

负责提供北京赛区、延庆赛区、张家口赛区天气信息和咨询服务，包括：

① 提供两个赛区 2021 年 11 月至 2022 年 3 月气候预测信息，自 2021 年 10 月起，逐月更新。

② 提供竞赛场馆和非竞赛场馆的实时监测气象信息；实时提供，分钟更新。

③ 提供竞赛场馆和非竞赛场馆的 0～24 小时逐小时、24～72 小时逐 3 小时、4～10 天逐 12 小时天气预报产品。其中，赛前第一服务期，每天两次为室外竞赛场馆提供天气预报产品；赛前第二服务期，1 月 1 日—16 日每天两次为室外竞赛场馆提供天气预报产品，17 日—26 日每日 07 时、11 时、17 时 3 次为所有室外竞赛场馆、冬（残）奥村和非竞赛场馆提供预报产品；赛时服务期，自 27 日 00 时起，为所有场馆全天 24 小时逐小时更新提供预报产品；赛后服务期，每天 07 时、17 时两次为所有场馆提供预报产品。

④ 提供室外竞赛场馆和非竞赛场馆所在地的天气简报；2022 年 1 月 1 日至 3 月 13 日期间每天提供两次。

⑤ 提供对赛事运行可能产生不利影响的灾害性天气提示信息；2022 年 1 月 1 日至 3 月 18 日期间根据天气情况不定时提供。

⑥ 根据北京冬奥组委要求提供历史气候分析、气象报告、气象数据等其他信息。

气象数据包括：气温、风速、风向、降水、相对湿度、能见度等；各竞赛项目相关的其他气象数据等。

（3）服务时间

赛前第一服务期：2021 年 11—12 月，为赛区室外场馆 / 赛道运维提供气象服务。

赛前第二服务期：2022 年 1 月 1—26 日，提供场馆实时天气咨询服务。

赛时服务期：2022 年 1 月 27 日至 3 月 13 日为赛时服务期，全面提供赛时场馆天气服务，为竞赛指挥中心工作时段提供天气咨询。

赛后服务期：2022 年 3 月 14 日至 18 日为赛后服务期，主要提供场馆实时天气咨询服务。

（4）服务途径

在主运行中心、室外竞赛场馆及其下的竞赛指挥中心均设有专班气象预报员，与竞赛团队和相关人员合作，沟通并分析判断天气情况。

自 2021 年 11 月 1 日开始，比赛不同客户群体可以通过冬奥气象服务网站和冬奥智慧气象 App 了解冬奥赛区的实时天气信息和天气预报产品。在北京冬奥组委的官方网站公布北京冬奥会和冬残奥会竞赛场馆的天气信息。向北京冬奥组委信息系统提供气象数据服务。向相关体育出版物，例如体育项目说明手册，提供体育项目相关历史气象信息。

（5）比赛客户群体

比赛客户群体包括：北京冬奥组委、国际奥委会、国际残奥委会、奥林匹克 / 残奥大家庭、奥林匹克广播服务公司、持权转播商和注册媒体、国际冬季单项体育联合会、国家单项体育组织、参赛国家（地区）奥委会 / 残奥委会、交通部门、嘉宾和观众、中国公众和全球公众等。

（6）奥林匹克数据传输（ODF）以及奥林匹克成绩信息服务（ORIS_C49）数据服务

根据北京 2022 年冬奥会和冬残奥会气象数据服务需求，气象部门需向冬奥组委提供各竞赛项目的 ODF 气象数据（包括：DT_VEN_COND 及 DT_WEATHER ）及 C49 气象报告。北京赛区、延庆赛区和张家口赛区分别负责各自场馆的 ODF 中 DT_VEN_COND（预报类）气象数据及 C49 气象报告的制作及发布工作。制作和发布频次要求如下：DT_VEN_COND 自各场馆 2022 年 1 月 30 日起至该场馆比赛结束每天 00:15 发布当天的 6：00—21：00 逐小时预报以及后 5 天预报，6：00—21：00 逐小时发送过去逐小时实况、未来逐小时预报以及后 5 天预报；DT–WEATHER 根据比赛日程定时发送逐小时的天气实况数据。C49 报告根据比赛日程每日在指定时间点发送一次或两次当日和未来 5 天的预报数据。冬奥北京气象中心负责统一发送至冬奥组委制指定位置。

4. 专项服务保障

（1）气候服务

从 2021 年 9 月开始，滚动提供冬奥赛区 11 月至次年 3 月气候预测信息，包括 11～30 天延伸期预报，月、季节气候预测产品。针对赛道造雪、存雪等需求，开展雪务专项气候预测。

（2）直升机医疗保障气象服务

每日两次（07时、17时）通过专项服务微信群向直升机保障团队分别提供延庆赛区、张家口赛区未来3天天气预报及未来4～10天天气趋势展望；每日3次（07时、11时、17时）通过专项服务微信群发布延庆赛区直升机保障3个重点作业点（延庆保温机库、国家高山滑雪中心停机坪、延庆区医院）和张家口赛区4个重点作业点（云顶滑雪公园、国家跳台滑雪中心、华奥医院）未来6小时逐小时预报，主要包括天气现象、气温、相对湿度、能见度、风向、风速；通过冬奥网站提供三大赛区自动气象站的实况观测信息。

5. 城市运行气象保障服务

要全力做好冬奥会期间城市生命线运行气象保障服务。要积极配合生态环境部门做好3个赛区空气质量预报和重污染天气预警。配合应急管理部门、林草部门做好赛区周边森林草原防灭火气象保障服务。配合交通运输部门做好城市交通运行保障。北京冬奥会期间，又正值春节假期，要主动对接发展改革、公安、交通运输、应急管理、能源电力等部门，强化高影响天气监测预警，做好城市运行及赛区交通物流、能源保供等气象保障服务。

（五）运行流程机制

1. 协调沟通机制

各部门要加强协调配合，综合协调办公室要切实发挥统筹协调作用，积极主动做好与北京冬奥会运行指挥部各工作机构、冬奥气象中心各组成部门以及与北京市气象局、河北省气象局、各直属业务单位、相关省（区、市）气象局的沟通联系，畅通渠道。

2. 会议制度

（1）专题会制度

针对赛时气象服务保障遇到的重大问题进行沟通、会商、协调和决策的重大事项，会议由协调小组组长负责组织。

（2）调度例会制度

冬奥气象中心自1月27日开始至3月18日根据工作需要，适时组织召开调度会议，对各项气象服务工作进行总结和部署，可根据会议需要确定组织单位。

（3）气象保障会商安排

根据《北京2022年冬奥会和冬残奥会天气会商机制》和《2022北京冬奥会和冬残奥会气象保障会商排期表》所确定的组织和参加单位及会商要求做好气象保障会商工作。

3. 请示报告制度

（1）冬奥气象中心请示报告制度

针对赛时气象服务保障遇到的重大问题，第一时间向冬奥气象协调小组报告，及时部署处置应对工作，并将落实情况及时报告。

冬奥气象中心各专项工作组请示报告制度。针对赛时气象服务保障遇到的重大问题，第一时间向冬奥气象中心报告，及时部署处置应对工作，并将落实情况及时报告。

（2）服务运行层请示报告制度

充分授权北京、延庆和张家口 3 个赛区气象服务保障团队现场协调、处置、决策日常保障工作中出现的问题；北京、延庆和张家口 3 个赛区气象服务保障团队请示报告采取双向报告制度，即各保障团队在遇到需上报解决的问题和事项时，北京、延庆赛区气象服务保障团队应同时向冬奥北京气象中心和冬奥气象中心综合协调办公室进行报告；张家口赛区气象服务保障团队应同时向冬奥河北气象中心和冬奥气象中心综合协调办公室进行报告。

4. 零报告制度

赛事保障期间，冬奥北京气象中心、冬奥河北气象中心和各专项工作组于每日 16 时向冬奥气象中心综合协调办公室报送当日运行情况报告，综合办汇总并编制整体运行情况简报，分送冬奥气象中心各成员单位。

5. 对外服务口径制度

冬奥北京气象中心、冬奥河北气象中心和各专项工作组之间加强协同联动，确保所有天气气候预报预测和服务产品服务口径一致，确保宣传口径一致。

6. 保密档案制度

严格遵守保密法律法规，加强各方面保密管理。各工作组组长为保密工作第一责任人，各组指定 1 名保密人员并向保密和档案团队备案，做好相关工作档案的全面收集、及时归档、规范整理、安全保管、及时移交，确保档案准确安全、系统完整。保密和档案团队不定期对重点部门和重点部位开展检查。

7. 应急响应制度

根据《北京 2022 年冬奥会和冬残奥会气象重大风险应急预案》《北京 2022 年冬奥会和冬残奥会气象保障服务应急预案》及冬奥北京气象中心、冬奥河北气象中心及各成员单位印发的专项应急预案要求，按照职责和分工做好赛时气象服务保障应急工作，及时处置重大风险和突发事件。

（六）进度安排

1. 准备就绪阶段（2022 年 1 月 15—27 日）

根据赛事组委会总体工作安排，细化分解承担任务，加强内部沟通协调，完善工作流程，做到科技支撑到位、系统运行就绪、组织管理通畅、工作落实到人。

2. 冬奥会赛时保障阶段（2022 年 1 月 27 日至 2 月 23 日）

1 月 27 日进入特别工作状态，实战运行保障，针对冬奥会赛事活动开展气象服务保障，完成相应的其他重大活动气象保障工作。

3. 赛事转换期（2022 年 2 月 21—24 日）

冬奥气象服务网站、冬奥智慧气象 App、多维度冬奥预报业务平台、冬奥气象综合可视化系统等系统要按照冬残奥会的服务内容和要求进行切换，2 月 25 日 00 时完成切换。

4. 冬残奥会赛时保障阶段（2022 年 2 月 25 日至 3 月 18 日）

实战运行保障，针对冬残奥会赛事活动开展气象服务保障，完成相应的其他重大活动气象保障工作，3 月 18 日特别工作状态结束。

5. 总结阶段（2022 年 3 月 18 日至 4 月 18 日）

综合协调办公室、冬奥北京气象中心、冬奥河北气象中心和各专项工作组进行赛事服务保障工作运行总结，特别是组织机制、综合观测、网络、系统建设、服务流程及产品、团队、科技成果应用、服务满意度等各方面详细能力水平的评估总结，分析取得的成效和不足。

二、冬奥北京气象中心赛时气象保障服务工作方案

根据《2022 年冬奥会和冬残奥会北京市运行保障指挥部工作方案》和《北京 2022 年冬奥会和冬残奥会赛时气象保障服务运行指挥实施方案》（冬奥气象协调小组〔2021〕5 号），为全力做好 2022 年冬奥会和冬残奥会赛时北京市气象保障服务工作，特制定本工作方案。

（一）指导思想和总体目标

以习近平新时代中国特色社会主义思想为指导，深入贯彻党的十九大和十九届二中、三中、四中、五中全会精神，按照习近平总书记对办好北京冬奥会系列重要指示，提高政治站位，增强责任感和使命感，始终坚持“绿色办奥、共享办奥、开放办奥、廉洁办奥”理念，牢牢把握“简约、安全、精彩”的办赛要求、始终保持“一刻也不能停、一步也不能错、一天也误不起”的状态，在中国气象局和北京市运行保障指挥部领导下，牢记职责使命，强化责任意识，按照“监测精密、预报精准、服务精细”要求，以最坚决的态度、最周密的筹划和最高的标准，全力以赴，高水平、高质量和高标准完成北京 2022 年冬奥会和冬残奥会北京区域气象保障服务任务。

（二）赛事活动安排和气象服务需求

1. 赛事相关活动安排

（1）火炬传递

冬奥会火炬传递时间和地点详见专项方案。

（2）冬奥会活动安排（第十二版）

① 开闭幕式

见表 4–9。

表 4–9　冬奥会开闭幕式安排表

举办地点	项目	时间
国家体育场	开幕式	2 月 4 日
	闭幕式	2 月 20 日

② 赛事安排

见表 4–10、表 4–11。

表 4–10　北京赛区赛事安排表

地点	项目	日期
国家体育馆	冰球 1	2 月 3—20 日
五棵松体育中心	冰球 2	2 月 3—17 日
国家速滑馆	速度滑冰	2 月 5—19 日
首都体育馆	短道速滑	2 月 5—16 日
	花样滑冰	2 月 4—20 日
国家游泳中心	冰壶	2 月 2—20 日
首钢滑雪大跳台	单板滑雪和自由式滑雪大跳台	2 月 7—15 日

表 4–11　延庆赛区赛事安排表

地点	项目	日期
国家高山滑雪中心	高山滑雪速度项目滑降超级大回转全能	2 月 6—17 日
	高山滑雪技术项目大回转 回转混合团体全能	2 月 7—19 日
国家雪车雪橇中心	雪车	2 月 13—20 日
	钢架雪车	2 月 10—12 日
	雪橇	2 月 5—10 日

（3）冬残奥会活动安排（2.3 版）

① 开闭幕式

见表 4–12。

表 4–12　冬残奥会开闭幕式安排表

举办地点	项目	时间
国家体育场	开幕式	3 月 4 日
	闭幕式	3 月 13 日

② 赛事安排

见表 4–13、表 4–14。

表 4-13　北京赛区赛事安排表

地点	项目	日期
国家体育馆	残奥冰球	3 月 5—13 日
国家游泳中心	轮椅冰壶	3 月 5—12 日

表 4-14　延庆赛区赛事安排表

地点	项目	日期
国家高山滑雪中心	残奥高山滑雪	3 月 5—13 日

2. 开闭幕式气象服务需求

（1）实时数据服务需求

在国家体育场冠层布设 4 套气象观测设备，在场内观礼台布设 4 套观测设备，场内地面布设 1 套便携站，形成“4+4+1”观测布局，观测数据实时传输至冬奥开闭幕式保障指挥部智慧场馆平台。

（2）天气预报服务需求

2021 年 12 月 23 日起至 2022 年 3 月 13 日冬残奥闭幕式结束，每日 09 时和 17 时，提供国家体育场（A 场地）未来 24 小时逐小时、未来 2～3 天逐 12 小时气象服务预报。

遇明显雨雪过程、低能见度、6 级以上大风、最低气温低于 –10℃等极端天气，增加提供重要天气报告、天气情况、预警信号等决策服务材料。

1 月份为焰火存放地开展服务保障。

会期在上述服务的基础上，提供更加有针对性的预报服务。

服务方式：指定微信群服务。

（3）气候预测服务需求

提供风险防控评估服务、场馆内外精细化风力监测及评估、焰火燃放效果及风险评估。

服务方式：指定微信群服务。

（4）现场服务需求

2021 年 11 月 3 日起派 1 名技术骨干驻现场作为开闭幕式运行团队一员，提供现场服务；其他需求待定。

3. 火炬接力气象服务需求

目前已明确提供火炬传递活动地点及时段气候风险分析；其他服务需求待定。

4. 赛事气象服务需求

（1）赛区竞赛场馆及非竞赛场馆

北京赛区 6 个竞赛场馆为：国家体育馆、五棵松体育中心、国家速滑馆、首都体育馆、国家游泳中心、首钢滑雪大跳台；3 个非竞赛场馆为：国家体育场、北京冬（残）奥村、北京颁奖广场。

延庆赛区 2 个竞赛场馆为：国家高山滑雪中心、国家雪车雪橇中心；4 个非竞赛场馆为：延庆冬（残）奥村、延庆残奥颁奖广场、延庆阪泉综合服务中心、延庆制服和注册分中心。

其中，北京赛区的首钢滑雪大跳台、延庆赛区的国家高山滑雪中心和国家雪车雪橇中心共 3 个场馆为室外项目竞赛场馆（以下简称室外竞赛场馆）。

（2）服务内容和频次

负责提供北京赛区、延庆赛区天气信息和咨询服务，包括：

① 提供两个赛区 2021 年 11 月至 2022 年 3 月气候预测信息，自 2021 年 10 月起，逐月更新。

② 提供 8 个竞赛场馆和 7 个非竞赛场馆的实时监测气象信息；实时提供，分钟更新。

③ 提供 8 个竞赛场馆和 7 个非竞赛场馆的 0～24 小时逐小时、24～72 小时逐 3 小时、4～10 天逐 12 小时天气预报产品。其中，赛前第一服务期，每天两次为室外竞赛场馆提供天气预报产品；赛前第二服务期，1 月 1 日—16 日每天两次为室外竞赛场馆提供天气预报产品，17 日—22 日每天 3 次、23 日—26 日每天 4 次为所有室外竞赛场馆和延庆冬（残）奥村提供预报产品；赛时服务期，为所有场馆全天 24 小时逐小时更新提供预报产品；赛后服务期，每天两次为所有场馆提供预报产品。

④ 提供室外竞赛场馆所在地的天气简报；2022 年 1 月 1 日至 3 月 13 日期间每天提供两次。

⑤ 提供对赛事运行可能产生不利影响的天气预警；2022 年 1 月 1 日至 3 月 18 日期间根据天气情况不定时提供。

⑥ 根据北京冬奥组委要求提供历史气候分析、气象报告、气象数据等其他信息。

气象数据包括：气温、风速、风向、降水、相对湿度、能见度等；各竞赛项目相关的其他气象数据等。

（3）服务时间

赛前第一服务期：2021 年 11—12 月，为赛区室外场馆 / 赛道运维提供气象服务。

赛前第二服务期：2022 年 1 月 1—26 日，提供场馆实时天气咨询服务。

赛时服务期：2022 年 1 月 27 日至 3 月 13 日为赛时服务期，全面提供赛时场馆天气服务，为竞赛指挥中心工作时段提供天气咨询。

赛后服务期：2022 年 3 月 14—18 日为赛后服务期，主要提供场馆实时天气咨询服务。

（4）服务途径

在主运行中心、室外竞赛场馆及其下的竞赛指挥中心均设有专班气象预报员，与竞赛团队和相关人员合作，沟通并分析判断天气情况。

自 2021 年 11 月 1 日开始，比赛不同客户群体可以通过冬奥气象服务网站和冬奥智慧气象 App 了解冬奥赛区的实时天气信息和天气预报产品。在北京冬奥组委的官方网站公布北京冬奥会和冬残奥会竞赛场馆的天气信息。向北京冬奥组委信息系统提供气象数据服务。向相关体育出版物，例如体育项目说明手册，提供体育项目相关历史气象信息。

（5）比赛客户群体

比赛客户群体包括：北京冬奥组委、国际奥委会、国际残奥委会、奥林匹克 / 残奥大家庭、奥林匹克广播服务公司、持权转播商和注册媒体、国际冬季单项体育联合会、国家单项体育组织、参赛国家（地区）奥委会 / 残奥委会、交通部门、嘉宾和观众、中国公众和全球公众等。

5. 赛事外围及城市运行保障气象服务需求

根据北京市、延庆区、石景山区、朝阳区、海淀区、房山区、怀柔区、大兴区和顺义区等在赛事期间属地运行相关需求，市、区两级气象部门按职责做好属地气象服务保障。重点做好政府决策气象服务、环境气象服务、交通气象服务、城市生命线安全运行气象服务等（详见各专项方案）。

6. 专项服务保障需求

（1）气候服务需求

从 2021 年 9 月开始，滚动提供冬奥赛区 11 月至次年 3 月气候预测信息，包括 11～30 天延伸期预报，月、季节气候预测产品。针对赛道造雪、存雪等需求，开展雪务专项气候预测。

（2）直升机医疗保障气象服务需求

每日两次（07 时、17 时）通过专项服务微信群向直升机保障团队提供延庆赛区未来 3 天天气预报及未来 4～10 天天气趋势展望；每日 3 次（07 时、11 时、17 时）通过专项服务微信群发布延庆赛区直升机保障 3 个重点作业点（延庆保温机库、国家高山滑雪中心停机坪、延庆区医院）未来 6 小时逐小时预报，主要包括天气现象、气温、相对湿度、能见度、风向、风速；通过冬奥网站提供三大赛区自动气象站的实况观测信息。

（三）组织机构和工作职责

1. 北京市气象局组建冬奥北京气象中心

按照属地组织实施原则，统筹考虑赛时北京区域预报、服务、探测、信息网络、人影、后勤保障等相关工作，组建冬奥北京气象中心（简称北京中心）。

主　任：张祖强　市气象局局长

副主任：曲晓波　市气象局副局长、一级巡视员

　　　　牛国良　市气象局副局长

　　　　郭　虎　市气象局副局长、一级巡视员

　　　　王月宾　市气象局党组纪检组长

　　　　梁　丰　市气象局副局长

郭彩丽　市气象局副局长

刘　强　市气象局二级巡视员

季崇萍　市气象局总工程师

成员单位：办公室、减灾处、预报处、科技处、计财处、人事处、法规处、机关党办、纪检组，气象台、气候中心、环境气象中心、城市院、气象服务中心、灾害防御中心、信息中心、探测中心、机关服务中心、人影办，延庆区气象局。

工作职责：北京中心负责对接中国气象局北京冬奥会气象服务协调小组和中国气象局冬奥气象中心“一办五组”，对接 2022 年冬奥会和冬残奥会北京市运行保障指挥部（以下简称北京市指挥部）。全面负责协调落实北京区域冬奥赛时气象服务保障工作。负责相关系列文化活动、考察活动等北京属地气象保障服务。负责提供北京区域冬奥气候分析服务工作；负责开闭幕式彩排、预演及正式活动气象服务和现场保障；协调落实北京赛区和延庆赛区赛事、冬奥村及外围的气象保障服务；负责北京区域内探测、信息网络和预报服务业务系统运行保障及后勤保障等；负责按照火炬传递气象服务专项工作组统一要求完成火炬传递北京属地气象服务工作。负责北京区域非赛区交通、旅游、能源等城市运行及环境保障气象服务。向中国气象局冬奥气象中心、北京市指挥部上报信息。完成上级交办的各项相关工作。

北京中心副主任分别负责对接北京市指挥部和中国气象局冬奥气象中心下设的相关工作组。

曲晓波负责对接北京冬奥组委相关部门，赛时进驻北京冬奥组委主运行中心（MOC）；负责组织落实北京市指挥部办公室等相关工作；负责统筹北京中心综合运行管理办公室相关工作。

牛国良负责组织落实北京市指挥部新闻宣传及文化活动工作组、安全保卫工作组、医疗防疫工作组和中国气象局冬奥气象中心新闻宣传科普专项工作组等相关任务；负责统筹北京中心应急保密宣传后勤工作组相关工作。

郭虎负责组织落实北京市指挥部火炬接力保障组、赛事综合保障组和中国气象局冬奥气象中心火炬传递气象服务专项工作组等相关任务；负责统筹北京中心北京城区预报服务组相关工作。

王月宾负责组织落实北京市指挥部监督组等相关任务。负责统筹北京中心监督组相关工作。

梁丰负责组织落实北京市指挥部技术服务保障组、冬奥村保障组和中国气象局冬奥气象中心预报与网络保障专项工作组、综合观测保障专项工作组等相关任务。负责统筹北京中心延庆区气象服务组、技术支撑工作组相关工作。

郭彩丽负责组织落实北京市指挥部礼宾及机场协调保障组、人力资源及志愿者工作组等相关任务。

刘强负责组织落实北京市指挥部开闭幕式工作组、交通运行保障组、城市运行及环境保障组和中国气象局冬奥气象中心人工影响天气联合指挥专项工作组等相关任务；负责统筹北京中心开闭幕式服务组、气候服务组、城市运行和环境气象服务组、人影工作组相关工作。

季崇萍负责组织落实北京市指挥部开闭幕式服务组相关任务，组织科技冬奥技术成果在开闭幕式及赛事预报服务中的落地应用。

2. 北京中心下设综合运行管理办公室和10个工作组

具体组成和分工职责如下：

（1）综合运行管理办公室

赛时负责局领导：张祖强　市气象局局长
主　　　　任：曲晓波　市气象局分管局领导
副　　主　　任：段欲晓　市气象局应急与减灾处处长

工作职责：负责对接北京市指挥部办公室及相关工作组、中国气象局冬奥气象中心综合协调办公室；组织编制、协调、落实冬奥会和冬残奥会北京地区气象服务工作方案；统筹协调安排督办北京中心内设各组工作；负责北京中心相关会议筹备、纪要撰写和督导落实、简报编制、信息动态报送等；负责组织北京中心总结报告材料；负责协调落实经费保障、做好经费使用管理；完成北京中心交办的其他工作。

文稿与信息团队
队　　长：孟金平　市气象局应急与减灾处副处长
副 队 长：张　静　市气象局办公室副主任
韩　超　市气象局应急与减灾处副处长
付宗钰　市气象局观测与预报处副处长
周　莉　市气象局机关党委办公室副主任
张　曼　延庆区气象局副局长
成　　员：各副主任指定联络员、其他人员由队长提名报主任批准。

工作职责：负责冬奥会和冬残奥会赛前和赛时期间北京中心各工作组各类工作动态信息收集、汇总、撰写及报送；负责有关领导讲话的起草；负责向北京市指挥部及各专项保障组、中国气象局冬奥气象中心综合办报送工作动态、总结等材料的起草和报送；负责北京中心全体及综合运行管理办公室会议纪要的起草；各副主任指定联络员负责向对应上级机构反馈信息，同时抄报队长、副队长；完成办公室交办的其他工作。

（2）应急保密宣传后勤工作组

分管局领导：牛国良
组　　　长：韩桂明 市气象局办公室副主任

工作职责：负责组织落实北京市指挥部新闻宣传及文化活动工作组、安全保卫工作组、医疗防疫工作组和中国气象局冬奥气象中心新闻宣传科普专项工作组相关任务。制定专项方案；协调北京中心突发事件应急处置工作；统筹组织做好会议保障、后勤保障、防疫、保密和档案、新闻宣传和舆情应对等工作；完成北京中心交办的其他工作。

① 应急与后勤团队
队　　长：李永成　市气象局办公室一级调研员

工作职责：负责落实局内突发事件应急处置工作，及时启动应急响应；提前对值班带班、信息接报、值班检查等工作进行安排部署，及时指导日常行政和应急带班处长及值班员妥善处置各类突发事件；组织做好与应急响应有关的全市后勤保障，指导有关区局做好相关后勤保障；完成组里交办的其他工作。

② 保密与档案团队

队　　长：韩桂明　市气象局办公室副主任

工作职责：负责落实保密和档案管理相关工作，严格遵守并指导其他工作组规范执行保密和档案管理制度，按保密要求开展档案资料的收集、整理、归档和使用等的统筹管理；做好相关文件保管、大事记收集整理；按照北京市指挥部对赛前及赛时服务保障工作的保密要求，适时开展北京中心内部保密检查；完成组里交办的其他工作。

③ 宣传与舆情团队

队　　长：张　静　市气象局办公室副主任

工作职责：负责落实中国气象局冬奥气象中心新闻宣传科普专项工作组的分工任务，制定北京中心新闻宣传和舆情应对工作方案；按中国气象局和市及相关区政府有关单位要求，统一口径，做好适度宣传的各项准备；负责沟通协调中国气象局、市及相关区有关宣传单位以及主流媒体；做好重大会议的新闻宣传报道以及气象服务的宣传和图文视频素材收集工作；负责宣传纪录片等产品的制作；组织做好赛时气象服务相关舆情监测，做好舆情引导和应对等工作；完成组里交办的其他工作。

（3）气候服务组

分管局领导：刘　强

组　　　长：王　冀　市气候中心主任

工作职责：负责面向北京冬奥组委、相约北京系列体育赛事组委会、高山滑雪世界杯延庆站组委会、北京市委市政府等提供冬奥赛区气候预测及延伸期预测信息、雪务气候预测信息等；提供开闭幕式气候风险分析；提出并落实气候专项会商联动方案；完成北京中心交办的其他工作。

（4）开闭幕式服务组

分管局领导：刘　强

组　　　长：季崇萍　市气象局总工程师、市气象台台长

工作职责：负责落实北京市指挥部开闭幕式工作组气象服务保障任务；负责开闭幕式及彩排和预演期间所在地的天气实况、预报和预警服务；根据开闭幕式需求，向冬奥组委、北京市政府提供国家体育场天气实况和天气趋势，制作和发布国家体育场未来 0～10 天精细化天气预报和短时临近预报预警及现场服务；按需开展现场应急观测保障；完成北京中心交办的其他工作。

（5）北京城区预报服务组

分管局领导：郭　虎

组　　　长：乔　林　市环境气象中心主任

工作职责：负责落实北京市指挥部火炬接力保障组、综合赛事保障组北京城区赛事、

冬奥村保障组北京冬奥村气象服务保障任务。负责冬奥会和冬残奥会赛前和赛时期间北京城市 0～10 天无缝隙天气预报制作；负责城市高影响和灾害性天气预警；负责提供城市天气实况信息；负责火炬接力、北京城区内各赛事场馆预报服务；负责冬奥筹备期和比赛期间各类相关活动的气象服务；指导各区气象局，保持预报服务口径一致，做好属地服务；面向 MOC、竞赛团队、组委会等发放满意度调查问卷，赛后分析赛事气象服务满意度情况；完成北京中心交办的其他工作。

① 北京冬奥组委主运行中心（MOC）现场服务团队

队　　长：何　娜　市气象台首席预报员

工作职责：负责为 MOC 现场提供天气信息和咨询服务。协调北京、延庆和张家口赛区，保持气象预报服务口径一致；完成组里交办的其他工作。

② 火炬接力服务团队

队　　长：郭　锐　市气象台副台长

工作职责：负责落实火炬传递气象服务专项工作组工作要求，提供北京属地气象服务和现场服务；完成组里交办的其他工作。

③ 首钢赛区赛事预报服务团队

队　　长：杜　佳　市气象台首席预报员

工作职责：负责首钢赛区文化活动、训练、比赛时段气象服务保障产品制作和发布，提供现场预报服务保障和相应的咨询服务工作；完成组里交办的其他工作。

④ 北京城区场馆赛事预报服务团队

队　　长：郭　锐　市气象台副台长

工作职责：负责国家体育馆、五棵松体育中心、国家速滑馆、首都体育馆、国家游泳中心 5 个竞赛场馆和国家体育场、北京冬（残）奥村、北京颁奖广场 3 个非竞赛场馆气象服务保障工作。负责临时现场保障任务和相应的咨询服务工作；负责与场馆、区气象局等预报服务人员之间的沟通联络；完成组里交办的其他工作。

⑤ 北京城区外围气象服务团队

队　　长：仲跻芹　市气象台台长助理

工作职责：市气象台统筹指导各区局保持服务口径一致，各区局根据各属地政府部门需求，提供属地气象保障；完成组里交办的其他工作。

（6）延庆区气象服务组

分管局领导：梁　丰

组　　　长：闫　巍　延庆区气象局局长

工作职责：负责落实北京市指挥部综合赛事保障组延庆赛区赛事、冬奥村保障组延庆冬奥村气象服务保障任务。负责对接北京冬奥组委主运行中心（MOC）现场服务团队，保持延庆赛区气象预报服务口径一致。负责贯彻落实北京中心、延庆赛区冬奥领导小组、延庆赛时运行指挥部、延庆运行分中心各项工作要求和任务。负责延庆赛区、外围及城市运行气象服务保障的运行指挥和组织实施；负责检查督导各任务落实；协调解决服务中遇到的重大问题；负责延庆区气象服务宣传和后勤保障工作；负责周边和协助赛区综合气象监测系统加密观测、维护巡检和抢修工作；负责接待联络来延气象保障人员按区统一规定的场馆出入、注册、餐饮、住宿、考察、抵离等保障工作；落实延庆区领导和涉及本区气象服务的礼宾工作；负责来延气象保障人员的疫情防控、监管和应急处置工作；面向竞赛团队、组委会等发放满意度调查问卷，赛后分析赛事气象服务满意度情况；完成北京中心交办的其他工作。

① 延庆赛区现场预报服务团队

队　　长：时少英　市气象台副台长

工作职责：充分发挥团队临时党支部战斗堡垒作用；负责延庆赛区国家高山滑雪中心和国家雪车雪橇中心两个室外项目竞赛场馆的预报和现场服务；负责延庆冬奥村、延庆颁奖广场两个非竞赛类场馆的预报；完成组里交办的其他工作。

② 延庆赛区外围气象服务团队

队　　长：张　曼　延庆区气象局副局长

工作职责：负责落实延庆区"三处十二组一团队"相关要求和任务；负责延庆赛时运行指挥部现场气象服务保障；负责对接延庆冬奥村、冬奥颁奖广场两个非竞赛场馆的服务需求对接，与延庆赛区现场预报服务团队保持预报口径一致，做好现场等服务；负责延庆赛区内探测设备稳定运行保障，做好延庆各类探测设备维护维修、应急等保障工作；实时监控延庆赛区观测数据质量情况，确保各赛区实时观测数据及时、准确；负责与注册分中心、阪泉综合服务区及冬奥相关各类非赛事活动气象预报服务保障工作；完成组里交办的其他工作。

③ 延庆区城市运行服务团队

队　　长：伍永学　延庆区气象局副局长

工作职责：负责延庆区火炬传递、扫雪铲冰、交通运输、交通抵达、医疗救治、餐饮住宿、森林防火、大气环境、应急处置和疫情防控等城市运行安全气象服务保障工作；负责赛区周边气象综合监测系统加密观测、维护巡检和抢修工作；负责信息与数据安全保障工作；完成组里交办的其他工作。

④ 延庆区接待联络服务团队

队　　长：马姗姗　延庆区气象局副局长

工作职责：负责统筹与接待来延气象保障人员和区服务单位的联络协调，安排来延气象保障人员按区统一规定的场馆出入、注册、餐饮、住宿、考察、抵离等保障工作；落实延庆区领导和涉及本区气象服务的礼宾工作；负责来延气象保障人员的疫情防控、监管和应急处置；负责宣传报道和信息报送工作；负责后勤服务保障工作；完成组里交办的其他工作。

（7）城市运行和环境气象服务组

分管局领导：刘　强

组　　　长：郭文利　市气象服务中心主任

工作职责：负责牵头落实北京市指挥部城市运行及环境保障组和交通运行保障组气象服务保障相关任务。负责联合相关区局做好全市及赛区外围重点区域的扫雪铲冰气象服务；负责冬奥智慧气象 App 运维保障，负责配合冬奥气象服务网站运维；负责延庆赛区直升机救援气象服务；负责怀柔区雁栖湖酒店群保障气象服务；负责北京区域非赛区交通、能源、旅游等城市运行保障气象服务及公众气象服务工作。配合市生态环境局做好北京赛区冬奥会和冬残奥会赛事期间空气质量联合预报会商；负责开展空气重污染、低能见度等天气应急工作；参加现场应急保障观测服务；完成北京中心交办的其他工作。

（8）技术支撑工作组

分管局领导：梁　丰

工作职责：负责组织做好全市（协助延庆赛区）各类探测设备稳定运行保障；负责组织各类加密观测工作。负责组织做好冬奥气象数据环境的实时稳定运行及保障；负责组织做好各地网络通信保障；负责组织做好冬奥气象综合可视化系统、冬奥多维度预报系统等、睿图数值预报各子系统、冬奥 FDP 系统的实时稳定运行；负责组织做好多地多类视频通信保障；负责按照国际奥组委要求开展 C49 报告和 ODF 实时数据服务工作；负责冬奥会期间全局网络安全防御工作。负责组织央地联合天气会商，确定会商倒排期表；负责组织冬奥天气预报技术交流；负责组织成熟的冬奥气象科技成果在冬奥系统中的稳定运行；负责预报产品检验评估。负责对接北京市指挥部技术服务保障组；完成北京中心交办的其他工作。

① 观测保障团队

队　　长：刘旭林　市气象探测中心主任

工作职责：负责做好全市（协助延庆赛区）各类探测设备稳定运行保障，做好各类探测设备运行监控、维护维修、计量检定、应急等保障工作，负责实时监控各赛区观测数据质量情况，确保各赛区实时观测数据及时、准确。按要求开展加密观测等相关工作；完成组里交办的其他工作。

② 信息技术保障团队

队　　长：林润生　市气象信息中心主任

工作职责：负责做好京、冀两地冬奥气象数据环境的实时稳定运行及保障；负责做好京冀、奥组委、冬奥场馆、大型观测设备的网络通信保障；负责做好冬奥气象综合可视化系统、冬奥全流程监控系统的实时运行；负责做好多地多类视频通信保障；负责按照国际奥组委要求开展 ODF 实时数据服务工作；负责开展冬奥会期间全局网络安全攻防演练及技术防御工作；完成组里交办的其他工作。

③ 客观预报产品支撑团队

队　　长：苗世光　北京城市气象研究院院长

工作职责：负责开展睿图模式、冬奥实况分析产品及主客观预报产品的实时运行及检验评估；负责冬奥气象科技成果应用情况分析；负责睿图各数值预报子系统、多维度冬奥预报业务平台、智慧冬奥 2022 天气预报示范计划（FDP）等各类业务系统平台的稳定运行；完成组里交办的其他工作。

（9）人影工作组

分管局领导：刘　强

组　　　长：丁德平　市人工影响天气办公室常务副主任

工作职责：负责以国家体育场地区、海陀山周边地区为重点区域，开展冬季人工影响天气作业试验，做好技术、人员、设备物资等各项储备；根据保障需求，针对开闭幕式活动等开展人影作业；负责人影作业等工作与相关国家级业务单位服务口径一致；完成北京中心交办的其他工作。

（10）监督组

分管局领导：王月宾

组　　　长：奚　文　市气象局纪检组常务副组长、机关纪委书记

工作职责：负责对接北京市指挥部监督组。统筹冬奥会和冬残奥会气象服务监督执纪问责和监督调查处置工作；督促各工作组切实履行主体责任，坚决落实党组相关部署要求；负责监督各工作组、有关部门和单位严格落实中央八项规定精神，力戒形式主义、官僚主义；负责监督有关党组织、党员干部履职尽责，对不担当、不作为、乱作为的严肃问责，对违纪违法问题严肃查处；完成北京中心交办的其他工作。

（11）专家咨询工作组

由各工作组根据需要，分别组建天气预报、气候分析和预测、环境气象服务、人工影响天气等专家咨询组，负责为冬奥会和冬残奥会气象服务提供远程或现场技术支持、各专项方案技术把关和总结技术指导。具体人员组成等详见各专项方案。

以上如遇人员岗位和职务变动等原因不能继续履行其职责时，成员随之变动。

（四）工作制度

按照工作任务和职责分工，各工作组要切实肩负起责任，高度重视，把责任逐级传导，明确各层级工作责任。各工作组要对各个工作环节、岗位目标、任务节点进行有序整合编排，细化具体工作方案和任务实施计划、完成时限，并严格落实单位、确定专人，建立逐级负责制。

1. 组织管理制度

北京中心工作在主任直接领导下开展各项工作。下设综合运行管理办公室，负责中心的日常运行及管理工作。各组长按照职责分工，分管负责小组工作，实行组长负责制，按照工作责任组织落实各项工作任务，直接向北京中心负责。

2. 请示报告制度

各工作组要强化请示报告意识，对工作中遇到的重大事项，按程序及时请示报告。遇到重大突发问题，须第一时间向综合运行管理办公室和分管局领导报告，并及时采取处置措施。

3. 会议制度

（1）综合运行管理办公室负责北京中心工作会的组织安排。负责建立和畅通北京中心及各工作组之间的沟通渠道，掌握整体工作进展，承上启下做好沟通，建立协调联动机制，形成合力。

（2）各工作组内部会议由各组自行组织安排，可根据会议内容，邀请北京中心领导和相关人员参会。

（3）赛时期间，建立常态化例会和工作简报制度。北京中心定期召开工作例会，对前期各项赛事和活动情况进行总结，对近期工作进行布置。定期制作和分发工作简报。

4. 对外服务口径把关制度

各工作组之间加强协同联动，组长严格把关，确保所有天气气候预报预测和服务产品分别与国家气象中心、国家气候中心、中国气象局公共气象服务中心和中国气象科学研究院等国家级业务单位服务口径一致，确保宣传口径与中国气象局宣传与科普中心和中国气象报社一致。

5. 信息通报制度

（1）北京中心及其下设各工作组下发、传阅的相关文件，由主任或副主任根据文件内容批阅范围和人员。

（2）各组上报信息、工作动态、会议纪要等文件由综合运行管理办公室汇总并报主任或副主任审批，审批许可后，由综合运行管理办公室存档、发布，同时上报中国气象局冬奥气象中心综合协调办公室。

（3）文稿与信息工作团队负责信息工作的管理，做好信息的收集和向上级部门的报送。其他工作组负责重点收集本组的工作信息，落实信息员，及时向文稿与信息工作团队报送书面信息，重要信息做到不迟报、不误报、不漏报。

6. 文件归档制度

（1）北京中心流转的各类公文、上报信息、工作总结、工作动态、会议纪要等文件由综合运行管理办公室负责存档。

（2）各组内部会议纪要、工作进展、研究技术进展、内部工作动态等信息由各组负责存档。

7. 督办落实制度

对会议决（议）定事项和各级领导的批示指示，各组及时立项督查，建立工作台账，明确落实要求、完成时限、报告时间，加强跟踪督办，并将落实情况及时报告有关领导同志。

8. 应急响应制度

加强对各类重大风险的预判和防范，特别是疫情防控，不断完善和落实应急预案和风险防控清单，与北京市运行保障指挥部、中国气象局冬奥气象中心等有关方面建立协调机制，及时处置重大风险和突发事件。

9. 保密档案制度

严格遵守保密法律法规，加强各方面保密管理。各工作组组长为保密工作第一责任人，各组指定 1 名保密人员并向保密和档案团队备案，做好相关工作档案的全面收集、及时归档、规范整理、安全保管、及时移交，确保档案准确安全、系统完整。保密和档案团队不定期对重点部门和重点部位开展检查。参与冬奥会和冬残奥会的相关人员均需签订专项《保密承诺书》。

10. 预算管理制度

严格落实节俭办奥各项要求，加强资金统筹管理，涉及市财政经费保障事宜，按照现行经费保障渠道及管理要求，优先统筹各工作组现有预算安排，确无法调剂解决的，严格履行经费追加相关审批程序，规范使用各渠道经费。

（五）保障措施和要求

1. 强化思想认识，加强组织领导

各部门要深刻认识安全如期顺利举办冬奥会和冬残奥会的重大意义，进一步提高政治站位、切实增强紧迫感责任感，在北京中心统一领导下，牢固树立“一盘棋”思想，实行“一把手”负责制，在抓好疫情防控工作的同时，从讲政治的高度，按照“筹备工作要周密再周密、细致再细致”要求，以首善标准全力以赴、精益求精地完成气象服务保障任务。

2. 强化统筹协调，抓好工作落实

北京中心各副主任要发挥分管领域的统筹作用，积极创新理念思路，做好组织协调；各工作组组长要当好“施工队长”，要按照工作任务和职责分工，不断完善和组织落实专项方案和倒排期表，层层压实责任，全面细致组织落实好冬奥会和冬残奥会气象服务专项任务；各相关成员单位要积极对接，工作靠前一步，主动认领、细化任务，落实责任到岗到人，服从统一调度指挥，确保各项工作相互衔接，形成工作合力。

3. 强化督促检查，有效推进工作

各副主任和各组组长要加强分管工作的督促检查，将服务保障任务纳入重点督促检查清单。各单位要及时反馈任务进度，确保工作按计划推进并取得实效。

4. 强化疫情防控，守牢安全生产

要强化底线思维和风险意识，统筹抓好疫情防控、安全生产和冬奥气象保障服务工作。加强疫情防控主体责任落实，做好重点场所、重点部位管控和应急处突工作。时刻绷紧安全生产这根弦，把安全意识融入各项工作，确保安全生产责任落实到位。

5. 强化保密意识，严格保密程序

各部门要按照市里对冬奥会和冬残奥会的保密要求，牢固树立安全保密意识，严守保密纪律，做好保密工作，开展保密自查自评，明确涉密事项目录，签订保密责任书，做到万无一失。

6. 加强值班值守，强化应急保障

各部门要加强值班值守，做好高影响天气和突发事件应急处置。严格执行重大突发事件信息报送制度，紧盯赛时高影响天气，切实增强信息报送的敏感性和及时性。强化后勤保障措施，做好与应急业务有关的保障支撑工作。

7. 加强相关经费协调和保障

计财处要围绕冬奥会和冬残奥会保障气象服务需求，做好专项经费的支持和协调工作。

三、冬奥河北气象中心赛时气象保障服务工作方案

第 24 届冬季奥林匹克运动会和第 13 届冬季残疾人奥林匹克运动会（以下简称“冬奥会”）将于 2022 年由北京、张家口两地联合举办。为进一步做好冬奥会气象服务保障工作，为冬奥会提供国际一流水平的气象服务，按照《北京 2022 冬奥会和冬残奥会组织委员会和中国气象局冬奥气象服务协议》《北京 2022 年冬奥会和冬残奥会赛时运行指挥实施方案》《北京 2022 年冬奥会和冬残奥会赛时气象保障服务运行指挥实施方案》《关于认真做好北京 2022 年冬奥会和冬残奥会（张家口赛区）赛时运行工作的实施方案》的有关规定，根据省委省政府和中国气象局关于气象服务保障的工作要求，制定本方案。

（一）总体要求

以习近平新时代中国特色社会主义思想为指导，全面落实“四个办奥”理念，突出“简约、安全、精彩”办赛要求，聚焦赛事测试与运行气象服务保障需求，细化工作任务，明确工作责任，确保各项任务内容明确、职责清晰、运行高效、推进有力，建成国际一流的冬奥会气象服务体系和技术保障体系，为北京冬奥会张家口赛区各项赛事如期成功举行和赛会平稳有序运行提供有力支撑。

（二）工作原则

——坚持赛事核心。坚持以赛事运行保障为核心，以赛会运行保障为重点设计整体气象服务保障架构、工作流程、责任分工以及团队组织。

——坚持属地为主。落实冬奥会主办城市主责，以张家口市气象局为主体承担冬奥会气象服务保障工作任务，由省局直属单位提供技术支持，各内设机构负责相关组织协调。

——坚持综合领导。理顺北京冬奥组委、中国气象局（冬奥气象中心）、北京 2022 年冬奥会和冬残奥会河北省运行保障指挥部多重工作框架，积极主动融入各方管理体系，高质量完成各领域气象服务保障任务。

——坚持责任绑定。充分适应冬奥会气象服务保障实体单位与临时机构共存的实际，以任务责任人所在单位作为任务责任单位，确保各项任务具体落地。

——坚持统筹协调。以张家口市区、崇礼区城区、冬奥会场馆核心区为着力点，省市县三级统筹部署、统一规划、扁平管理、精简高效，建立合理、高效的工作机制，形成互动合力，协调发展冬奥气象服务保障业务。

（三）工作架构

冬奥会气象服务保障运行分为“前方”和“后方”2 个工作团组。其中，“前方团组”由省气象局前方工作组统一组织开展工作，聚焦赛场核心；“后方团组”由省气象局冬奥会气象服务工作领导小组统一领导冬奥会张家口赛区气象服务保障各项工作，组织各职能处室和有关直属单位做好各类数据、通信、产品、技术支撑，聚焦业务保障。具体结构如图 4–1 所示。

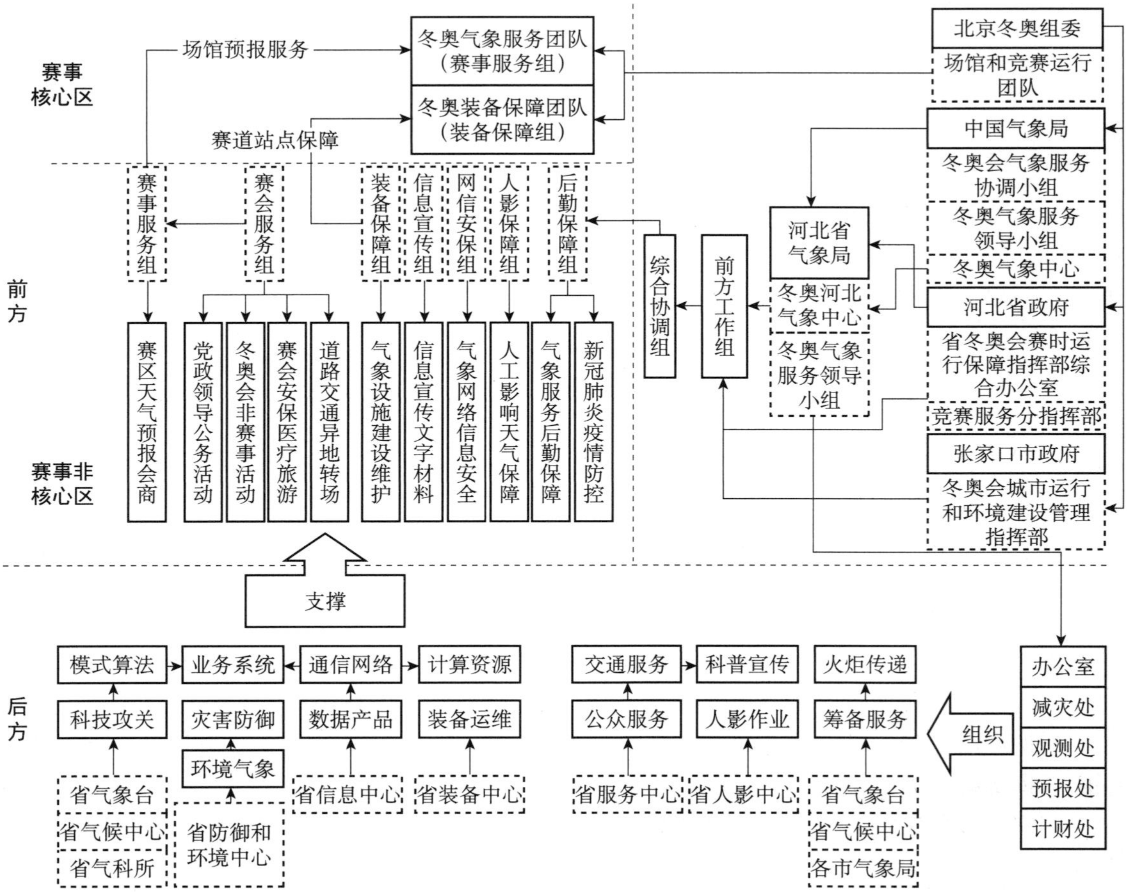

图 4–1　河北省气象局冬奥会气象服务保障运行架构图

省气象局党组对冬奥会张家口赛区气象服务保障工作负总责，研究决策重大问题。

省气象局冬奥会气象服务工作领导小组具体负责研究、部署、推动、督办各项工作。减灾处承担领导小组办公室工作职能，承担领导小组日常工作，负责牵头起草冬奥会气象服务保障相关计划、方案等重要文件，编制冬奥会气象服务保障运行专项预算，向省局党组与领导小组提出相关工作建议和政策建议，统筹组织、调度、协调、督导冬奥会气象服务保障各领域工作，统筹指挥调度后方团组各单位、各岗位及相关人员做好支撑保障工作。省局各有关内设机构、直属单位以及有关市气象局按照分工负责具体工作的组织落实。

省气象局前方工作组由省气象局分管负责同志牵头组建，赛时常驻崇礼一线，负责具体指挥调度前方团组各专项工作组、各岗位以及相关工作人员做好冬奥会服务保障工作。

冬奥会气象服务保障工作实行河北省气象局、中国气象局冬奥气象中心双重运行体系。其中，冬奥河北气象中心由省气象局主要负责同志统一领导，全面负责协调河北省区域的冬奥气象服务工作；面向河北赛区组委会和河北省政府及所属机构，落实气象服务任务；负责协调张家口赛区现场气象服务；负责协调落实河北省区域内探测、信息网络和预报服务业务系统、后勤保障等，相关联络工作由减灾处负责。

根据实际工作体制机制现状，各有关单位、部门对接分工如下：

1. 对接中国气象局

（1）北京冬奥会气象服务协调小组及办公室由减灾处具体负责工作对接。

（2）中国气象局冬奥气象服务领导小组及办公室由前方工作组具体负责工作对接。

（3）中国气象局冬奥气象中心由前方工作组具体负责对接，其中：

① 综合协调办公室由前方工作组综合协调组具体负责工作对接。

② 冬奥北京气象服务中心由前方工作组综合协调组具体负责工作对接。

③ 火炬传递气象服务专项工作组由前方工作组赛会服务组具体负责工作对接。

④ 预报与网络保障专项工作组由前方工作组网信安保组具体负责工作对接。

⑤ 综合观测保障专项工作组由前方工作组装备保障组具体负责对接。

⑥ 新闻宣传科普专项工作组由前方工作组信息宣传组具体负责对接。

2. 对接北京冬奥组委

北京冬奥组委体育部由减灾处负责对接，张家口市冬奥会城市运行和环境建设管理指挥部由张家口市气象局负责对接，场馆和竞赛运行团队由前方工作组赛事服务组负责对接。

对接河北省与张家口市冬奥工作机构：

根据职能划分，省冬奥办及省冬奥领导小组各成员单位由减灾处负责对接，省冬奥运行保障指挥部综合办公室（指挥调度中心）及各有关分指挥部由前方工作组综合协调组负责对接，张家口市冬奥办等其他各有关冬奥工作机构由张家口市气象局负责对接。

（四）任务分工

1. 冬奥气象服务

（1）赛区预报制作

冬奥会及其测试赛期间，开展赛区及周边地区天气预报会商，按照冬奥会保障要求制作相关点位天气预报。

① 赛事核心区内竞赛场馆和非竞赛场馆、赛道点位预报以及赛道雪质预报由前方工作组赛事服务组负责，赛区气候趋势与延伸期天气过程预测由前方工作组赛会服务组负责。

② 张家口市辖区各县（区）预报由张家口市气象局负责。

③ 赛区及周边公路路段及直升机起降点预报由前方工作组赛会服务组负责。

④ 赛区及周边环境气象预报由前方工作组赛会服务组负责。

⑤ 赛时运行阶段气象保障期间，由冬奥气象中心、国家气象中心组织的天气会商，由前方工作组赛事服务组值班首席预报员统一负责我省发言，前方工作组各组负责提供发言所需相关素材。

⑥ 前方工作组内部天气会商由前方工作组赛事服务组负责组织，由值班首席预报员负责主持，前方工作组赛会服务组、张家口市气象台参加。

（2）决策气象服务

冬奥会及其测试赛期间，面向冬奥组委、各级政府的赛会运行相关领域提供的气象服务：

① 面向省冬奥运行保障指挥部综合办公室（指挥调度中心）、各分指挥部和张家口市冬奥会城市运行和环境建设管理指挥部的服务由前方工作组赛会服务组负责。

② 面向省委、省政府以及省领导赴赛区公务活动的相关保障服务由省气象台承接开展，面向张家口市委、市政府以及市领导赴赛区公务活动的相关保障服务由张家口市气象局承接开展，相关服务产品支持由前方工作组赛会服务组负责。

③ 面向党中央、国务院、北京冬奥组委以及党和国家领导人赴赛区公务活动的相关保障服务一般由冬奥气象中心统一负责，前方工作组赛事服务组、赛会服务组具体负责提供产品支持，中国气象局下达的有关冬奥气象服务任务单由前方工作组赛会服务组牵头承接。

④ 面向各有关单位提供的冬奥会气象数据服务由网信安保组牵头负责，省信息中心负责提供数据支持。

（3）赛事气象服务

冬奥会及其测试活动气象服务由赛事服务组牵头负责。

（4）赛会气象服务

冬奥会及其测试赛期间冬奥会火炬传递等冬奥会重要专项活动以及安保、旅游、交通、环境等赛会气象服务由前方工作组赛会服务组牵头负责。

（5）公众气象服务

根据任务分工，冬奥会公众服务总体由中国气象局公共气象服务中心委托华风集团牵头负责，面向我省需求的广播电视、网站等公众服务由气象服务中心牵头负责。

冬奥气象服务任务分工如表 4–15 所示。

表 4-15　冬奥气象服务任务分工表

任务类别	任务内容	责任人	责任单位	归口处室
赛区预报制作	赛事核心区内竞赛场馆和非竞赛场馆、赛道点位预报	王宗敏（赛事服务组）	省气象台	预报处
	赛区雪质预报	于长文（赛事服务组）	省气候中心	预报处
	赛区气候趋势与延伸期天气过程预测	于长文（赛会服务组）	省气候中心	预报处
	张家口市辖区各县（区）预报	苗志成（赛会服务组）	张家口市局	预报处
	赛区及周边公路路段及直升机起降点预报	曲晓黎（赛会服务组）	省气象服务中心 张家口市局	预报处
	赛区及周边环境气象预报	赵玉广（赛会服务组）	省防御和环境中心	预报处
	冬奥会气象保障天气会商	王宗敏（赛事服务组）	省气象台	预报处
决策气象服务	面向省冬奥运行保障指挥部综合办公室（指挥调度中心）、各分指挥部和张家口市冬奥会城市运行和环境建设管理指挥部的服务	苗志成（赛会服务组）	张家口市局 省气象台	减灾处
	面向省委、省政府以及省领导赴赛区公务活动的相关保障服务	杨晓亮	省气象台	减灾处
	面向张家口市委、市政府以及市领导赴赛区公务活动的相关保障服务	苗志成	张家口市局	减灾处
	中国气象局下达的有关冬奥气象服务任务	苗志成（赛会服务组）	张家口市局 省气象台 省气候中心 省气象服务中心 省防御和环境中心	减灾处
	冬奥会气象数据服务	田志广（网信安保组）	省信息中心	观测处
	冬奥组委气象要素模拟评估类服务	王宗敏（赛事服务组）	省气象台 省气候中心	减灾处

续表

任务类别	任务内容	责任人	责任单位	归口处室
赛事气象服务	冬奥会及其测试赛气象服务	王宗敏（赛事服务组）	省气象台	减灾处
赛会气象服务	冬奥会及其测试赛期间赛事外围重大活动以及安保、旅游、交通、环境等气象服务	苗志成（赛会服务组）	张家口市局 省气象服务中心	减灾处
	冬奥会火炬传递等专项活动气象服务	苗志成（赛会服务组）	张家口市局	减灾处
公众气象服务	省内广播电视、网站	张中杰	省气象服务中心	减灾处

2. 装备运行维护

冬奥会气象探测装备指布设在张家口冬奥会核心赛区及周边地区用于支撑冬奥会气象服务保障的各类探测设备，主要包括自动气象站、气象雷达等。具体任务分工如表 4–16 所示。

（1）场馆核心区探测设备

主要包括 42 套核心赛区自动气象站、2 套冬奥航空气象站、太子城冬奥村和颁奖广场自动气象站、4 部场馆激光测风雷达、70 套红外雪温仪，相关设备的巡检维护工作由装备保障组场馆保障团队和赛事服务组负责。

（2）核心区外围（崇礼区）探测设备

主要包括科技冬奥气象站、雪质观测设备，崇礼微波辐射计、云雷达、风廓线雷达、激光测风雷达、GNSS/MET 站，其中科技冬奥气象站和雪质观测设备由赛事服务组负责协调厂家开展巡检维护，其他设备由装备保障组外围保障团队负责。

（3）张家口其他区域探测设备

主要包括康保 S 波段雷达、张北 C 波段雷达、围场 X 波段雷达、张家口云雷达和云高仪、70 套赛区周边自动气象站、10 套高速公路交通气象站、2 套张家口航空气象站，其中康保 S 波段雷达和张北 C 波段雷达由装备中心负责协调雷达厂家开展驻场维护，围场 X 波段雷达由承德市气象局负责维护，张家口云雷达和云高仪由人影保障组负责维护，70 套赛区周边自动气象站由辖区张家口市各县（区）气象局负责维护，10 套高速公路交通气象站和 2 套航空气象站由张家口市气象局负责维护，装备保障组提供技术支持，并协调设备厂家现场支持。

（4）应急观测设备

主要包括气象应急移动指挥系统、气象装备应急保障系统、16 套便携式自动气象站，其中气象应急移动指挥系统、气象装备应急保障系统由张家口市气象局负责，16 套便携式自动气象站由装备保障组负责。

表 4-16　装备运行维护任务分工表

维保任务	责任人	责任单位	归口处室
42 套核心赛区自动气象站	幺伦韬 （装备保障组）	省装备中心 张家口市局	观测处
云顶航空气象站 古杨树航空气象站	幺伦韬 （装备保障组）	省装备中心 张家口市局	观测处
太子城冬奥村 / 颁奖广场气象站	幺伦韬 （装备保障组）	省装备中心 张家口市局	观测处
场馆激光测风雷达	王宗敏 （赛事服务组）	省气象台	观测处
红外雪温仪	幺伦韬 （装备保障组）	省装备中心	观测处
科技冬奥气象站	王宗敏 （赛事服务组）	省气象台	观测处
雪质观测设备	于长文 （赛事服务组）	省气候中心	观测处
崇礼 X 波段雷达 崇礼风廓线雷达 崇礼微波辐射计 崇礼云雷达 崇礼激光测风雷达 崇礼 GNSS/MET 站	安文献 （装备保障组）	张家口市局 省装备中心	观测处
康保 S 波段雷达 张北 C 波段雷达	刘玉民	省装备中心 张家口市局	观测处
围场 X 波段雷达	王建恒	承德市局	观测处
张家口云雷达 张家口云高仪	董晓波 （人影保障组）	省人影中心	观测处
70 套赛区周边自动气象站	苗志成	张家口市局	观测处
B1565 宣化沙岭子镇交通站 B1566 崇礼高家营镇交通站 B1567 崇礼西湾子镇交通站 B1594 怀来东花园镇交通站 B1595 怀来土木镇交通站 B1596 怀来西八里镇交通站 B1597 万全孔家庄镇交通站 B1598 万全於家梁交通站 B1599 万全北沙城乡交通站 B1600 怀安近省界交通站	安文献 （装备保障组）	张家口市局 省装备中心	观测处

续表

维保任务	责任人	责任单位	归口处室
华奥医院航空气象站	安文献	张家口市局	观测处
气象应急移动指挥系统 气象装备应急保障系统	苗志成	张家口市局	观测处
16 套便携式自动气象站	幺伦韬 （装备保障组）	省装备中心 张家口市局	观测处

3. 信息网络维护

冬奥会信息网络设备指布设在张家口冬奥会核心赛区及周边地区以及省气象局的用于支撑冬奥会气象服务保障的服务器、存储设备、高性能计算资源、有线网络通信线路、无线网络通信设备以及各类办公所需信息化设备等。具体任务分工如表 4–17 所示。

（1）冬奥会产品数据环境

包括观测数据、预报产品、服务产品等数据库搭载的相关硬件设备以及与北京市气象局冬奥数据库实现互备功能各类硬件设备，其巡检、维护、维修等由省信息中心负责，省各类数据、产品在气象服务网站等有关终端展示情况由前方工作组网信安保组负责监控。

（2）通信网络系统

包括河北省气象局—国家气象信息中心专线、河北省气象局—北京市气象局专线、河北省气象局—崇礼区气象局专线、张家口市气象局—崇礼区气象局专线、崇礼区气象局—场馆专线、崇礼区气象局—省冬奥指挥调度中心专线、崇礼区气象局内部网络环境，其中崇礼区气象局节点通信调试、网络安全、故障修复等由网信安保组负责，张家口市气象局节点由张家口市局负责，省气象局节点由省信息中心负责，张家口市域范围内的网络线路故障修复由张家口市气象局负责联系运营商及时开展，跨市、跨省网络线路故障修复由省信息中心负责联系运营商及时开展。

表 4–17　信息网络维护任务分工表

维保任务	责任人	责任单位	归口处室
冬奥会产品数据环境	张艳刚	省信息中心	观测处
冬奥气象服务产品终端展示监控	安文献 （网信安保组）	省信息中心 张家口市局	观测处
崇礼区局内部网络环境	安文献 （网信安保组）	张家口市局 省信息中心	观测处
张家口市域范围内的网络线路故障修复	苗志成	张家口市局	观测处
跨市、跨省网络线路故障修复	张艳刚	省信息中心	观测处

4. 人工影响天气作业

冬奥会人工增雨雪作业包括在张家口市及其周边地区开展的相关作业指挥、调度、实施、装备的调度和维护等工作。具体任务分工如表 4–18 所示。

（1）地面作业

张家口及周边区域内地面作业由人影保障组统一负责指挥调度。

（2）飞机作业

飞机作业由人影保障组负责组织、调度、实施。

（3）弹药供给

地面作业弹药由张家口市气象局负责，飞机作业弹药由省人影中心负责。

表 4–18　人工影响天气作业任务分工表

作业任务	责任人	责任单位	归口处室
地面作业	董晓波 （人影保障组）	张家口市局	人影中心
飞机作业	董晓波 （人影保障组）	省人影中心	人影中心
地面作业弹药	苗志成	张家口市局	人影中心
飞机作业弹药	董晓波	省人影中心	人影中心

5. 科研攻关与应用

针对冬奥会气象服务保障需求，通过国家、省级科研项目、业务项目以及省气象局科研项目支持解决的核心技术问题，包括观测与信息技术、精细化预报技术、服务保障技术 3 类，由预报处统筹牵头组织项目申报、立项、验收、成果应用等工作。具体任务分工如表 4–19 所示。

表 4–19　科研攻关与应用任务分工表

相关任务	责任人	责任单位	归口处室
冬奥会崇礼赛区赛事专项气象预报关键技术	连志鸾	省气象台	预报处
冬奥赛场精细化三维气象特征观测和分析技术研究	王宗敏	省气象台	预报处
高速公路复杂路面高分辨率恶劣天气精准预警技术研究	曲晓黎	省气象服务中心	预报处
冬奥赛区雪道表层冻融过程研究	陈　霞	省气候中心	预报处
雪场赛道运维气象风险保障技术研究	邵丽芳	省气候中心	预报处

6. 团队建设培养

（1）张家口赛区冬奥现场气象服务团队

团队人员调整由减灾处牵头负责，相关工作与培训计划的组织实施由赛事服务组具体负责。具体任务分工如表 4–20 所示。

表 4–20　张家口赛区冬奥现场气象服务团队建设任务分工表

任务划分	责任人	责任单位	归口处室
人员调整	李　崴	减灾处	减灾处
工作与培训计划实施	王宗敏 （赛事服务组）	省气象台	减灾处
党支部建设	王宗敏 （赛事服务组）	省气象台	党委办

（2）装备维护保障团队

团队人员调整由观测处负责，相关工作与培训计划的组织实施由装备保障组具体负责。具体任务分工如表 4–21 所示。

表 4–21　装备维护保障团队建设任务分工表

任务划分	责任人	责任单位	归口处室
人员调整	赵建明	观测处	观测处
工作与培训计划实施	幺伦韬 （装备保障组）	省装备中心	观测处

（3）信息维护保障团队

团队人员调整由观测处负责，相关工作与培训计划的组织实施由网信安保组具体负责。具体任务分工如表 4–22 所示。

表 4–22　信息维护保障团队建设任务分工表

任务划分	责任人	责任单位	归口处室
人员调整	赵建明	观测处	观测处
工作与培训任务执行	安文献 （网信安保组）	省信息中心	观测处

7. 科普信息宣传

主要包括河北省气象部门冬奥气象服务保障工作宣传、冬奥气象知识科普、信息简报制作等。具体任务分工如表 4–23 所示。

表 4-23　科普信息宣传任务分工表

主要任务	责任人	责任单位	归口处室
冬奥气象服务保障工作宣传	杨雪川 （信息宣传组）	办公室 张家口市局 省气象台	办公室
张家口赛区气象设施与建筑物外宣	杨雪川 （信息宣传组）	张家口市局 办公室	办公室
冬奥气象知识科普	杨雪川 （信息宣传组）	办公室 省气象台 省气象服务中心	办公室
信息简报制作	杨雪川 （信息宣传组）	办公室 张家口市局	办公室

8. 后勤保障支撑

主要包括前方工作组进驻崇礼一线期间的新冠肺炎疫情防控以及住宿、办公、交通、服装、经费等。具体任务分工如表 4-24 所示。

表 4-24　后勤保障支撑任务分工

主要任务	责任人	责任单位	归口处室
新冠肺炎疫情防控	马光 （后勤保障组）	张家口市局 办公室	办公室
崇礼区局相关办公条件保障	马光 （后勤保障组）	张家口市局 办公室	办公室
车辆保障	马光 （后勤保障组）	张家口市局 办公室	办公室
装备保障组野外作业服装保障	幺伦韬 （装备保障组）	省装备中心 张家口市局	计财处
冬奥会气象服务运行经费保障	刘建文	计财处 减灾处	计财处

进入赛时运行阶段，根据冬奥会气象服务保障工作需求，前方工作组后勤保障组可统筹调配全省各级气象部门车辆及司机。

（五）工作安排

本方案自 2021 年 10 月 1 日起执行。冬奥会张家口赛区气象服务保障工作共分为进驻准备、测试服务、正赛服务、全面总结 4 个阶段。各阶段主要任务安排如下：

1. 进驻准备阶段（2021 年 10 月 1—31 日）

主要工作任务包括完成前方工作组驻地崇礼区宏洋冰雪奇缘假日酒店接管，张家口赛区冬奥现场气象服务团队完成入驻并开展保障前培训，启动赛区气候预测服务。

（1）酒店接管

10 月 1—10 日，前方工作组后勤保障组按照租赁协议要求，完成酒店的整体功能验收，全面参与酒店餐饮、住宿接待安排，做好团队进驻前期准备。

（2）第一批人员进驻

10 月 11—12 日，张家口赛区冬奥现场气象服务团队全员入驻崇礼区。

（3）保障前培训

10 月 13—31 日，张家口赛区冬奥现场气象服务团队全员集中进行阶段性英语强化训练，细致总结 2020/2021 雪季驻训技术成果，熟悉最新“科技冬奥”落地成果，讨论完善值班与岗位安排。

2. 测试服务阶段（2021 年 11 月 1 日至 12 月 31 日）

主要工作任务包括启动赛区雪务气象服务，对接场馆与赛事运行团队，模拟演练 WFC、WIC 业务流程，除张家口赛区冬奥现场气象服务团队外，前方工作组其他各组完成半数人员进驻，完成张家口赛区各项测试活动保障任务，开展各领域应急演练，完善应急预案。

（1）第二批人员进驻

除张家口赛区冬奥现场气象服务团队外，前方工作组其他各组根据工作安排组织半数人员在 11 月 1—15 日期间进驻。

（2）赛前演练

11 月 1—20 日、12 月 7—20 日，前方工作组赛事服务组按照场馆和竞赛运行团队相关安排，结合测试赛保障，开展 WFC、WIC 模拟演练，其他各组组织开展各领域应急演练，完善应急预案。

（3）测试活动保障

前方工作组各组做好“相约北京 2021/2022 国际雪联单板滑雪和自由式滑雪障碍追逐世界杯”（11 月 27—28 日）、“相约北京 2021/2022 国际雪联跳台滑雪（男子 / 女子）洲际杯”和“相约北京 2021/2022 国际雪联北欧两项洲际杯”（12 月 4—5 日）、“相约北京冬季两项国际训练周”（12 月 28—31 日）4 项测试活动气象服务保障工作，全面演练、熟悉各领域工作流程。

3. 正赛服务阶段（2022 年 1 月 1 日至 3 月 18 日）

主要工作任务包括全面启动赛事、赛会各项服务，前方工作组全体人员全部进驻，完成张家口赛区各项正式比赛保障任务。

（1）第三批人员进驻

1 月 3 日，前方工作组全体人员完成进驻。

（2）赛前服务

1月1—26日，前方工作组有关人员按照岗位与工作安排，全部到岗，按照正赛服务要求，启动各项服务流程，制发服务产品，对接冬奥气象中心、张家口市冬奥会城市运行和环境建设管理指挥部、北京2022年冬奥会和冬残奥会河北省运行保障指挥部综合办公室（省冬奥指挥调度中心）开展赛前联调联试综合演练，完成各业务流程最后优化工作。

（3）赛时服务

1月27日至3月13日，前方工作组全面进入冬奥会正赛赛事服务状态，做好张家口赛区各项赛事以及赛会运行保障，开展张家口赛区火炬传递等各专项活动气象服务保障，做好冬奥会与冬残奥会过渡期气象服务保障各项工作。

（4）赛后服务

3月1—18日，前方工作组做好赛事结束后期各项收尾工作气象服务保障。

4. 全面总结阶段（3月19—31日）

（1）分组总结

3月19—26日，前方工作组以各组为单位，全面复盘冬奥会正赛保障工作，总结经验，突出成效、分享成果、冬奥遗产推广及改进建议。

（2）集中总结

3月27—31日，前方工作组各组有关负责同志与技术人员集中交流，汇总各组总结素材，完成张家口赛区气象服务保障总结报告起草。

（3）分批撤离

根据总结工作进展，各组分批次安排人员撤离赛区。

（六）运行演练

1. 预演方式

2021年11月1日至2022年1月26日，前方工作组结合测试活动，以各专项工作组为单位，采用桌面推演、场景模拟、实地模拟、实战演练等方式，开展分组预演，综合协调组组织开展综合模拟预演。

2. 预演目标

各专项工作组进一步熟悉已明确的各运行节点和保障重点，确保在因客观因素导致测试赛整体取消的极端情况下，相关人员团队、装备设备、运行流程以及业务规程得到最大限度的测试和磨合。

3. 预演任务

（1）赛事服务组、赛会服务组按照目前有关预报服务需求，重点模拟产品制发、与服务用户交互流程以及各专项工作组间的业务交互流程，制订完善每日工作计划，优化业务流程。

（2）装备保障组、网信安保组针对装备与信息网络保障需求，通过预设故障问题，重点模拟实地演练故障排除与设备修复全工作流程，确定最小保障时限，优化调整保障方案，明确装备与信息组协同保障机制。

（3）信息宣传组重点模拟重要舆情事件处置，组织媒体新闻官与场馆新闻官开展应对媒体相关环节的模拟演练工作。

（4）人影保障组重点模拟京冀蒙人影空地联合指挥作业流程，预设弹药储运与人影作业中可能发生的各类突发事件，推演处置流程，优化应对措施。

（5）后勤保障组重点模拟发生疫情防控、人员安全、基本运行等领域可能发生的各类突发事件，推演处置流程，优化应对措施。

（七）保障措施

1. 加强组织领导

由省气象局党组成员按照方案任务分工，牵头梳理分管领域各项工作，建立工作推进机制，加大工作调度推动力度。在冬奥会气象服务工作领导小组的领导下，充分发挥前方工作组在赛区测试活动及冬奥会正式比赛一线气象服务保障工作中的指挥调度作用，统一调度人员和装备，举全省之力做好冬奥会气象服务保障工作。省局各内设机构、直属单位和有关市气象局要积极履职，发挥支撑保障作用。

2. 细化任务分工

各有关单位要按照工作分工，对照《张家口赛区冬奥气象服务全流程业务路线图》，尽快组织细化工作任务，做好装备培训、预报服务和信息报送工作，并结合测试赛保障实际情况，细化完善配套业务领域操作手册，切实落实具体任务到人、具体事项到岗、每个工作节点不遗漏的运行要求，实现各领域工作全流程闭合无盲区。

3. 强化应急处置

前方工作组及各有关单位，要对照《北京 2022 年冬奥会和冬残奥会张家口赛区气象风险应急预案》，加强各领域风险研判，做好相关应急处置准备与风险化解工作，不断完善优化应急预案与各领域处置流程，切实避免“灰犀牛”事件的发生，同时建立完善应对机制，做好各类“黑天鹅”事件的处置准备。

4. 做好疫情防控

坚持疫情防控和冬奥气象服务“两手抓、两促进”，前方工作组要严格落实张家口赛区关于新冠肺炎防控工作的安排部署和工作要求，服从赛区疫情防控统一指挥和管理，切实落实疫情防控责任，按照《河北省气象局北京 2022 年冬奥会和冬残奥会新冠肺炎疫情防控工作方案》的有关要求和措施，加强对本组一线人员疫情防控管理力度，最大限度地降低新冠肺炎疫情对冬奥气象服务保障工作的影响。

5. 加强党建保障

按照《中国共产党支部工作条例（试行）》要求，前方工作组要依托冬奥河北气象中心3个临时党支部，认真组织党员开展政治学习，做好党员教育、管理、监督，将冬奥气象服务保障工作与党史学习教育结合起来，在冬奥会气象服务保障实战中检验学习效果，切实发挥基层党组织战斗堡垒和党员先锋模范作用。

四、国家气象中心赛时气象保障服务实施方案

北京2022年冬奥会和冬残奥会（以下简称“北京冬奥会”）是我国重要历史节点的重大标志性活动。依据《冬奥气象服务领导小组办公室关于做好2021年冬奥气象服务工作总结和赛时气象服务准备工作的通知》（气减函〔2021〕69号），在疫情防控背景下，为有力有序推进各项冬奥气象服务保障工作，特制定本方案。

（一）主要任务

1. 组织或参与重点时段天气会商。
2. 选派中央气象台专家现场开展预报服务工作。
3. 针对场馆和重要气象保障地，提供客观定量指导产品；负责将FDP示范项目选定产品推送至国家气象信息中心。
4. 负责国家级决策气象服务。

（二）组织机构及职责

1. 领导组

成立国家气象中心“北京冬奥会”气象保障服务领导组，构成如下：

组　长：王建捷

副组长：魏　丽　洪兰江　方　翔　薛建军　张恒德

成　　员：（略）

主要职责：

（1）贯彻落实中国气象局有关冬奥会和冬残奥会工作指示精神，领导部署中央气象台重大活动气象保障服务工作。

（2）负责审核国家气象中心相关工作方案。

（3）负责组织协调与其他相关单位的气象保障服务任务。

（4）负责评估相关服务总体情况，并对表现突出的个人、集体提出表彰建议。

下设办公室，主要构成：

主　任：张小玲

副主任：郑卫江

成　员：（略）

主要职责：负责贯彻落实领导组交办的各项任务。对接各职能司、冬奥气象中心及各活动举办地气象局，协调落实气象保障服务任务。负责编制气象保障服务实施方案，协调落实国家气象中心相关工作方案内容。负责布置及检查相关服务工作。负责组织气象保障服务工作复盘总结，落实先进集体和个人表彰工作。

2. 运行指挥组

组　　长：王建捷

副 组 长：薛建军　张恒德

主要职责：负责通过专班工作机制，指挥冬奥气象保障技术支撑和预报服务系列工作的实施和运行；负责赛时期间预报服务业务异常的应急指挥处置相关工作。

下设 2 个工作专班，各项活动专人专职负责。

（1）冬奥会赛时气象服务工作专班

负 责 人：薛建军　张恒德

成　　员：（略）

主要职责：负责对接职能司、冬奥气象中心及赛事举办地气象局，明确气象服务需求，视情况按要求提供各类指导产品、组织或参加会商、选派人员开展现场预报服务、适时开展决策气象服务，全力做好冬奥会赛时气象服务保障。

（2）冬残奥会赛时气象服务工作专班

负 责 人：张恒德　薛建军

成　　员：（略）

主要职责：负责对接职能司、冬奥气象中心及赛事举办地气象局，明确气象服务需求，视情况按要求提供各类指导产品、组织或参加会商、选派人员开展现场预报服务、适时开展决策气象服务，全力做好冬残奥会赛时气象服务保障。

3. 专家组

主要构成：下设 3 个专家小组。

（1）预报服务组

组　　长：张芳华

副 组 长：陈　涛　周宁芳

成　　员：（略）

主要职责：

① 组织或参加专题会商，针对冬奥会和及冬残奥会开（闭）幕式及赛事期间提供气象服务保障现场、远程技术指导，值班安排由专家组组长负责。

② 负责把关服务期间相关的天气、环境气象预报结论，确保预报服务口径与冬奥气象中心及其他活动举办地气象局的一致性，视情况按要求开展冬奥相关活动决策气象服务。

③ 应服务需求，选派专人赴各活动现场开展预报服务工作。

④ 参加冬奥气象综合指挥平台现场调度保障。

⑤ 适时开展冬奥气象保障预报服务技术培训。

⑥ 及时了解服务需求，准确把握服务重点。

⑦ 气象保障服务结束后进行总结，对所用技术方法进行综合评估，并对预报服务产品和流程存在的问题进行分析、提出改进建议。

（2）技术支持组

组　　长：代　刊

成　　员：（略）

主要职责：

① 支撑冬奥赛区精细化气象要素预报、天气诊断分析和产品检验评估等技术需求，针对复杂地形赛区提供定制化客观预报产品和技术。

② 提供冬奥和冬残奥赛事期间数值模式和主客观预报产品对冬奥赛区的预报检验产品，检验、评估模式性能，研发、改进指导产品。

③ 将 FDP 示范项目选定产品推送至国家气象信息中心。

④ 产品收集、产品展示规则设计和网页共享栏目功能开发。

⑤ 负责信息网络、网站安全工作；统筹做好业务系统和数据应急备份。

⑥ 适时开展相关技术、产品等培训。

（3）指挥平台保障组

组　　长：薛　峰

成　　员：（略）

主要职责：

① 参与冬奥气象综合指挥平台的技术研发。

② 负责冬奥气象综合指挥平台国家气象中心部分的运维保障。

③ 参加冬奥气象综合指挥平台现场指挥调度及气象保障服务。

4. 宣传及安全保障组

负 责 人：薛建军

成　　员：（略）

主要职责：

（1）负责气象服务新闻宣传、政务信息报送，组织做好冬奥会和冬残奥会期间气象服务相关舆情监测，做好舆情引导等工作。

（2）负责制定和完善预报服务业务应急保障预案，及时启动业务和安全应急响应措施；组织落实赛时期间现场服务及安全运行保障。

（三）服务任务及分工

2022 年 3 月 14 日前，围绕主要任务，依据各业务单位职责，具体分工如下：

1. 指导产品发布

2022 年 3 月 14 日前，在中央气象台天气业务内网开辟“北京冬奥会”专题栏目，根据冬奥气象中心提出的重要气象保障地提供降水、气温、风向风速、相对湿度、云量、能见度等客观量化指导产品及实时检验产品，并负责日常运维。

执行单位：天气预报室、环境预报中心、天气预报技术研发室、预报系统开放实验室

负 责 人：李　勇　张碧辉　代　刊　薛　峰

2. 专题会商

中期延伸期会商由中央气象台主持，冬奥气象中心及其他相关单位参与。短期临近会商由冬奥气象中心主持，中央气象台参加有关专题会商并发言。

（1）会商内容

结合赛事日程，关注 2022 年 2 月 4—20 日及 3 月 4—14 日期间各赛区的天气以及对赛事的可能影响。

（2）会商时间安排

固定时间：每日 15:00。

非固定时间：根据天气变化情况或面对不利天气可能造成赛事日程调整的重大决策时，随时组织或参与会商。

（3）会商方式

以全国视频会商系统 / 腾讯会议为主，辅助电话联系。

具体会商内容及时间业务科技处另行通知。

（4）任务分工

此项工作由专家组和天气预报室、环境气象中心共同完成。其中，有关天气预报的会商内容由天气预报室提供，有关环境气象预报的会商内容由环境气象中心提供，专家组把关并形成最终预报结论。针对赛事期间各赛区可能出现的灾害性、高影响性天气，专家组需加强与中央气象台值班首席沟通，适时通过视频连线、电话等多种方式组织专题会商。

执行单位：专家组、天气预报室、环境气象中心

负 责 人：张芳华　李　勇　张碧辉

工作时间：2022 年 2 月 4—20 日及 3 月 4—14 日。

3. 现场服务

开幕式期间（2022 年 2 月 2—5 日），中央气象台张芳华首席根据需要参加冬奥气象中心现场预报服务工作。其他时段，适时选派中央气象台预报服务专家现场开展预报服务工作。

执行单位：专家组
负 责 人：张芳华
工作时间：2022 年 2 月 2—5 日。

4. 决策气象服务

根据需要随时开展国家级决策气象服务。
执行单位：气象服务室
负 责 人：张立生
工作时间：2022 年 2 月 4—20 日及 3 月 4—14 日。

5. 其他预报服务

赛时如出现可能影响相关赛事的危险化学品污染扩散，环境气象中心联合数值中心制作有关污染物浓度、尘降、轨迹等分析报告，并提供气象服务室。
执行单位：环境气象中心
负 责 人：张碧辉
工作时间：2022 年 2 月 4—20 日及 3 月 4—14 日。

（四）应急处置

1. 办公室负责第一时间将特别工作或应急状态命令传达到工作小组成员及各响应单位，积极开展相关行动。
2. 赛时发生影响冬奥预报服务业务的异常情况，应按照《国家气象中心冬奥预报服务业务应急保障预案》执行。

（五）其他

1. 各单位要高度认识北京冬奥会气象保障服务工作的重要性，加强组织领导，明确相关职责，强化岗位值守，提供高标准、高质量、高效率的气象服务，并统筹做好节假日、疫情防控气象保障服务工作。
2. 各单位要加强安全意识，做好保密工作，涉及相关气象服务保障内容及相关材料要按照内部资料进行管理，禁止在互联网及微博、微信等新媒体上公开发布。
3. 办公室和人事处要协助解决北京冬奥会气象服务团队的相关后勤保障。
4. 办公室要加强舆情监测和舆论引导，组织相关单位落实对本次保障活动的宣传科普工作。
5. 专家组、业务科技处要在本次专项保障服务结束后 10 个工作日内完成技术总结和工作总结。
6. 组织机构成员因工作职务发生变化不能继续履行相关工作职责时，业务科技处根据领导组要求及时调整补充相关成员。

第五章　应急预案

为建立健全气象风险防范应对机制，最大限度减轻或者避免气象因素对北京 2022 年冬奥会和冬残奥会（以下简称“北京冬奥会”）张家口赛区赛事与赛会运行造成的影响，最大限度预防和减轻因各种突发事件对气象设施、信息系统、业务平台以及保障人员等造成的影响，确保冬奥各赛区气象保障服务工作高效、有序，为各项赛事成功举办提供坚实保障。中国气象局会同相关部门制定了气象重大风险应急预案，同时组织冬奥气象中心、北京和河北两地气象部门以及相关气象保障单位制定了气象保障服务应急预案。

一、气象服务协调小组气象重大风险应急预案

按照第 24 届冬奥会工作领导小组要求，中国气象局、北京冬奥组委会同国家体育总局、北京市政府、河北省政府等单位，共同研究制定并于 2020 年 9 月印发了《北京冬奥会和冬残奥会气象重大风险应急预案》（冬奥气象协调小组〔2020〕3 号）。主要内容如下：

（一）总则

1. 编制目的

建立健全气象重大风险防范应对机制，最大限度地减轻或者避免气象因素对北京冬奥会筹办造成的影响，为北京冬奥会顺利成功举办提供坚实保障。

2. 编制依据

贯彻落实习近平总书记关于北京冬奥会筹办工作的重要指示精神，按照第 24 届冬季奥林匹克运动会工作领导小组全体会议要求，依据《中华人民共和国突发事件应对法》《中华人民共和国气象法》《国家突发公共事件总体应急预案》《国家气象灾害应急预案》《中国气象局重大突发事件信息报送标准和处理办法实施细则》《北京 2022 冬奥会和冬残奥会组织委员会和中国气象局冬奥气象服务协议》《2022 年冬奥会和冬残奥会气象服务行动计划》等法律法规和规范性文件，针对北京冬奥会筹办需要重点防范应对的气象风险，制定本预案。

3. 气象重大风险

本预案所称气象重大风险，指各种天气、气候条件对冬奥会和冬残奥会赛事进行、赛事转播、赛事保障、公众观赛、赛事筹备、大型活动举办、设施建设等有重大影响，并可能引起北京冬奥会无法正常进行的潜在风险。

4. 适用范围

本预案适用于北京冬奥会筹备期和赛时，出现在北京赛区、延庆赛区和张家口赛区等范围内，可能影响冬奥会筹备工作、赛事保障和比赛进行的气象重大风险，开展防范应对工作。

5. 工作原则

聚焦比赛、减少危害。以保障北京冬奥会各项赛事顺利进行为首要目标，把保障冬奥参赛人员、公众及相关人员的生命安全作为首要任务和应急处置工作的出发点，采取有效措施，最大程度减轻或避免气象灾害对赛事的影响。

预防为主、科学高效。充分利用现代科学技术手段，加强对影响冬奥会赛事气象风险的研判，为赛事保障的各个环节提供可靠的决策信息支持，做好各项赛事应急准备，提高应急处置能力。

统一领导，分工负责。坚持北京冬奥会气象服务协调小组统一领导，各成员单位各司其职，加强信息沟通，做到资源共享，使气象风险应对工作更加规范有序、运转协调。

快速反应，协同应对。根据冬奥体育赛事活动突发事件的特点，建立健全相应的处置突发事件的快速反应机制，一旦出现气象灾害突发事件，确保做到成员单位按照分工快速反应，科学应对。

（二）组织体系及职责

1. 领导和决策

在第 24 届北京冬奥会工作领导小组统一领导下，依托北京冬奥会气象服务协调小组负责组织、领导和指挥北京冬奥会气象重大风险防范和应对工作。

2. 气象服务协调小组成员单位职责

中国气象局：负责对影响北京冬奥会气象灾害的监测和预报预警工作；组织制定并督促落实北京冬奥会气象保障应急预案；指挥调度相关省市气象部门和有关单位完成北京冬奥会赛前和赛时气象服务工作。

国家体育总局：负责组织实施本系统内出现气象重大风险时的防范和应对工作。

北京冬奥组委：负责赛事期间，涉及影响赛事正常进行的气象重大风险的防范和应对工作，协助推进北京、河北两地北京冬奥会气象保障系统建设；制定并落实北京冬奥会赛事气象重大风险应急预案。

北京市政府：负责北京市辖区内，涉及影响冬奥会正常进行的气象重大风险的防范和应对工作，支持辖区内气象监测、预报设施建设，落实冬奥会气象重大风险应急预案。

河北省政府：负责河北省辖区内，涉及影响冬奥会正常进行的气象重大风险的防范和应对工作，支持辖区内气象监测、预报设施建设，落实冬奥会气象重大风险应急预案。

3. 协调小组办公室组成及职责

组织落实协调小组各项决议、政策和工作部署，具体负责协调上述机构气象重大风险的防范和应对工作，负责与其他部门及机构等做好沟通和协调，确保重要紧急事项能够及时有效处置，完成气象服务协调小组交办的其他事项。

（三）监测预警

1. 气象重大风险预警标准

（1）对赛事的气象风险

主要指各种天气对各个比赛项目顺利进行可能造成的重大风险，包括大风、寒潮、低温、降雪、降雨、低能见度、沙尘以及过暖融雪等。

（2）对冬奥会保障环节的风险

主要指各种天气和气象条件对冬奥会运行各个环节（行业）造成的重大风险，如对交通、救援、水电气保障、雪务、转播、物资储备等。

（3）对冬奥会建设和重大活动的风险

主要是各种天气和气象条件对冬奥会各种设施建设以及冬奥会前期和期间各种重大活动造成的重大风险，如场馆设施建设、开闭幕式活动设计、火炬接力等。相关标准根据需要单独制定。

（4）气象保障系统自身风险

主要指因气象业务系统发生重大故障导致无法准确及时提供气象信息和服务的风险，如通信网络故障风险、重大气象探测设施故障风险、基础气象资料缺失风险等。

2. 监测预报

（1）监测预报体系建设

依托中国气象局现行监测预报体系，北京市政府、河北省政府、北京冬奥组委要按照职责分工加强用于冬奥会的气象探测、信息网络、业务平台、预报预警等建设，建立和完善气象重大风险预警体系。

（2）发布制度

中国气象局所属机构负责及时发布气象重大风险监测预报信息，与北京冬奥组委、国家体育总局、北京市政府、河北省政府建立相应的气象信息预报预警联动机制，实现信息的实时共享。

（3）发布内容

根据气象重大风险预警标准，中国气象局所属的气象机构按照职责制作发布预报预警信息。内容主要包括：重要天气预报、天气预警、重要天气专报等。

（4）发布途径

建立和完善公共媒体、冬奥会信息系统、气象部门服务系统、北京市及河北省政府系统、冬奥会各保障系统等预警信息实时传输渠道。同时，根据气象风险的程度和影响，通过国家应急广播和广播、电视、报刊、互联网、手机短信、电子显示屏、有线广播等相关媒体以及可能的传播手段及时向社会公众发布气象风险预警信息。

（四）应急准备

1. 风险普查

冬奥会相关保障领域要针对影响本领域的气象风险进行风险分析普查、风险评估工作，编制气象重大风险防范应对措施。

2. 气象灾害分析

中国气象局要开展冬奥会期间气象灾害的分析普查，制定气象灾害识别监测措施。

（五）应急处置

1. 防范应对措施

（1）北京冬奥会气象服务协调小组

负责组织领导冬奥会气象灾害防御工作，研究制定气象灾害防御工作重大政策，协调解决气象灾害防御工作重大问题，发挥运转枢纽作用。

（2）中国气象局

预测出现气象重大风险时，中国气象局及相关机构启动按照相关预案，进入应急响应状态，加强天气监测、会商研判，根据气象风险发生发展情况，及时更新相关气象信息并及时通报冬奥气象服务协调小组成员单位；依据北京市、河北省及各部门的需求，提供气象应急保障服务。

（3）协调小组相关部门

北京冬奥组委、国家体育总局、北京市政府、河北省政府根据气象重大风险的程度和范围，按照相关预案，做好气象风险应急防御和保障工作。

（4）分部门响应

冬奥会其他相关保障领域针对影响本领域的气象风险启动相关预案，做好气象重大风险防范应对工作。

2. 分灾种响应

（1）大风

中国气象局加强监测、预报，及时发布大风天气信息及相关防御措施建议，适时增加预报密度，及时提供指定区域相关气象因子变化情况。

北京冬奥组委根据需要及时取消或者调整赛事活动并做好现场人员的安全避险工作，及时安全转移或妥善安置滞留运动员及观众。

北京市政府、河北省政府组织做好公用通信设施维护，保障通信畅通；加强大风影响区域高速公路管理；加强电力设施检查和电网运营监控，及时排除危险、排查故障；妥善安置滞留旅客；做好大风灾害性天气的防范和应对工作。

（2）寒潮

中国气象局加强监测、预报，及时发布寒潮、强冷空气气象信息及相关防御措施建议，适时增加预报密度。

北京冬奥组委根据需要做好现场工作人员的紧急防寒防冻应对措施，提醒运动员及观众做好防寒保暖工作。

北京市政府、河北省政府做好道路结冰路段交通疏导工作；做好供电、供水、供气和供热等管线设备巡查维护和故障抢修工作；做好医疗卫生应急工作；做好寒潮灾害性天气的防范和应对工作。

（3）降雪、冰冻

中国气象局加强监测、预报，及时发布降雪、道路结冰等气象信息及相关防御措施建议，适时增加预报密度，及时提供指定区域相关气象因子变化情况。

北京冬奥组委加强赛场赛道维护保障工作，根据需要及时取消或者调整赛事活动并做好现场人员的安全避险工作，及时安全转移或妥善安置滞留运动员及观众。

北京市政府、河北省政府加强与赛事相关交通秩序维护，注意指挥、疏导行驶车辆；必要时关闭易发生交通事故的暴雪、结冰路段；做好道路、公路除雪（除冰）工作；做好医疗卫生应急工作；组织做好公用通信设施维护，保障通信畅通；做好供电、供水、供气和供热管线设备巡查维护和故障抢修工作；做好医疗卫生应急工作；妥善安置滞留旅客；做好降雪、冰冻天气的防范和应对工作。

（4）强降雨

中国气象局加强监测预报，及时发布降雨气象信息及相关防御措施建议，适时加大预报时段密度，及时提供指定区域相关气象因子变化情况。

北京冬奥组委加强赛场赛道维护保障工作，根据需要及时取消或者调整赛事活动工作，及时安全转移或妥善安置滞留运动员及观众。

北京市政府、河北省政府加强电力设施检查和电网运营监控，及时排除危险、排查故障；妥善安置滞留旅客；做好降雨天气的防范和应对工作。

（5）大雾

中国气象局加强监测、预报，及时发布大雾相关气象信息及相关防御措施建议，适时增加预报密度。

北京冬奥组委根据需要及时取消或者调整赛事活动，及时安全转移或妥善安置滞留运动员及观众。

北京市政府、河北省政府做好交通管制和疏导工作；做好医疗卫生应急工作；加强电力设备设施巡视，修复被损毁的电力设施，保障电力供应；妥善安置滞留旅客；做好大雾天气的防范和应对工作。

（6）沙尘

中国气象局加强监测预报，及时发布沙尘暴气象信息及相关防御指引，适时加大预报时段密度。

冬奥组委加强赛场赛道维护保障工作，根据需要及时取消或者调整赛事活动，及时安全转移或妥善安置滞留运动员及观众。

北京市政府、河北省政府加强对沙尘发生时大气环境质量状况监测，采取应急措施，保证沙尘天气运输安全。为灾害应急提供服务。

（7）暖冬

中国气象局加强监测、预报，及时发布暖冬相关气象信息及相关防御措施建议，适时增加预报密度。

冬奥组委根据需要及时取消或者调整赛事活动，根据需要调整雪务工作，必要时启动异地运雪工作。

北京市政府、河北省政府负责协调运雪设备、设施、场地、交通工具和其他物资并协助运雪；做好暖冬的防范和应对工作。

（六）保障措施

1. 应急队伍保障

北京市政府、河北省政府组织应急管理、水利、公安、消防、卫生健康、市政、电力、通信管理等部门成立专业应急抢险队。

2. 通信与信息保障

气象部门负责建立快速、安全、稳定、可靠的气象专用网络，确保监测、预报、预警等信息的传输。

通信管理部门负责做好现场应急处置的通信保障，保证应急救援现场与各成员单位之间通信畅通。

3. 经费保障

中国气象局、冬奥组委、北京市政府、河北省政府应根据气象风险防御工作需要安排专项资金，为气象风险防御提供经费保障。

（七）预案管理

本预案由北京冬奥会气象协调小组制定与解释。

预案实施后，随着冬奥会相关法律法规的制定、修改和完善，部门职责或应急工作发生变化，冬奥会筹办过程中发现存在问题和出现新情况，及时修订完善本预案。

二、冬奥气象中心气象保障服务应急预案

为最大限度预防和减少因各种意外风险对气象设施、信息系统、业务平台以及人员等造成的影响，保障冬奥气象服务系统稳定运行，高效、有序地做好 2022 年北京冬奥会气象保障服务工作，2021 年 10 月中国气象局组织冬奥气象中心制定《气象保障服务应急预案》（气减函〔2021〕57 号），主要内容如下：

（一）编制依据

依照《北京 2022 年冬奥会和冬残奥会组织委员会和中国气象局冬奥气象服务协议》《北京 2022 年冬奥会和冬残奥会赛时气象保障服务运行指挥实施方案》《2022 年冬奥会和冬残奥会气象服务行动计划》及气象部门相应的业务管理制度和规定等编制。

（二）适用范围

本预案适用于冬奥会气象服务筹备期和举办期间，出现包括：观测设备故障、通信中断，预报预测和服务业务系统及其支撑设备故障、中断，网络安全事故，人员风险和后勤保障风险等时的应急处置。

（三）工作原则

提前预判、科学应对。加强保障系统的建设，完善各项保障制度，充分利用现代科技手段，做好各项赛事应急准备，提高应急处置能力。

突出重点，问题导向。以满足赛事服务为根本，把解决制约气象服务应急保障发展的关键问题作为切入点和着力点，找准突破口，增强针对性，提高服务能力。

分类管理、细化责任。根据不同系统的特点，建立以牵头单位为责任主体的应急管理体制机制，压实责任，落实到人。

（四）组织机构及职责

1. 中国气象局冬奥气象服务领导小组（以下简称领导小组）全面负责冬奥气象保障服务应急处置指挥工作

① 贯彻落实中国气象局、冬奥组委有关气象保障服务应急工作指示精神，部署应急响

应工作。

② 审核、签发向中央和奥组委报送的气象灾害应急有关材料、工作汇报和总结材料。

③ 检查、指导进入应急响应状态的单位开展工作。

④ 指挥调度应急处置所需的人力、物力、财力、技术装备等资源。

⑤ 指挥处置气象保障服务应急过程中其他重大突发事件。

2. 领导小组办公室负责组织协调处置

① 根据领导小组命令，统一组织、协调气象保障服务应急响应处置工作，协调应急物资、资金等资源调配。

② 经领导小组授权，组织开展应急工作情况报告的编报；负责向中国气象局、北京冬奥组委及有关部门报送应急工作有关情况的报告。

③ 检查、督促进入应急响应状态单位的工作，并向领导小组报告。

④ 完成领导小组交办的其他任务。

3. 冬奥气象中心各部门依据职责分工做好应急响应工作

（1）综合协调办公室

根据领导小组命令，负责应急值守的安排与督导，协调各部人员协助开展信息接报等工作；负责与领导小组办公室的工作对接；组织、协调应急响应期间其他重大突发事件的处置；负责应急响应工作状态中的水电保障、卫生、车辆、安全保卫等；冬奥会赛时期间，每天 20 时向领导小组办公室书面报告气象服务工作情况，遇有突发情况随时报告。完成领导小组交办的其他任务。

（2）冬奥北京气象中心

负责组织实施北京地区冬奥会气象服务工作；负责北京地区灾害性天气的监测、预报、预警工作；负责组织应急会商；作为气象服务的牵头部门面向北京冬奥组委，负责冬奥会筹备期间及赛时天气气候服务的统一出口；冬奥会赛事期间，每天 18 时向综合协调办公室书面报告气象服务工作情况，遇有突发情况随时报告。完成领导小组交办的其他任务。

（3）冬奥河北气象中心

负责组织实施河北地区冬奥会气象服务工作；负责河北地区灾害性天气的监测、预报、预警工作；冬奥会赛事期间，每天 18 时向综合协调办公室书面报告气象服务工作情况，遇有突发情况随时报告。完成领导小组交办的其他任务。

（4）综合观测保障专项工作组

负责组织气象装备的运行、监控、维修和调配；负责冬奥气象探测仪器设备的运行保障；承担应急与移动观测任务；负责气象应急车的调配；冬奥会赛事期间，每天 18 时向综合协调办公室书面报告观测运行情况，遇有突发情况随时报告。完成领导小组交办的其他任务。

（5）预报与网络保障专项工作组

提供天气、气候等预报预测技术支持；保证数值预报模式和气候预测模式稳定运行，国外数值预报等出现重大事故时提供应对支持；对北京和河北气象信息网络提供指导和支持；负责信息网络、网站安全工作，协调涉及冬奥组委和国家相关部门的信息网络安全工作。冬奥会赛事期间，每天 18 时向综合协调办公室书面报告模式系统运行及产品生成情况，遇有突发情况随时报告。完成领导小组交办的其他任务。

（6）人工影响天气指挥专项工作组

负责组织实施应急人工影响天气作业；冬奥会赛事期间，每天 18 时向综合协调办公室书面报告人工影响天气工作情况，遇有突发情况随时报告；完成领导小组交办的其他任务。

（7）新闻宣传科普专项工作组

统一安排组织对外宣传，收集部门外宣传报道动态情况和舆情，及时向领导小组报告；根据应急响应工作的进展，确定不同阶段的宣传口径和重点，组织策划部门内外媒体宣传报道工作；根据领导小组要求，组织落实新闻发布和舆论引导；冬奥会赛事期间，每天 18 时向综合协调办公室书面报告新闻宣传工作情况，遇有突发情况随时报告；完成领导小组交办的其他任务。

4. 其他单位按照工作职责做好相应的保障工作

国家级各业务单位、北京市气象局、河北省气象局等根据各自工作职责，负责本部门或单位冬奥气象应急组织管理工作；冬奥会赛事期间，每天 18 时向领导综合协调办公室书面报告新闻宣传工作情况，遇有突发情况随时报告；完成领导小组交办的其他任务。

（五）冬奥气象保障服务风险

1. 风险事件分类

（1）观测系统风险

主要风险包括冬奥气象服务所涉及的观测设备故障、供电故障、传输故障等。

（2）通信系统风险

主要风险包括通过外网连接的从观测端到数据接收端、各物理隔离端之间通信线路故障等

（3）信息系统风险

主要风险包括内网通信计算机系统及相关设备故障、与冬奥气象保障服务相关的业务支撑平台及其辅助系统运行故障等。

（4）预报产品风险

主要包括数值预报产品中断、出现严重错误、较长时间延迟；服务产品制作中断、出现

严重错误、较长时间延迟或赛时临时急需产品制作无法按时完成。

（5）人员风险

主要包括冬奥气象服务现场及运维一线业务人员发生突发状况，造成服务或保障工作无法正常进行。

（6）后勤保障风险

主要包括供电、水、气、电梯等故障或事故，食品卫生、医疗、火灾等事故，车辆保障困难等。

2. 风险事件分级

冬奥气象保障服务风险事件等级由高到低分为重大、较大和一般三级（详见表 5–1至表 5–6）。

表 5–1　观测系统风险等级

系统故障 风险等级	赛道站观测中断站个数	赛道站观测中断时间
重大	3 个赛区赛道站，其中任一赛区观测中断个数超过本赛区站点数 1/2 及以上	3 个赛区赛道站，其中任一赛区 1/3 以上站点中断时间超过 2 小时及以上
较大	3 个赛区赛道站，其中任一赛区观测中断个数超过本赛区站点数 1/3 及以上	3 个赛区赛道站，其中任一赛区 1/5 以上及 1/3 以下站点中断时间超过 1 小时及以上
一般	3 个赛区赛道站，其中任一赛区观测中断超过本赛区站点数 1/3 以下	3 个赛区赛道站，其中任一赛区 1/5 及以下站点中断时间超过 1 小时及以上

表 5–2　通信系统风险等级

系统故障 风险等级	通信线路故障	通信设备故障
重大	观测端到数据接收端、各物理隔离端之间等通信线路故障超过 1 小时及以上	通信计算机及相关设备故障超过 1 小时及以上
较大	观测端到数据接收端、各物理隔离端之间等通信线路故障超过 30 分钟以上	通信计算机及相关设备故障超过 30 分钟及以上
一般	观测端到数据接收端、各物理隔离端之间等通信线路故障超过 10 分钟及以上	通信计算机及相关设备故障超过 10 分钟及以上

表 5-3 信息系统风险等级

系统故障 风险等级	软件系统故障	相关运行设备故障
重大	内网通信计算机系统及相关设备故障、与冬奥气象保障服务相关的业务支撑平台及其辅助系统等运行故障超过 1 小时及以上	相关运行设备故障超过 1 小时及以上
较大	内网通信计算机系统及相关设备故障、与冬奥气象保障服务相关的业务支撑平台及其辅助系统等运行故障超过 30 分钟以上	相关运行设备故障故障超过 30 分钟及以上
一般	内网通信计算机系统及相关设备故障、与冬奥气象保障服务相关的业务支撑平台及其辅助系统等运行故障超过 10 分钟及以上	相关运行设备故障超过 10 分钟及以上

表 5-4 预报产品风险等级

产品中断 风险等级	预报产品中断	相关设备故障
重大	数值预报产品中断、出现严重错误、延迟超过 12 小时；服务产品制作中断、出现严重错误、延迟超过 12 小时或赛时临时急需产品无法按时完成	相关运行设备故障超过 1 小时及以上
较大	数值预报产品中断、出现严重错误、延迟超过 6 小时及以上；服务产品制作中断、出现严重错误、延迟超过 6 小时及以上	相关运行设备故障超过 30 分钟及以上
一般	数值预报产品中断、出现严重错误、延迟超过 3 小时及以上；服务产品制作中断、出现严重错误、延迟超过 3 小时及以上	软件运行设备故障超过 10 分钟及以上

表 5-5 人员风险等级

人员风险 风险等级	无法到岗	在岗突发情况
重大	核心岗位人员不能到岗	核心岗位人员因身体或者其他状况无法开展工作
较大	关键岗位人员无法到岗	关键岗位人员因身体或者其他状况无法开展工作
一般	其他人员不能按时到岗	其他人员因身体或者其他状况无法开展工作

表 5-6 后勤服务保障风险等级

后勤保障 风险等级	对业务影响	对人员影响
重大	供电、水、气、电梯等故障或事故，食品卫生、医疗、火灾等事故，造成冬奥业务服务系统无法正常运行超过 1 小时	事故造成业务服务人员不能在所需工作场所正常开展工作超过 1 小时；车辆保障困难，且无其他交通工具运送工作人员到所需办公地点
较大	供电、水、气、电梯等故障或事故，食品卫生、医疗、火灾等事故，造成冬奥业务服务系统无法正常运行超过 30 分钟	事故造成业务服务人员不能在所需工作场所正常开展工作超过 30 分钟；车辆保障困难，且无公共交通工具运送工作人员到所需办公地点
一般	供电、水、气、电梯等故障或事故，食品卫生、医疗、火灾等事故，造成冬奥业务服务系统无法正常运行超过 10 分钟	事故造成业务服务人员不能在所需工作场所正常开展工作超过 10 分钟

（六）风险预防

1. 完善各级保障应急预案

冬奥气象中心各部门要根据自身工作职责制定细化应急工作保障方案，北京市气象局、河北省气象局及涉及冬奥会气象服务的国家级各业务单位要结合本单位已有的业务运行保障方案，将冬奥会气象服务保障工作纳入本单位或部门的应急工作保障方案中。

2. 日常管理

各相关单位按职责做好冬奥会气象保障服务日常预防工作，开展气象保障服务能力建设，提高服务能力和水平，做好安全检查、隐患排查、风险评估和应急备份，提高主动防御能力，健全本部门信息安全通报机制，及时采取有效措施，减少和避免网络安全事件的发生及危害，提高应对网络安全事件的能力。

3. 演练

根据冬奥气象服务进展，在重要时间节点，分别针对相关风险事件，组织有关单位开展应急演练，主要包括：

①冬奥气象中心在 2020 年 10 月组织一次冬奥气象保障体系联调及测试，并对探测和网络系统故障演练。

②冬奥气象中心在 2021 年 1 月组织一次预报服务系统故障演练。

③冬奥气象中心在 2021 年 9 月，组织冬奥气象保障体系第二次联调及测试，并分项进

行故障应急演练。

④冬奥气象中心在 2022 年 1 月，组织一次全系统应急演练。

4. 敏感时期的预防措施

在冬奥会主要活动和赛事期间，要加强网络安全事件的防范和应急响应，确保网络与信息系统安全。加强网络安全监测和分析研判，重点部门、重点岗位保持 24 小时值班，及时发现和处置网络安全事件隐患。另外，按照冬奥组委及中国气象局相关要求做好信息通报工作，各相关负责人保持 24 小时联络畅通。

（七）应急处置

1. 应急响应分级

应急响应由高到低分为Ⅰ、Ⅱ、Ⅲ三级，分别对应重大、较大和一般应急风险事件，三者的对应关系详见表 5–7。

表 5–7　气象保障服务风险事件与应急响应对照表

保障服务事件等级	启动应急响应等级	应急相应职责分工与流程
重大	Ⅰ级	冬奥气象服务领导小组确定，冬奥气象服务领导小组办公室接收信息后立即转发北京市、河北省气象局和国家级相关单位
较大	Ⅱ级	冬奥气象服务领导小组确定，冬奥气象服务领导小组办公室接收信息后立即转发北京市、河北省气象局和国家级相关单位
一般	Ⅲ级	冬奥气象中心确定，综合协调办接收信息后立即转发北京市、河北省气象局和国家级相关单位

2. 应急响应启动

各单位根据接收到的信息和本单位监测、研判情况，对发生或可能发生的网络安全事件，应按照预警信息发布职责立即发布预警并启动对应级别的应急响应。其中，重大事件和较大事件由冬奥气象服务领导小组统一指挥，冬奥气象中心及时向北京市气象局、河北省气象局和国家级相关单位转发；一般事件由冬奥气象中心确定，冬奥气象中心综合协调办公室统一发布。

3. 应急响应措施

应急响应启动后，各单位的职责和处置措施见表 5–8。

表 5–8　冬奥气象服务保障事件应急响应职责分工和处置措施

单位	冬奥气象保障服务事件应急响应职责分工和处置措施		
	Ⅰ级	Ⅱ级	Ⅲ级
冬奥气象中心领导小组	（一）按照冬奥气象服务领导小组的部署安排，立即通知相关北京市、河北省气象局和国家级相关单位启动应急响应，进入应急状态； （二）组织相关单位开展研判，确定事件严重程度、影响范围，结果及时报领导小组。根据事件性质，必要时建议成立指挥部，报冬奥气象服务领导小组批准； （三）在冬奥气象服务领导小组的统一领导指挥下，组织、协调北京市、河北省气象局和国家级相关单位开展应急处置和信息通报工作； （四）及时收集汇总事态发展、影响范围和处置进展等相关信息，报冬奥气象服务领导小组； （五）需要时，负责与冬奥气象服务领导小组协调，请求予以技术支持； （六）实行 24 小时值班，相关人员保持通信联络畅通。	（一）组织、协调各单位开展应急处置和信息通报工作。根据事件情况，必要时建议成立指挥部，报冬奥气象服务领导小组批准； （二）组织相关单位开展研判，确定事件严重程度、影响范围，结果及时报冬奥气象服务领导小组； （三）及时收集汇总事态发展、影响范围和处置进展等相关信息，报冬奥气象服务领导小组； （四）需要时，负责与国家网络安全应急办公室协调，请求予以技术支持； （五）实行 24 小时值班，相关人员保持通信联络畅通。	了解事态发展，做好协调工作。
冬奥气象中心所属各部	（一）进入应急状态，具体负责冬奥气象保障服务总体应急响应工作； （二）组织技术支撑队伍和有关专业部门等及时分析，预警发布后 30 分钟内提出具体技术处置方案并立即实施；	（一）进入应急状态，具体负责冬奥气象保障服务总体应急响应工作； （二）组织技术支撑队伍和有关专业部门等及时分析，预警发布后 30 分钟内提出具体技术处置方案并立即实施；	（一）了解事件的严重程度、影响范围； （二）立即启动本部应急预案，进入应急状态，立即开展应急工作；

续表

单位	冬奥气象保障服务事件应急响应职责分工和处置措施		
	Ⅰ级	Ⅱ级	Ⅲ级
冬奥气象中心所属各部	（三）组织、指导北京市、河北省气象局和国家级直属单位加强监测、排查隐患、控制事态、恢复系统或启动备份系统，相关各部应急技术支撑队伍提供 24 小时技术支持； （四）实行 24 小时监测，及时将事态发展、影响范围和处置进展报冬奥气象服务领导小组； （五）加强值班值守，主管领导、业务管理和技术人员实行 24 小时值班，保持通信联络畅通	（三）组织、指导北京市、河北省气象局和国家级直属单位加强监测、排查隐患、控制事态、恢复系统或启动备份系统，相关各部应急技术支撑队伍提供 24 小时技术支持； （四）实行 24 小时监测，及时将事态发展、影响范围和处置进展报冬奥气象服务领导小组； （五）加强值班值守，主管领导、业务管理和技术人员实行 24 小时值班，保持通信联络畅通	（三）相关各部应急技术支撑队伍提供 24 小时技术支持；必要时为事发单位提供技术指导
北京市气象局、河北省气象局和国家级相关单位	（一）组织开展本单位职责范围内应急响应工作。立即启动本单位应急预案，进入应急状态； （二）组织本单位技术支撑队伍和有关专业部门等及时分析，预警发布后 1 小时内提出本单位具体技术处置方案并立即实施； （三）实行 24 小时监测，及时将事态发展、影响范围和处置进展报冬奥气象中心； （四）加强值班值守，主管领导、业务管理和技术人员实行 24 小时值班，保持通信联络畅通	（一）组织开展本单位职责范围内应急响应工作。立即启动本单位应急预案，进入应急状态； （二）组织本单位技术支撑队伍和有关专业部门等及时分析，预警发布后 1 小时内提出本单位具体技术处置方案并立即实施； （三）实行 24 小时监测，及时将事态发展、影响范围和处置进展报冬奥气象中心； （四）加强值班值守，主管领导、业务管理和技术人员实行 24 小时值班，保持通信联络畅通	（一）立即启动本单位应急预案，进入应急状态，立即开展应急工作； （二）实行 24 小时监测，及时将事态发展、影响范围和处置进展报冬奥气象中心；加强值班值守，相关人员保持通信联络畅通

4. 应急响应变更和终止

① 应急响应变更。根据气象服务保障发生发展的变化，冬奥气象服务领导小组及时调整应急响应范围、变更应急响应级别。应急响应的变更程序与启动程序相同。

② 响应结束。由领导小组确定，冬奥气象服务领导小组办公室向北京市、河北省气象局和国家级相关单位转发预警解除信息和响应结束信息。

（八）气象服务宣传

冬奥气象中心各部要加强突发冬奥气象服务保障事件预防和处置的有关法律、法规和政策的宣传，开展突发事件基本知识和技能的宣传活动。

将冬奥气象服务保障事件的应急知识列为领导干部和有关人员的培训内容，加强冬奥气象服务保障事件特别是紧急安全应急预案的培训，提高防范意识及技能。

（九）应急保障措施

1. 组织落实到位

冬奥气象中心、北京和河北的气象部门、国家级各业务单位要落实冬奥气象服务应急工作责任制，要把责任切实落实到每个具体部门和每个具体责任人，并建立健全应急工作机制。

2. 技术手段到位

加强冬奥气象服务应急技术能力建设，提前研判未来在气象探测、信息网络、硬件环境、预报服务产品制作等工作环节中可能出现的意外影响，建立多渠道的支持备份系统，加强气象业务系统运行的可靠性和稳定性。

3. 有效利用社会资源

积极探索利用社会资源，在政策、法律法规允许的范围内开展与应急教育科研机构、企事业单位、协会等的合作，提高应对突发事件的能力。

4. 责任与奖惩

建立冬奥气象服务保障突发事件应急处置工作责任追究机制，对前期准备工作不到位，应急处置工作不落实；对不按照规定制定预案和组织开展演练，迟报、谎报、瞒报和漏报突发事件等重要情况或者应急管理工作中有其他失职、渎职行为的，依照相关规定对有关单位和责任人给予追究，构成犯罪的，依法追究刑事责任。

（十）应急工作评估

特别重大应急服务保障事故按国家相关要求进行调查处理和总结评估；重大应急服务保障事故由冬奥气象中心、相关各部负责调查处理和总结评估；较大及以下应急服务保障事故由事件发生单位自行组织调查处理和总结评估。总结调查报告应对事件的起因、性质、影响、责任和应急响应等进行分析评估，提出处理意见和改进措施。调查评估报告应在事件处理结束后 3 天内完成，报冬奥气象中心备案。

（十一）预案管理

① 本预案由领导小组办公室负责管理。预案实施后，随着应急相关法律法规和有关制度的制定修改和完善，各应急响应单位职责或应急工作发生变化，或发现应急过程中存在问题和出现新的情况，局应急办应适时召集有关部门和专家进行评估，及时修订完善本预案。

② 各成员单位需根据冬奥工作实际，结合本预案要求，于 2021 年 11 月底前制定专项工作及系统运行保障应急预案，并报冬奥气象服务领导小组办公室备案。

③ 本预案由冬奥气象服务领导小组办公室负责解释。

④ 本预案自印发之日起实施。

三、北京赛区和开闭幕式气象保障服务应急预案

（一）编制目的

为做好冬奥会期间各项赛事的气象服务保障工作，快速、有效、妥善处置冬奥会期间可能发生的重大突发事件，确保赛事期间气象服务保障平稳有序，结合工作实际，制订本预案。

（二）适用范围

本预案适用于冬奥会工作期间，北京市气象台出现冬奥业务系统的服务器及平台故障、实况或模式等数据源缺失、网络瘫痪等异常情况。

（三）预案启动

① 当预见将发生或正在发生有可能业务瘫痪等突发事件，由领导小组负责人发布预案启动响应。

② 当预见将要发生或正在发生的一般突发事件，由在场的领导小组最高职务人员发布预案启动响应并逐级汇报，同时在第一时间处置。

（四）现场处置

1. 冬奥业务系统的服务器及平台故障

冬奥业务系统服务器发生故障后，系统前端界面的各项功能无法正常操作，进而影响客观预报产品和主观预报产品的制作，无法正常开展预报制作和发布，将导致严重影响发生。如发生服务器故障时，按以下方式处置：

① 通知信息中心，要求信息中心第一时间联系系统开发公司，并报气象台和所在冬奥北京气象中心带班领导。

② 按照《北京市气象台 2022 年冬奥会和冬残奥会气象业务平台故障应急处置预案》，及时、正确采取响应故障处置措施，保障预报服务开展。

2. 数据源缺失

最新模式产品缺失将导致预报员判断天气形势面临困难，同时客观预报技术无法更新生成最新产品。实况资料缺失将导致预报员无法对客观支撑产品进行有效订正，尤其是面临灾害天气、转折性天气以及预报偏差较大的关键时间节点。模式和实况等数据源缺失时，将严重影响预报产品的正常制作和发布。如发生数据源缺失，按以下方式处置：

① 第一时间联系开发公司定位问题所在，并报气象台和冬奥北京气象中心带班领导。

② 若定位为资料传输问题，联系信息中心；若定位为睿图系列模式资料源问题，上报带班领导，联系北京城市气象研究院解决。

③ 未恢复期间，可调用 NCEP、GRAPES 系列模式、北京网格预报、上一次冬奥预报和 FDP 的客观预报等十余种可用的资料进行参考。

④ 未恢复期间，当所有主客观预报结果无法调取时，多维度平台支持完全手动编辑，预报员将根据经验手动编辑预报发布。

3. 网络瘫痪

网络瘫痪将导致所有参考资料缺失，发布路径中断，对预报制作和发布有极其负面的严重影响。如发生网络瘫痪，按以下方式处置：

① 第一时间通知信息中心处理并报气象台和冬奥北京气象中心带班领导。

② 未恢复期间，调用已备份的冬奥预报产品 Word 模板，预报员进行手工填写后转换 PDF 产品，发布到所需路径，具体路径待定。

4. 计算机终端感染病毒

活动保障期间，当计算机终端感染木马病毒时候，立即联系信息中心安全运维人员将问题主机上网权限进行封禁，然后使用 360 天擎杀毒软件进行全盘查杀，确保计算机终端安全运行。

（五）信息报告

重大突发事件发生后，要迅速启动应急预案，要第一时间通过中国气象局应急管理平台、办公系统 OA 邮箱报（北京市气象局值班室）或电话（68400858）及传真（68400854）及时报告市局应急办（值班室），由市局应急办（值班室）报告中国气象局值班室。

四、延庆赛区气象保障服务应急预案

为有效应对北京冬奥会期间出现的各种突发事件，及时有效开展应急工作，最大程度降低突发事件产生的不良影响，在《北京 2022 年冬奥会和冬残奥会延庆区气象服务保障工作方案》工作职责和任务基础上，针对可能发生的风险隐患，制定本预案。

（一）编制依据

依照《北京 2022 年冬奥会和冬残奥会气象保障服务应急预案》《北京 2022 年冬奥会和冬残奥会延庆区气象服务保障工作方案》《北京 2022 年冬奥会和冬残奥会延庆区气象服务保障风险隐患及防范清单》及气象部门相应的业务管理制度和规定等编制。

（二）适用范围

本预案适用于气象服务保障冬奥会筹备和举办期间，延庆赛区出现的各类风险的应急处置，包括但不限于以下情况：观测设备故障、通信中断风险，预报预测和服务业务系统及其支撑设备故障、中断风险、网络安全风险、森林火灾风险、疫情导致的人员风险、后勤保障风险等。

（三）工作原则

提前预判、科学应对。加强保障系统的建设，完善各项保障制度，充分利用现代科技手段，做好各项赛事服务的应急准备，提高应急处置能力。

突出重点，问题导向。以满足赛事服务为根本，把解决制约气象服务应急保障发展的关键问题作为切入点和着力点，找准突破口，增强针对性，提高服务能力。

分类管理、细化责任。根据不同系统的特点，建立以牵头单位为责任主体的应急管理体制机制，压实责任，落实到人。

（四）组织机构及职责

1. 领导小组

成立冬奥延庆气象服务分中心（延庆区气象服务组）领导小组（以下简称领导小组），全面负责冬奥延庆赛区气象保障服务的应急处置指挥工作。

① 贯彻落实冬奥气象北京中心、延庆赛区场馆群指挥部、冬奥组委延庆运行中心、延庆赛区运行保障指挥部有关气象保障服务应急工作指示精神，部署应急响应工作。

② 审核、签发向上级部门报送的气象应急有关材料、工作汇报和总结材料。

③ 检查、指导进入应急响应状态的单位开展工作。

④ 指挥调度应急处置所需的人力、物力、财力、技术装备等资源。

⑤ 指挥处置气象保障服务应急过程中其他重大突发事件。

2. 职责任务

冬奥延庆气象服务分中心（延庆区气象服务组）各团队，依据职责分工做好针对性的应急响应和处置工作。

（1）延庆赛区现场预报服务团队

充分发挥团队临时党支部战斗堡垒作用；负责延庆赛区国家高山滑雪中心和国家雪车雪橇中心两个室外项目竞赛场馆的预报和现场服务；负责延庆冬奥村、延庆颁奖广场两个非竞赛类场馆的预报。遇有突发情况随时报告，完成领导小组交办的其他任务。

（2）延庆赛区外围气象服务团队

负责落实延庆区“三处十二组一团队”相关要求和任务；负责延庆赛时运行指挥部现场气象服务保障；负责对接延庆冬奥村、冬奥颁奖广场两个非竞赛场馆的服务需求对接，与延庆赛区现场预报服务团队保持预报口径一致，做好现场等服务；负责制服与注册分中心、阪泉综合服务区及冬奥相关各类非赛事活动气象预报服务保障工作；负责延庆赛区内的自动气象站和海陀山雷达的现场保障，配合落实技术支撑工作组其他保障任务。遇有突发情况随时报告，完成领导小组交办的其他任务。

（3）延庆区城市运行服务团队

负责延庆区交通运输、交通抵达、医疗救治、餐饮住宿、森林防火、大气环境、应急处置和疫情防控等城市运行安全气象服务保障工作；负责赛区周边气象综合监测系统加密观测、维护巡检和抢修工作；负责信息与数据安全保障工作。遇有突发情况随时报告，完成领导小组交办的其他任务。

（4）延庆区接待联络服务团队

负责统筹与接待来延庆气象保障人员和区服务单位的联络协调，安排来延庆气象保障人员按区统一规定的场馆出入、注册、餐饮、住宿、考察、抵离等保障工作；落实延庆区领导和涉及本区气象服务的礼宾工作；负责来延庆气象保障人员的疫情防控、监管和应急处置；负责宣传报道和信息报送工作；负责延庆赛区气象行业安全监管；负责后勤服务保障工作。遇有突发情况随时报告，完成领导小组交办的其他任务。

（五）风险及应急处置

1. 现场预报服务

（1）对场馆预报值班排班造成影响

① 因首席岗和赛道预报岗预报服务人员普通感冒发烧等身体原因，短时间无法值班。

处置：如果生病人员小于等于 2 人且时间较短，岗位人员内部自行调整值班安排；如果生病人员超过 2 人，或不超过 2 人但持续时间较长，于波第一时间报告闫巍，请求赛区气象服务组提供人员支持。

② 顺序替补岗位造成首席岗和赛道预报岗预报服务人员出现人员短缺。

处置：国家雪车雪橇中心和国家高山滑雪中心场馆出现需要人员替补的情况后，时少英第一时间报告闫巍，并请求赛区气象服务组提供人员支持。

③ 现场预报人员因疫情出现密接或次密接等隔离。

处置：优先确保场馆现场服务有人员在岗，第一批：李琛、陶亦为；时少英、荆浩；第二批：于波、李蔼恂；马学峰、陈仲榆；第三批：阎宏亮；赵斐、邱贵强。

（2）对冬奥赛事服务造成严重影响

场馆预报产品无法按时发布。

处置：场馆预报系统完全基于“冬奥多维度预报业务平台”。值班人员需第一时间联系系统保障人员，进行问题排查，同时报告场馆预报中心值班领导。

（3）对冬奥气象服务造成影响

场馆预报产品自动发布未成功。

处置：非比赛时段预报产品自动发布时，预报员休息。冬奥多维度预报业务平台设定自动发布监控和自动报警功能。若预报产品自动发布失败，设置重启次数，进行重发。确保及时解决问题，同时采用以下应急方案：公司驻场保障人员第一时间解决；信息中心全流程监控预报发布情况，当整点后 10 分钟内未接收到报文，信息中心第一时间通知场馆预报员。

（4）对场馆预报按时发布造成影响

① 模式产品数据缺失（当信息中心端缺失相关模式数据时）。

处置：假定预报人员已知道近期模式资料问题时，若 EC 和 Grapes 等模式产品未按时到报或出现明显偏差，导致基于模式释用的相关客观产品无法使用，参考 FDP 产品；当所有主客观预报结果无法调取时，预报员将根据经验手动编辑预报发布。

② 模式产品数据缺失（北京局内部系统处理问题时）。

处置：如果其他业务平台（MICAPS、国家气象中心网页等）的模式产品正常，但冬奥多维度预报业务平台无法调用：值班人员需第一时间联系多维度预报业务平台系统保障人员，进行问题排查；并通知场馆预报中心带班领导；从多维度预报业务平台后台数据处理，去追源北京市气象局相应的数据接口是否正常。

（5）对场馆预报质量造成严重影响

误发预报服务产品。

处置：严格控制多维度预报业务平台和冬奥现场服务系统的用户权限，且对于冬奥场馆预报中心团队用户定期更换密码。

（6）对场馆预报质量和现场服务造成影响

场馆气象站点资料出现缺失或数据异常的备份数据使用。

处置：第一时间通知场馆预报中心带班领导；及时调看赛区天气实景；参考备份站点或邻近站点气象资料；第一时间联系现场服务人员了解场馆现场天气。

（7）对预报员快速了解素材等造成影响

支持预报员日常业务的主流业务平台部分无法工作。

处置：日常业务系统涉及到北京市气象局、国家气象中心、国家卫星中心等单位的业务支撑平台。预报人员需熟悉相关业务平台，做到互备互替。

（8）对现场气象预报服务工作造成影响

① 国家雪车雪橇中心场馆有一名气象服务人员出现确诊或疑似新冠感染隔离。

处置：另外一名气象服务人员迅速补位；第一时间向闫巍局长报告，由闫巍局长向延庆运行中心申请通过升级卡的方式，于波替补。

② 国家雪车雪橇中心场馆两名气象服务人员均出现确诊或疑似新冠感染隔离。

处置：第一时间向闫巍局长报告，由闫巍局长向延庆运行中心申请通过升级卡的方式，于波替补；由闫巍局长向延庆运行中心申请其他气象服务人员顺序替补。

③ 国家雪车雪橇中心场馆现场专线出现故障。

处置：寻求快速处理。同时也报告延庆赛区气象服务组，记录备案。服务方式上调整至“外网 +VPN”方式连接内网。

④ 国家雪车雪橇中心现场工作电脑故障。

处置：第一时间联系场馆技术人员，进行维修或更换。利用个人备用电脑继续工作。

⑤ 国家雪车雪橇中心领队会或向指挥部汇报即将开始，场馆现场始终无法获取到最新的预报产品。

处置：通过电话、微信等方式与后方预报中心沟通预报意见。基于之前的预报产品，进行订正，确保最新信息服务出口的一致性

⑥ 现场发现西大庄科观测数据缺失或异常。

处置：第一时间报告场馆预报中心；利用手持式观测设备进行临时应急观测。

⑦ 国家高山滑雪中心场馆有一名气象服务人员出现确诊或疑似新冠感染隔离。

处置：另外一名气象服务人员迅速补位；第一时间向闫巍局长报告，由闫巍局长向延庆运行中心申请通过升级卡的方式，申请预报中心气象服务人员顺序替补。

⑧ 国家高山滑雪中心场馆两名气象服务人员均出现确诊或疑似新冠感染隔离。

处置：第一时间向闫巍局长报告，由闫巍局长向延庆运行中心申请通过升级卡的方式，申请预报中心气象服务人员顺序替补。

⑨ 国家高山滑雪中心场馆现场专线出现故障。

处置：第一时间报告场馆技术经理要金宝，由其寻求快速处理。同时也报告延庆赛区气象服务组，记录备案。服务方式上调整至"外网 +VPN"方式连接内网。

⑩ 国家高山滑雪中心领队会即将开始，场馆现场始终无法获取到最新的预报产品。

处置：通过电话、微信等方式与后方预报中心沟通预报意见。基于之前的预报产品，进行订正，确保最新信息服务出口的一致性。

⑪ 现场发现高山滑雪中心部分观测数据缺失或异常。

处置：第一时间报告场馆预报中心；参考备份站点或邻近站点进行综合分析判断，开展服务。

⑫ 国家高山滑雪中心现场工作电脑故障。

处置：第一时间联系高山滑雪竞赛团队技术人员，进行维修或更换。利用个人备用电脑继续工作。

⑬ 现场服务时发现冬奥现场服务系统、冬奥气象综合可视化系统等无法工作。

处置：这两个系统非常重要，是现场服务的基础支撑平台。值班人员需第一时间联系系统保障人员，进行问题排查。分 4 种情况，采取 4 种应对措施：a. 若是系统部分模块出现问题，系统保障人员对相关模块进行维修或手动切换到备用服务器，进行数据和功能快速恢复；b. 若北京主系统崩溃，双倍双活启动，将自动启动河北备份系统；c. 若两地系统均崩溃，现场服务人员可以借助冬奥气象服务网站、冬奥智慧气象 App 等进行服务；d. 如果这两个系统也无法工作，现场服务人员口头汇报天气。

2. 现场观测保障

（1）对现场观测保障人员完成工作造成影响

第一梯队现场观测保障人员突发状况。

处置：现场观测保障队长立即通知团队负责人，由延庆区气象服务组协调属地，将备份梯队人员送入雪车雪橇中心，并纳入后期统一管理。

（2）对延庆赛区自动站数据完整造成影响

① 自动站中心站软件故障。a. 无线传输中心站软件平台故障，导致延庆赛区自动站数

据缺失；b. 北斗传输中心指挥平台故障，导致延庆赛区自动站数据缺失；c. 市局网络故障导致无线、北斗平台故障，导致延庆赛区自动站数据缺失。

处置：a. 无线中心站平台故障时，可临时使用北斗传输数据；市局网络故障导致无线中心站平台故障时，若北斗指挥平台可用，临时使用北斗传输数据。b. 北斗中心指挥平台故障时，不影响无线传输数据获取；市局网络故障导致北斗中心指挥平台故障时，不影响无线传输数据获取。c. 此种情况无自动站可用数据，逐级上报恢复进程和结果。

② 延庆核心赛区自动站通信故障。a. 自动站无线传输通信故障，导致核心赛区自动站数据缺失；b. 自动站北斗传输通信故障，导致核心赛区自动站数据缺失。

处置：a. 自动站无线通信故障时，备份资料获取方式为竞速 1、4、5、6 号站可使用便携备份站数据（仍为无线通信）；其他站点临时使用北斗传输数据；自动站无线运营商故障时，备份资料获取方式为临时使用北斗传输数据。b. 因北斗传输为备份传输方式，出现问题，不影响无线数据获取。

③ 延庆核心赛区自动站供电故障。a. 太阳能供电故障导致核心赛区自动站数据缺失；b. 交流电供电故障导致核心赛区自动站数据缺失。

处置：a. 太阳能供电系统故障时，无法获取常规要素的气象数据资料，需要现场维修。b. 交流电供电系统故障时，无法获取拓展要素的气象数据资料，太阳能供电的常规要素气象资料可正常获取。

④ 延庆赛区核心区出现林火灾情，使核心区自动气象站出现损毁。

处置：a. 延庆区城市运行服务组伍永学与区森防办任营文对接沟通，遇林火险情时，在确保扑救人员安全前提下，协调相关方尽量保护气象设施。b. 核心区自动气象站出现彻底损毁时，快速架设应急便携式自动气象站恢复监测。

⑤ 延庆赛区核心区因林火灾情，使核心区气象设施采集监测和通信中断。

处置：a. 更换自动气象站太阳能供电单元、北斗通信单元，恢复基本气象要素采集和传输。b. 冬奥北京气象中心综合运行管理办公室加强与冬奥组委相关部门的沟通，优先保障恢复赛区气象监测设施的电力、通信供应。

（3）对自动站数据质量造成影响

极端天气或者造雪影响。

处置：a. 设备被覆盖（太阳能板、防尘罩、辐射罩、能见度仪等），影响气象数据质量，需要现场维护。b. 传感器冻住（各类传感器），影响气象数据质量，需要现场维护。c. 机械风融冻功能因供电无法工作时（主要针对风传感器加热），风要素不准或者缺失，需要现场维护，备份资料获取方式为赛道站（除 S4、S6 站点）超声风数据。

（4）无雷达资料，对天气监测造成严重影响

① 雷达通信故障。

处置：a. 雷达站设备网络故障时，现场保障组现场维修雷达站内网络故障，并逐级上报恢复进程。b. 高山滑雪中心赛区场内联通专线故障时，数据监控组上报信息中心值班人员，由信息中心联系联通专线租赁商，数据监控组跟踪恢复进程，并逐级上报负责人。c. 雷达数据上传服务器线路故障时，数据监控组上报信息中心值班人员，由信息中心组织故障排查，

数据监控组跟踪恢复进程，并上报团队负责人。d. 探测中心至信息中心局内网线故障时：数据监控组上报信息中心值班人员，由信息中心组织故障排查，跟踪恢复进程，并上报团队负责人。备份资料获取：业务雷达（北京、张家口）、延庆 X 波段雷达、北京组网 X 波段雷达资料的应用作为应急补充观测手段。

② 雷达供电故障。

处置：a. 雷达站设备自身供电系统故障时：现场保障组现场维修雷达站内供电系统故障，并逐级上报恢复进程。b. 雷达站主供电线路故障时：供电自动切换装置会自行使用正常供电线路作为输入电源，现场保障组跟踪运行情况，并逐级上报负责人。c. 雷达站主、备供电线路故障时：雷达自动使用 UPS 备份进行应急供电，可维持 2～3 小时短时间工作。现场保障组上报团队，团队负责人与赛区业主方（北控集团）进行沟通协调，排除故障。备份资料获取：业务雷达（北京、张家口）、延庆 X 波段雷达、北京组网 X 波段雷达资料的应用作为应急补充观测手段。

（5）影响现场维护维修

① 备件不足。

处置：当出现无备件情况，拟采取车辆送达和邮递等方式补充备件。如果雷达故障部件体积超大，无法提前存放，也无法运输到现场，立即上报领导小组。建议使用南郊 S 波段雷达、延庆 X 波段雷达等进行数据查看。

② 人员无法到达。

处置：不具备达到条件的故障站点，按照现场场馆运行要求，在解除封闭后，立即维修，期间如果有备份站点的，建议启用备份站点的数据。

3. 城市运行服务

（1）延庆赛区核心区周边出现林火灾情，现场应急气象服务风险

延庆赛区核心区周边出现林火灾情，需进行现场应急气象服务。

处置：①接报林火灾情信息后伍永学 5 分钟内与区森防办确认；②确认信息真实后，伍永学 5 分钟内向闫巍报告情况，闫巍 5 分钟内向冬奥北京气象中心相关组报告情况；③伍永学同时启动林火应急响应指令，林火应急岗人员（不少于 4 人）10 分钟内完成设备准备，30 分钟内完成人员集结并出发（无法按指令集结的，向伍永学报告，并按要求自行前往目的集结地等候）；④伍永学为现场气象指挥，应急保障车辆为京 QV9N97，李存新兼任司机；⑤视路途情况，30～60 分钟内到达林火现场指挥部，报到后 10 分钟内完成 A 点（指挥部附近）设备架设，并上报第 1 份现场气象监测信息；⑥根据现场指挥部要求和林火点地势，20 分钟内完成 B 点（原则上距 A 点距离不少于 500 米）设备架设，并上报 B 点第 1 份现场气象监测信息；⑦完成林火现场应急服务后清点人员、设备撤离现场，24 小时内完成服务总结，报领导审阅后上报并存档。

（2）对城市运行天气预报、服务专报、数据网络监视监控等工作造成影响

城市预报（服务 / 监控）岗出现 1 名确诊或疑似新冠感染隔离。

处置：①涉及当日值班组按疫情防控要求停止工作；②城市运行服务团队另1组人员上岗；③向闫巍汇报，由张曼安排外围气象服务团队人员替补；④闫巍向北京中心申请其他气象服务人员替补。

4. 疫情防控

（1）对当事人本职工作造成影响，事态升级对单位整体服务保障工作造成影响

① 本组冬奥服务保障人员或来访人员在单位门口扫码时发现健康码或行程码异常时。

处置：根据《冬奥会气象保障服务北京中心延庆区气象服务组疫情防控应急预案》开展工作。

② 本组冬奥服务保障人员或来访人员在单位内部出现发热、胸闷、咳嗽、乏力等症状。

处置：根据《冬奥会气象保障服务北京中心延庆区气象服务组疫情防控应急预案》开展工作。

③ 本组冬奥服务保障人员或来访人员在单位门口测量体温连续三次超过37.3℃时。

处置：根据《冬奥会气象保障服务北京中心延庆区气象服务组疫情防控应急预案》开展工作。

（2）对场馆预报服务、场馆群服务或核心区探测运维工作造成影响

纳入闭环管理人员（现场服务、探测运维、场馆群）出现疫情相关情况。

处置：根据《冬奥会气象保障服务北京中心延庆区气象服务组疫情防控应急预案》开展工作。

5. 后勤保障风险

（1）对人员安全、设备或办公区域造成影响

突发火情。

处置：a. 火灾发生后，发现人员要在力所能及的情况下利用灭火器材对初期火情进行处置并同时将情况报告当日带班领导，带班领导进行现场指挥，必要时拨打81195299请求救援，根据火情进行必要的人员疏散，同时安排人员通知突发事件应急领导小组；b. 领导小组根据火情适时指示切断非消防用电；c. 食堂发生火灾后，食堂工作人员要立即关闭燃气阀门；d. 火势熄灭后，领导小组办公室及时清查人员及物品损害情况，视情况保持现场完整，以供警方或保险公司处理。

（2）对单位正常办公，部分设备运转造成影响

突发停电。

处置：当发生突然停电情况，值班人员应立即报告带班领导并排查停电原因。若不能马上恢复供电，值班人员应立即启动自备发电机，按规定送电。办公室贾良及时通知各科室，同时安排人员向供电部门了解停电原因及停电时间。电源恢复供电后应及时检查高、低压供电设备，关闭发电机，并做好相应记录；值班人员在工作中，如发现高、低压配电柜及变压器等有异常情况时，应及时报告带班领导。办公室组织人员与厂家联系，并通知科室负责

人。若遇突发事件时，当日值班人员应立即切断电源，并迅速检查线路。

若发生人身触电事故时，在场人员在切断电源的同时，积极进行抢救，必要时拨打急救电话，并报告小组长、组长。

（3）对单位人员用水用餐造成影响

突发停水。

处置：a. 发现停水后，应通知办公室贾良，贾良向突发事件应急领导小组汇报并安排与供水公司联系，确定供水恢复时间；b. 发生设备故障时，应联系保障人员吴金峰对供水管线、水泵房等设备进行初步检查，确保设备正常运转；c. 当发生本单位维修人员不能排除的故障时，应电话联系专业维修人员及早排除故障；d. 如停水时间过长，应由办公室与区自来水集团联络抢修，并协调应急供水车以供使用；e. 突发停水影响就餐时，应及时协调相关送餐事宜。

（4）对单位人员生命健康安全造成影响

突发食品安全事件。

处置：a. 由食堂专管员苏玉强负责管理并确保食品卫生安全；b. 发生食物中毒等状况，应通知贾良，贾良迅速向突发事件应急领导小组汇报，并安排人员将当事人及时送往医院，跟踪汇报健康情况；c. 如发生多人食物中毒事件，应立即与卫生、防疫部门联络并向单位领导报告现场情况；d. 如怀疑为投毒事件，应及时与公安部门联络；e. 食物中毒后，应保护好现场，保存当日食物及餐具，在卫生部门专业人员抵达现场后，工作人员应配合专业人员收集可疑食物并按照要求进行现场消毒处理。

（六）应急保障措施

1. 组织落实到位

各团队要落实延庆区气象服务组应急工作责任制，要把责任切实落实到每个具体部门和每个具体责任人，并建立健全应急工作机制。

2. 技术手段到位

加强应急技术能力建设，提前研判未来在气象探测、信息网络、硬件环境、预报服务产品制作等工作环节中可能出现的意外影响，建立多渠道的支持备份系统，加强气象业务系统运行的可靠性和稳定性。

3. 有效利用社会资源

积极探索利用社会资源，在政策、法律法规允许的范围内开展与应急部门的合作，提高应对突发事件的能力。

（七）预案管理

① 本预案由领导小组办公室负责管理。预案实施后，随着应急相关法律法规和有关制

度的制定修改和完善，各团队应急工作发生变化，或发现应急过程中存在问题和出现新的情况，应及时修订完善本预案。

② 本预案由领导小组负责解释。

③ 本预案自印发之日起实施。

五、张家口赛区气象保障服务应急预案

（一）目的

为建立健全气象风险防范应对机制，最大限度减轻或者避免气象因素对北京冬奥会张家口赛区赛事与赛会运行造成的影响，最大限度预防和减轻因各种突发事件对气象设施、信息系统、业务平台以及保障人员等造成的影响，确保张家口赛区气象保障服务工作高效、有序，为各项赛事成功举办提供坚实保障。

（二）编制依据

依照《北京冬奥会和冬残奥会气象重大风险应急预案》《河北省气象局气象灾害应急预案》《河北省气象局北京 2022 年冬奥会和冬残奥会气象服务保障运行方案（2021 年第三版・正赛版）》及相关业务管理制度和规定等编制。

（三）气象风险

本预案所称气象风险包括以下两类：

1. 灾害性天气风险

各种天气、气候条件对冬奥会张家口赛区赛事运行、赛事转播、赛事保障、公众观赛、赛事筹备、大型活动举办、设施建设等有重大影响，并可能导致赛事无法正常进行的潜在风险。

2. 气象业务运行风险

各类观测设备故障、通信中断，预报预测和服务业务系统及其支撑设备故障、中断，网络安全事故，人员和后勤意外事故等对冬奥会张家口赛区气象保障服务工作的正常开展有重大影响，并可能导致工作无法正常进行的潜在风险。

（四）适用范围

本预案适用于张家口赛区冬奥会测试活动和正赛气象保障服务期间，针对可能影响赛事、赛会正常运行的气象风险，开展防范应对工作。

（五）组织机构及职责

1. 河北省气象局第 24 届冬奥会气象服务工作领导小组（以下简称领导小组）全面

负责应急处置指挥工作

① 贯彻落实中国气象局、河北省委省政府、北京冬奥组委有关气象应急工作指示精神，部署应急响应工作。

② 审核、签发报送的气象应急有关材料、工作汇报和总结材料。

③ 检查、指导进入应急响应状态的单位开展工作。

④ 统筹调度应急处置所需的人力、物力、财力等资源。

⑤ 指挥处置气象应急过程中其他重大突发事件。

2. 根据冬奥会张家口赛区气象保障服务工作实际，冬奥会张家口赛区气象保障服务前方工作组牵头负责相关应急组织协调处置，领导小组办公室协助配合做好后方应急组织协调处置，视情况调配应急所需物资、资金等资源

① 前方工作组与领导小组办公室分头负责前方与后方应急工作情况报告编制工作，由前方工作组汇总，除河北省委省政府由领导小组办公室负责报送外，其他有关部门的报送工作统一由前方工作组负责。

② 前方工作组与领导小组办公室分别负责检查、督促前方与后方有关单位、各专项组进入应急响应状态工作情况，由前方工作组汇总后向领导小组报告。

3. 前方工作组各专项组依据职责分工做好应急响应工作

（1）综合协调组

负责气象风险应急响应的启动和终止；负责应急响应工作状态时，检查督导各专项组应急工作开展情况，协调各专项组人员协助开展信息接报等工作，代表前方工作组与领导小组办公室进行工作对接，组织、协调前方应急响应期间其他重大突发事件的处置。

（2）赛事服务组

负责应急响应工作状态时，冬奥赛事气象预报服务各业务系统运行状态的监控，牵头组织与省气象台、赛会服务组联合应急会商，代表张家口赛区参加中国气象局、冬奥气象中心以及场馆团队和竞赛团队组织的应急加密会商，根据场馆与竞赛运行团队需求，适时组织场馆一线与崇礼后方预报团队加密会商，做好高影响天气的监测、预报、服务工作，以及重大天气过程影响赛事安排的应急服务。

（3）赛会服务组

负责应急响应工作状态时，冬奥赛会气象预报服务各业务系统运行状态的监控，参加与省气象台、赛事服务组联合应急会商，参加中国气象局、冬奥气象中心组织的应急加密会商，做好面向城市运行、赛会运行等相关领域决策与专项服务，做好灾害性天气监测、预报、服务工作。

（4）装备保障组

负责应急响应工作状态时，赛区各类气象探测装备的运行保障、维护维修，承担应急与

移动观测任务，做好气象应急车的部署应用，全程保障设备的稳定可靠运行，建立探测系统运行维护机制，及时排除各类风险故障

（5）网信安保组

负责应急响应工作状态时，赛区各类信息网络与计算机系统的运行保障、状态监控、维护维修，监控冬奥气象服务各有关系统张家口赛区实况与预报服务产品、数据显示状态。全程保障系统平台及网络的稳定可靠运行，建立通信网络系统运行维护机制，及时排除各类风险故障。

（6）人影保障组

负责应急响应工作状态时，组织实施应急人工影响天气作业，做好各类人影作业装备的维护维修，监控人影作业系统、弹药状态。全程保障空地作业系统的稳定可靠运行，建立突发情况应急处置机制，及时排除各类风险隐患，确保人工影响作业设备、弹药及人员安全。

（7）信息宣传组

负责应急响应工作状态时，采集应急现场影像、音频素材，起草应急宣传通稿，研判可能发生的舆情风险，监控舆情发展，协助新闻官提供应对对策建议；收集各组应急情况与素材，汇总编制报送应急工作情况报告。

（8）后勤保障组

负责应急响应工作状态时，水电保障、卫生防疫、车辆交通、安全保卫等工作。

4. 河北省气象局后方各有关单位按照工作职责做好应急响应工作

（1）减灾处（领导小组办公室）

当后方发生气象业务运行风险时，负责协调联系前方工作组综合协调组启动应急响应；负责应急响应工作状态时，检查督导各有关单位应急工作开展情况，协调各有关单位开展信息接报等工作，与前方工作组进行工作对接，协调领导小组有关成员单位及时调配应急所需物资、资金等资源，牵头组织、协调后方应急响应期间其他重大突发事件的处置。

办公室、观测处、预报处、计财处按照各自职能，配合做好相关工作。

（2）气象台

负责应急响应工作状态时，冬奥气象预报服务所需相关前端产品的制作输出，参加与前方工作组以及中国气象局、冬奥气象中心的应急加密会商。

（3）信息中心

负责应急响应工作状态时，河北省气象局冬奥数据环境、各冬奥气象服务业务系统、超级计算机的运行保障、状态监控、维护维修，及时启动做好京冀两地冬奥数据环境切换。

（4）科研所

负责应急响应工作状态时，河北“睿图”模式各前端产品的制作输出。

（5）人影中心

负责应急响应工作状态时，应急人影作业的指挥调度。

（6）后勤中心

负责应急响应工作状态时，水电保障、卫生防疫、车辆交通、安全保卫等工作。

（六）灾害性天气风险的应对与处置

1. 灾害性天气风险范围

灾害性天气风险主要包括对赛事运行的气象风险和赛会运行的气象风险，其中对赛事运行的气象风险主要指各种天气对各个比赛项目顺利进行可能造成的重大风险，包括大风、寒潮、低温、降雪、降雨、低能见度、沙尘以及过暖融雪等；对赛会运行的气象风险主要指各种天气和气象条件对赛会运行各个环节（行业）造成的重大风险，如对交通、救援、水电气保障、雪务、转播、物资储备等。

2. 应急响应

（1）监测预警

前方工作组赛事服务组、赛会服务组是灾害性天气风险监测与预警主要责任单位，由赛事服务组和赛会服务组内部会商后根据监测与预报结果，确定发布相关灾害性天气预警，会商结论以赛事服务组为主，赛会服务组为辅。

（2）启动响应

前方工作组综合协调组收到相关气象预警信息后，第一时间启动灾害性天气风险应急响应，并通报冬奥气象中心、领导小组办公室，前方工作组各专项组以及后方各有关单位接到启动响应的命令后，立即进入应急响应状态，按照各自职责开展应急处置工作。

前方工作组各专项组安排专人参加应急值班、集中办公，根据各专项组分工实时了解本组相关工作开展情况，及时收集冬奥气象预报服务业务系统、通信网络、数据环境、各类观测预报服务产品制发业务、各类装备设备、水电车辆运行状态，及时发现问题，现场通报问题，快速安排处置。

（3）应急服务

前方工作组赛事服务组和赛会服务组分别向场馆和竞赛运行团队以及城市和赛会运行团队制发灾害性天气预警信息，并每 3 小时滚动更新监测预报结论，更新频次应根据服务对象运行需求加密。场馆一线服务人员以及驻省冬奥指挥调度中心和张家口市冬奥会城市运行和环境建设管理指挥部工作人员，应及时收集各类服务需求以及灾害性天气对赛事、赛会运行造成的影响及损失，及时向综合协调组反馈。

① 大风：应重点提示场馆与竞赛运行团队及时取消或者调整赛事活动并做好现场人员的安全避险工作，及时安全转移或妥善安置滞留运动员及观众；提示城市与赛会运行部门做好公用通信设施维护，加强大风影响区域高速公路管理、电力设施检查和电网运

营监控以及临时性建筑安全检查，及时排除危险，提前做好故障排查抢修应急准备。

② 寒潮、低温：应重点提示场馆与竞赛运行团队做好现场工作人员的紧急防寒防冻应对措施，提醒运动员及观众做好防寒保暖工作；提示城市与赛会运行部门做好道路结冰路段交通疏导和供电、供水、供气和供热等管线设备巡查维护和故障抢修，提前做好医疗卫生应急准备。

③ 降雪、冰冻：应重点提示场馆与竞赛运行团队做好赛场赛道维护保障工作，根据需要及时取消或者调整赛事活动并做好现场人员的安全避险工作，及时安全转移或妥善安置滞留运动员及观众；提示城市与赛会运行部门加强与赛事相关交通秩序维护，必要时关闭易发生交通事故的暴雪、结冰路段，做好道路、公路除雪（除冰），同时组织做好公用通信设施维护以及供电、供水、供气、供热设备和临时性建筑巡查维护和故障抢修工作，提前做好医疗卫生应急准备。

④ 降雨：应重点提示场馆与竞赛运行团队做好赛场赛道维护保障工作，根据需要及时取消或者调整赛事活动工作，及时安全转移或妥善安置滞留运动员及观众。

⑤ 大雾：应重点提示场馆与竞赛运行团队及时取消或者调整赛事活动，及时安全转移或妥善安置滞留运动员及观众；提示城市与赛会运行部门做好交通管制和疏导工作。

⑥ 沙尘：应重点提示场馆与竞赛运行团队做好赛场赛道维护保障工作，根据需要及时取消或者调整赛事活动，及时安全转移或妥善安置滞留运动员及观众；提醒生态环境部门提前做好应对准备。

⑦ 高温：应重点提示场馆与竞赛运行团队及时取消或者调整赛事活动，根据需要调整雪务工作，必要时启动异地运雪工作。

3. 应急响应终止和评估

前方工作组赛事服务组、赛会服务组根据监测与预报结果，内部会商确定解除相关灾害性天气预警。前方工作组综合协调组收到解除相关气象预警信息后，向前方工作组各专项组、后方各有关单位发布响应结束命令，并通报冬奥气象中心、领导小组办公室。

前方工作组各专项工作组及时向信息宣传组反馈应急响应工作情况，信息宣传组负责进行应急响应总结评估，并编制应急工作情况报告。

（七）气象业务风险的应对与处置

1. 风险事件分类

（1）观测系统风险

主要包括冬奥气象服务所涉及的观测设备故障、供电故障、传输故障等。

（2）通信系统风险

主要包括通过外网连接的从观测端到数据接收端、各物理隔离端之间通信线路故障等。

（3）信息系统风险

主要包括内网通信计算机系统及相关设备故障、与冬奥气象保障服务相关的业务支撑平台及其辅助系统运行故障等。

（4）预报服务产品风险

主要包括数值预报产品中断、出现严重错误、较长时间延迟；服务产品制作中断、出现严重错误、较长时间延迟或赛时临时急需产品制作无法按时完成。

（5）人员风险

主要包括冬奥气象服务现场及运维一线业务人员发生突发状况，造成服务或保障工作无法正常进行。

（6）舆情风险

主要包括因气象条件或气象保障服务失误对冬奥会赛事正常进行造成不利影响。

（7）后勤保障风险

主要包括供电、水、气、电梯等故障或事故，食品卫生、医疗、火灾等事故，车辆保障困难等。

2. 应急响应启动

前方工作组和领导小组办公室组织前方各专项组和后方各有关单位按照职责分工实时监控研判相关业务风险，对监测到已发生或预判可能发生的气象业务风险事件，及时通报前方工作组综合协调组和领导小组办公室，由前方工作组综合协调组综合研判后启动应急响应，并视情况通报冬奥气象中心、领导小组办公室。其中：观测系统风险由前方工作组装备保障组负责监控研判；通信系统风险由前方工作组网信安保组会同信息中心、张家口市局监控研判；信息系统风险由前方工作组网信安保组会同信息中心监控研判；预报服务产品风险由前方工作组赛事服务组、赛会服务组、网信安保组共同监控研判；人员风险由前方工作组各专项组共同监控研判；舆情风险由前方工作组信息宣传组会同媒体新闻官、省局办公室共同监控研判；后勤保障风险由前方工作组后勤保障组和后勤中心分别监控研判。

3. 应急准备措施

（1）观测系统风险

① 建立与云顶、古杨树场馆群场馆运行团队的“一对一”联络机制，确保为观测设备维护提供便利条件。

② 核心区观测站发生观测设备故障时，使用移动便携观测设备代替，比赛日赛程结束后入场维修；若无法部署使用便携观测设备，启用临近站点数据替代，同时第一时间由保障人员到位维修或启用便携站观测。

（2）通信系统风险

① 以崇礼区局—省局，崇礼区局—张家口市局—省局原有业务专线作为备份线路，确保崇礼区局—省局冬奥专线故障时第一时间完成切换确保链路畅通。

② 以河北省气象局—中国气象局信息中心—北京市气象局原有业务专线作为备份线路，

确保河北局—北京市气象局冬奥专线故障时第一时间完成切换确保链路畅通。

（3）信息系统风险与预报服务产品风险

① 开展京冀两地冬奥数据环境快速切换演练，当北京数据环境发生故障时，可以第一时间完成到河北数据环境的切换。

② 当京冀两地信息系统全部发生故障无法使用时，通过预报员人工编辑订正的方式确保文字服务产品正常生成，数据产品申请国家气象中心提供智能网格预报代替，赛道观测站数据由信息中心通过中心站提取。

③ 冬奥气象保障服务期间，张家口市气象台临时恢复天气图绘制业务，每日完成 2 张高空图、2 张地面图人工分析工作，当发生严重信息系统故障，无法正常获取预报所需数据与前端产品的情况下，供预报服务团队进行基础天气分析使用。

④ 预报服务团队应提前准备 2～3 个可靠性较好的非我国气象部门天气预报软件，当发生极端情况时，可参考预报结果。

（4）人员风险

① 全部人员按照 AB 岗设置，确保人员发生个体情况时不发生空岗事故。

② 制定疫情防控方案，严格疫情防控内部闭环管理，提前备足相关药品、器材以及疫情防控物资。

③ 建立核心预报服务团队后备机制，由张家口市气象局组织市气象台、市气象服务中心有关业务人员承担赛会服务组备份团队职能，由河北省气象台组织参与冬奥保障二线人员承担赛事服务组备份团队职能，必要时申请中国气象局调回 MOC 范俊红首席参加赛事服务保障。

（5）舆情风险

提前对可能发生的舆情开展研判演练，提前制定应对策略。对前方工作组媒体新闻官和场地新闻官进行新闻采访培训。

（6）后勤保障风险

① 崇礼区气象局准备双发电机，并储备充足的燃料。

② 河北省气象局完成信息中心机房双路电改造。

4. 应急响应措施

应急响应启动后，各单位的职责和处置措施如下：

（1）前方工作组

① 立即进入应急状态，立即开展应急工作。

② 各专项组安排专人参加应急值班，集中办公，根据各专项组分工实时了解本组相关工作开展情况，及时收集冬奥气象预报服务业务系统、通信网络、数据环境、各类观测预报服务产品制发业务、各类装备设备、水电及车辆运行状态，及时发现问题，现场通报问题，快速安排处置。

③ 实行 24 小时监测，及时将事态发展、影响范围和处置进展报领导小组及有关上级部门。

④ 前方工作组主要领导、各专项组负责人实行 24 小时值班，保持通信联络畅通。

（2）河北省气象局后方各有关单位

① 立即进入应急状态，立即开展应急工作。

② 单位安排专人参加应急值班、集中办公，根据分工实时了解相关工作开展情况，及时收集冬奥气象预报服务业务系统、通信网络、数据环境、各类观测预报服务产品制发业务、各类装备设备、水电及车辆运行状态，及时发现问题，现场通报问题，快速安排处置。

③ 实行 24 小时监测，及时将事态发展、影响范围和处置进展报领导小组。

④ 领导小组有关领导、领导小组办公室及各成员单位负责人实行 24 小时值班，保持通信联络畅通。

5. 应急响应终止和评估

前方工作组综合协调组综合研判发现突发事件影响结束后，向前方工作组各专项组、后方各有关单位发布响应结束命令，并通报冬奥气象中心、领导小组办公室。

前方工作组各专项组及时向信息宣传组反馈应急响应工作情况，信息宣传组负责进行应急响应总结评估，并编制应急工作情况报告。

（八）应急保障措施

1. 组织落实到位

河北省气象局冬奥气象服务领导小组各成员单位、前方工作组各专项组要落实冬奥气象风险应急工作责任制，要把责任切实落实到岗、到人，并建立健全应急工作机制。各专项组要牵头做好本领域具体应急处置方案，定期组织开展演练。

2. 技术手段到位

加强冬奥气象服务应急技术装备准备，提前研判未来各工作环节中可能出现的意外影响，建立多渠道的支持备份系统，加强气象业务系统运行的可靠性和稳定性。

3. 责任与奖惩

建立冬奥气象风险应急处置工作责任追究机制，对准备工作不到位，应急处置工作不落实，不按照规定制定预案和组织开展演练，迟报、谎报、瞒报和漏报气象风险重要情况或者应急管理工作中有其他失职、渎职行为的，依照相关规定对有关单位和责任人予以追究。

（九）预案管理

本预案由领导小组办公室负责管理。预案实施后，由前方工作组综合协调组根据前方工作实际与演练情况，组织有关单位和人员及时修订完善本预案。

本预案由领导小组办公室负责解释，自印发之日起实施。

六、国家气象中心预报服务应急预案

（一）编制目的

保障国家气象中心（以下简称“中心”）冬奥预报服务核心业务安全稳定运行，强化预报服务业务应急反应处置能力。

（二）编制依据

按照《冬奥气象服务领导小组办公室关于印发〈北京 2022 年冬奥会和冬残奥会气象保障服务应急预案〉的通知》（气减函〔2021〕57 号）、《冬奥气象服务领导小组办公室关于做好 2021 年冬奥气象服务工作总结和赛时气象服务准备工作的通知》（气减函〔2021〕69 号）要求，结合中心预报服务实际，从业务系统备份、人员备份、场所备份等应急准备和突发事件应急处置方面编制本预案。

（三）适用范围

本预案适用于 2022 年 3 月 20 日前，北京冬奥会和冬残奥会及测试赛期间中心因业务系统、值班人员、业务场所等出现异常导致预报服务产品制作、分发异常等可能影响业务安全稳定运行的应急处理。

（四）组织体系

中心成立冬奥预报服务业务应急保障工作组（下称工作组），工作组受国家气象中心“北京冬奥会”气象保障服务领导组（下称中心冬奥领导组）领导，负责北京冬奥会赛时预报服务业务应急指挥处置。

组　长：薛建军

副组长：郑卫江

成　员：曹　勇　钱奇峰　杨　波　张碧辉　杨　琨
　　　　代　刊　高　嵩　吕梦瑶

主要职责：

（1）负责组织、协调中心冬奥预报服务业务应急指挥和处置工作；

（2）负责应急处置工作的汇报、通报和总结报告；

（3）组织开展冬奥预报服务业务应急演练。

（五）应急准备

1. 日常管理

中心各单位按职责做好冬奥气象保障服务日常预防工作，制定完善相关应急预案，做好网络安全检查、隐患排查、风险评估和数据备份。

2. 关键预报预测业务核心灾备

（1）核心业务系统灾备

中心业务科技处负责组织各单位做好重要业务平台在中国气象局统一业务应急备份场所的备份工作。选择北区 20 号楼（职工活动室）作为国家气象中心核心业务备份场所。天气室、强天气中心、环境中心、服务室、研发室、系统室分别在中央气象台会商云服务器及信息中心天镜厅、北区 20 号楼（职工活动室）完成 MICAPS、MESIS、中央气象台业务内网、决策共享平台、SWAN、智能网格预报系统、环境预报系统等核心业务系统的灾备工作。

（2）会商系统灾备

启用中央气象台会商室西厅作为冬奥气象保障服务专用会商室，北区 20 号楼（职工活动室）部署视频会商备份。并协调信息中心以天镜厅作为会商系统备份。

（3）业务岗分组值备

依据《国家气象中心新冠疫情防控业务运行应急预案》，按照疫情影响程度做好“分楼管控、分组值备”工作预案。

3. 敏感时期的预防措施

在冬奥气象保障期间，加强网络安全事件的防范和应急响应，确保网络与信息系统安全。加强网络安全监测和分析研判，重点部门、重点岗位保持 24 小时值班，及时发现和处置网络安全事件隐患。按照中国气象局职能司要求做好信息通报工作。

（六）应急处置

1. 应急启动标准

本预案按照《国家气象中心业务故障应急处置工作办法》，以《国家气象中心网络安全事件应急预案》《国家气象中心新冠肺炎疫情防控总体应急预案》《国家气象中心新冠肺炎疫情防控业务运行应急预案》为基础，针对北京冬奥会赛时期间可能发生的三类影响冬奥预报服务业务的异常情况，即：上游数值模式或观测数据无法接收；中心预报服务平台故障导致相应产品无法制作、分发或制作的产品出现严重错误；疫情管控原因导致业务人员不能到位等规范应急启动标准。根据对业务的影响程度，将中心冬奥预报服务业务应急启动标准从低到高分为Ⅲ、Ⅱ、Ⅰ三级。

（1）Ⅲ级应急启动标准

① CMA 全球天气模式、CMA 区域模式、CMA 北京模式等我国数值预报业务产品无法正常接收；或超过 1 小时无法正常接收京津冀地区重要观测资料。

② 中心面向冬奥预报服务的业务平台发生故障，经初步研判在 2 小时内无法排除故障，对中心冬奥预报服务产品制作产生一般影响、但不影响核心业务产品制作和分发。

③ 中心已发布的冬奥核心预报服务产品出现一般错误，未对下游单位产生业务影响，并且可以在半小时内重新制作并发布。

④ 冬奥赛时气象保障服务技术支持组成员 4 人以上因疫情管控原因不能按时到岗。

（2）Ⅱ级应急启动标准

① 连续两个时次的 EC、NCEP 等国外重要数值预报业务产品无法接收；或超过 4 小时无法正常接收京津冀地区重要观测资料。

② 中心面向冬奥预报服务的业务平台发生故障，经初步研判在 4 小时内无法排除故障，对中心冬奥预报服务产品制作产生较大影响、部分非核心业务产品制作和分发可能滞后。

③ 中心已发布的冬奥核心预报服务产品出现较大错误，对下游单位业务产生一般影响，并且可以在 1 小时内重新制作并发布。

④ 冬奥赛时气象保障服务预报服务组成员 4 人以上因疫情管控原因不能按时到岗。

（3）Ⅰ级应急启动标准

① 连续两个时次及以上 CMA 全球天气模式、CMA 区域模式、CMA 北京模式和 EC、NCEP 等国内外重要数值预报业务产品均无法接收时；或超过 8 小时无法正常接收京津冀地区重要观测资料。

② 中心面向冬奥预报服务的业务平台发生故障，经初步研判在 8 小时内无法排除故障，对中心冬奥预报服务产品制作产生重大影响、造成核心业务产品制作和分发滞后。

③ 中心已发布的冬奥核心预报服务产品出现严重错误，对下游单位业务产生较大影响。

④ 冬奥赛时气象保障服务预报服务组成员 8 人以上因疫情管控原因不能按时到岗。

2. 应急处置

当中心业务出现异常并达到本规范界定的应急启动标准，或者中国气象局冬奥气象服务领导小组、预报与网络司按照《北京 2022 年冬奥会和冬残奥会气象保障服务应急预案》（气减函〔2021〕57 号）、《冬奥气象数值预报业务应急保障预案》（气预函〔2021〕99 号）的规定启动应急时，工作组按照要求进入应急工作状态并积极组织开展相关应急处置工作。

（1）应急启动

中心业务单位发现业务异常时，应及时联系工作组副组长，工作组副组长接到异常情况报告后，立即组织核实情况，对照应急启动标准，研判并拟定应急响应级别和应急处置责任单位。Ⅲ级应急响应由工作组副组长同意后直接启动，并向工作组组长报告。Ⅱ级和Ⅰ级应急响应由工作组副组长报请工作组组长同意后启动。

应急响应启动命令由工作组负责向中心相关处级单位统一发布，各处级单位立即进入对应级别应急响应状态。

（2）应急分工

1）Ⅲ级应急响应

① CMA 数值模式接收异常：工作组副组长组织联系数值预报中心科技业务处分管负责人，反映异常情况，要求开展异常解除工作。

② 观测资料接收异常：根据观测资料来源，工作组副组长组织联系大气探测中心业务科技处或国家气象信息中心业务科技处分管负责人，反映异常情况，要求开展异常解除工作。

③ 业务平台异常：业务平台所属单位即刻开展故障排查工作，预报系统开放实验室协助，业务平台外协运维团队可远程检查异常情况。

④ 非核心预报服务产品错误：产品制作单位即刻开展产品重新制作工作，并通知预报系统开放实验室准备替换最新产品并重新发布。

⑤ 冬奥赛时气象保障服务技术支持组成员 4 人以上不能按时到岗：技术支持组组长应立即报告工作组组长，并及时调整小组成员及值班表。

应急响应期间，相关处级单位每天向工作组报告一次应急处置进展，工作组汇总后及时向中心冬奥领导组、专家组、宣传保障组等相关人员及处级单位通报。

2）Ⅱ级应急响应

① 国内外主要数值模式接收均异常：EC、NCEP 等国外重要数值预报业务产品无法接收时，工作组副组长组织联系国家气象信息中心业务科技处分管负责人，反映异常情况，要求开展异常解除工作并随时通报进展；CMA 数值预报业务产品无法接收时，工作组副组长组织联系数值预报中心科技业务处分管负责人，反映异常情况，要求开展异常解除工作。

② 观测资料接收异常：根据观测资料来源，工作组副组长组织联系大气探测中心业务科技处或国家气象信息中心业务科技处分管负责人，反映异常情况，要求开展异常解除工作并随时通报进展。

③ 业务平台异常：业务平台所属单位即刻开展故障排查工作，预报系统开放实验室协助，业务平台外协运维团队到现场检查异常情况；启动业务平台备份。

④ 核心预报服务产品较大错误：产品制作单位即刻开展产品重新制作工作，并通知预报系统开放实验室准备替换最新产品并重新发布，系统室通知下游单位重新接收最新产品。

⑤ 冬奥赛时气象保障服务预报服务组成员 4 人以上不能按时到岗：预报服务组组长应立即报告工作组组长，并及时调整小组成员及值班表。

应急响应期间，相关处级单位每天向工作组报告一次应急处置进展，工作组汇总后及时向中心冬奥领导组、专家组、宣传保障组等相关人员及处级单位通报。

3）Ⅰ级应急响应

① 国内外主要数值模式接收均异常：EC、NCEP 等国外重要数值预报业务产品无法接收时，工作组副组长组织联系国家气象信息中心业务科技处分管负责人，反映异常情况，要求开展异常解除工作并随时通报进展；CMA 数值预报业务产品无法接收时，工作组副组长组织联系数值预报中心科技业务处分管负责人，反映异常情况，要求开展异常解除工作。要求相关产品提供单位立即开展异常解除工作并随时通报进展。

② 观测资料接收异常：根据观测资料来源，工作组副组长组织联系大气探测中心业务科技处或国家气象信息中心业务科技处分管负责人，反映异常情况，要求立即开展异常解除工作并随时通报进展。

③ 业务平台异常：业务平台所属单位即刻开展故障排查工作，预报系统开放实验室协助，业务平台外协运维团队到现场检查异常情况；启动业务平台备份。

④ 核心预报服务产品严重错误：产品制作单位即刻开展产品重新制作工作，并通知预

报系统开放实验室准备替换最新产品，系统室通知下游业务单位重新接收最新产品。

⑤ 冬奥赛时气象保障服务预报服务组成员 8 人以上不能按时到岗：预报服务组组长应立即报告工作组组长，并及时调整小组成员及值班表。

应急响应期间，相关处级单位每天向工作组报告一次应急处置进展，工作组汇总后及时向中心冬奥领导组、专家组、宣传保障组等相关人员及处级单位通报。

应急响应期间，工作组按照中国气象局及相关职能司、冬奥气象服务领导小组相关要求，负责报送应急处置情况。

3. 应急响应解除和情况通报

故障处置成功后，Ⅲ级应急响应经工作组副组长同意后，通知各相关处级单位解除应急响应，并向中心冬奥领导组报告；Ⅱ级和Ⅰ级应急响应经工作组组长同意后，通知各相关处级单位解除应急响应并向冬奥气象服务领导小组报告情况。

应急响应解除命令由工作组向中心相关处级单位、冬奥气象保障专家组、技术组等统一发布。解除应急响应后，中心恢复应急响应前预报服务业务流程。

4. 事后总结报告

应急响应结束后，应急处置责任单位及时记录、总结本次应急处置相关情况。按照中国气象局及相关职能司、冬奥气象服务领导小组相关要求，工作组起草应急工作总结报告，由工作组组长提交中心冬奥领导组审阅后报送。

（七）保障措施

① 中心各单位应高度重视冬奥赛时期间气象保障服务工作的重要性，加强组织领导，明确业务应急职责，强化值班值守。

② 各单位要加强业务系统运行的可靠性和稳定性，充分预判各业务环节中可能出现的异常情况。

③ 各单位发现冬奥预报服务业务异常时，应及时报告，果断处置。

七、冬奥气象数值预报业务应急保障预案

（一）编制目的

冬奥气象服务保障工作已进入全面就绪、决战决胜的关键阶段。保障冬奥气象服务数值预报核心业务安全稳定运行，强化数值预报业务应急反应处置能力。

（二）编制依据

依据《气象部门应急预案管理办法（试行）》（气发〔2008〕166 号），按照冬奥气象服务领导小组办公室印发的《冬奥气象服务 2021 年重点工作任务和分工》要求，结合数值预报

业务实际编制本预案。

（三）适用范围

本预案适用于 2022 年 3 月 20 日前，北京冬奥会和冬残奥会及测试赛期间 CMA 全球天气模式、CMA 区域模式、CMA 北京模式及睿图 – 大涡以及 EC、NCEP 等国内外重要数值预报业务产品保障异常的应急处理。

（四）组织体系

成立冬奥气象数值预报业务应急保障工作组（以下简称应急工作组），成员单位包括预报司、观测司、北京市气象局、河北省气象局、气象中心、卫星中心、信息中心、数值预报中心、探测中心。设应急保障协调小组，为应急工作组办事机构。

1. 应急工作组

组长由预报司司长担任，成员由应急工作组各成员单位分管领导担任。

主要职责：

① 负责领导、组织、协调冬奥气象数值预报业务应急指挥工作。

② 审定冬奥气象数值预报业务应急保障预案。

③ 启动Ⅱ级和Ⅰ级应急响应。

④ 向冬奥气象服务领导小组和中国气象局报告情况。

⑤ 部署冬奥气象数值预报业务应急演练。

2. 协调小组

组长由预报司分管数值预报业务副司长担任，成员由应急工作组成员单位业务管理处室主要负责人担任。协调小组的日常和应急事务由预报司数值预报处具体负责。

主要职责：

① 组织起草修订应急保障预案。

② 启动Ⅲ级应急响应。

③ 发布应急响应启动命令和解除命令。

④ 汇总应急处置进展及工作通报。

⑤ 起草Ⅰ级应急响应应急工作总结报告。

⑥ 向应急工作组报告。

⑦ 组织应急演练。

⑧ 落实应急工作组交办的其他任务。

（五）应急启动标准

根据国内外重要数值预报业务产品保障异常的影响程度，将冬奥气象数值预报业务应急启动标准分为三级。

1. Ⅲ级应急启动标准

CMA 全球天气模式、CMA 区域模式、CMA 北京模式及睿图－大涡等我国数值预报业务产品无法正常提供时，可启动Ⅲ级应急响应。

2. Ⅱ级应急启动标准

连续两个时次的 EC、NCEP 等国外重要数值预报业务产品无法提供时，可启动Ⅱ级应急响应。

3. Ⅰ级应急启动标准

连续两个时次及以上 CMA 全球天气模式、CMA 区域模式、CMA 北京模式及睿图－大涡和 EC、NCEP 等国内外重要数值预报业务产品均无法提供时，可启动Ⅰ级应急响应。

（六）应急准备

1. 预报业务应急准备

北京市气象局、河北省气象局、气象中心等冬奥数值预报业务产品应用单位，对照本规定应急启动标准的 3 种国内外数值预报产品缺失情况，制定应急处置措施，纳入本单位冬奥气象服务应急预案并开展演练。

2. 模式产品应急准备

北京市气象局、数值预报中心、信息中心、卫星中心、探测中心等针对 CMA 全球天气模式、CMA 区域模式、CMA 北京模式及睿图－大涡等数值预报业务系统运行所需的观测数据、驱动数据、程序异常、产品制作异常和高性能计算环境等问题，制定应急处置措施，纳入本单位冬奥气象服务应急预案并开展演练。

（七）应急响应

1. 应急响应启动

协调小组接到异常情况报告，应立即核实情况，对照应急启动标准，研判并拟定应急响应级别和应急处置责任单位。Ⅲ级应急响应由协调小组组长同意后直接启动，并向应急工作组报告。Ⅱ级和Ⅰ级应急响应由协调小组报请应急工作组组长同意后启动。

应急响应启动命令由协调小组负责向全体成员单位统一发布，各成员单位立即进入对应级别应急响应状态。

2. 应急响应分工

（1）Ⅲ级应急响应

北京市气象局：国内相关数值预报产品缺失状态下，按照本单位相关应急预案开展冬奥气象预报服务；CMA 北京模式和睿图－大涡模式运行异常的故障处理。

河北省气象局：在国内相关数值预报产品缺失状态下，按照本单位相关应急预案开展冬奥气象预报服务。

气象中心：在国内相关数值预报产品缺失状态下，按照本单位相关应急预案开展冬奥气象预报服务。

卫星中心：因卫星产品问题引起的模式运行异常的故障处置。

信息中心：因数据问题引起模式运行异常的故障处置；因高性能计算环境引起模式运行异常的故障处置。

数值预报中心：CMA 全球天气模式和 CMA 区域模式运行故障处理。

探测中心：因综合观测数据质控问题（不含卫星）引起的模式运行异常，协助开展故障处置。

应急响应期间，相关成员单位每天向协调小组报告一次应急处置进展，协调小组汇总后向应急工作组成员单位及时通报。

（2）Ⅱ级应急响应

北京市气象局：国外相关数值预报产品缺失状态下，按照本单位相关应急预案开展冬奥气象预报服务；CMA 北京模式和睿图－大涡模式驱动场数据切换。

河北省气象局：国外相关数值预报产品缺失状态下，按照本单位相关应急预案开展冬奥气象预报服务。

气象中心：国外相关数值预报产品缺失状态下，按照本单位相关应急预案开展冬奥气象预报服务。

信息中心：加强国外数值预报产品监控，寻求解决方案。

数值预报中心：确保 CMA 全球天气模式的稳定运行，开展 CMA 区域模式驱动场数据热切换。

应急响应期间，相关成员单位每天向协调小组报告一次应急处置进展，协调小组汇总后向应急工作组成员单位及时通报。应急工作组组长负责向冬奥气象服务领导小组报告情况。

（3）Ⅰ级应急响应

北京市气象局：国内外相关数值预报产品缺失状态下，按照本单位相关应急预案开展冬奥气象预报服务；CMA 北京模式和睿图－大涡模式的备份启动或故障处置，并实现以备份运行（或恢复正常）的 CMA 全球天气模式为驱动场的数据切换。

河北省气象局：国内外相关数值预报产品缺失状态下，按照本单位相关应急预案开展冬奥气象预报服务。

气象中心：在国内外相关数值预报产品缺失状态下，按照本单位相关应急预案开展冬奥气象预报服务。

卫星中心：因卫星产品问题引起的模式运行异常的故障处置。

信息中心：因数据问题引起模式运行异常的故障处置；因高性能计算环境引起模式运行异常的故障处置，配合开展数值模式的备份启动工作。加强国外数值预报产品监控，寻求解决方案。

数值预报中心：CMA 全球天气模式和 CMA 区域模式的备份启动或故障处置以及 CMA 区域模式驱动场数据切换。

探测中心：因综合观测数据质控问题（不含卫星）引起的模式运行异常，协助开展故障处置。

应急响应期间，相关成员单位每天向协调小组报告一次应急处置进展，协调小组汇总后向应急工作组成员单位及时通报。应急工作组组长负责向冬奥气象服务领导小组报告情况。

3. 应急响应解除和情况通报

故障处置成功后，Ⅲ级应急响应经协调小组组长同意后，通知各成员单位解除应急响应，并向应急工作组报告；Ⅱ级和Ⅰ级应急响应经应急工作组组长同意后，通知各成员单位解除应急响应。

应急响应解除命令由协调小组向成员单位统一发布。解除应急响应后，北京局、河北局、气象中心恢复应急响应前预报业务流程。

4. 事后总结报告

应急响应结束后，应急处置责任单位及时记录、小结本次应急处置相关情况。其中，Ⅰ级应急响应由协调小组起草应急工作总结报告，由应急工作组组长提交中国气象局审阅。

八、冬奥气象服务网站应急预案

为最大限度预防和减少因各种意外风险对冬奥气象网站信息系统以及人员等造成的影响，保障冬奥气象服务网站在测试赛及冬奥赛时安全、稳定运行，建立健全网站安全运行应急保障机制，提高应对能力，做好安全防护、及时响应、紧急处理能力，特制定本应急预案。

（一）编制依据

依照《北京 2022 年冬奥会和冬残奥会气象保障服务应急预案》《北京 2022 年冬奥会和冬残奥会赛时气象保障服务运行指挥实施方案》及华风集团相应的业务管理制度和规定等编制。

（二）组织机构与职责

1. 华风集团冬奥气象服务领导小组（以下简称领导小组）

组　　长：张守保　李海胜
成　　员：王晓江　蔡　军　吕洪利
主要职责：
贯彻中国气象局冬奥气象服务领导小组关于冬奥气象服务工作的决策部署；领导集团相

关单位全面推进冬奥相关工作；研究审议集团冬奥服务中涉及到的各项具体任务方案；统筹协调集团冬奥气象服务工作过程中遇到的重要问题。

2. 领导小组办公室

主　任：王晓江

副主任：卫晓莉

成　员：杨新霞　孟　京　李赫然　杨春红　倪景春

　　　　刘汉博　王新竹　张　明　刘轻扬　杨振斌

　　　　柳　晶　徐　辉　乔亚茹　杨　红　王天奇

按照领导小组要求，组织各单位具体落实冬奥气象服务中的各项任务，并对工作推进情况进行督办；经领导小组授权，负责向中国气象局报送应急工作有关情况的报告；检查、督促进入应急响应状态单位的工作，并向领导小组报告；负责与中国气象局各相关单位沟通衔接；协调推进集团各部门及冬奥气象服务网站安全运行应急保障工作组各项工作；承担领导小组交办的其他事项。

3. 冬奥气象服务网站安全运行应急保障工作组

组　长：王晓江

副组长：杨新霞、卫晓莉、刘轻扬、刘汉博、毋雅蓉

成　员：综合办公室、业务管理部、天译公司、数据技术开发中心、天禾翔云公司

主要职责：

负责提供安全事件研判、应急处置的技术支撑和保障；负责组织开展冬奥气象服务网站安全运行事件的预防、监测、报告、应急处置和调查评估工作；负责冬奥气象服务网站应急与恢复期间决断、实施和管理；负责冬奥气象服务网站系统应急恢复期间技术实现和支持；负责应急与恢复期间机房和网络设备维护和技术支持，以及相关资源的调配管理，负责集团影视大楼水电保障、安全综合保障等。

根据运行保障职责不同，对应急保障工作组下设专项小组：

（1）综合协调小组：张寅伟、牛毅、乔亚茹、王小光、郑巍、周希、刘大为

主要职责：组织实施项目应急规划、管理应急工作进度、处置协调项目应急问题、跨部门沟通协调应急保障工作。

（2）数据保障小组：鲁礼文、鲁成、苏晓静

主要职责：保障数据传输安全稳定，数据异常情况应对，数据接口的敏感信息防泄漏和为等保政策合规中的数据库安全要求提供技术支撑和保障。

（3）网站前端保障小组：李强、张若愚、张明萌、张晓通

主要职责：保障前端页面功能正常展示、视觉呈现和用户体验的友好，与后端服务器通信无延时，及时处理 html 页面问题。

（4）系统安全保障小组：赵晨楠、吴志华、凌柏

主要职责：负责冬奥气象服务网站系统的安全维护，拦截渗透攻击，数据安全保障维护。负责监控冬奥网站服务器基础资源，存储的硬件状态。

（5）机房与网络安全保障小组：安冉、李伟、刘志强、何建、范文波、任京汉、刘银峰

主要职责：负责华风集团 IDC 机房、核心网络、DMZ 网络的安全运行保障，监控整体网络运行状态，对网络安全状态进行分析研判，确保内部网络及边界的安全运行。

（6）人工监控保障小组：陈萌、监控组

主要职责：对网站页面进行人工监控，定时排查及时上报，并结合系统监控，保障网站主要页面正常展示。

（7）基础硬件保障小组：刘大为、赵晨楠

主要职责：负责基础硬件环境设施监控，对机房环境、电力设备、水利设备等物理设备及时排查，排除安全隐患，定期巡查，保障配套设施的安全稳定。

（三）冬奥气象服务网站安全运行应急保障服务风险

1. 风险事件分类

根据冬奥气象服务网站安全、稳定运行的实际，考虑冬奥气象服务网站事件主要涉及数据安全、网站前端安全、系统安全、网络安全、基础设施、人员六大类风险事件（表 5–9 至表 5–14）。

（1）数据安全风险

主要包括数据接口不可用，数据缺测、延迟事件，数据奇异值，数据篡改，数据传输、存储故障及其他数据安全事件等。

（2）网站前端安全风险

主要包括网站前端展示浏览器兼容问题，网站前端模块错位，网站脚本报错，影响页面加载，内容篡改、劫持、挂马、黑链等。

（3）系统安全风险

主要包括系统漏洞利用、SQL 注入、XSS 跨站攻击、CSRF 攻击等，操作系统故障，服务器故障等。

（4）网络安全风险

主要包括有 DDOS 攻击、勒索病毒、横向渗透、远控木马、网络设备故障等。

（5）基础硬件风险

主要包括供电、供水、制冷、消防等基础设施问题。

（6）人员风险

主要包括运维一线业务人员突发状况，造成服务或保障无法正常进行。

2. 风险事件分级

冬奥气象服务官网安全运行风险事件等级由高到低分为重大数据安全事件（Ⅰ级）、较大数据安全事件（Ⅱ级）、一般数据安全事件（Ⅲ级）。

表 5-9 数据安全风险事件等级

级别	数据故障	影响程度
重大（Ⅰ级）	数据接口不可用，数据全量更新异常	数据接口不可用，导致网站数据全量更新延迟或者网站开天窗，造成特别严重的影响（数据接口中断时间超过2小时及以上）
较大（Ⅱ级）	数据传输流程不通、数据大面积异常	发生传输流程不通，或大面积数据缺测、奇异值、延迟等情况导致网站显示异常，造成严重的影响（1/4以上站点数据异常，时间超过1小时及以上）
一般（Ⅲ级）	数据内容异常	发生数据缺测、奇异值、延迟等情况，导致更新异常，造成一定影响（1/4以下站点数据内容异常，时间超过1小时及以上）

表 5-10 网站前端安全风险事件等级

级别	网站页面故障	影响程度
重大（Ⅰ级）	网站脚本报错	导致网页无法加载，网站卡顿，造成特别严重的影响
较大（Ⅱ级）	网站前端模块错位	网页个别模块，受HTML标签影响，导致网站显示模块异常，显示错位，造成严重的影响
一般（Ⅲ级）	网站前端展示浏览器兼容	由于浏览器版本较多，个别浏览器适配可能不一致，造成一定影响

表 5-11 系统安全风险事件等级

级别	冬奥气象服务网站系统	影响程度
重大（Ⅰ级）	发生内容篡改、CDN瘫痪、系统被全面入侵等网络安全事件，造成特别严重的影响	网站瘫痪时间超过30分钟及以上
较大（Ⅱ级）	发生CDN异常，部分系统被入侵等网络安全事件，造成重大影响（网站被入侵时间超过30分钟及以上）	攻击者通过漏洞扫描工具攻击服务器，发现可被利用的漏洞，并采用渗透攻击等非正常手段，利用信息系统漏洞对系统进行的恶意破坏攻击
一般（Ⅲ级）	发生网络短时间闪断等网络安全事件，造成一定影响（网站闪断时间超过10分钟及以上）	其他一般类网络攻击及丢包、延时，未对业务造成影响

表 5-12 网络安全风险事件等级

级别	机房网络安全	影响程度
重大（Ⅰ级）	机房网络设备、安全设备出现丢包、延时率过高或宕机故障	无法为冬奥网站系统提供网络环境，网络处于瘫痪状态
较大（Ⅱ级）	机房网络丢包、延时率过高、带宽达到阈值； 攻击者通过漏洞扫描工具攻击服务器，发现可被利用的漏洞，并采用渗透攻击等非正常手段，利用信息系统漏洞对系统进行的恶意破坏攻击并攻击成功	影响冬奥网站系统的网络通信，因网络原因造成无法访问的情况； 发现网内有主机被成功入侵，并造成扩散，对网络安全造成严重威胁
一般（Ⅲ级）	攻击者通过漏洞扫描工具攻击服务器，发现可被利用的漏洞，并采用渗透攻击等非正常手段，利用信息系统漏洞对系统进行的恶意破坏攻击并入侵主机	发现网内有主机被成功入侵，但未造成扩散，对网络安全造成隐患

表 5-13 基础硬件风险事件等级

级别	涉及业务系统	影响程度
重大（Ⅰ级）	冬奥气象服务网站	机房电力、空调中断导致发生大面积系统瘫痪宕机事件等，造成特别严重的影响（相关设备故障超过 1 小时及以上）
较大（Ⅱ级）	冬奥气象服务网站	发生部分重要硬件设备受损事件，造成重大影响（相关设备故障超过 30 分钟及以上）
一般（Ⅲ级）	冬奥气象服务网站	部分辅助硬件设备受损事件，造成一定影响（相关辅助设备故障超过 10 分钟及以上）

表 5-14 人员风险事件等级

级别	无法到岗	在岗突发情况
重大（Ⅰ级）	核心岗位人员不能到岗	核心岗位人员因身体或者其他状况无法开展工作
较大（Ⅱ级）	关键岗位人员无法到岗	关键岗位人员因身体或者其他状况无法开展工作
一般（Ⅲ级）	其他人员不能按时到岗	其他人员因身体或者其他状况无法开展工作

（四）风险预防

1. 监测与预警

（1）数据安全监控

为了快速了解数据的到报情况，搭建监控平台，通过监控平台查看数据整体的延迟和缺测情况，实现页面告警。

① 数据到报监控。提供包括实况、预报、分析图、雷达、卫星、交通、周边预报等网站全量数据的延迟情况、奇异值检查、缺测检查等查看功能，通过页面告警数据状态。

② 数据延迟情况统计。提供实况、预报、雷达、卫星等数据的最新延迟情况的统计，通过页面整体评估数据到达率。

（2）网站前端安全事件监测

每日监控组专人定期对网站进行 4 次巡检并结合第三方合作公司监控系统对网站元素进行自动化监测，进行双保障。

（3）系统安全事件的监测和预警

云安全防护 7×24 小时进行网站黑链、暗链监测，出现问题短信第一时间报警，技术人员第一时间处理。

天译实时通报问题排查情况和进展，评估恢复时间。应急切换到备用链路或政务云备站服务。

北京局内网虚机故障联系北京局及总集技术排查处理。金山云网络安全服务由金山政务云保障，出现故障与金山云技术人员排查处理。备站数据传输业务故障，联动航天宏图共同处理排查解决。

（4）网络安全事件的监测和预警

数据技术开发中心负责华风 IDC 机房的整体网络的运行与监控，通过网络威胁态势感知系统，监测全网运行情况，一经发现问题，立即组织研判与分析，将问题通报至相关责任单位，跟进后续的问题修复进展，实时通报情况进展与评估恢复时间。

（5）基础硬件环境等方面监测

服务器、存储的 CPU、内存、硬盘、网络状态等基础硬件资源统一进行 7×24 小时实时监控，出现硬件故障会第一时间报警和处理。紧急切换备用设备替换主设备，同时维修故障设备。

机房内供电、制冷，由数据技术开发中心负责实时监控，天禾翔云负责保障，消防系统由天禾翔云负责实时监控与保障，当供电系统短时间内无法恢复，经上报可快速切换到冬奥备站上提供服务，制冷、消防系统根据故障情况由天禾翔云组织修复，如影响冬奥网站系统运行，经上报可快速切换到冬奥备站上提供服务。

2. 应急演练

根据天译公司、集团数据中心共同制定冬奥气象服务网站网络安全应急演练方案的要求。2021 年 12 月 14—20 日由数据中心、天译科技共同组织多次攻防应急演练，主要针对 CDN 上 waf 攻击、sql 注入攻击、服务器有无异常登陆 IP，备站主机整体漏扫检查、zabbix 监控有无硬件报警等进行实施演练。同时对主备站进行应急切换，及时恢复数据和业务。

（五）应急处置措施及信息上报

针对冬奥气象服务网站运行监测发现的问题，应立即实施先期处置，按事件分类第一时间向相关部门报送解决。并按照应急预案，控制事件进一步发展。应急事件处置结束后，各部门应对事件进行研究分析和调查处理，通过调查，查明突发信息安全事件的原因、经过、性质以及危害程度，并提出消除安全隐患的改进措施和相关建议，以防止同类事件再次发生。

同时，针对冬奥气象服务网站安全运行情况，每日汇总监测情况和问题反馈建议等向“冬奥官网协调组”微信群报送（表 5–15 至表 5–20）。

表 5–15　数据安全事件应急处置措施及信息报送

级别	处置措施	报送流程
重大（Ⅰ级）	（1）技术人员登录服务器排查业务流程，确定数据异常接口的节点归属 （2）技术人员确定是否能够解决，如能解决待解决完成后反馈给运维人员，运维人员做记录，如不能解决需要立即上报给运维人员，运维人员按照上报流程执行。同时进行协助排查，做好实时监控	报送华风集团领导小组、集团领导小组办公室，集团冬奥应急保障工作组、综合协调小组、公服中心、北京市气象局、冬奥气象中心综合协调办公室
较大（Ⅱ级）	（1）技术人员登录服务器排查业务流程，确定传输异常的节点位置和网络环境的可用性，以及数据大面积展示异常的原因 （2）技术人员排查是否能够解决，如能解决待解决完成后反馈给运维人员，运维人员做记录，如不能解决需要立即上报给运维人员，运维人员按照上报流程执行。同时进行协助排查，做好实时监控	报送华风集团领导小组办公室、集团冬奥应急保障工作组、综合协调小组、中国气象局信息中心（负责卫星云图、雷达图、天气分析图、城镇预报传输）、集团数据中心（负责网络安全）
一般（Ⅲ级）	（1）技术人员登录服务器排查数据异常值的内容，确定异常值站点范围和异常值的要素类型等问题 （2）技术人员排查是否能够解决，如能解决待解决完成后反馈给运维人员，运维人员做记录，如不能解决需要立即上报给运维人员，运维人员按照上报流程执行。同时进行协助排查，做好实时监控	报送集团冬奥应急保障工作组、综合协调小组、公服中心、北京市气象局、中国气象局信息中心（负责卫星云图、雷达图、天气分析图、城镇预报传输）

表 5–16　网站前端安全事件应急处置措施及信息报送

级别	处置措施	报送流程
重大（Ⅰ级）	10 分钟内响应并解决相关问题，相关技术人员实行 24 小时值班，保持通信联络畅通。处理过程中需要保留相关截图及证据，方便后期追踪事件的发生原因	报送网站前端保障小组、综合协调小组
较大（Ⅱ级）	10 分钟内响应并解决相关问题，相关技术人员实行 24 小时值班，保持通信联络畅通。处理过程中需要保留相关截图及证据，方便后期追踪事件的发生原因	报送网站前端保障小组
一般（Ⅲ级）	由相关技术人员针对单一浏览器进行修复。处理过程中需要保留相关截图及证据，方便后期追踪事件的发生原因	报送网站前端保障小组

表 5-17　系统安全事件应急处置措施及信息报送

级别	处置措施	报送流程
重大（Ⅰ级）	（1）CDN 访问出现大面积瘫痪，联系华为 CDN 技术人员协助排查处理，系统遭到大面积入侵等问题紧急断网隔离，联络奇安信技术人员协助排查处理，金山云大面积网络故障或被安全攻击等联络金山技术人员协助排查处理，网站短时间内无法恢复需快速切换到备站 （2）加强值班值守，相关技术人员实行 24 小时值班，保持通信联络畅通，第一时间开展应急处置工作。处理过程中需要保留相关截图及证据，方便后期追踪事件的发生原因及攻击源。实行 24 小时监测，及时将事态发展、影响范围和处置进展随时上报	报送冬奥办、北京市气象局、公服中心、华风集团领导小组、领导小组办公室、集团冬奥应急保障工作组、综合协调小组
较大（Ⅱ级）	（1）CDN 部分访问异常，联系华为 CDN 技术人员反馈问题并协助排查处理，部分系统遭入侵等受入侵设备的网络并排查其他设备有无被入侵，联络奇安信技术人员协助排查并处理，排查入侵原因溯源分析 （2）加强值班值守，相关技术人员实行 24 小时值班，保持通信联络畅通。处理过程中需要保留相关截图及证据，方便后期追踪事件的发生原因及攻击源。实行 24 小时监测，及时将事态发展、影响范围和处置进展随时进行上报	报送公服中心、华风集团领导小组办公室、集团冬奥应急保障工作组、综合协调小组
一般（Ⅲ级）	（1）CDN 网络闪断或个别设备出现网络闪断等现象，工单咨询 CDN 运维后台技术支持，数据协助排查网络闪断原因 （2）技术人员加强值班值守，保持通信联络畅通。处理过程中需要保留相关截图及证据，方便后期追踪事件的发生原因及攻击源。及时将事态发展、影响范围和处置进展备案	报送华风集团领导小组办公室、集团冬奥应急保障工作组、综合协调小组

表 5-18　网络安全事件应急处置措施及信息报送

级别	处置措施	报送流程
重大（Ⅰ级）	（1）值班人员发现监控和设备故障，经小组研判启动应急处置 （2）更换备机、切换链路 （3）切换成功后持续观察网络运行状态 （4）如 30 分钟内无法恢复，上报集团冬奥应急保障工作组，协调切换至备站	报送华风集团领导小组、集团领导小组办公室、集团冬奥应急保障工作组、综合协调小组、公服中心、北京市气象局、冬奥综合办
较大（Ⅱ级）	（1）值班人员发现监控和网络异常或网络攻击行为，经小组研判启动应急处置 （2）排查问题主机，阻断封禁、溯源，并通知相应责任单位进行整改 （3）排查过程做好溯源记录 （4）值班人员持续观察网络运行状态	报送华风集团领导小组办公室、集团冬奥应急保障工作组、综合协调小组、公服中心、北京市气象局、冬奥综合办

续表

级别	处置措施	报送流程
一般（Ⅲ级）	（1）值班人员发现监控发现网络攻击行为，经小组研判启动应急处置 （2）排查问题主机，阻断封禁、溯源，并通知相应责任单位进行整改 （3）排查过程做好溯源记录 （4）值班人员持续观察网络运行状态	报送华风集团、集团应急保障工作组、综合协调小组

表 5-19　基础硬件事件应急处置措施及信息报送

级别	处置措施	报送流程
重大（Ⅰ级）	因机房电力、空调等故障导致大面积系统硬件设备宕机，需要进行联络电力、空调管理部门进行处置。需上报天禾翔云公司。同时可以尝试通过高可用策略快速进行备机切换，来保障网站服务正常	报送冬奥办、北京市气象局，公服中心，华风集团、集团冬奥应急保障工作组、综合协调小组、天禾翔云公司
较大（Ⅱ级）	部分设备出现单机故障等情况可以通过高可用策略快速进行备机切换，实现设备冗余灾备替换，网站服务尽量不中断。故障设备技术人员进行抢修	报送集团领导、集团冬奥应急保障工作组、综合协调小组、天禾翔云公司
一般（Ⅲ级）	部分辅助设备出现单机故障等情况可以通过高可用策略快速进行备机切换，实现设备冗余灾备替换，网站服务尽量不中断。故障设备技术人员进行抢修及设备更换	报送集团冬奥应急保障工作组、综合协调小组、天禾翔云公司

表 5-20　人员事件应急处置措施

级别	处置措施
重大（Ⅰ级）	报知各保障小组组长，启用备份人员
较大（Ⅱ级）	报知各保障小组组长，启用备份人员
一般（Ⅲ级）	报知各保障小组组长，启用备份人员

（六）应急保障措施

1. 组织落实到位，保障 24 小时值班

综合办公室、业务管理部、天译公司、数据技术开发中心、天禾翔云公司要落实冬奥气象服务应急工作责任制，要把责任切实落实到每个具体部门和每个具体责任人，并建立健全应急工作机制。在冬奥会主要活动和赛时期间，天译公司、数据技术开发中心、天禾翔云公司涉及冬奥保障服务重点岗位保持 24 小时值班，及时发现和处置网络安全事件隐患。另外，在冬奥会主要活动和赛时期间，各相关负责人保持 24 小时联络畅通。

2. 技术手段到位，做好网站备份

加强冬奥气象服务应急技术能力建设，提前研判赛时在数据产品、信息网络、硬件环境等工作环节中可能出现的意外影响，建立多渠道的支持备份系统，加强冬奥气象网站的可靠性和稳定性。

3. 明确责任与奖惩机制

建立冬奥气象服务保障突发事件应急处置工作责任追究机制，对前期准备工作不到位，应急处置工作不落实；对不按照规定制定预案和组织开展演练，迟报、谎报、瞒报和漏报突发事件重要情况或者应急管理工作中有其他失职、渎职行为的，依照相关规定对有关单位和责任人给予追究，构成犯罪的，依法追究刑事责任。

九、气象网络安全事件气象保障服务应急预案

（一）总则

1. 编制目的

为全面落实《中国气象局网络安全事件应急预案》，建立健全中国气象局网络安全事件应急工作机制，迅速有效处置网络安全事件，减少网络安全事件造成的损失和危害，保障北京冬奥会期间气象服务正常开展，制定本应急预案。

2. 编制依据

依据《中华人民共和国突发事件应对法》《中华人民共和国网络安全法》《国家突发公共事件总体应急预案》《突发事件应急预案管理办法》《国家网络安全事件应急预案》和《中国气象局网络安全事件应急预案》等相关规定。

3. 适用范围

本预案适用于北京冬奥会和冬残奥会期间气象部门网络安全事件的预防、监测、报告、应急处置等工作。

4. 工作原则

（1）统一领导，分级负责

坚持谁主管谁负责、谁运行谁负责；坚持统一指挥、密切协同、快速反应、科学处置；坚持预防为主，预防与应急相结合，充分发挥各方面力量共同做好北京冬奥会期间气象部门网络安全事件的预防和处置工作。

（2）精心准备，预防为主

应加强对信息网络系统安全运行情况监视，及时对业务软硬件进行巡检。确保重点信息

系统、关键设备和通信线路冗余可靠，备品、备件充足可用，日常发现安全隐患应及时处理，切实提升系统运行备份能力和应急恢复能力。

（3）及时响应，快速处置

突发网络安全事件发生时，应及时、快速、有效收集和上报安全事件信息，采取有效措施，迅速定位和处理问题，控制安全态势并同步开展溯源取证，并做好记录工作，做到早发现、早报告、早处置。

（二）组织机构及职责

1. 领导机构与职责

按照《北京 2022 年冬奥会和冬残奥会赛时气象保障服务运行指挥机制工作方案》，由中国气象局成立北京冬奥会预报与网络保障专项工作组（以下简称“专项工作组”），负责信息网络安全工作，协调涉及冬奥组委和国家相关部门的信息网络安全工作；负责特别重大或重大网络安全事件处置的指挥和协调。

2. 各相关省（区、市）气象局和国家级直属单位职责

各相关省（区、市）气象局、国家气象信息中心、中国气象局公共服务中心在专项工作组指挥下组织开展本单位职责范围内的网络安全，负责网络安全事件的预防、监测、报告、应急处置和调查评估工作。

国家气象信息中心负责对网络安全事件应急工作提供技术支撑和指导。

（三）工作内容及流程

1. 安全监测及研判

安全监测：北京冬奥会期间，国家气象信息中心负责气象网络安全总体监测，重点加强中国气象局、北京市气象局和河北省气象局门户网站（以下简称“门户网站”）、冬奥气象服务网站、重要业务系统等的安全监测，对暴露在互联网上的系统开展渗透测试，发现安全问题及隐患及时上报并做好应急处置工作。重点部门、重点岗位保持 24 小时值班，保证信息安全负责人、通报联络员及有关人员 24 小时联络畅通。

北京市气象局、河北省气象局、中国气象局公共气象服务中心和其他国家级直属单位按照“谁主管谁负责、谁运行谁负责”的要求，组织对本单位负责的网络和信息系统开展网络安全监测工作。

分析研判：国家气象信息中心负责对气象部门网络安全重要监测信息进行研判，并向相关单位提供应急处置建议。

相关省（区、市）气象局和其他国家级直属单位负责对本单位的监测信息进行研判。

2. 应急事件分级

根据网络安全突发事件的可控性、严重程度和影响范围，一般分为四级：Ⅰ级（特别重

大)、Ⅱ级(重大)、Ⅲ级(较大)、Ⅳ级(一般)。

(1)Ⅰ级(特别重大)

门户网站和冬奥气象服务网站出现页面篡改、违规内容、无法访问等事件;重要网络与信息系统发生大规模瘫痪,气象数据无法正常传输,对单位的网络安全和正常公共秩序造成特别严重损害的突发事件。

(2)Ⅱ级(重大)

门户网站和冬奥气象服务网站出现故障、重要网络与信息系统造成大规模瘫痪,比赛场馆联网的气象观测设备大面积异常,气象数据出现无法正常传输。对单位网络安全和正常公共秩序造成严重损害。

(3)Ⅲ级(较大)

气象部门其他重点服务网站出现故障、网页被篡改、违规内容等事件,及某区域的重要网络与信息系统发生瘫痪,部分比赛场馆联网的气象观测设备异常,不影响气象数据传输,对单位网络安全和正常公共秩序造成一定损害。

(4)Ⅳ级(一般)

对外服务业务、重要网络与信息系统受到一定程序的损害,对本单位单个业务运行有轻微影响,但不危害本单位网络的安全和正常公共秩序的突发事件。

3. 安全预警与应急处置

(1)安全预警发布与应急启动

保障期间,各单位根据接收及监测、研判情况,对发生或可能发生的网络安全事件,应按照安全预警信息发布职责立即发布安全预警并启动对应级别的应急响应。

(2)应急响应措施

① 当发现门户网站和冬奥气象服务网站等重点网站出现网页篡改、违规内容或发现发布、传播影响政治稳定的有害信息的,或监测到异常攻击的,应立即下线网站并上报专项工作组,做好应急处置方案及应急处置,并组织人员实行 24 小时监控。

② 当发现气象部门其他重点网站传播可能影响政治稳定的有害信息或检测到异常攻击时,应立即下线该网站、断开网络,保存信息证据,删除或隐藏相关信息,以最快速度缩小影响面,并上报专项工作组。

③ 当发现重要气象业务系统服务中断、比赛场馆联网的气象观测设备大面积发生异常,应立即上报专项工作组,并启用备用系统恢复重要业务,做好事件定位、回溯工作。

④ 当发现北京市气象局与冬奥组委及延庆冬奥运行分中心、河北省气象局与张家口冬奥运行分中心以及北京、河北双中心省际间网络中断,导致气象数据和气象服务产品无法正常传输应立即上报专项工作组,并启用备份线路恢复重要业务传输。

⑤ 当发现中国气象局到北京市气象局、中国气象局到河北省气象局网络中断,导致气象数据和气象服务产品无法正常传输应立即上报专项工作组,启用全国气象宽带网备份线路

恢复重要业务传输。

（3）安全预警解除

Ⅰ级响应结束：由专项工作组确定，预报司向相关省（区、市）气象局和国家级直属单位转发安全预警解除信息和响应结束信息。

Ⅱ级、Ⅲ级响应结束：由国家气象信息中心确定，通过国家突发公共事件安全预警信息发布系统短信发布功能和国家气象业务内网通知相关省（区、市）气象局和国家级直属单位解除安全预警并结束应急响应，同时报预报司，Ⅱ级响应结束预报司将相关信息报专项工作组。

Ⅳ级响应结束：由相关省（区、市）气象局和国家级直属单位确定，并由安全预警发布单位解除安全预警，相关信息报预报司和国家气象信息中心。

（四）演练及维护

根据应急响应措施，制定以“门户网站和冬奥气象服务等重点网站网页被篡改”“重要气象业务系统服务中断”“北京、河北双中心省际网络中断”“中国气象局与北京市气象局、中国气象局与河北省气象局之间网络中断”等为专题的处置预案，开展网络安全事件应急演练。通过模拟“实战”的方式，全面提升处置能力，检验应急预案的合理性、应急保障队伍和所有相关人员的专业素质以及管理组织的有效性。

应急演练按如下步骤进行：

① 确定应急演练的目标和应急响应演练的范围。

② 制定应急演练的方案。

③ 调配应急演练所需的各项资源，并协调应急演练过程中涉及的部门和单位。

④ 对应急演练进行评估，并向预报司报告演练结果。

⑤ 进行经验总结，根据演练结果对应急总体预案以及专题预案进行更新，并对应急工作整改。

（五）保障措施

1. 机构和人员

各单位要落实网络安全应急工作责任制，建立健全应急工作机制。明确各单位应急工作负责人，切实做好应急准备及保障工作，冬奥会保障期间保证联络通信 24 小时畅通。

2. 技术支撑队伍和专家队伍

国家气象信息中心组建国家级网络安全应急技术支撑队伍和专家组，为北京冬奥会气象网络安全事件提供研判、应急处置的技术支撑，明确好应急队伍保障人员，确保应急队伍随时做好应急处置工作。

北京市气象局、河北省气象局和中国气象局公共气象服务中心分别组建冬奥网络安全保障团队，明确责任分工，做好北京市气象局、河北省气象局、张家口市气象局、崇礼区气象局、北京赛区、延庆赛区和张家口赛区冬奥气象信息网络系统保障。

国家气象信息中心冬奥气象网络安全保障团队工作职责及联系方式见表 5–21。

表 5–21　国家气象信息中心冬奥气象网络安全保障团队工作职责及联系方式表

姓名	保障职责	联系方式
马强（组长）	总体协调 负责国家级数据环境中国气象局至北京市气象局专线及国省广域网保障	略
周琰	负责中国气象局局域网络至北京市气象局专线、国省广域网、互联网及重要业务系统、对外服务网站的网络安全保障	略
何恒宏	负责中国气象局局域网络至北京市气象局专线、国省广域网、互联网及重要业务系统、对外服务网站的网络安全保障	略
张斌武	负责中国气象局局域网络至北京市气象局专线、国省广域网、互联网及重要业务系统、对外服务网站的网络安全保障	略
王涛	负责中国气象局局域网络至北京市气象局专线、国省广域网、互联网及重要业务系统、对外服务网站的网络安全保障	略
田征	负责中国气象局局域网络至北京市气象局专线、国省广域网、互联网及重要业务系统、对外服务网站的网络安全保障	略
郭宇清	负责中国气象局局域网络至北京市气象局专线、国省广域网、互联网及重要业务系统、对外服务网站的网络安全保障	略
钟磊	负责中国气象局局域网络至北京市气象局专线、国省广域网、互联网及重要业务系统、对外服务网站的网络安全保障	略
潘雨婷	负责中国气象局局域网络至北京市气象局专线、国省广域网、互联网及重要业务系统、对外服务网站的网络安全保障	略
王允达	负责中国气象局局域网络至北京市气象局专线、国省广域网、互联网及重要业务系统、对外服务网站的网络安全保障	略

北京市冬奥气象信息保障团队工作职责及联系方式见表 5–22。

表 5–22　北京市冬奥气象信息保障团队工作职责及联系方式表

姓名	保障职责	联系方式
林润生（组长）	总体协调 负责冬奥专线、全省广域网、省局域网、国省广域网及北京冬奥数据环境保障	略
刘亚楠	负责国省广域网、冬奥专线（北京 – 河北）、市局域网、广域网节点的保障	略
沈波	负责国省广域网、冬奥专线（北京 – 河北）、市局域网、广域网节点的保障	略
李洪波	负责省局域网、河北冬奥数据环境、数据传输保障	略
杨树森	负责冬奥数据资料质控	略
郝思飞	负责冬奥专线（北京市 – 赛区，北京市 – 海陀山）、市广域网（北京市 – 延庆区）、市局域网保障	略

河北省冬奥气象信息保障团队工作职责及联系方式见表 5–23。

表 5-23 河北省冬奥气象信息保障团队工作职责及联系方式表

姓名	保障职责	联系方式
张艳刚（组长）	总体协调 负责冬奥专线、全省广域网、省局域网、国省广域网及河北冬奥数据环境保障	略
聂恩旺	负责国省广域网、冬奥专线（河北 – 北京）、省局域网、省广域网省节点的保障	略
董保华	负责省局域网、河北冬奥数据环境、数据传输保障	略
谷永利	负责冬奥数据资料质控	略
李景宇	负责冬奥专线（崇礼 – 张家口）、省市广域网（张家口 – 石家庄）、张家口市局域网保障	略
吴斐斐		略
黄毅	负责冬奥专线（崇礼 – 石家庄）、崇礼局域网保障	略
王海山		略
于海磊	负责崇礼冬奥气象中心数据传输保障	略
闫春旺		略

公服中心冬奥气象信息保障团队工作职责及联系方式见表 5–24。

表 5-24 公服中心冬奥气象信息保障团队工作职责及联系方式表

姓名	保障职责	联系方式
郑巍	总体技术负责人	略
周希	天译、北京局、公服中心联络协调专员	略
赵晨楠	网络安全、硬件设备和系统等负责人	略
鲁礼文	数据接口服务技术负责人	略
李强	前端页面相关技术负责人	略

第六章　党建引领

中国气象局党组始终坚持党对气象工作的全面领导，在北京冬奥会申办成功和筹办工作伊始，就把做好北京冬奥气象保障服务作为首要政治任务，作为做到“两个维护”的具体行动，坚持党建工作和冬奥服务保障工作一起谋划、一起部署、一起落实、一起检查，在北京冬奥会和冬残奥会筹备、测试、竞赛期间不断优化完善党组织体系，充分发挥基层党组织的战斗堡垒作用和党员的先锋模范作用，积极做好先进典型的评优奖励和宣传交流工作，用心用情做好气象服务保障一线人员慰问工作，为赛事圆满举办提供了坚强政治保证。

一、北京市气象局“四抓两做”融入型党建，为北京冬奥气象保障服务提供坚强政治保证

在北京“双奥之城”的气象答卷中，回首筹备关键期和决战决胜时刻，北京市气象部门坚持党建引领，创新完善融入型党建“四抓两做”工作体系，为北京冬奥气象保障服务提供了坚强的政治保证。

（一）提高站位，夯实坚强政治保证基础

心怀“国之大者”，坚持党建工作与冬奥业务工作同谋划、同部署、同推进、同考核“四同步”，强力推进融入型党建，市气象局党组重视抓、机关党委重点抓、基层支部具体抓、“条块结合”一起抓，将党中央提出的“简约、安全、精彩”的办赛要求落实到具体部署和举措中，把做好双奥气象保障服务作为政治任务来完成。

1. 党组重视抓，建立“四同步”工作制度

（1）总体安排突显深度融合的要求

在冬奥关键节点的党组会、每年的全市气象局长会议和全面从严治党会、冬奥气象保障服务动员、调度中，市气象局都对党建工作、业务工作同步做出部署，谋划推动党建和业务深度融合。年初计划、年中督导、年末考核，推动工作环环相扣。党组书记突出“第一责任”，领导班子成员履行“一岗双责”。在市气象局党组落实全面从严治党主体责任年度任务

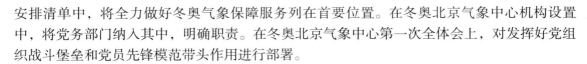

安排清单中，将全力做好冬奥气象保障服务列在首要位置。在冬奥北京气象中心机构设置中，将党务部门纳入其中，明确职责。在冬奥北京气象中心第一次全体会上，对发挥好党组织战斗堡垒和党员先锋模范带头作用进行部署。

（2）教育引导和监督督查同向发力

市气象局党组在“人民至上、生命至上”主题实践活动中特邀冬奥气象保障服务一线代表座谈，教育引导其深化党史学习教育成果，强化冬奥气象业务技术学习，为冬奥会顺利举行贡献气象力量。成立由纪检部门牵头的监督组，通过参加调度会、工作例会、值班值守，关键时间节点专项检查等，全程跟进了解冬奥气象保障服务，对相关各工作机构开展专项监督，督促落实工作部署，严格纪律要求。承担保障任务的区局党组纪检组有效开展监督。按照廉洁办奥和相关建设项目内部审计工作要求，及时跟踪了解项目申报进度、进行风险提醒。在冲刺冬奥气象保障服务的一个多月时间里，成立由纪检组长担任组长的督查组，现场检查各组应急响应和应急处置能力。市气象局党组书记、局长，纪检组长、督查组组长共完成 8 个场景现场督查，采取全流程、全链条模拟真实场景，即某个应急情景，涉及多个组或者团队同时应对的，同时开展演练及应急检查，现场进行督查记录，实现了冬奥气象保障服务查漏补缺、风险可控的预期目标，并形成问题清单跟踪督查落实。

2. 机关党委重点抓，推进“四同步”工作要求

（1）制定考核办法明确考核目标

制定并组织执行《基层党支部融入型党建工作考核办法》，在考核评分表中，将习近平总书记重要指示批示精神贯彻到冬奥气象保障服务全过程，作为最首要的政治任务；将“冬奥气象保障服务等中心工作中走在前、作表率”列为考核目标。

（2）充分发挥机关党委指导协调作用

机关党委书记带领全体委员深刻领会党中央关于冬奥气象气象保障服务的决策部署，按照中国气象局党组和北京市委市政府的工作要求，指导成立并联系在冬奥气象保障服务一线的临时党支部，对实现党建与冬奥业务融合提出工作要求。在 2021 年底召开的党员代表大会上，市直机关工委副书记和市气象局党组书记都对激励各级党组织和广大党员以更高标准、更严要求保障服务北京冬奥会，在急难险重任务中锻造党组织，历练党员干部提出了要求。建立机关党委委员联系基层党支部和年底集中述职制度，对相关支部党建围绕冬奥气象保障服务锻炼队伍、服务群众等工作给予指导。

3. 基层支部具体抓，落实“四同步”工作措施

（1）夯实党建和业务融合的基础

落实冬奥气象业务党政责任“一肩挑”组织建设，奠定融合基础。把握气象工作始终坚持党的领导、坚持服务国家服务人民的根本方向，研究落实加快冬奥科技创新、做到监测精密、预报精准、服务精细的战略任务，推动党建和冬奥业务工作深度融合。

（2）充分依托载体，完善品牌

抓实支部标准化、规范化建设各项任务，落实“三会一课”、主题党日、组织生活会等组织生活制度，党员结合做好冬奥气象保障服务谈认识。利用“党员 E 先锋”平台，及时学习了解气象业务如何满足冬奥气象保障服务需求，完善党建课堂、业务学堂、道德讲堂“三堂课”品牌，围绕提高冬奥气象保障服务的责任感、使命感、业务服务科技能力等内容“开讲”，党员和干部职工在“三堂课”中受到了教育，得到了启发，提高了境界。

4.“条块结合”一起抓，延伸“四同步”到边到底

（1）纵向从实际出发向基层延伸

针对气象部门“条块结合”管理体制，发挥党组党建领导小组职能，建立“一抓到底”的组织体系，形成抓党建与业务深度融合向基层延伸的责任体系。2020 年起，将各区气象局纳入支部书记述职考核评议范围，将区气象局纳入市气象局机关党委委员联系范畴。通过参加组织生活会、交流学习体会等方式，建立条块联动督导工作机制，形成同频共振的党建工作氛围，在这种工作格局下，全市气象部门党建融入冬奥气象保障服务的重点更加突出。

（2）横向争取上级机关支持

市气象局党组在落实冬奥会、冬残奥会气象保障服务等方面加强与北京市委有关部门、有关区委的沟通协调，协同加强党对冬奥气象保障服务的全面领导，强化政治引领。中国气象局机关党委、市直机关工委高度重视冬奥气象保障服务党建工作，2021 年，北京市气象局策划拍摄的《筑梦冰雪 奋斗有我》获得中国气象局“致敬建党百年 气象人讲气象故事”短视频征集展播活动十佳作品。不间断通过中国气象报、网、公众号宣传冬奥气象一线人员的先进事迹。2021 年 9 月，市直机关工委副书记徐斌率领市直机关“永远跟党走”宣讲团走进北京市气象局开展专题宣讲。其中，气象宣讲员讲述冬奥气象工作者动人故事，之后又加入团市委冬奥宣讲团，并在市直机关、部委院校继续宣讲。“北京机关党建”公众号、期刊大力宣传报道冬奥气象保障服务的先进事迹和北京市气象部门推动党建与冬奥业务深度融合的经验。

（二）精准发力，“两做”实干见成效

在冬奥气象保障服务中，如何精确找准各方面的发力点，通过组织的力量，调动激发党员的责任、干部职工的奋斗热情，“两做”即党员干部主动做、群团组织配合做，给出了很好的答案。

1. 党员干部主动做，发挥党建与业务深度融合的骨干带头作用

（1）强有力的思想和组织建设促进优良工作作风养成

通过开展主题座谈会、道德讲堂、演讲比赛等活动，弘扬不同阶段涌现出的典型人物的拼搏奉献精神。在冬奥气象保障服务来临之际，开展承诺践诺、一线党员佩戴党徽“亮身份”等活动。先后成立延庆赛区现场预报服务、探测运维保障两个临时党支部，在艰苦筹备的关键时期和紧张的赛事期间，充分发挥战斗堡垒作用。全局 529 名在职党员在冬奥气象保障服务

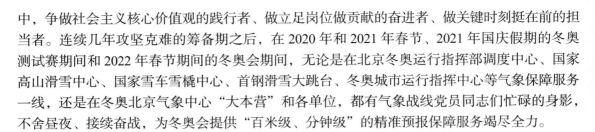

中，争做社会主义核心价值观的践行者、做立足岗位做贡献的奋进者、做关键时刻挺在前的担当者。连续几年攻坚克难的筹备期之后，在 2020 年和 2021 年春节、2021 年国庆假期的冬奥测试赛期间和 2022 年春节期间的冬奥会期间，无论是在北京冬奥运行指挥部调度中心、国家高山滑雪中心、国家雪车雪橇中心、首钢滑雪大跳台、冬奥城市运行指挥中心等气象保障服务一线，还是在冬奥北京气象中心“大本营”和各单位，都有气象战线党员同志们忙碌的身影，不舍昼夜、接续奋战，为冬奥会提供“百米级、分钟级”的精准预报保障服务竭尽全力。

（2）党员先锋模范作用影响带动统战成员拼搏奋斗

延庆赛区现场预报服务临时支部书记时少英结束闭环服务后感言“荆浩和我能够在一线代表中国气象，为高山滑雪赛事提供气象服务深感荣幸。整整 50 天，前后方团结协作，恪尽职守，没有辜负党和领导的信任，顺利完成了现场气象服务任务”。时少英提到的荆浩是一名入党积极分子，原为统战成员，“出征”前，他与年幼的女儿告别“树叶绿了爸爸就回来了”。党外高级知识分子刘卓、吴宏议深入冬奥气象服务保障一线开展预报工作，为做好精准服务，经常出现连轴转的情况。

2. 群团组织配合做，形成党建与业务深度融合的工作向心力

（1）市气象局工会送温暖办实事传递正能量

市气象局工会为冬奥闭环内气象保障服务人员提前准备物资，并关心关爱其家属。“学习强国”北京学习平台推送市气象局离退休干部支部书记胡荷的诗歌《冬奥有我添京彩 / 巧妈冬奥送温暖》，描述老干部为海陀山冬奥保障服务一线人员编织 28 条爱心围巾的温暖故事。组织老干部文艺积极分子、气象台、城市气象研究院等单位拍摄宣传视频《一起向未来》，为冬奥气象保障服务营造良好氛围。

（2）市气象局团委引导带领团员青年倾情投入

局团委组织开展“青年气象之星”评选宣传等品牌活动，冬奥气象保障服务表现突出者榜上有名。28 个青年理论学习小组将习近平总书记关于北京冬奥会的讲话作为重点跟进学习。推荐冬奥气象保障服务一线优秀代表参加“首都之窗”出镜访谈。组织 10 余期“对话冬奥——倾听首都气象‘青’声”系列专访，讲述青年们在冬奥气象保障服务中的奉献和成长。青年志愿者的活动突出冬奥气象宣传特色，开展短视频征集，冬奥延庆赛区《壮志豪情气象魂，风霜雨雪冬奥梦》令青年们倍受教育。

（三）启示

通过融入冬奥气象业务抓党建，“胸怀大局、自信开放、迎难而上、追求卓越、共创未来”的冬奥精神在北京市气象部门得到验证和体现。启示如下：

1. 强化政治意识，心怀“国之大者”是动力

（1）党组高站位贯彻落实政治任务

北京冬奥会与北京夏奥会时相比，口号首次从“更高、更快、更强”变为“更高、更快、更强、更团结”，对于凝聚党员干部做好气象保障服务的要求也更高了。筹备关键期经历了党的十九大和历次全会，北京市气象局党组深刻理解办好冬奥会对于实现中华民族伟大复兴的中国梦的重要意义，进一步提高了发挥党建引领、融入冬奥气象保障服务作用的认识，把做好冬奥气象保障服务作为落实全面从严治党主体责任的重要任务，在冬奥会筹备、测试、召开各个阶段，始终坚持以严格的政治标准贯彻落实好党中央和上级党组织的决策部署。

（2）党员干部以实际行动践行对党忠诚

教育引导党员干部在冬奥气象保障服务筹备中践行好“不忘初心、牢记使命”主题教育和党史学习教育成果。广大党员干部从气象建站、赛场驻训到科技攻关、实战演练，用辛勤的付出、坚强的毅力、巨大的勇气，以强烈的责任感、使命感、荣誉感，出色完成了气象保障服务冬奥会和冬残奥会“国之大者”重任，用精密的气象监测、精准的气象预报和精细的气象服务，成功助力冬奥会和冬残奥会开闭幕式、火炬传递等重大活动和所有比赛项目的圆满完成。

2. 真抓实干创新，突出提高组织力是基础

（1）“四同步”贯穿保障服务筹备、决战决胜全过程

市气象局党组将党建工作与冬奥业务工作同谋划、同部署、同落实、同推动。开展主题座谈会、道德讲堂、演讲比赛等活动，弘扬冬奥气象保障服务不同阶段涌现出的典型人物、先进事迹，用党史学习教育成果和伟大建党精神，增强党员干部自觉投身冬奥气象保障服务的使命感。将党务部门纳入冬奥北京气象中心机构设置，成立延庆赛区现场预报服务、探测运维保障两个临时党支部，对临时党支部开展组织生活给予指导。

（2）充分发挥党支部战斗堡垒和党员先锋模范作用

在冬奥气象保障服务筹备、决战决胜的关键时刻，号召党员干部在冬奥筹备和测试赛保障工作中发挥先锋模范作用。在全体党员中开展承诺践诺、冬奥保障一线党员佩戴党徽“亮身份”等活动，所有奋战在冬奥战线的气象工作者始终发挥攻坚克难、冲锋在前的时代精神，全身心投入到冬奥气象保障服务中，锤炼坚强党性，将奋进昂扬的状态和“精益求精、勇于创新、甘于奉献”的冬奥气象精神传递给社会各界。

3. 弘扬气象精神，创造凝聚力量的氛围是关键

（1）诠释和发扬“准确、及时、创新、奉献”的气象精神

奋战在冬奥气象保障服务的气象工作者前后方联动，在一次又一次的挑战中迎难而上，咬住“准确及时”，践行“创新奉献”。为了做好“百米级、分钟级”精准预报，冬奥气象预报服务团队在延庆、海陀山开展连续 4 个冬季的加密观测试验，克服常人难以想象的困难“听风追雪”。科研团队经过近四年科技攻关，研发出关键技术方法，构建了冬奥气象“百米级”预报技术体系，冬奥高精度气象预报系统多项技术填补国内空白，核心技术完全自主可控。

（2）团结一致向未来的氛围更加浓厚

在海陀山气象站建设、维护过程中，北京市气象探测中心和延庆区气象局密切合作，征服险峻高山、寒冷天气，一次次完成建站、迁站、维修、维护。各区气象局敢于担当、勇于奉献，与各单位团结一心，共同完成火炬传递气象保障服务。在北京 2022 年冬残奥会圆满闭幕后，市气象局党组书记、局长张祖强代表市气象局党组向所有参与北京冬奥会和冬残奥会气象保障服务的干部职工表示祝贺和衷心感谢，向在背后给予默默支持的职工家庭致以诚挚谢意。他表示，北京气象职工队伍有干劲、有技术、有智慧、有能力、有情怀，有信心与大家一起追逐未来更大的荣光，争当气象事业高质量发展和气象强国建设“排头兵”，争创气象服务经济社会高质量发展“示范区”。

二、河北省气象局坚持党建引领 弘扬优良作风 凝神聚力做好冬奥一流气象服务保障

举办北京冬奥会和冬残奥会（以下简称北京冬奥会）是以习近平同志为核心的党中央，着眼我国改革开放和现代化建设全局作出的重大决策，是我国重要历史节点的重大标志性活动。河北省气象局坚持党建引领，弘扬优良作风，充分发挥基层党组织宣传党的主张、贯彻党的决定、团结动员群众、领导基层治理、推动改革发展的战斗堡垒作用，经过 7 年筹办、38 天的赛时服务，为“两个奥运”提供了“零失误”的“比任何一届冬奥会都好”的“一流气象服务保障”，切实践行了习近平总书记提出的“简约、安全、精彩”办赛要求和对气象工作提出的“监测精密、预报精准、服务精细”的重要指示，高标准、高质量圆满完成了党和人民交付的重任。

（一）以“三项机制”为支撑，强化党的领导力

河北省气象局党组始终坚持把做好北京冬奥会气象服务保障工作作为增强“四个意识”、坚定“四个自信”、做到“两个维护”的现实检验，作为提升河北气象监测精密、预报精准、服务精细能力和水平的重大战略机遇，切实发挥党组把关定向作用，牢固树立一切工作到支部的鲜明导向，以“开局就是决战、起步就是冲刺”的战斗姿态，扛鼎担责、迎难而上，举全省之力，高质量服务保障冬奥申办、筹办和举办。

1. 建立“一总三分”运行机制

北京冬奥会气象服务保障工作正式启动以来，中国气象局党组书记、局长刘雅鸣（时任）、庄国泰以及宇如聪、矫梅燕、于新文、余勇等局领导多次赴张家口赛区指导检查，河北省委书记王东峰、省长王正谱等 8 位省领导多次指挥调度，对河北省气象部门做好服务保障工作指明了方向、提供了遵循。在中国气象局党组和省委省政府坚强领导下，河北省气象局党组坚持强化顶层设计、健全工作机制、突出项目支撑、夯实组织基础，构建形成了“党组抓总、部门主建、专班主战、支部保障”的气象服务保障工作运行机制。

“党组抓总”：河北省气象局党组对北京冬奥会气象服务保障工作负总责，发挥把关定向作用，党组成员按照职责分工，抓好分管领域涉奥工作；党组纪检组对重点工作、重点工程、重点环节履行政治监督责任；河北省气象局第24届冬奥会气象服务工作领导小组负责统筹协调、推动落实党组决策部署和工作安排。8年来，共召开58次党组会和领导小组会议专题研究推动北京冬奥会气象服务保障重大事项。

“部门主建”：张家口市气象局、承德市气象局、省气象台、省气候中心、省气象信息中心、省气象装备中心、省气象服务中心、省人影中心8个单位承接实施12项冬奥气象工程项目建设任务。省气象台、省气候中心、省气象服务中心、张家口市气象局、唐山市气象局、承德市气象局6个单位牵头落实20项科技冬奥技术攻关项目。36名来自全国、全省各地的预报预测技术骨干组成赛区预报服务团队备战赛事预报服务工作。

“专班主战”：赛时阶段组建冬奥气象工作专班，成立前方工作组，由局领导担任组长，驻地指挥。下设综合协调组、赛事服务组、赛会服务组、装备保障组、网信安保组、人影保障组、信息宣传组、后勤保障组8个专班，细化任务分工，责任到人。

“支部保障”：坚持做到中心工作推进到哪里，支部工作就保障到哪里，成立4个临时党支部，突出政治领导、思想引领、组织动员，打通贯彻落实局党组北京冬奥会气象服务保障决策部署“最后一公里”。

2. 建立“4+N”基层党组织保障体系

河北省气象局党组充分发扬我党“支部建在连上”的光荣传统，坚持把党的战斗堡垒筑在冬奥服务最前沿，按照《党章》和《中国共产党支部工作条例（试行）》的规定，从申办、筹办到举办，先后在冬奥河北气象中心、张家口市气象局成立了4个临时党支部，将专项服务保障工作人员全部纳入临时党支部统一管理，实现党建工作与专项工作同步推进。各临时党支部书记和党小组组长由服务专班和专项工作小组主要负责人担任，在职责上实现深度融合，确保了党组织的政治领导作用得到有效发挥。4个临时党支部与承担冬奥气象服务保障任务的各单位党支部构成了“4+N”冬奥气象服务基层党组织保障体系，实现了党的组织全覆盖、工作全覆盖，凝聚了强大工作合力。

3. 建立基层党组织服从服务冬奥大局工作机制

冬奥气象服务保障历时时间长、涉及领域广、参与人员多、工作任务重，围绕冬奥气象服务大局，建强基层党组织，切实发挥战斗堡垒作用，是高质量、高标准完成保障任务的“先手棋”。机关党委将保障冬奥气象服务重点任务落实纳入支部书记述职评议内容，将冬奥气象服务保障工作中涌现出的先进事迹、先进典型作为党员教育的生动教材，举办冬奥青年理论学习报告会，大力弘扬优良作风；涉奥各基层党组织将推动冬奥气象服务保障任务落地落实作为党建和业务深度融合的具体实践，通过设立党员先锋岗、实施“党员积分管理”、开展“创先争优承诺践诺”等，激励党员、干部在冬奥气象服务保障工作中勇挑重担，锐意进取；临时党支部坚持筑牢红色堡垒，用严明的组织制度、严肃的组织生活、细致的思想政治工作、有效的党员教育管理，让鲜红的党旗在冬奥气象服务一线高高飘扬。2021年10月27日下午，国家跳台中心，临时党支部全体人员站在鲜红的党旗下，发出铮铮誓言，坚决完成服务保障任务。

（二）以思想政治为引领，凝聚强大向心力

思想政治工作是党的优良传统、鲜明特色和突出政治优势，是高质量气象服务保障的生命线。河北省气象局党组采取一系列举措，在举全省之力服务保障冬奥会过程中，用力用心用情推进和提升全体党员、干部统一思想、凝聚共识、鼓舞斗志、团结奋进。

1. 在坚持政治方向上用力

4 个临时党支部坚持做到人员组建“临时”，工作开展“定时”，严格落实“三会一课”、主题党日等组织生活制度，认真开展党史学习教育，将高质量完成冬奥气象服务保障任务作为检验支部战斗堡垒作用的实践战场，抓实“五个课堂”，引导党员、干部在思想上政治上行动上始终同以习近平同志为核心的党中央保持高度一致，时刻对标对表总书记系列批示指示精神，时刻把党员身份和责任铭记于心、践之于行。抓实“固定课堂”，定期召开党员大会开展集体研学；抓实“自修课堂”，通过指定书目和发布学习资料督促个人自学；抓实“移动课堂”，通过微信群开展冬奥气象科普“云参观”，利用学习强国等“云平台”及时跟进学；抓实“培训课堂”，采取线上线下相结合，组织团队成员按时参加学习贯彻党的十九届五中、六中全会精神等各类专题培训，开展业务交流研讨；抓实“实践课堂”，通过亮身份展形象、评议考核、分享晾晒工作成绩、组建红色突击队等有效手段，激励党员走在前、作表率，营造“我是党员我先上”的浓厚氛围。2021 年 1 月 11–12 日，为弥补雪如意 FOP 区内赛道观测数据的空白，第 2 临时党支部书记王宗敏带领支部同志冒着零下 20℃的低温和 7～8 级大风，人背肩扛，把 2 套便携式自动站拆成一个一个零件，扛到了跳台起跳点和 K 点的位置，保证了资料及时获取。

2. 在抓实思想动员上用心

河北省气象局党组始终坚持将思想政治工作贯穿到冬奥气象服务保障各环节，引导干部职工切实在思想上政治上行动上，同以习近平同志为核心的党中央保持高度一致，时刻对标对表党中央决策部署和习近平总书记对气象工作的重要指示精神以及习近平总书记考察北京冬奥会筹办工作的重要讲话精神，在倒计时一周年、倒计时一百天、进入赛时运行状态以及进入特别工作状态等重要时间节点，靠前指挥、一线督战，激励广大党员、干部以严谨的科学精神、高昂的斗志、饱满的状态、必胜的信心，齐心协力完成冬奥气象服务保障任务。各临时党支部及时将党和国家领导同志的重要指示批示精神、上级党组织的关心关怀传达到每一位队员，强化党性认识和党员觉悟。2021 年 1 月 20 日，临时党支部围绕“读懂总书记考察冬奥的几层深意”“习近平总书记对气象工作的重要指示精神”“疫情防控彰显党的领导和中国特色社会主义制度显著优势”“气象助力冬奥八项主要任务”，在驻训地崇礼区气象局联合开展“攻坚克难 砥砺前行”主题党日活动，坚定做好冬奥气象服务保障的信心和决心。在驻训、测试赛、正赛等过程中，各基层党支部和临时党支部充分运用亮身份展形象、分享交流工作成果、组建红色突击队等有效手段，激励党员在攻坚克难、砥砺担当中发挥先锋模范作用。2018 年冬奥筹备气象服务工作全面启动后，河北宣传团队同步跟进，加入中国气

象局宣传工作专项小组，纳入省冬奥筹办宣传工作总体布局，建立工作协同机制，在国家、省、市主流媒体刊发重点宣传稿件 192 篇，一件件典型事迹、一个个模范人物在燕赵大地熠熠生辉，感染和改变着每一名气象干部职工，形成强大精神感召力。

3. 在传递组织关怀上用情

崇礼赛区恶劣的气候条件、单一的生活环境，与艰巨的保障任务交织叠加，特别是赛时保障期间实施全封闭闭环管理，给队员工作生活带来了前所未有的挑战。中国气象局党组高度关注、关心队员工作和生活，局领导多次赴崇礼看望慰问驻训队员、协调解决驻训队员工作生活中遇到的困难，2021 年 12 月 31 日，在中国气象局机关党委积极协调下，全国总工会党组书记、副主席、书记处第一书记陈刚来到崇礼看望慰问气象工作者，极大地激励了气象工作者的斗志、鼓舞了士气。正赛前夕，党组书记、局长张晶同志更是牵挂各前方工作组生活保障，强调冬奥气象服务团队各项物资要在闭环前全部到位。2022 年 1 月 20 日中午，古杨树赛区发布通知将于晚上 0 时提前闭环。事发突然、任务重大，张家口市气象局冬奥气象服务临时党支部信息宣传与后勤保障党小组立刻加快购买物资，紧急协调卫健委相关部门运送医疗物资，最终于 22 时，在全部冬奥团队中最先将食品、药品、被褥、炊具等物资送达古杨树赛区预报服务团队和气象装备保障团队，极大鼓舞了环内气象人的士气。临时党支部时刻关心关注队员的思想状况，把谈心谈话融入工作生活日常，重点围绕“解开思想疙瘩、化解不良情绪、鼓舞信心动力”等方面，采取支部书记主动谈、党员骨干重点谈、队员之间互相谈，充分了解各种困难顾虑，积极听取工作思路建议，引导队员主动敞开心扉、亮明思想，真正把个人成长进步融入做好冬奥气象服务保障的实践中去。为最大限度地解决队员的后顾之忧，驻训期间，党支部都会走访慰问团队成员家属，组织的温暖让全体队员克服各种困难，轻装上阵、全身心投入到服务保障工作中。在冬奥气象服务保障决战阶段，为缓解队员高度紧张的精神状态，机关党委协调中国气象局干部培训学院安排心理教育专家为团队成员进行远程心理辅导，在帮助队员减负减压、保持积极健康的心态上收到良好效果。

（三）以作风建设为保证，提升团队战斗力

优良作风是冬奥气象团队拼搏奉献、始终过硬的保证。五百余名冬奥气象服务保障工作者始终将“高质量、高标准、高效率”摆在工作首要位置，不畏艰险、积极主动、奋勇担当，用汗水和成绩向世界诠释了“准确、及时、创新、奉献”的中国气象精神。

1. 时时尽显舍小家、顾大家的家国情怀

习近平总书记在北京冬奥会、冬残奥会总结表彰大会上讲到“闭环内数万名工作人员，舍家忘我、坚守数月，展现了感动人心的精神风貌和责任意识”。河北冬奥气象服务保障团队在 5 年的冬季驻训、近半年的全封闭赛时保障中，舍小家顾大家，克服种种困难，以铁肩担重任、热血铸忠诚的坚守和执着，践行了服务国家、服务冬奥、服务大局的铮铮誓言。河北气象服务中心首席专家武辉琴毅然放弃和刚上大学的儿子团聚的机会，赶赴张家口赛区支援冬奥一线，“能为冬奥会提供气象服务是作为一名气象人的光荣”，这既是武辉琴的心声，也是全体河北气象工作者的光荣和使命。气象预报员郭宏左手手腕骨折，坚持“轻伤不下火

线”，带伤圆满完成了2022年“相约北京”系列测试活动前的气象准备工作。有的队员无法守护患病的母亲，却日夜守卫着赛场前线的气象装备；有的队员放下年幼的孩子奔赴冬奥赛场；有的队员新婚第二天就进驻崇礼赛区，开展封闭驻训工作；有的队员将婚期延期，为的是在岗位上全力以赴、努力绽放……疾风知劲草，烈火炼真金。冬奥气象服务保障现场，一名名河北气象干部、职工立足本职、无私奉献，他们用实际行动践行党的初心使命，以责任和担当致力保障冬奥气象服务。

2. 处处充满打硬仗、能打胜的战斗意志

北京冬奥会、冬残奥会筹办举办是在异常困难的情况下推进的，河北冬奥气象服务保障团队坚持“一刻也不能停，一步也不能错，一天也误不起”，付出了艰苦卓绝的努力。筹办初期，数十名气象建设者们抢工期、赶进度、保质量，克服了白雪覆盖、山路陡峭易滑、交通不便等困难，靠驴驮人扛将设备搬运至海拔2000多米的山峰，在零下十几度的低温里，高质量完成建设任务，成就20天建成8套“超级站”的惊艳之举，建成历届冬奥会最完备的“三维、秒级、多要素”的综合气象观测网，为张家口赛区精细化气象预报预测提供了有力支撑。赛事核心区自动气象站监测数据是精准赛事预报的基础，早上6时起床，是装备保障团队成员的常规工作时间，如遇恶劣天气导致设备故障，即使半夜也得上山，爬沟卧雪保障设备成为他们的工作常态。为使预报产品达到“百米级、分钟级”，赛会服务组努力做到“一场一策”，甚至“一项一策”；为尽早了解跳台区域微尺度风场特征，河北省气象台副台长王宗敏带领业务骨干段宇辉、田志广、孔凡超顶着严寒和凛冽北风连续奋战整整一个白天。河北冬奥气象服务保障团队正是以“功成不必在我，功成必定有我”的激情，守着“咬定青山不放松，一张蓝图绘到底”的信念，不辱使命、不负重托，排除万难、勇毅前行，向世界交出了一份满意的冬奥气象答卷。

3. 事事蕴含比技术、赛能力的工匠精神

习近平总书记曾精辟概括工匠精神的深刻内涵——执着专注、精益求精、一丝不苟、追求卓越。河北冬奥气象服务保障团队以积微成著的实际行动生动诠释了这种精神。面对“赛区观测零基础，冬奥服务零经验，山地预报零积累，冬奥人才零储备”的四零困境，预报服务团队先后攻克了“冬奥赛场精细化三维气象特征观测和分析技术”“冬奥会崇礼赛区赛事专项气象预报关键技术”等多项难题，实现了“百米级、分钟级”的赛时预报服务目标，锤炼出一批蓬勃向上、技能出众、敢创敢闯的“能工巧匠”，测试赛16次、正赛13次调整迅速平稳、有序到位。省气候中心陈霞及其雪质保障工作小组连续多年积累原始雪质资料，不断优化雪质演变和风险判别模型，赛事期间，累计发布23期《雪质风险服务专报》，雪表温度预报准确率11–16时达100%、全时次为85%～90%。河北冬奥气象服务保障团队用“择一事终一生”的执着专注，“干一行专一行”的精益求精，“偏毫厘不敢安”的一丝不苟，“千万锤成一器”的卓越追求，书写了气象人匠心为国成大事的华美篇章。

4. 人人秉持协作好、作风优的团结理念

在办奥的道路上面临无数的风险挑战，河北省气象局举全省之力，尽锐出战、全力投入，八组人马听从召唤，各方英才汇集一地，在省气象局党组的团结带领下，上下贯通、步调一致，克服了一个个难题，突破了一个个难关，挑战了一个个“不可能”。2019 年全部建设完成“冬奥会与冰雪经济气象保障工程”和“冬奥雪务气象保障系统”等重点项目，涵盖综合观测、精细化预报、智慧服务、雪务保障、人影作业、信息网络 6 个领域；建设期间党组纪检组组成专班赴崇礼一线监督检查，并组织省、市审计部门开展跟踪审计，确保了气象项目像冰雪一样纯洁干净。清华大学、南京信息工程大学、石家庄铁道大学、中科院大气所、气科院以及北京市气象局、国家气象中心等部门内外单位鼎力支持、协作攻关，向世界展示了中国气象科技的强大实力。省、市、县气象部门各司其职，不讲条件、不计代价，在人力、物力上对冬奥鼎力支持，充分展现了各级党组织的政治意识和责任担当。8 个前方工作组的同志们团结一心、通力合作，在实战检验中催生出绝对硬核的战斗力。大家相互补台，同事遇到困难能够主动靠前，工作出现失误从不指责抱怨，上级安排任务从不推诿扯皮。工作中会为一组数据、一项研判争得面红耳赤，但生活中依然互相照顾，和睦相处。河北冬奥气象服务保障团队以强烈的责任感、使命感、荣誉感，汇成齐心助冬奥、同心办盛会的磅礴力量，实现了冬奥服务保障零失误、工作人员零感染、项目建设零廉政风险。

（四）坚持发扬宝贵经验，为高质量发展注入新动力

1. 坚持以习近平新时代中国特色社会主义思想为指导抓党建保冬奥是高标准高质量完成冬奥气象服务保障任务的根本保证

政治坚定、思想统一，是我们党具有强大凝聚力和战斗力，推动事业发展的重要前提。在为冬奥气象服务保障的 2921 个日夜中，河北省气象局各级各部门始终坚持以习近平新时代中国特色社会主义思想为指导，始终坚持党对气象工作的全面领导，始终坚持旗帜鲜明讲政治，自觉把习近平总书记重要指示批示作为服务保障冬奥的强大思想武器，坚决贯彻“绿色、共享、开放、廉洁”的办奥理念，以党建为引领，以党员为先锋，忠诚担当、攻坚克难，各项工作取得了卓越成果，构建的赛区气象监测系统涵盖 44 套赛道气象站和多种气象雷达，为历届完备度最高；提供的“百米级、分钟级”气象预报，为历届标准最高；气象数据实现全数字化、自动化生成传输，为历届信息化水平最高。广大党员、干部以“一流气象服务保障”为“精彩、非凡、卓越”的冬奥盛会作出了河北气象贡献。新起点新征程，我们要把强化理论武装作为根本任务，持续兴起学习贯彻习近平新时代中国特色社会主义思想热潮，全面贯彻落实习近平总书记对气象工作、对河北工作的重要指示批示精神，忠诚拥护“两个确立”，坚决做到“两个维护”，在党的领导下，抓实抓细后冬奥时代冰雪经济气象服务保障，团结一致推进河北气象事业高质量发展。

2. 坚持强基固本让党旗在冬奥气象服务战场高高飘扬是高标准高质量完成冬奥气象服务保障任务的强大支撑

党的工作到哪里，党的组织就跟进到哪里。冬奥气象服务保障工作是河北省气象部门首次承担的世界级重大活动保障任务，各项工作历时时间长、涉及领域广、牵涉层级多。冬奥申办伊始，各单位党支部闻令而动，抽调党员业务骨干充实到冬奥一线。在筹办过程

中，省气象局和张家口市气象局及时成立 4 个临时党支部，由党员领导干部和技术骨干组成支委会，把党的全面领导落实到“最后一公里”。各临时党支部严格落实党内组织生活制度，加强思想政治工作，化解矛盾、维护团结，在历次测试赛和正赛等关键时刻发挥着把握政治方向、驾驭全局的重要作用。党员干部按工作性质划分党小组，在完成冬奥气象服务保障任务中，有效提升了沟通协调和传帮带效果，强化了对党员的日常教育、管理、监督，促进了党建与业务工作深度融合。新起点新征程，我们要围绕政治功能强、支部班子强、党员队伍强、作用发挥强的目标，持续加强基层党组织建设，大力提升基层党组织标准化规范化水平，推动基层党组织全面进步、全面过硬，为加快气象强省建设提供坚强组织保证。

3. 坚持弘扬优良作风全省气象干部职工团结一致、全力以赴、无私奉献是高标准高质量完成冬奥气象服务保障任务的稳固基础

作风优良是我们党的光荣传统，也是我们党奋勇向前的根本保障。在冬奥申办、筹办、举办过程中，河北冬奥气象服务保障团队讲团结、讲奉献，一往无前、不惧艰险，坚持将钉钉子精神贯穿冬奥气象服务保障工作始终。在建设冬奥气象工程、破解赛区预报难题、保障装备有效运行中，党员干部不怕苦不怕累，在急难险重的岗位上冲锋在前做表率，彰显了党员先锋模范作用和带动引领作用。冬奥气象服务保障团队拧成一股绳，克服艰难险阻，经过 5 年的不断磨砺，攻克了分钟级超临近风预报、山地精细化数值预报、赛道雪质分层观测和预报等三项关键技术，打造了一支由 80 后、90 后为主体，掌握冬季山地气象预报核心技术的专家团队，为河北气象事业高质量发展积蓄了坚实力量。新起点新征程，我们要大力弘扬伟大建党精神和冬奥精神，始终坚持从政治上看、从政治上抓作风建设，积极践行求真务实、勇于担当的工作作风，正确处理公与私、小家与大家关系，充分发挥党员先锋模范作用，用担当树立形象，用担当展现作为。

三、国家气象中心坚持“人民至上、生命至上”理念 以红心致匠心 以匠心守初心

（一）强化政治引领，树立铁军风范红心，着力提供冬奥气象保障服务坚强思想保证

1. 提高政治站位，强化政治监督，从践行“两个维护”、做到“三个表率”的高度加大政治建设力度

国家气象中心党委坚持以习近平新时代中国特色社会主义思想为指导，切实提高政治站位，强化政治引领，把做好北京冬奥会、冬残奥会气象保障服务作为一项重要的政治任务，始终牢记“气象事业是党和人民的事业”，加大政治机关建设力度，持续深化政治机关意识

教育，深入领悟气象部门的政治属性，深刻领会“两个确立”的决定性意义，不断增强“四个意识”、坚定“四个自信”、做到“两个维护”，弘扬伟大建党精神，传承红色基因，赓续红色血脉，树立铁军风范红心，增强做好北京冬奥会、冬残奥会气象保障服务的使命感、责任感、紧迫感，时刻保持“一刻也不能停、一步也不能错、一天也误不起”的工作状态，引导广大党员、干部不断提高政治判断力、政治领悟力、政治执行力，立足本职岗位，保持昂扬斗志，真诚奉献、默默耕耘，深入贯彻落实习近平总书记关于办好北京冬奥会系列重要指示和关于气象工作重要指示精神，走好践行“两个维护”第一方阵和贯彻党中央决策部署“最先一公里”，紧紧围绕“简约、安全、精彩”的办赛目标，坚持“三个赛区、一个标准”，自觉站在“国之大者”的高度，为确保北京冬奥会、冬残奥会如期安全顺利举办、确保“两个奥运”同样精彩勇往直前。国家气象中心纪委坚持正确的政治方向，严明党的政治纪律和政治规矩，协助党委履行全面从严治党主体责任，聚焦主责主业，严格落实对权力运行的监督、廉政风险防控、监督执纪等工作，通过与处级单位主要负责同志集体谈话制度、签订党风廉政建设责任书、处级单位主要负责同志警示教育会议、典型案例警示教育、廉政警示教育展等，强化对“关键少数”的监督力度，深入开展日常监督，持续加强有针对性的常态化警示教育，举一反三，强化对党支部落实全面从严治党主体责任各项任务落实情况的督导，驰而不息加强党的作风建设，大力营造风清气正、干事创业的良好政治生态。

2. 三级联动，层层递进，推动党的创新理论武装走深走心走实

“只有理论上清醒才能有政治上清醒，只有理论上坚定才能有政治上坚定。”“要炼就‘金刚不坏之身’，必须用科学理论武装头脑，不断培植我们的精神家园。”“加强思想教育和理论武装，是党内政治生活的首要任务，是保证全党步调一致的前提。”……党的十八大以来，习近平总书记一再强调党员干部加强理论学习的重要性，把理论思维、理论修养、理论水平摆在了重要位置。国家气象中心党委高度重视学习贯彻党的创新理论，注重发扬理论联系实际的马克思主义学风，带动引领党支部、团委和青年理论学习小组不断用党的创新理论武装头脑、指导实践、推动工作，形成一级抓一级，层层抓学习的良好局面。

（1）党委高位推动，以上率下，充分发挥示范引领作用

国家气象中心作为2022年北京冬奥会气象保障服务单位之一，主要负责北京冬奥会火炬接力气象保障服务，负责在冬奥气象保障各阶段全程向主办城市气象部门提供数值预报、精细化智能网格预报、中期延伸期预报、环境紧急响应、人影作业条件指导预报等指导产品和技术支撑，配合主办城市气象部门完成冬奥测试演练、北京冬奥会开（闭）幕式和赛事期间气象保障服务工作；同时，负责做好面向党中央、国务院及相关部门的冬奥决策气象服务。为切实履行国家气象中心作为2022年北京冬奥会气象保障服务单位的主要职责，国家气象中心党委高位推动，以上率下，通过党委理论学习中心组专题学习、党委常委常态化学习研讨等方式，及时跟进学习习近平总书记重要讲话精神和党中央重大决策部署，完整、准确、全面贯彻新发展理念，进一步在学懂弄通做实上下功夫，统一了思想、凝聚了共识，充分发挥了中心组示范引领作用。

为进一步了解冬奥赛区的基本情况、气象服务准备情况和技术团队组建情况以及对国家

气象中心的业务需求，有针对性地加强国家气象中心冬奥气象服务技术研发及人员等预报服务条件准备，2019 年 2 月下旬、3 月上旬，国家气象中心领导带队，召集两个调研组分别赴冬奥会河北省崇礼赛区、冬奥会北京延庆赛区开展实地调研。两个调研组分别调研了崇礼赛区和延庆赛区的气象预报服务准备情况、团队驻训情况等工作，与正在参与冬季驻训的冬奥气象服务团队进行了深入交流，对在集训中出现的预报服务方面出现的问题和困难进行了讨论。调研组还实地考察了冬奥气象服务场地。从调研的情况来看，由于气象条件对于冬奥的成功举办是一个关键的因素，因此未来冬奥气象服务将是一个极具挑战性的工作。从两个赛区特点来看，两个赛区都处在地形极为复杂的山区，边界层复杂是预报服务的难点。此外，赛事需求对赛道阵风预报、雪面温度预报等新的要素预报都会对未来预报服务带来巨大的挑战，分钟级、百米级的预报支持产品也还是技术的短板，这些都是未来做好冬奥气象服务需要克服的重大难题。通过调研，调研组对预报需求、服务需求、技术支撑、预报员培训、国家级与省、市、县之间的合作等有了充分的了解，针对存在的短板弱项，提出了有针对性的思考与建议。调研组还慰问了国家气象中心冬季驻训预报员，对预报员迎难而上、积极拼搏的精神给予充分的肯定和高度的赞许。2019 年 4 月中旬，国家气象中心组织召开冬奥气象服务研讨会，分别从“延庆、崇礼调研冬奥气象服务总结”“国家气象中心冬奥气象预报服务团队工作汇报”“国家气象中心冬奥科技支撑进展汇报”3 个方面进行了专题汇报。与会人员就预报员集训情况、预报技术支持开展情况及存在问题进行了发言和讨论。国家气象中心党政主要负责人就做好后续工作提出了明确的要求。国家气象中心党委通过实地调研、研讨会等引导广大干部职工进一步提高政治站位，聚焦冬奥预报服务的定位和重点，提高对赛区天气基本规律的认识，加大对模式释用、概率预报等有针对性的技术开发。

（2）党支部联学共建，互促互融，切实强化气象“龙头”成效

在国家气象中心党委的示范引领作用下，多个党支部与中国气象局气象干部培训学院、北京市气象台、浙江省气象台、延庆区气象台、杭州市气象台等大院兄弟单位、省级、地市级业务单位党支部积极开展联学共建活动，通过“三会一课”、主题党日、微党课、实地调研、现场教育等方式开展内容丰富、形式多样的学习教育活动，聚焦冬奥气象服务以及国家级、省级、地市级气象预报技术交流深入推进党建与业务深度融合，引导激励广大党员干部更加自觉运用党的百年奋斗历史经验，弘扬伟大建党精神，强化政治意识，担当作为、开拓创新，进一步提升冬奥气象保障服务能力，切实强化国家级业务单位气象“龙头”成效。

2020 年 1 月，天气预报室党支部书记带队赴北京市突发事件预警信息发布中心（北京市气象台新址），与北京市气象台党支部联合开展了以“提高重大活动气象保障能力”为主题的主题党日活动。北京市气象台党支部介绍了北京市气象台支部的建设情况、日常工作开展情况，以及冬奥会保障团队的进展，指出在攻克复杂地形预报精细化等新的挑战时，党员同志充分发挥了先锋模范作用，在艰苦的竞赛环境中建立了许多新的观测站点，并针对冬奥保障特点进行技术攻关，研发面向竞赛环境、转场交通要道、应急救援，城市运行等需求的快速订正预报技术，有效提升了冬奥气象保障和城市气象服务水平。双方党支部就具体支部建设及业务开展情况进行讨论。2021 年，天气预报室党支部与浙江省气象台党支部、杭州

市气象台党支部开展“风暴哨兵”支部共建活动，联系天气预报室党支部的中国气象局党组成员、副局长余勇同志到会指导，对活动给予了充分的肯定。支部共建活动通过深入交流、相互学习，实现了优势互补、资源共享；通过追寻南湖红船，现场感悟“红船精神”的历史内涵与价值意义；通过走进安吉余村，深刻领会“绿水青山就是金山银山”的科学内涵。天气预报技术研发室党支部与新疆维吾尔自治区气象台开展支部联建和主题党日活动，围绕迎接建党 100 周年和党史学习教育活动主题开展讲党课活动，交流了党建与业务融合方面的经验，所有现场参会人员与北京分会场人员通过线上线下的形式，举行了重温入党誓词活动。天气预报室党支部、天气预报技术研发室党支部、预报系统开放实验室党支部等均与中国气象局气象干部培训学院业务培训部等党支部签署支部结对共建协议，明确充分挖掘双方优势共同推进党建与业务深度融合，探索推进结对共建工作常态化长效化机制建设。党支部联学共建活动，有力推动了国、省、地市级气象台党建与业务融合的三级联动，为促进各级党支部高质量发展、开创新局面奠定了良好基础。

（3）团委和青年理论学习小组丰富内容，创新形式，精心打造学习特色品牌

国家气象中心团委和青年理论学习小组通过专题学习、专题研讨、座谈会、主题团日等方式，持续深化理论学习，引导青年同志在时代新征程中牢记使命、建功立业，联系工作实际深入思考，把学习成效转化为贯彻落实习近平总书记关于气象事业发展重要批示和党中央决策部署中，探索思考气象强国建设的奋进路，真正做到学以致用、知行合一，为推动国家气象中心事业发展贡献青春力量。2021 年，团委和青年理论学习小组先后开展了以“学习党史必要性”“中国共产党历史上的三次思想解放运动”等为主题的贯穿全年的党史学习、以“我心目中最崇敬的革命先辈”为主题的座谈会、“学习百年党史 传承红色记忆”五四青年节经典诵读会、党史知识竞赛等活动，教育引导青年同志从党的百年光辉奋斗历程中汲取政治力量、思想力量、实践力量，坚定不移听党话、跟党走的思想自觉和行动自觉，不断传承和丰富共产党人的精神谱系。为加强青年理论学习效果，国家气象中心青年理论学习小组成员坚持朗诵人民日报等官方媒体系列文章并录制音频、参加读书会活动并撰写心得体会，在团委公众号持续发布音频和读书心得。目前已发布“理论青年”“读书青年”20 余期，初步形成了“理论青年”与“读书青年”的公众号品牌频道。中心团委将进一步丰富青年学习的工作亮点，继续完善“理论青年”和“读书青年”品牌频道，陆续创建“榜样青年”“科普青年”等新的品牌频道，以更好地为引导青年落实党中央决策部署服务、为帮助和加强青年学习服务、为促进青年成长成才服务。

3. 统一思想、凝聚共识，广大干部职工把学习成果转化为做好冬奥气象服务保障的强大动力

在习近平总书记关于北京冬奥会筹办系列重要指示精神的指引下，在中国气象局党组的坚强领导下，国家气象中心党委以高度的使命感和强烈的政治责任感，强化组织领导和统筹协调，建立了高效稳定的工作机制，与各职能司、国家级气象业务单位、北京和相关省（区、市）气象部门等兄弟单位精诚协作、密切配合，推动冬奥气象服务保障工作有力落实。各党支部构筑起坚强的战斗堡垒，激励党员、领导发挥示范带头作用，营造了奋勇争先、迎

难而上的浓厚氛围，团结带领广大干部职工统一思想、凝聚共识，把学习成果转化为做好冬奥气象服务保障的强大动力，以高度负责和精益求精的态度，全力做好火炬接力、开闭幕式和赛时气象保障服务，坚持需求导向，攻坚克难，科技创新成果助力冬奥气象保障服务更精更准更细，组织技术培训和复盘总结助力预报服务经验快速积累，完善应急处置和风险防控助力冬奥保障安全，切实把党的政治优势、组织优势、密切联系群众优势转化为深入贯彻落实习近平总书记关于北京冬奥会系列重要指示精神的生动实践。

（二）发挥“两个作用”，锻造冬奥服务匠心，坚决完成一流冬奥气象保障服务

2022 年 1 月 27 日，北京冬奥会开幕式倒计时 8 天。国家气象中心召开 2022 年北京冬奥会、冬残奥会气象服务誓师会，宣布进入北京冬奥会气象服务特别工作状态。北京冬奥会、冬残奥会气象服务保障的真正“大考”，拉开序幕。验证 5 年艰辛努力成果的时刻，终于到来。在国家气象中心党委的坚强领导下，全体干部职工全领域、全链条、全岗位生动诠释“人民至上、生命至上”理念，充分发挥党支部战斗堡垒作用和党员先锋模范作用，团结带领党员、干部齐心协力，锻造冬奥服务匠心，坚决完成一流冬奥气象保障服务。

1. 坚守初心使命，勇担历史重任

国家气象中心党委牢记初心使命，深入贯彻落实习近平总书记关于北京冬奥会系列重要指示精神和党中央决策部署，坚决扛起高质量完成北京冬奥会气象服务的历史责任，2021 年 8 月研究制定了《国家气象中心北京 2022 年冬奥会和冬残奥会赛时气象保障服务工作方案》，提前组建冬奥气象服务工作领导组、运行指挥组、专家组，形成了从决策指挥—运行指导—服务运行 3 个层面的完整、严密、高效、科学的冬奥气象保障组织，设立 5 个工作专班，专人专职负责智慧冬奥示范项目、火炬接力、冬奥测试赛、赛时服务及宣传保障工作，充分吸收借鉴 2021 年冬奥测试赛、建党 100 周年等重大活动气象保障服务取得的经验，落实党建与业务同谋划、同部署、同检查、同落实、同考核，协同落实组织领导机制、专人专岗专班工作机制、服务口径一致机制、专职协调通报机制和应急保障机制，深入推进党建和业务深度融合。领导、党员走在前作表率，坚持以人民为中心的发展思想，以实际行动践行共产党员的初心使命，团结带领广大干部职工，组建了一支以现场预报服务为前锋（6 人）、中央气象台会商支持和决策服务为大本营（23 人）、预报技术研发和系统平台保障为后卫（10 人）的 39 人高效协作专家保障团队。大本营与派驻前方的 6 位专家建立了“前后方”团队协同作战机制，即“前线突击作战，后方会商保障”“前方贴身服务及时反馈需求、后方有效应对研发精细产品”，每日定常会商，落实落细冬奥会、冬残奥会气象服务保障各项措施。

2. 厚植为民情怀，争做时代先锋

北京 2022 年冬奥申办之前，冬奥气象服务几乎算得上“从零开始”——“赛区观测零基础、冬奥服务零经验、山地预报零积累、冬奥人才零储备”，加之首次在大陆性季风气候带举办冬奥会，其复杂的天气形势前所未见，服务方案也无先例可循；高精度预报模型网格分辨率仍是“公里级、小时级”，离“百米级、分钟级”标准仍有质的差别，冬奥气象服务保障面临巨大困难。此外，北京冬奥会涉及两座城市 3 个赛区：开闭幕式和冰上项目比赛在

北京赛区举行，雪上项目比赛在延庆赛区和张家口赛区举行。因此，北京冬奥会面临着空间跨度大、保障线路长、天气情况多变等现实问题，再加上疫情防控需要，导致信息共享和指挥协同难度更高。

（1）迎难而上、冲锋在前，全力以赴践诺践行

2020 年疫情防控关键时期，党员同志于超，在工作微信群中率先发声，“我在京，作为党员，我随时都可以值班”。两年后，已经晋升为首席预报员的党员同志于超，在冬奥会、冬残奥会气象服务保障中再一次以实际行动主动亮身份、作表率。2022 年 1 月 10 日，当于超得知自己作为唯一的气象工作者入选北京冬奥会中国体育代表团时，距离正式入驻张家口保障营只有不到 20 天的时间。作为大型赛事全程跟随国家队进行气象“贴身服务”的第一人，于超没有任何先例可以借鉴。怎样才能使气象最大限度帮助国家队发挥“家门口”办赛的优势，对于超而言，是一次前所未有的考验。他充分调研参赛队伍需求，紧密围绕恶劣天气对交通、训练和比赛的不利影响，提前做好赛前和赛时器械保养工作，制定工作流程，形成产品推送方案，确保所有参赛队根据预报结论和影响提示选择雪板打蜡时间和材质。在 4–5 日大风、12–14 日降雪降温、17–19 日降雪低温等天气过程发生前，针对自由式滑雪、空中技巧等比赛，提前告知领队和教练低能见度、顺逆风转换等情况，提醒领队和教练做好心理准备和合理的战术安排。保障期间，通过加强实地勘察和精细化预报产品检验，优化预报结果，提高预报准确率，有效改善了空中技巧场地 2 号站模式预报风速偏大和 U 型场地 6 号站大部时间预报风向为西南风的问题，14 日、16 日女子和男子空中技巧夺金比赛期间的预报与实况基本吻合，得到领队和教练们的肯定。

隆冬时节，天还没亮，党员同志陈涛从家里出发，前往北京冬奥运行指挥部调度中心开始充实而又忙碌的一天。调度中心是运行指挥部的实体化办公机构，如同重大战役的参谋指挥部，负责联通各方、汇总信息、发出指令、跟踪和解决问题。陈涛所在的气象团队要帮助运行指挥部第一时间了解影响赛事的天气，将专业气象信息用通俗语言再解读，让决策者真正用得上、用得好，为各场馆赛时的顺畅运转提供保障。从 2021 年上半年“相约北京”测试活动起，团队正式运作，每天制作发布服务专报，参加天气会商、工作例会，将最新服务需求及时传递给北京市气象局后方团队。北京 2022 年冬奥会、冬残奥会 3 个赛区天气气候条件各异，陈涛所在的团队对每个赛区的状况了如指掌，真正实现了更有针对性的气象服务，在冬奥气象保障服务中树立了“气象自信”。

冬奥现场预报服务团队党员同志符娇兰、陶亦为、李嘉睿牢记初心使命，迎难而上，连续 4 年参加冬奥驻训，赴美国参加相关学习培训，参加相约北京实战演练等，以实际行动践行了“急难险重任务，我在第一线”的誓言。党员同志陶亦为主动请缨加入高山滑雪竞速等赛事所在的延庆赛区气象服务团队，担任首席预报员和冬奥气象服务延庆赛区临时党支部副书记，2018–2021 年连续 4 年参加为期 3 个月以上的延庆赛区冬季驻训工作，在每一次预报服务中，认真分析天气系统演变，及时总结预报实例，积累了宝贵的赛区预报经验。为了验证预报结果，他多次深入延庆海陀山高山滑雪赛区了解天气实况。遥想当时高山滑雪赛场正在建设当中，没有正规道路，起点区到终点区有着高达 900 米的落差，他需要踩着碎石手脚并用向上攀爬，大风在耳边呼呼地刮着，手脚也早已冻红冻僵，打滑摔跤更是家常便饭，手

臂和膝盖处都有损伤，经过漫长的 6 个小时才能爬到山顶。正是由于这样多次地深入赛区的实地考察，陶亦为同志摸清了赛区的每一寸地形，充分了解了赛区复杂地形下的天气演变特征，为做好冬奥预报服务工作打下了坚实基础。在这里，他用热忱与执着书写着坚忍不拔的气象人精神。在第一线，共产党员充分发挥先锋模范作用；也是在第一线，冲锋在前、表现突出的冬奥现场预报服务团队干部职工董全，深刻理解了中国共产党为什么能、马克思主义为什么行、中国特色社会主义为什么好的历史逻辑、理论逻辑、实践逻辑，他积极向党组织靠拢，向党支部递交了入党申请书，经过在急难险重任务一线的考察识别、培养锻炼，于 2019 年光荣入党。

（2）团结一心、通力合作，预报精准、服务精细

① 全力做好火炬接力、开闭幕式和赛时气象保障服务

一是派驻前线的精锐力量为赛事圆满完成和中国体育代表团夺金保驾护航。赛事期间，中国体育代表团成员于超同志共参加各类会商 15 次，制作各类材料 354 份，推送三大赛区天气通报和场馆预报 410 份，充分发挥了国家气象中心为中国体育代表团贴身服务的保障作用。赛后满意度调查结果显示，12 位国家队领队和 6 位教练员对此次气象保障服务工作均表示非常满意并且认为对队伍训练和比赛有极大帮助，有 5 人留言表示本次气象保障工作专业、周到、完美、给力，希望今后继续进行体育和气象领域的合作，加强气象预报与国家重大体育赛事的融合和深度保障合作。驻主运行中心（MOC）现场的首席预报员陈涛，每日参加各个赛区天气会商，发布各类预报服务产品 600 余期，对测试赛以来的全部高影响天气均提前预报、滚动更新，其中在 2 月 4 日预报服务中首次提出 12–14 日降雪降温转折性天气过程，为冬奥组委竞赛指挥组提供了充分的决策空间；临近降雪时段，及时提醒各赛区密切关注降雪起止时间和强度变化调整，为场馆运行、竞赛组织、媒体采访提供了精准的预报服务。驻北京赛区、张家口赛区、延庆冬奥服务分中心、国家跳台滑雪中心的专家符娇兰、董全、陶亦为、李嘉睿都在前方岗位承担着重要值班任务，为运动员训练、比赛提供精细化气象预报服务，为确保赛事活动和场馆运行万无一失作出重要贡献。

二是重要天气过程和关键时间节点预报精准，为重大决策提供技术保障。专家组充分发扬中央气象台“铁军”精神，连续作战，围绕火炬传递、开闭幕式等关键时间节点以及赛时阶段高影响天气过程，发挥国家级业务单位的技术优势，提前两周开展分析研判和预报服务，并进行高频次无缝隙滚动订正，为相关部门科学决策提供指导和依据。2 月 12–14 日赛区出现的强降雪和强降温天气，是本届冬奥会影响范围和影响程度最大的高影响天气过程。针对此次过程，国家气象中心提前 10 天作出预判，随后对降雪量级、降温幅度、气温偏低等逐步做出较准确的预报，并以多种形式对赛区气象台给予指导。2 月 8 日，专家组组长张芳华首席陪同中国气象局领导参加冬奥组委“竞赛指挥组气象服务保障专题会”，详细汇报此次过程，对各赛区的主要降雪时段、累计降雪量等赛事高影响气象要素提供了较精准的预报；并指出 12 日开始赛区天气将出现转折，降雪和降温过程增多，气温偏低，18 日前后还可能有一次降雪和大风降温过程，引起冬奥组委领导的高度关注，也为后续赛事组织安排赢得了宝贵的时机。国家气象中心还承担冬奥会火炬传递的气象保障任务，对 2 月 2–4 日火炬传递期间的大风天气作出准确预报。1 月 24 日组织首次专题会商，对天气趋势和基本特点作

出较准确判断，2 月 2 日明确提出将北京地区 4 日的阵风预报由 5 级订正为 6 级，3 日和 4 日的会商中进一步强调，在通州大运河森林公园传递期间，河面阵风可达 6 级左右，建议主办方考虑大风对水上传递的影响。在国、省两级气象部门的共同努力下，主办方将传递方式改为陆上，保障了火炬传递安全、顺利完成。冬奥会、冬残奥会期间，组织专题会商 7 次，参加专题会商 85 次，参加生态环境部会商 43 次，参加应急管理部调度会 13 次，优质的气象预报服务获得了国际奥组委和各国参赛代表团的一致肯定。

三是为党中央和各部委提供及时精准决策气象服务。国家气象中心主动对接中国气象局减灾司、上下游单位，积极谋划、研判需求，在不同时段及时调整服务重点，面向火炬接力、开闭幕式及赛时阶段全过程滚动提供跟进式、精细化服务材料。1 月 13 日正式启动冬奥气象服务以来，双线作战，一方面重点关注天气对开幕式演练及正式活动的影响，聚焦开幕式活动当天各个环节，关注天气对活动集结、进场、活动及撤场期间的影响预报和对策建议；另一方面关注火炬传递时段各区域天气，组织北京、河北等省（市）气象局及中国气象局公共气象服务中心就火炬接力沿线地区的重大天气过程和高影响天气细化服务内容，调整服务模板，从逐日到逐时预报，从北京城区、郊区到河北张家口，决策服务有序推进。针对 2 月 12–14 日强降雪天气过程，在 2 月 9 日的《赛区天气预报》服务材料中明确给出 3 个赛区的降雪量和新增积雪深度预报，提醒降雪对室外赛道、赛事运维保障的可能影响；及时报送赛区实况，在降雪最强时段，增加各赛区室外场馆精细化预报信息，为政府和相关领导及时制定决策提供了有力依据。冬奥会、冬残奥会期间，共报送气象服务专报 106 期，向外交部、武警部队报送专项服务材料 28 期。

② 强化应急保障，加强宣传引导，全力以赴为气象服务保障保驾护航

一是制定应急预案，筑牢安全防线。国家气象中心（中央气象台）坚持底线思维，强化风险意识，面向春运、疫情防控的风险挑战，切实提高政治站位，统筹谋划、全面部署，从业务系统备份、人员备份、场所备份和突发事件应急处置方面编制了业务应急预案和网络安全保障方案，搭建应急备份业务平台，针对视频会商、产品制作发布等全流程开展 2 次应急演练，参加中国气象局组织的冬奥数值预报业务应急演练 3 次，各项预报服务产品制作正常。进一步强化外网和微博、微信管理，全面组织开展（国家气象中心）中央气象台外网隐患排查，设置专岗监控网站。

二是加强宣传引导，营造良好氛围。在国家气象中心（中央气象台）内网开设“一起向未来”专栏，收录相关宣传报道 90 余篇，主动策划选题，近 10 篇专稿刊发于《中国气象报》和 CMA 新媒体，讲好气象人冬奥故事，展示了国家气象中心（中央气象台）精细化赛事预报预警技术、党建与业务融合服务冬奥盛会、一线预报员冬奥服务保障等工作内容，激发了广大干部职工冬奥气象服务保障工作的干劲和热情，营造了齐心协力做好冬奥气象服务保障的良好氛围。此外，国家气象中心（中央气象台）驻场专家陶亦为、李嘉睿，联合科普中心和中国气象学会开展了冬奥气象主题科普、世界气象日科普，有关视频内容在腾讯视频、哔哩哔哩和澎湃等平台播出，取得良好的社会效果。

（3）舍家忘我、默默奉献，精神风貌感动人心

五年磨一剑，现场气象预报服务团队成员都是三四十岁的青壮年，正是“上有老、下有

小”的家庭支柱，他们克服工作、生活、家庭种种困难，背后种种艰辛，他们默默背负。因为气象服务有着一年 365 天、一天 24 小时持续更新的特点，又正值疫情防控常态化阶段，冬季驻训期间和冬奥会、冬残奥会气象保障服务期间，现场预报服务团队的同志们几乎无法陪伴家人。对家人的思念总是在深夜袭来，皎洁的月光将银色洒满大地，星光闪烁，思念无限。在冬季驻训和闭环时间里，视频通话时家人温柔的话语和孩子咯咯的笑声总是带给他们满满的慰藉与动力。正是家人们的默默支持和陪伴，他们战胜一切困难和挑战。2017 年，站在冬奥气象保障服务的起点，遥看未来，是漫长的充满困难、挑战、艰辛的 5 年；2022 年，站在冬奥气象保障服务的终点，也站在冬奥气象保障服务的新起点，回望过去，是短暂的充满收获、成就、感恩的 5 年。一路走来，现场气象预报服务团队舍小家为大家，圆满完成冬奥会、冬残奥会气象服务保障工作，以实际行动践行着共产党员的初心和使命，彰显国家气象中心的“铁军”精神，书写新时代“准确、及时、创新、奉献”的气象精神。

3. 强化科技赋能，追求卓越发展

北京冬奥会是在大陆性冬季风主导的气候条件下举办的冬奥会，没有可复制的科技成果和预报经验，且这种条件下的小尺度山地气象监测预报，是国际上尚未解决的难题之一。此外，冬奥气象服务对时空分辨率要求极高，比如需要未来 10 天的百米级分辨率预报。但从大气可预报性的角度来说，分辨率越高，预报时效越长，预报难度就越大。天气预报室党支部、天气预报技术研发室党支部等多个党支部成立党员先锋队、党员技术攻关队，团结带领党员、干部开展一线业务调研，进行充分讨论，直面冬奥气象服务保障需求，齐心协力、全力以赴攻克难题，硬是啃下了时空分辨率要求极高的预报这块“硬骨头”，在精细化预报产品方面取得新的突破。

（1）智慧冬奥 2022 天气预报示范计划（FDP）冬奥示范产品预报性能名列前茅

2020 年，国家气象中心（中央气象台）组织落实《智慧冬奥 2022 天气预报示范计划技术保障方案》要求，针对赛场特殊地理环境特征和预报难点，研发形成涵盖阵风、平均风、降水、气温、相对湿度、相态、新增积雪深度、沙尘、能见度等要素和异常天气的短临到延伸期、确定性和概率预报的无缝隙专项保障预报产品体系，包括冬奥 34 个站点国家级精细化单点预报（STNF）和京津冀地区 1 公里分辨率网格预报，共计 17 类 42 种；产品最小时间分辨率 10 分钟，最长时效 15 天。检验评估显示，在冬奥赛事期间（2022 年 2 月 4—18 日），STNF 产品各要素评分在 FDP 同类产品中名列前茅，其中阵风和风向的短期（3 天）预报居第一位，较同类预报有超过 10% 的性能优势。对高影响天气，STNF 也提供强有力支撑，如开幕式鸟巢天气 STNF 气温预报误差约为 1℃，阵风短期预报误差约 1 米 / 秒，中期小于 3 米 / 秒；对于 12—14 日降雪、大风降温过程，STNF 提前 8 天给出稳定且较为准确的降水预报，晴雨 TS（Threat Score，世界气象组织对定量降水预报准确率的评分标准）评分达 0.7 以上，短期时效内给出较为准确的降雪起止时间，气温预报误差小于 1℃，风向和风速相对欧洲中心数值预报中心（ECMWF）模式提升率均超过 20%。此外，冬奥赛事期间，技术支持组研发的集合预报产品、逐日滚动检验评估报告、逐小时快速滚动预报产品、高分辨率网格预报三维显示产品、公里级模式边界层产品等在日常天气分析和会商中得到广泛应用和展示。

（2）攻坚克难技术研发为贴身服务提供分钟级精细化客观预报支撑产品

为保障好中国代表团驻场首席于超的服务需求，国家气象中心与中国气象局地球系统数值预报中心、北京市气象局和国家气象信息中心等单位合作，引入中国气象局中尺度天气数值预报系统（CMA-MESO）1公里分辨率模式和北京睿图模式冬奥子系统（RMAPS-RISE）100米分辨率模式，研发和实时推送逐10分钟滚动更新的34个赛场未来2小时逐10分钟客观订正产品，体现了国家级研发团队技术引领和支撑作用。赛事期间，通过驻场服务首席向3个赛区22个比赛项目推送产品达300余次，产品误差较CMA-MESO（1公里分辨率）和RMAPS-RISE（100米分辨率）模式误差分别降低了30%～50%、10%～30%；在国家队夺金比赛期间制作推送的分钟级预报与实况基本吻合，发挥重要作用。为保障开幕式、焰火燃放、火炬接力和赛场赛事等预报服务需求，开发专项保障冬奥专题的气象开放应用平台（MOAP）和内网栏目，整合赛场实况、15种智能网格产品、8种诊断产品和8种模式产品，并引入CMA-MESO（1公里分辨率）污染物浓度和轨迹扩散产品等，实现了预报员一步式、多类型天气预报产品的获取和交互显示分析。此外，在国家气象卫星中心的大力支持下，获取米级分辨率的赛区地形图，为预报员分析山地赛区精细化预报提供有力支撑；新增赛区通航气象条件预报产品保障赛事救援活动需求等。

（3）技术培训和复盘总结助力预报服务经验快速积累

2021年以来，国家气象中心组织了3轮冬奥气象保障预报技术和产品应用培训，并邀请了北京、河北冬奥气象服务保障团队成员视频参会。内容涵盖冬奥赛区的天气特点和预报经验以及集成于业务内网的客观订正预报和检验产品、MOAP专项保障平台功能介绍等，进一步提升支撑产品的应用效果；梳理编制《冬奥支撑客观预报产品手册》，提供给北京市气象局和河北省气象局参加冬奥保障的预报员参阅。针对上半年冬奥测试赛期间暴露出来的北京及周边地区冬春季预报短板，先后组织国家气候中心、中国气象科学研究院、北京市气象局专家召开2次专题研讨会开展技术总结和问题提炼。针对FDP示范检验评估中暴露的预报短板组织攻关，重点解决了延庆等地形复杂地区的预报精度，以及高温预报偏低等问题。通过冬奥测试赛预报技术和服务专题总结，专家保障团队不断积累大风、融雪等风险预报以及山地气象等高影响天气预报服务经验。

（三）传承冬奥精神，守护国之大者初心，持续推进党建与业务深度融合

积力之所举，无不胜也；众智之所为，无不成也。5年多来，国家气象中心通过培养专项保障预报员、研发山地精细化气象预报技术和开展系列冬季运动会气象保障服务，不断打磨冬奥气象保障技术，积累冬奥气象保障服务经验。参加冬奥气象服务团队的4名优秀青年骨干，通过赛场冬训、出国培训、英语培训、赛事观摩，逐步成长为各赛区合格的现场预报员，并承担起张家口赛区的总首席和北京赛区首席以及赛时领队发言。科技部“科技冬奥”重点专项项目、中国气象局以及中心现代化项目研发，不断攻克山地精细化气象预报技术难题。平昌冬奥会、第十四届全国冬季运动会高山滑雪，2021年冬奥系列测试赛等活动，以战代练，为冬奥气象保障服务积累了丰富的实战经验。

在北京冬奥会、冬残奥会气象服务保障中，国家气象中心将以往重大活动气象保障服务中创建的“非常之举”固化为专项保障的工作流程，凝练出的 5 项工作机制应用于本次冬奥气象服务保障工作中；在确保“火炬传递”异城气象保障中服务口径一致，与北京、河北省（市）气象局建立起联动工作模式；在贴身服务中国体育代表团中，建立起前方反馈精细服务需求、后方大本营突击研发精细产品和会商研判的协同作战工作机制，与各职能司、各兄弟单位精诚协作、密切配合、攻坚克难，建立了高效稳定的工作机制，推动各项工作有力落实。

宝剑锋自磨砺出，梅花香自苦寒来。国家气象中心广大干部职工团结一心、通力合作，圆满完成北京冬奥会、冬残奥会气象服务保障，感谢信纷至沓来。国家气象中心收到了来自国家体育总局冬季运动管理中心，北京 2022 年冬奥会和冬残奥会运行指挥部调度中心、组织委员会、组织委员会体育部、首钢滑雪大跳台场馆团队、2022 年冬奥会和冬残奥会北京市运行保障指挥部城市运行及环境保障组、张家口市冬奥会城市运行和环境建设管理指挥部，以及北京市气象局、河北省气象局对国家气象中心以及于超、陈涛、符娇兰、董全、陶亦为、李嘉睿、桂海林、花丛、王继康、江琪、刘超等同志的衷心感谢和崇高敬意。

胸怀大局、自信开放、迎难而上、追求卓越、共创未来的北京冬奥精神，由国家气象中心所有冬奥会、冬残奥会气象服务保障人员共同创造，也将由国家气象中心在匠心传承中发扬光大。国家气象中心党委坚持以人民为中心的发展思想，将做好北京冬奥会、冬残奥会气象服务保障与贯彻落实习近平总书记对气象工作重要指示精神结合起来，与推动党史学习教育常态化长效化结合起来，与推进国家气象中心事业高质量发展结合起来，巩固拓展“人民至上、生命至上”主题实践活动，传承和弘扬北京冬奥精神，守护国之大者“初心”，用好冬奥气象保障服务宝贵的实战经验，推广运用北京冬奥会、冬残奥会气象科技创新成果，巩固优化专项保障科学、顺畅、高效的工作机制，立足新的起点，积极谋划、接续奋斗，推进事业高质量发展，为建设气象强国添砖加瓦。

四、气象宣传与科普中心（报社）以党建引领冬奥会和冬残奥会气象保障服务宣传科普工作

自北京冬奥会成功申办以来，中国气象局气象宣传与科普中心党委认真贯彻党中央重大决策部署和中国气象局党组各项要求，将做好冬奥会和冬残奥会气象保障服务宣传科普工作作为一项重要政治任务抓紧抓实，用实际行动扛牢党媒职责，充分发挥党组织战斗堡垒和党员先锋模范作用，为圆满完成北京冬奥会和冬残奥会气象保障服务宣传科普任务提供了坚强政治保障。

（一）强化思想引领、精心部署谋划，扎实推进双奥气象服务保障宣传科普工作

举办北京冬奥会、冬残奥会是国之大事、全球盛事，党委始终心怀国之大者，不断提高政治站位，精心谋划、扎实推动，切实把思想和行动统一到习近平总书记关于办好北京冬奥

会、冬残奥会的重要讲话精神以及关于气象工作的重要指示精神上来。

1. 强化思想引领，确保正确宣传导向

党委高度重视思想政治引领，不断引导教育广大干部职工充分认识做好冬奥会和冬残奥会气象保障服务宣传科普工作的重大意义。党委书记王雪臣同志多次主持召开党委会议、党委理论学习中心组学习会议、专题学习会议等，及时组织学习习近平总书记关于办好北京冬奥会和冬残奥会的重要讲话精神，传达中国气象局党组对气象宣传科普工作的部署要求，以旗帜鲜明讲政治的高度要求各部门要担当作为、尽职尽责，以高度的责任感和使命感完成好北京冬奥会和冬残奥会气象保障服务宣传科普各项工作，重点做好开闭幕式气象保障服务宣传报道，充分展示冬奥气象科技成果和气象人精神，为成功举办冬奥会和冬残奥会营造良好舆论氛围。

2. 加强组织领导，确保任务落实有力

自 2015 年以来，党委每年年初都将冬奥会和冬残奥会气象保障服务筹备工作的宣传报道作为年度重点任务，加强组织领导，精心部署落实，始终牢牢把握正确的舆论导向，坚持用好手中镜头和笔，用心用情讲好在冬奥会和冬残奥会筹备阶段的气象故事。6 年来，先后 10 余次派出报道团队赴延庆、崇礼等地深入采访，围绕观测站网建设、科研人员攻关、预报团队集训等冬奥气象保障服务工作采写了大量生动鲜活的新闻报道，充分展现气象部门为冬奥会和冬残奥会筹备工作提供的科技支撑作用和服务保障成效。

在冬奥会开幕倒计时 2 周年之际，中心成立了由党委常委、副主任（副社长）、总编辑彭莹辉担任负责人的冬奥会和冬残奥会气象宣传科普工作专班，抽调涵盖报纸、网站、新媒体等宣传平台的精锐党员业务骨干 25 人组成专项工作团队，以“组织同建、思想同进、服务同行”为原则，全力以赴投入到冬奥气象宣传科普各项工作中。在团队成员的带领下，持续推动中国气象报、网和新媒体端聚合发力，滚动策划推出冬奥气象宣传科普系列产品，并积极向中央主流媒体推送，持续引导社会公众关注气象、关心气象。

3. 凝聚各方力量，构建高效联合联动机制

作为冬奥气象中心新闻宣传科普专项工作组牵头单位，中心在中国气象局办公室的指导下，与北京市气象局、河北省气象局、中国气象学会、气象出版社、华风集团等单位密切配合，与全国各省（自治区、直辖市）气象局记者站高效协作，与《人民日报》、新华社、中央电视台等中央主流媒体深度合作，聚焦阶段重点，滚动实施宣传科普工作方案，实现了部门资源整合、社会力量凝聚，有效构建起了上下贯通、左右融合的工作格局，为冬奥气象保障服务宣传科普各项工作迅速落实提供了有力的体制机制保障。

（二）压实政治责任、强化党媒担当，党建业务深度融合取得新成效

党委始终坚持党管媒体、党管意识形态，不断压实冬奥会和冬残奥会气象保障服务宣传科普政治责任，充分发挥党媒宣传阵地优势和基层党组织的政治功能，有效提升了气象传播影响力，有力展现了气象部门保障国家重大活动的硬实力和良好形象。

1. 联合中央党媒，唱响冬奥气象服务保障主旋律

中心认真落实习近平总书记关于“讲好中国故事、传播中国声音，争取第一时间把北京冬奥盛会传播出去”的重要指示，加强组织策划，通过报网新媒体平台，推出大量特刊、整版策划、网络专题，以及手绘长图、短视频等形式多样的融媒体产品。其中，《中国气象报》推出冬奥特刊 1 期、整版专题策划 9 个；中国气象网推出 4 个系列 25 个融媒体产品。与此同时，加强与中央主流党媒沟通合作，积极提供宣传素材，推出了一批具有社会影响力的宣传报道。据统计，《人民日报》、新华社、中央电视台、共产党员网等 19 家主流党媒刊（播）发冬奥气象服务新闻 4.1 万篇，多家主流媒体推出冬奥气象主题整版报道，更多的气象好形象、气象好声音、气象好故事“闪耀”央媒平台。《中国新闻出版广电报》对宣传科普中心（报社）创新报道形式、全媒体展现冬奥气象科学知识和服务保障工作进行了宣传推介。

2. 加强国际传播，向世界讲好中国冬奥气象故事

为进一步加强冬奥气象国际传播，向世界展示中国气象事业发展成就，中心通过气象国家级报网微端平台推出中英文专栏专题，全方位报道冬奥气象服务进展、冬奥气象科技应用成效，并与《人民日报海外版》联合策划并整版刊发《精准气象服务为赛事保驾护航》。系列国际传播工作得到了世界气象组织以及北京冬奥组委高度肯定。2021 年 1 月，中国气象局网站推出的冬奥气象服务英文专题，得到世界气象组织秘书处肯定，并在其官网系统介绍中国冬奥气象预报服务工作；2022 年 3 月，北京冬奥会和冬残奥会组织委员会、奥运村部联合致信，感谢宣传科普中心（报社）“创作了一批有温度、有深度的优秀新闻作品，在国内外取得很好反响”。

3. 党员冲锋在前，以战斗姿态书写“四力”答卷

党委将冬奥会和冬残奥会宣传报道工作作为干部职工尤其是广大党员强素质、增本领、展形象的“练兵场”，要求各党支部充分发挥战斗堡垒作用，组织党员冲锋在前、勇担重担，以战斗姿态书写脚力、眼力、脑力、笔力的“四力”答卷。采编中心党支部、网络媒体与技术党支部组织党员记者深入冬奥会延庆、张家口核心赛区，挖掘冬奥气象服务的一线故事、生动展现冬奥气象人风采。有的记者多次奔赴气象保障服务一线，积累大量宣传报道素材，制作推出《我的冬奥日记》系列 VLOG 短视频，得到人民日报客户端首页推荐；有的记者提前数月策划，几经打磨手稿，创作出图文并茂、生动活泼的《气象与冬奥》系列科普手绘长图，被人民日报客户端云课堂频道开设专题进行展播；有的年轻记者主动请缨，承担冬奥会开闭幕式气象保障服务等重要稿件采写任务，他们主动作为、奋力攻坚，成为宣传好、报道好、展示好中国气象形象不可或缺的中坚力量，加班加点、连续作战，采写出多篇高质量报道，得到中国气象局领导表扬。

（三）总结经验、久久为功，深化党建引领重大气象服务保障宣传科普工作效能

气象宣传科普工作是助推气象事业高质量发展的重要力量。此次圆满完成北京冬奥会和

冬残奥会气象保障服务宣传科普任务，宣传科普中心进一步增强了在党的坚强领导下做好气象宣传科普工作的使命感责任感，进一步坚定践行“举旗帜、聚民心、育新人、兴文化、展形象”使命任务，进一步提振了干事创业和改革发展的信心决心。在此过程中，也形成了三条有益经验：

1. 胸怀“两个大局”，坚持将宣传科普工作融入气象事业高质量发展全局

党委始终把习近平总书记关于宣传思想工作的重要论述和关于气象工作的重要指示精神作为做好气象宣传科普工作的根本遵循，不断增强大局意识和系统观念，坚持将宣传科普工作放到党和国家战略全局中部署推动，为气象事业高质量发展提供坚强思想保证和强大精神力量。

2. 强化政治意识，将加强党的领导贯穿宣传科普工作全过程

党委始终坚持“党媒姓党”，不断强化政治意识，充分发挥“把方向、管大局、保落实”政治领导核心作用，立足行业特色，以系统思维、战略思维谋划全局工作。注重“一分部署、九分落实”，制定方案高效组织落实，统筹集约部门内外资源，构建上下贯通联动机制，加强传播方式手段创新，充分利用自身“报 + 网 + 新媒体”的融媒体矩阵优势，以坚决的政治执行力推动冬奥会和冬残奥会气象保障服务宣传科普工作取得实效。

3. 发挥“两个作用”，以重大政治任务为契机带动宣传科普队伍增强能力水平

注重发挥党员的先锋模范作用和党支部的战斗堡垒作用，将冬奥会和冬残奥会气象服务保障宣传科普工作作为检验党史学习教育成果和考验党员干部的“试金石”，不断加强对广大党员的思想淬炼、政治历练、实践锻炼、专业训练，引导教育党员坚定理想信念、弘扬伟大建党精神，将学习成果转化为提升宣传科普工作能力的实际行动，真正在攻坚克难、应对风险挑战中增强本领，在敢于担当、真抓实干中开拓新局。

举世瞩目的北京冬奥会和冬残奥会已圆满落下帷幕，一幕幕精彩的气象瞬间成为永不褪色的记忆。气象宣传科普工作者初心如磐、使命扛肩，在实现第二个百年奋斗目标的新征程上，在气象事业高质量发展的征途中，踔厉奋发、昂首前行，以脚踏实地的干劲把党中央重大决策部署落实到位，迎接党的二十大胜利召开！

第七章　工作总结

在第 24 届冬奥会工作领导小组的坚强组织领导下，在北京冬奥组委、北京市委市政府和河北省委省政府的大力支持下，中国气象局紧紧围绕为“精彩、非凡、卓越”冬奥会提供最高水平气象服务的目标，精心组织、全面谋划、扎实推进冬奥气象服务筹备各项工作，从 2018 年开始每年形成年度工作总结报告报送冬奥会工作领导小组。同时，北京市气象局、河北省气象局和国家气象中心等单位注重做好各项气象保障服务总结工作。

一、北京冬奥会气象保障服务 2018 年度进展情况报告

（一）高站位强化冬奥气象服务筹备工作组织领导

遵照习近平总书记关于冬奥会筹备工作的重要指示要求，中国气象局高度重视冬奥气象服务筹备工作，以高度的政治责任感，增强“四个意识”，坚定“四个自信”，做到“两个维护”，狠抓各项工作落实。2016 年 7 月，成立中国气象局冬奥气象服务领导小组（以下简称冬奥气象领导小组），制定气象服务筹备工作方案，举全部门之力投入冬奥气象服务筹备工作。2017 年 6 月，组建成立中国气象局冬奥气象中心，代表中国气象局承担北京 2022 年冬奥会和冬残奥会筹备和比赛期间气象保障服务工作。2017 年 8 月，与北京冬奥组委签署冬奥气象服务协议，共同推进冬奥气象服务筹备工作。2018 年 7 月 25 日，副总理韩正主持召开第 24 届冬奥会工作领导小组全体会议之后，中国气象局迅速学习传达和贯彻落实会议精神，先后召开 3 次冬奥气象领导小组会议，检查和部署冬奥气象服务筹备工作。中国气象局领导先后 5 次带队赴北京延庆、河北张家口等地检查指导冬奥气象服务筹备工作，不断完善工作机制，夯实技术基础，加快能力建设，着力提升气象服务能力。

各方高度重视和支持冬奥气象服务筹备工作。北京冬奥组委组建之初就将冬奥气象服务工作纳入核心业务，设立气象办公室。北京冬奥组委连续召开平昌冬奥实战培训“气象”主题大讨论、气象专题培训等活动，不断提高冬奥会对气象需求认识和重视程度。2018 年 3 月 24 日，北京冬奥组委主席蔡奇到北京延庆视察冬奥会筹备工作，要求专题研究气象保障问题。北京冬奥组委和中国气象局随即联合召开冬奥气象服务保障工作专题会议，迅速贯彻落实蔡奇主席指示要求。北京冬奥组委执行主席陈吉宁、副主席张建东多次召开专题协调会议，帮

助解决冬奥气象系统建设和赛区气象资料等问题。2018 年 12 月 13 日，中国气象局、北京市政府、北京冬奥组委召开三方会谈，共同推进冬奥气象服务各项筹备工作。

（二）高质量推进冬奥气象服务筹备各项工作

一是强化冬奥气象服务顶层设计。落实习近平总书记关于冬奥会“一场一策”的要求，中国气象局组织制定完成《北京 2022 年冬奥会和冬残奥会气象服务行动计划》和冬奥气象探测系统、冬奥气象科技研发、冬奥气象信息网络及业务系统、冬奥气象宣传科普等 4 个专项计划。冬奥气象中心加强调研，逐项梳理完成冬奥会在场馆规划和建设、赛事日程安排、赛事安全运行以及火炬传递、开闭幕式等方面对气象服务的需求。

二是有序推进冬奥气象工程建设。完成了冬奥会北京赛区、北京延庆赛区、河北张家口赛区共计 50 个气象观测站点建设。启动北京海陀山天气雷达基建工作，河北康保天气雷达主体工程已经封顶，河北崇礼双偏振天气雷达开始试运行，河北崇礼水汽观测站完成设备安装调试。建立冬奥气象探测数据传输规范，完成京冀冬奥气象探测数据接收、入库及共享工作。

三是组建和培养冬奥气象服务团队。印发《冬奥气象服务团队组建方案》，从国家级业务单位、北京、河北以及黑龙江、吉林、内蒙古等地气象部门遴选出预报服务骨干 56 人组成冬奥气象服务团队。从 2017 年开始，冬奥气象服务团队连续两个冬季在河北张家口赛区和北京延庆赛区进行冬奥气象服务现场驻训。组织 14 人次观摩韩国平昌冬奥会。选派 15 人赴美国参加冬奥山地气象预报培训。选派 10 人赴挪威、瑞士、捷克、意大利参加北京冬奥组委组织的 2018–2019 年雪季竞赛团队培训。

四是加快冬奥气象科学技术研发。落实北京冬奥组委提出的“百米级、分钟级”精准气象服务要求，开展以山区复杂地形下精准预报技术研究为核心的科技研发。“冬奥会气象条件预测保障关键技术”成为国家重点研发计划第一批科技冬奥项目。开展北京海陀山地区冬奥综合外场观测试验，初步完成基于人工智能的冬奥会赛道场馆气象预报技术研发。扩大冬奥气象科技合作，召开国际奥委会冬奥气象培训班，与加拿大、美国、奥地利、俄罗斯等国家山地观测和气象预报专家进行针对性研讨。

五是精心开展筹备期各项服务。向国际奥组委提交《2022 年冬奥会天气报告》（2017 年版）和（2018 年版）。制作《2018 年冬奥会和冬残奥会时段气候风险分析》《冬奥和冬残奥赛期推迟天气分析报告》《2018 年冬奥赛事日程气象风险分析》《赛区造雪气象条件分析》等系列报告，为冬奥组委回应国际奥委会有关要求提供决策依据。为跨季储雪试验提供气象保障和评估分析。开展场馆挡风墙工程措施气象分析，组建场馆风研究团队，风模拟研究结果得到北京冬奥组委和国际雪联专家认可。为韩国平昌冬奥会中国体育代表团和闭幕式北京 8 分钟文艺演出提供气象保障服务。

（三）高标准筹划下一步重点工作安排

1. 健全完善组织保障机制

进一步加强与北京冬奥组委、北京市委市政府、河北省委省政府的沟通协作。继续加强冬奥气象中心能力建设，统筹调配全国气象部门科技和人员力量，全力以赴做好冬奥气象服务筹备工作。

2. 全面完成冬奥气象工程建设

以 2020 年冬奥测试赛为节点，全面完成赛区及周边气象探测等工程建设。加快推进和建设冬奥气象服务业务系统，加快冬奥气象条件预测保障关键技术等科技攻关，突破山地气象预报服务难点，以科技支撑冬奥气象服务保障。

3. 做好冬奥测试赛气象服务工作

继续做好《2022 年冬奥会天气报告（2019 版）》编制工作。滚动发布冬奥赛区赛季气候预测。对接北京冬奥组委各部门对气象服务的具体需求，制定冬奥测试赛气象服务工作方案。组织开展气象业务服务系统联调联试工作，为冬奥测试赛做好气象保障服务。

4. 强化冬奥气象服务团队能力建设

保持冬奥气象服务团队人员队伍稳定，细化冬奥气象服务团队岗位职责和业务流程，优化保障机制。组织完成冬奥冬季山地天气预报技术培训和冬奥气象服务英语听说培训。继续选派冬奥气象服务团队骨干赴美国参加冬奥山地气象预报培训。

5. 提高冬季人工影响天气能力

推动建立冬奥人工影响天气保障协同合作机制，联合开展综合观测和催化试验。完善北京延庆赛区和河北张家口赛区高山人工影响天气地基布点建设。组织开展雪务观测试验，开展降雪过程模拟、检验分析和降雪催化效果检验分析。完成降雪云系实时监测及人工影响天气决策指挥系统建设。

二、北京冬奥会气象保障服务 2019 年度进展情况报告

（一）提高政治站位，深入贯彻落实党中央关于冬奥会筹办工作要求

中国气象局始终将保障服务冬奥会作为重大政治任务，认真贯彻落实习近平总书记关于冬奥会筹办工作系列指示精神，结合“不忘初心、牢记使命”主题教育，狠抓各项工作落实。3 月 19 日，副总理韩正主持召开第 24 届冬奥会工作领导小组会议后，中国气象局党组迅速传达落实会议精神，部署冬奥会气象服务筹办各项工作。中国气象局冬奥气象服务工作领导小组召开 3 次全体会议，要求各单位在观测、预报、服务、科研、组织协调保障等方面认真履行职责，狠抓落实，圆满完成各项筹备任务，确保今年达到冬奥会测试赛服务水平。中国气象局领导先后 3 次带队赴北京延庆、河北张家口等地检查指导冬奥气象服务筹办工作。中国气象局与北京冬奥组委保持密切沟通，不断完善机制，进一步对接落实气象保障任务。

各方领导高度重视和关心冬奥会气象筹办工作。北京冬奥组委主席、北京市委书记蔡奇同志在 5 月 23 日调研冬奥会筹办工作时，要求确保气象基础设施按期交付使用；在 6 月 18 日召开市部合作联席会时，要求加强冬奥会气象服务筹办工作。北京冬奥组委执行副主席、北京市市长陈吉宁同志提出要加快推进冬奥会气象能力建设，实现“百米级、分钟级”精准气象服务，重点抓好 2020 年“相约北京”冬奥会测试赛气象保障服务。北京冬奥组委执行副主席、河北省省长许勤同志要求全力确保核心赛区气象观测系统安全稳定运行。北京冬奥组委张建东、杨树安、徐建培、韩子荣等领导多次对气象筹办工作提出具体要求。

（二）强化责任担当，全面完成冬奥会气象服务筹办各项重点任务

在北京市委市政府、河北省委省政府和北京冬奥组委的大力支持下，气象部门目前已建设完成较为完备的冬奥立体气象观测网，开发了精细化冬奥气象预报服务系统，冬奥气象科研和预报服务团队能力显著提升，为即将开始的冬奥会测试赛气象服务做好充分准备。

冬奥气象基础能力建设全面完成。完成海陀山、康保多普勒天气雷达建设。按照国际雪联要求，在云顶滑雪公园新建 6 个测风站，目前共建成赛道气象站 42 套。延庆、张家口冬奥气象分中心投入使用。冬奥气象业务支撑系统和冬奥气象服务网站完成冬奥会测试赛版本功能建设。提升京冀及两地赛区气象专网带宽传输能力，实现京冀赛区气象观测数据同步共享。与北京冬奥组委商定冬奥赛区、冬奥组委与京冀两地气象系统网络通信实现方式。

冬奥气象科技研发取得成效。研发建立冬奥会集成预报系统，基本形成了京津冀区域 500 米分辨率、冬奥山地赛场核心区域（含延庆赛区和张家口赛区）100 米分辨率、逐 10 分钟快速更新的 0～12 小时气象要素预报分析产品。人工智能气象预报方法的研究取得初步成果，在延庆和张家口两赛区布设先进试验气象观测设备，构建多维度立体气象试验观测网，建立观测试验数据集。开展了复杂地形固定目标区小尺度人工增雪作业条件监测识别、作业方案设计、飞机作业效果评估等研究。

冬奥气象服务团队能力显著提升。按照冬奥会标准，完成 2018/2019 年冬奥气象预报人员在延庆赛区、张家口赛区的实地预报训练，并每月进行质量评估。2019/2020 年冬奥气象冬训已进驻各赛区开展服务，积极参与第十四届全国冬运会气象保障工作。20 名预报员赴美参加冬奥山地天气预报技术（COMET）培训，56 名预报员完成冬奥气象英语轮训。强化冬奥气象国际合作，6 月赴韩国进一步了解平昌冬奥会气象服务保障情况，10 月在京举行冬奥气象科技国际研讨会，邀请美国、加拿大、俄罗斯等国专家到会指导。

冬奥气象服务任务有序推进。完成冬奥会赛区气象条件分析（2019 版）、赛区风分析、冬奥会赛事日程风险分析等报告。做好国际雪联春季、秋季赛场考察、“冬奥倒计时一千天”等冬奥相关活动的气象服务，为北京冬奥组委及有关方提供各类气象数据资料统计分析。开发了山区降雪微物理机制及催化影响的数值模拟及显示预报系统。北京和河北气象部门全力组织做好汛期冬奥建设气象服务保障工作。

冬奥气象宣传科普持续发力。整合国家级和北京、河北等地气象部门资源，开展冬奥气象服务的相关宣传报道。加强宣传科普产品研发，通过冬奥气象三维立体动画、基于虚拟现实（AR）技术的科普互动涂色卡片和图书产品、绘本图书、科普漫画、气象科普吉祥物、

冬奥滑雪气象知识虚拟体验平台、科普体验展等方式，提高公众对冬奥气象的认识。

启动冬奥会首场测试赛气象服务工作。成立工作领导小组，印发《“相约北京”系列体育赛事气象服务保障总体工作方案》，细化高山滑雪世界杯气象保障方案，确保职责落实到岗、责任落实到人。4 名延庆赛区气象团队人员已加入延庆站组委会竞赛团队。从 10 月 28 日，气象部门开始提供高山滑雪竞速赛道起点、中点、结束区 0～10 天的天气预报；从 11 月 10 日，开始提供高山滑雪中心造雪气象预报；目前已发布“相约北京”系列体育赛事“气候预测服务专报”3 期。

（三）下一步重点工作安排

一是高标准做好冬奥会测试赛各项准备工作。按照冬奥会测试赛要求，充分应用和检验气象业务系统，完善气象预报服务和保障队伍，做到系统建设到位、业务技术到位、人员队伍到位、组织保障到位。以高山滑雪世界杯为起点，冬奥气象服务将逐步实现从筹备阶段向赛事保障阶段的转变。

二是进一步强化冬奥气象科技研发和应用。加强科技冬奥项目研究，充分利用最先进、成熟的科学技术解决冬奥气象服务遇到的难题。加大开放合作力度，创新工作机制，不断调动科技人员的积极性。边研发、边试用、边检验，将科研成果充分应用到冬奥会测试赛和第十四届全国冬运会气象保障中，在总结中不断提高气象服务能力。

三是进一步强化冬奥气象服务团队能力。加强政策引导，保持冬奥气象服务团队的稳定。用冬奥会测试赛来检验、细化冬奥气象服务团队岗位职责和业务流程，提升气象团队战斗力，为冬奥会气象服务打牢基础。

四是进一步优化气象服务保障机制。加强与北京冬奥组委、“相约北京”系列体育赛事组委会以及相关部门的沟通协调，完善冬奥会气象筹办工作组织协调机制。推动建立冬奥人工影响天气保障协同合作机制，联合开展综合观测和催化试验。

三、北京冬奥会气象保障服务 2020 年度进展情况报告

（一）进一步提高政治站位，深入学习贯彻党中央关于冬奥会筹办工作要求

强化组织领导。中国气象局始终将保障服务冬奥会作为重大政治任务，认真贯彻落实习近平总书记关于冬奥会筹办工作系列重要指示精神。2020 年 6 月，副总理韩正主持召开冬奥会工作领导小组会议，专题听取了冬奥会气象保障服务工作汇报。会后，中国气象局党组迅速学习传达和贯彻落实会议精神，7 月 2 日组织召开冬奥会气象服务工作领导小组会议，从做好测试赛气象服务各项筹备工作、加强预报核心技术研发、优化冬奥气象业务系统建设、完善气象服务协调机制、统筹做好疫情防控和冬奥会气象保障服务工作等方面进一步安排部署。

完善协调机制。中国气象局与北京冬奥组委、国家体育总局、北京市委市政府、河北省委省政府保持密切沟通，不断完善机制，进一步对接落实气象保障服务任务。2020 年 4 月 28 日，中国气象局、冬奥组委和北京市政府联合深入北京延庆赛区调研，组织召开现场座谈

会，统筹推进冬奥会气象保障服务工作。9 月 27 日，中国气象局与北京冬奥组委，会同各相关单位共同研究制定了《北京冬奥会气象服务协调小组调整方案》，联合编制气象重大风险应急预案，并于 10 月 20 日召开第一次全体会议，总结评估前一阶段冬奥会保障气象服务工作进展，查找薄弱环节，凝聚形成跨部门、跨区域的气象服务合力。

多方联合推进。各方领导高度重视和关心冬奥会气象筹办工作。北京冬奥组委主席、北京市委书记蔡奇同志 2020 年 12 月 15 日在北京冬奥组委主席办公会上强调，要完善气象监测体系，努力实现精准预报。北京冬奥组委执行副主席、北京市市长陈吉宁同志 10 月 12 日在延庆赛区建设现场检查时提出，提升赛区天气预报精度，为赛事举办提供坚实保障。北京冬奥组委执行副主席、河北省省长许勤同志要求，强化气象会商，做好人工影响天气工作。河北省委、河北省人民政府专门印发文件，要求开展“百米级、分钟级”气象预报测试；加强各类装备设备的运行维护，强化冬奥现场气象服务和保障团队的培训；利用测试赛开展演练，提升气象预报精准度。北京冬奥组委张建东、杨树安、韩子荣等领导同志多次对冬奥会气象服务工作提出具体要求，有效促进了冬奥气象保障服务工作的深入开展。

（二）高标准高质量推进冬奥会气象保障服务各项任务

在北京冬奥组委、国家体育总局、北京市委市政府、河北省委省政府的大力支持下，冬奥会气象保障服务各项工作取得显著进展，为冬奥会系列测试赛气象服务打下很好基础。

一是气象探测和通信系统逐步完善。以冬奥赛场为核心，在北京城区、延庆和崇礼及周边建设各种现代立体探测设施 441 套，实现了超精细复杂山地 + 超大城市一体、三维、秒级、多要素的冬奥气象综合监测。建成以国家气象信息中心为枢纽，辐射北京、河北，支撑北京城区、延庆、崇礼 3 大赛区的信息网络，实现互联互通、数据共享、相互备份的冬奥数据服务。建成异地实时备份的高性能计算资源，整体性能提升 5～15 倍。与北京冬奥组委商定冬奥赛区、冬奥组委与京冀两地气象系统网络通信实现方式。

二是气象预报和服务系统能力不断提升。聚焦“百米级、分钟级”精准预报要求，建成了京津冀区域 500 米分辨率、冬奥山地赛场核心区域 100 米分辨率、逐 10 分钟快速更新的“睿图”数值预报模式体系。建成以冬奥气象综合可视化系统、多维度气象预报预警系统、现场气象服务系统、雪务专项气象预报预测系统等为主体的冬奥气象预报服务支撑平台。通过建设“专网 + 云端”视频会商系统，中央气象台、北京市气象局、河北省气象局及 3 个赛区现场实现多点灵活实时会商。完成冬奥气象服务网站功能建设。

三是气象保障核心技术不断提升。建立了从短时临近（0～1 小时）到延伸期（30 天）的无缝隙精细化网格预报产品，人工智能技术在冬奥核心区风力预报中发挥作用。启动“智慧冬奥 2022 天气预报示范计划”（FDP），联合科研院所、大学等多方力量，合力保障北京冬奥会。在延庆和张家口两赛区布设先进试验气象观测设备，构建多维度中小尺度立体气象试验观测网，开展观测试验。进行复杂地形固定目标区小尺度人工增雪作业条件监测识别、作业方案设计、飞机作业效果评估等研究。

四是冬奥会气象服务有序推进。连续 3 年向国际奥委会提供赛区天气分析报告及天气风险分析报告，开展冬奥会竞赛日程、开闭幕式等气象风险评估。国际雪联在国内开展的系列雪上项目测试赛、第十四届冬运会气象保障服务效果良好。克服新冠肺炎疫情影响，为冬奥会运动员集训和其他筹备工作提供气象服务，保障冬奥会工程建设平安度汛。整合国家级和北京、河北等地气象部门资源，开展冬奥会气象保障服务的相关宣传报道。研发科普宣传产品，通过冬奥会气象三维立体动画、基于虚拟现实（AR）技术的科普视频、绘本图书、科普漫画、气象科普吉祥物、冬奥会滑雪气象知识虚拟体验平台、科普体验展等方式，提高公众对冬奥气象的认识。

（三）下一步重点工作安排

今年是北京冬奥会筹办全力冲刺、全面就绪、决战决胜的关键时期，气象服务任务十分繁重，时间非常紧迫。中国气象局将坚决贯彻落实习近平总书记关于冬奥会筹办工作系列重要指示精神，坚持“一刻也不能停、一步也不能错、一天也误不起”的要求，以高度的政治责任感和只争朝夕的紧迫感，扎实推进各项气象保障服务工作。

一是进一步加强组织领导和统筹协调。落实北京冬奥会气象服务协调小组机制，牢固树立“一盘棋”思想，强化组织领导，加强分工协作，发挥跨部门、跨区域统筹协调作用。建立健全冬奥会赛时气象保障服务体制机制，建立职责清晰、指挥有力、协调高效、运行流畅的赛时运行机制。

二是持续加强冬奥会气象核心技术研发和人员培训。坚持以运动员为中心，以竞赛为核心，努力提高赛区气象预报准确率。扎实做好“气象预报示范计划”项目的实施，集中遴选全国领先的数值天气模式和人工智能等客观预报技术、方法和系统。抓好科技冬奥项目的成果应用，切实为冬奥会“百米级、分钟级”精细化天气预报提供有力的技术支撑。继续加大对冬奥气象预报员的培养，提高预报员的业务能力和国际化水平。

三是认真组织做好冬奥会系列测试赛气象服务工作。按照如期举办 2022 年北京冬奥会的目标，组织做好冬奥会气象服务测试阶段的各项气象服务工作。坚持在实战中检验装备、测试平台、梳理流程、磨合机制、锻炼队伍。及时排查工作隐患，加强对赛区气象探测系统、预报系统、人工影响天气装备系统等设施设备的巡查维护，确保各项装备系统安全稳定运行。

四、中国气象局关于北京 2022 年冬奥会气象保障服务工作情况的报告

北京 2022 年冬季奥林匹克运动会于 2 月 4 日至 20 日成功举行，与夏季奥运会不同，冬季奥运会特别是雪上比赛项目受天气影响较大。北京冬奥会是在大陆性冬季风气候条件下举办的，举办期间更容易受到低温、大风等天气影响，加之延庆赛区、张家口赛区山地地形复杂、局地天气变化大，北京冬奥会气象保障服务难度超过历届冬奥会。中国气象局认真贯彻习近平总书记关于冬奥会筹办工作系列重要指示精神和李克强总理批示要求，落实党中央、国务院决策部署，按照第 24 届冬奥会工作领导小组部署要求，紧紧围绕“简约、安全、精彩”办赛目标，举全部门之力，集气象行业之智，坚持“三个赛区、一个标准”，圆满完成北京冬奥会气象保障服务各项任务。

（一）提高政治站位，全力抓好北京冬奥会筹办和举办气象保障服务工作

1. 深入学习贯彻习近平总书记关于冬奥会筹办工作系列重要指示精神

中国气象局始终将北京冬奥会气象保障服务工作作为重大政治任务，认真贯彻落实习近平总书记关于冬奥会筹办工作系列重要指示精神，精心组织筹划做好冬奥会气象保障服务各项工作。2019 年在新中国气象事业 70 周年之际，习近平总书记对气象工作作出重要指示，要求广大气象工作者发扬优良传统，加快科技创新，做到监测精密、预报精准、服务精细，推动气象事业高质量发展，提高气象服务保障能力。气象部门始终以习近平总书记关于冬奥会筹办工作系列重要指示精神为指引，坚持把做好北京冬奥气象保障服务工作与贯彻落实习近平总书记对气象工作重要指示精神相结合，心怀“国之大者”，牢牢把握坚定如期办赛目标和“简约、安全、精彩”办赛要求，尽职尽责、凝心聚力，确保完成冬奥气象服务各项工作。

2. 坚决落实党中央国务院对北京冬奥会气象保障服务决策部署

中央领导同志对北京冬奥会气象保障服务工作高度关心和重视，专门成立气象服务协调小组。中共中央政治局常委、国务院总理李克强同志多次对办好北京冬奥会提出明确要求，并在 2022 年 1 月对气象工作作出重要批示，要求以提供优质高效气象服务为导向，加强气象现代化建设，增强气象科技自主创新能力，加强国际合作，进一步提升精密监测、精准预报、精细服务水平，切实做好北京冬奥会气象保障服务工作。2020 年 6 月，中共中央政治局常委、国务院副总理韩正同志专题听取气象保障服务工作汇报，要求妥善防范应对冬奥会筹办重大风险，制定专门的工作方案和应急预案。在北京冬奥会开幕倒计时 100 天之际，中共中央政治局委员、国务院副总理胡春华同志到中国气象局调研督导北京冬奥会气象保障服务工作，强调要以高度负责、精益求精的态度，高标准、高质量做好气象保障服务各项工作，切实保障北京冬奥会顺利举办。中国气象局认真贯彻落实党中央国务院决策部署要求，加强组织领导，坚持底线思维，认真组织分析历届特别是近 3 届冬奥会气象条件对申办、筹办、测试赛和正式赛事的影响、经验和教训以及冬奥会赛事对气象保障服务的需求，主动加强与北京冬奥组委对接沟通，全力配合做好北京冬奥会申办、国际奥委会迎检、测试赛等工作。特别是克服新冠肺炎疫情影响，组织全部门力量，集全国气象行业之智，强化气象监测预报预警，提前做好极端天气应对工作方案，全力组织做好北京冬奥会气象保障服务各项筹办任务。

3. 北京冬奥组委、北京市委市政府、河北省委省政府高度重视北京冬奥会气象保障服务工作

在北京冬奥会气象保障服务筹备和赛事气象保障服务全过程中，始终得到北京冬奥组委、北京市委市政府、河北省委省政府的指导、支持和帮助。中共中央政治局委员、北京市委书记、北京冬奥组委主席蔡奇同志和北京市市长、北京冬奥组委执行主席陈吉宁同志多次召开专题会议，调度并听取开闭幕式和赛时气象保障服务工作汇报。河北省委书记王东峰同志多次指挥调度张家口赛区冬奥会气象保障服务工作。河北省省长、北京冬奥组委执行主席王正谱同志亲自到张家口赛区气象服务中心，检查赛事气象保障工作。北京冬奥组委专门设

立气象办公室，协调做好气象保障服务工作，张建东副主席、杨树安副主席、韩子荣副主席多次组织召开专题会议，研究部署气象保障服务工作。

（二）勇于攻坚克难，气象现代化和科技创新有力支撑北京冬奥会气象保障服务工作

在 2013 年北京冬奥会申办期间，中国气象局组织开展延庆、崇礼气候特征及滑雪适宜性分析、冬奥会期间高影响天气风险分析，在延庆和张家口赛区建设气象观测站，为成功申办北京冬奥会提供详实科学的气象依据。2015 年北京申奥成功后，中国气象局进一步加强与北京冬奥组委沟通对接，在第一时间启动冬奥会气象保障服务筹备工作，连续 5 年为国际奥委会提供气候分析报告，气象保障服务筹备工作受到各方充分肯定。

一是建成相较历届冬奥会更为完善精密的气象观测系统。以北京冬奥会赛场为核心，在北京、延庆和张家口 3 个赛区及周边共建设各种现代立体气象探测设施 441 套，建成延庆海陀山和张家口康保新一代天气雷达，实现了超精密复杂山地和超大城市一体化的“三维、秒级、多要素”冬奥气象综合监测。针对延庆和张家口赛区低温天气，研发和布设加热融雪和超声波气象观测设备，全面保障赛时气象观测设备安全稳定运行。

二是首次建成“百米级、分钟级”冬奥气象预报服务系统。在科技部“科技冬奥”项目支持下，组织全部门、全行业冬奥气象预报技术攻关，在冬奥会历史上首次实现了“百米级、分钟级”天气预报服务，首次实现了气象服务数据采集、制作、传输的全流程自动化。针对赛场特殊地理环境特征和预报难点，研发形成涵盖风、降水、气温、积雪深度、沙尘、能见度等要素的短时临近到中长期天气预报的无缝隙专项保障产品体系。启动“智慧冬奥 2022 天气预报示范计划”，招募全国气象部门、高校、企业等 22 家顶尖技术团队参与，征集国内最优秀的高分辨率数值天气预报模式，配合人工智能预报技术方法，为精细化气象预报服务提供了有力支撑。建成智慧化、数字化冬奥气象服务网站和手机客户端，全面融入北京冬奥会服务体系。

三是组建最优秀的冬奥会气象保障服务团队。2017 年从全国气象部门选派优秀业务骨干 52 人，组成冬奥气象预报服务核心团队，连续 5 年开展赛区冬训、赛事观摩、出国培训、英语训练等，为赛时气象保障服务打下坚实基础。精心组织 2019–2020 年和 2020–2021 年冬季测试赛气象保障服务，检验系统、锻炼队伍、积累经验、改进不足。按照“一馆一策”“一项一策”要求，在北京冬奥会期间，气象部门选派 45 名预报服务和保障人员闭环进驻 3 个赛区各场馆以及北京冬奥组委主运行中心、竞赛指挥组前方指挥部，根据国家体育总局要求首次派出气象预报专家参加中国体育代表团，形成了“三地六方”（北京城区、延庆、张家口三地，北京赛区、延庆赛区、张家口赛区、北京冬奥组委主运行中心、竞赛指挥组前方指挥部、中国体育代表团团部六方）伴随式气象服务新模式，得到北京冬奥组委、国家体育总局和北京冬奥会各竞赛团队的高度赞誉。北京市气象局、河北省气象局，以及国家气象中心（中央气象台）、卫星中心、数值预报中心、探测中心、人工影响天气中心等国家级气象业务单位组建 10 余个专项支撑团队，全力支持和保障前方一线预报服务团队开展工作。

四是建立通畅高效的组织运行和赛时指挥体系。随着北京冬奥会申办成功和筹办工作推进，2016 年中国气象局成立北京冬奥会气象服务工作领导小组，2017 年组建冬奥气象中心，

全面对接北京冬奥组委需求做好各项气象保障服务筹备工作。2020年联合北京冬奥组委、国家体育总局、北京市政府、河北省政府组建北京冬奥会气象服务协调小组，不断优化完善跨地区、跨部门的协调机制，多次组织召开会议，研究部署北京冬奥会气象保障服务工作。制定印发北京冬奥会气象保障服务赛时运行指挥工作方案和各项应急预案，建立了职责清晰、指挥有力、协调高效、运行流畅的赛时运行指挥机制。

（三）心怀“国之大者”，高标准高质量完成北京冬奥会气象保障服务任务

北京冬奥会赛事期间共经历了6次低温、降雪、大风等高影响天气过程，给赛事运行和赛会组织带来严峻挑战。北京冬奥会气象预报服务团队强化监测预报和服务对接，为竞赛组织、日程变更提供了精准及时的气象信息，确保了北京冬奥会在预定时间内完成所有比赛、产生所有109枚金牌，同时也为赛会各项组织运行和保障工作提供了强有力支撑。

1. 精准预报，气象服务为冬奥会全部赛事顺利完赛保驾护航

作为北京冬奥会运行指挥部竞赛指挥组联合组长单位，中国气象局负责为竞赛日程变更提供所需的气象信息和决策建议。进驻闭环的预报服务人员每天参与竞赛指挥组、各场馆竞赛指挥团队的会商，实时监视天气变化，为各项赛事提供气象条件适宜的窗口期建议。北京冬奥会期间，北京、延庆、张家口3个赛区不同程度地经历了低温、降雪、大风等高影响天气，据有关方面统计，赛事期间共有20项官方训练或比赛活动因不利天气影响而推迟、中断、延期或取消。针对冬奥会复杂天气，气象部门围绕赛事组委会的需求，准确精细预报冬奥会赛事天气，为准确及时调整赛事提供了科学的气象保障。例如，在延庆国家高山滑雪中心原计划2022年2月4日11时举行的高山滑雪滑降项目第二轮官方训练，受大风影响推迟，组委会依据准确天气预报，抓住有利天气窗口期延迟1小时顺利进行。又如，在崇礼云顶滑雪公园原计划2月13日10时举行的自由式滑雪女子坡面障碍技巧资格赛，因降雪和能见度低延期，组委会根据准确天气预报调整到2月14日顺利进行。国际奥委会体育部部长吉特·麦克康奈尔在竞赛变更委员会例会上表示，准确可靠的气象预报确保了高山滑雪、自由式滑雪坡面障碍技巧、越野滑雪等比赛日程成功调整。北京冬奥组委副主席杨树安在例行新闻发布会上指出，北京冬奥会很好地体现了“一流的气象保障服务”。

2. 提前研判，高影响天气过程预报实现“零失误”

2021年10月初，北京冬奥会气象预报团队进驻服务一线，进入赛时服务状态。2022年1月27日，气象部门全面进入北京冬奥会气象保障服务特别工作状态，与北京冬奥组委和各赛区建立每天定时“三地六方”会商天气机制，前方预报团队随时滚动订正。冬奥会期间，共开展专题会商85次，京冀晋蒙四地联合加密观测2089站次，持续46天启动风云四号气象卫星逐分钟加密观测。准确预报2022年1月30日蒙古国沙尘对赛区无影响和开幕式前彩排降雪天气、2月4–6日大风天气需关注、12–13日强降雪低能见度道路结冰要防范、14–18日“相对好天气（风小天气）”利用好、19–20日大风天气要“早安排”等。特别是提前10天研判出2月13日强降雪、降温、低能见度天气，为赛事组织和调整赢得了充分的准备时间。国际雪联负责人多次提到，北京冬奥会气象服务工作做得非常好，做得比任何一届冬奥

会都好，这和气象保障服务人员努力是分不开的，非常感谢！

3. 力求卓越，确保开闭幕式闪亮登场完美谢幕

中国气象局将保障北京冬奥会开闭幕式作为气象服务的重中之重。自 2019 年以来，针对开闭幕式活动举办、焰火燃放等提供气候评估分析报告 20 余份。2021 年 10 月，气象部门组建开闭幕式气象保障专项工作组和预报服务专班团队，分析开闭幕式期间历史上高影响天气特征，定期滚动提供气候趋势预测。2022 年 1 月以来，针对开闭幕式彩排演练开展了 20 次天气会商，提供了 80 余次专项预报和为期 3 个月的现场服务。提前 3 天精准预报弱冷空气主要影响时段为 2 月 4 日白天，晚间风力逐渐减弱。2 月 4 日开幕式和 2 月 20 日闭幕式当日，中国气象局庄国泰局长率各位局领导分别驻守在冬奥会气象服务总指挥部、冬奥会北京气象中心进行现场指挥，选派首席预报员赴国家体育场现场负责开闭幕式气象保障服务。人工影响天气联合指挥中心全程密切监视天气变化。北京冬奥会开闭幕式在适宜的气象条件下顺利举行，24 小时的逐小时温度和风预报与实况高度吻合，气象服务得到各方高度赞誉。国际奥委会主席巴赫及多名国际奥委会官员和领队特别对 1 月 30 日开幕式彩排的“精准”降雪预报高度称赞。

4. 精细服务，为中国体育代表团夺金保驾护航

根据国家体育总局需求，为保障中国国家队取得更好的参赛成绩，中国气象局首次选派中央气象台首席预报员参加中国体育代表团。充分调研参赛队伍需求，紧密围绕恶劣天气对交通、训练和比赛的不利影响，提前做好赛前和赛时器械保养工作，制定工作流程，形成产品推送方案，确保所有中国体育代表团参赛队能够根据科学天气预报结论和影响提示选择雪板打蜡时间和材质。在 2022 年 2 月 4–5 日大风、12–14 日降雪降温、17–19 日降雪低温等天气过程到来前，针对自由式滑雪、空中技巧等比赛，提前告知领队和教练低能见度、顺逆风转换等情况，提醒领队和教练做好合理战术安排。保障期间，通过加强实地勘察和精细化预报产品检验，提高预报准确率，14 日、16 日女子和男子空中技巧夺金比赛期间的预报与实况基本吻合。特别是首钢大跳台 2 月 8 日、15 日中午前后的偏东风精准风向预报，为谷爱凌、苏翊鸣获得金牌，首钢滑雪大跳台成为“双金”场馆提供重要气象保障。

5. 主动融入，为相关部门和社会公众提供全方位气象服务

积极主动对接生态环境、应急管理、交通运输等部门，配合做好北京冬奥会期间空气质量、应急救援、森林草原防火、交通保畅以及城市运行保障等服务工作。北京、河北两地气象部门赛事运行保障单位建立“一户一策”服务模式，实现了城市运行指挥中心、重点交通枢纽、999 急救中心等部门气象信息共享，为不同场景提供专属服务。特别是针对 2022 年 2 月 12–13 日强降雪、降温天气，北京、河北两地根据准确的气象预报提前安排部署各项应对工作，有效保障了两地城市安全运行。中国气象局开发具有中英双语功能的冬奥智慧气象应用程序（App）、冬奥公众气象网站，累计访问量达 77 万余次。在微博、抖音、快手等新媒体平台全渠道发布 3 大赛区场馆天气预报、冬奥公众观赛指数预报和冬奥冰雪项目气象科普视频等，为公众更好了解冰雪运动、场馆天气信息提供了直观、精准的气象服务。

（四）下一步工作安排

1. 继续做好北京冬残奥会气象保障服务

按照“两个奥运，同样精彩”的要求，总结经验、发扬成绩、再接再厉，深入细致地做好各项冬残奥会气象保障服务工作。继续沿用冬奥会气象服务运行指挥模式，配备原班人马，使用在冬奥会气象保障服务中经受住考验的气象观测业务服务系统，关注冬春季节转换期赛区复杂地形的天气形势，提供与冬奥会同样标准的冬残奥会气象服务。

2. 全面做好北京冬奥会气象保障服务总结和成果应用

气象部门将从监测、预报、服务、科研、团队和沟通合作等方面认真总结北京冬奥会气象保障服务取得成功的经验，为国家重大活动开展和京津冀协同发展、区域防灾减灾、生态文明建设以及国家重大工程建设等提供更有力的气象保障服务。大力推广复杂地形下精细化气象预报预测技术、雪务与冰雪运动气象保障技术，为国家冰雪经济和产业发展提供更好支撑。继续推进冬季体育运动和气象领域的合作，为后续国际冬季体育赛事提供中国经验、中国智慧，也为中国体育代表团参加重大国际赛事保驾护航。

3. 毫不放松做好今年各项气象服务工作

发扬攻坚克难、连续作战的作风，密切监视天气变化，加强滚动会商研判，继续组织各地气象部门做好气象灾害监测预报预警服务。强化与交通运输、应急管理、水利、农业农村、自然资源等部门信息共享和应急联动，全力做好全国“两会”、春季农业生产、森林草原防灭火等气象服务和汛期气象服务各项准备工作，最大限度减轻气象灾害造成的损失和影响，以优异的成绩迎接党的二十大胜利召开。

五、北京市气象局关于北京冬奥会气象保障服务工作总结

北京市气象局坚决落实中国气象局、市委市政府和北京冬奥组委关于北京2022年冬奥会的各项任务部署，面对“三个前所未有”艰巨挑战，坚持科技创新引领，实现“四个首次”核心技术突破，以最高标准、最强团队、最精服务圆满完成冬奥气象保障服务任务，为书写“双奥之城”新的历史华章贡献气象力量。

（一）聚部门合力，应对“三个前所未有”巨大挑战

1. 赛区核心观测几近空白，获取反映山地三维大气特征精密探测数据的难度前所未有

延庆海陀山地形复杂、局地小气候多变，赛区核心区气象监测几近空白，对局地天气特征知晓几近为“零”。按照国际惯例需提前5年开展赛场环境气象条件观测，没水没电没路没网的恶劣自然条件，对气象观测站网布局、建设、运维和海量多尺度多要素探测数据的实

时应用，提出巨大挑战。

2. 复杂地形下微尺度的百米级分钟级预报，科技攻关难度前所未有

北京冬奥会不同赛事对天气条件要求之高、风险阈值差异之大，山地微尺度精准预报技术之难是国际难题，在我国更是空白。除常规的风速风向、温度、湿度、降水要素外，还需提供阵风、能见度、降水相态、雪面温度等特殊要素的预报，“百米级、分钟级”预报科技攻关挑战极大。

3. 无可借鉴的经验，冬季赛事保障难度前所未有

北京冬奥会是在大陆性冬季风主导的气候条件下举办的，与历届冬奥会的天气气候特征、气象保障侧重点存在显著差异，尚无方案可复制或借鉴。加之我国冰雪运动起步较晚，冬季国际体育赛事气象保障服务经验严重不足，气象服务保障挑战极大。

（二）突破四项核心技术，精细化服务实现质的飞跃

1. 首次在我国中纬度山区复杂地形下实施冬季多维度气象综合观测，山地精密气象观测技术取得长足进步

勇闯“无人区”，勘察设计覆盖区域中尺度、山谷小尺度、赛道微尺度的观测布局。2014 年快速建成首批梯度气象观测站，获得第一手资料，得到国际雪联的肯定。在中国气象局观测司和气象探测中心、华云公司等指导支持下，在北京及周边新建和改造各类探测设施 148 套，开展“三维、秒级、多要素”立体靶向协同天气监测。京冀晋蒙四地联合加密观测 2089 站次，国家卫星气象中心支持下，持续 46 天开展风云四号气象卫星逐分钟加密观测。首次实现赛道“秒级风”监测，服务于选择赛事窗口期。为冬奥气象预报技术研发和保障服务提供高质量精细天气“背景”数据。

2. 首次实现复杂山地“百米级、分钟级”精细化气象预报，自主可控的小尺度局地精准预报技术取得明显进展

由预报司组织，北京市气象局与国家气象信息中心联合搭建平台，汇集全国院校、企业等多方力量，实施“智慧冬奥 2022 天气预报示范计划”，聚行业之智合力支撑保障。数值预报中心的 GRAPES_GFS、CMA-MESO 为冬奥短、中期气象预报提供了重要支撑；北京市气象局研发构建了依地形衍生的高精度气象预报系统 CMA-BJ（睿思）集多源气象数据快速融合、复杂地形自适应、大气涡流模拟、机器学习订正和天气客观分类等技术方法为一体，可精细到赛区 500 米、赛道 67 米，更新频次最高为 10 分钟，关键点位 10 天内定时、定点、定量预报，多项技术填补国内空白，为一线预报服务团队提供不可或缺的预报信息。

3. 首次实现冬奥专用气象信息报告的全自动化，彰显中国冬奥会赛事气象技术服务的现代化水平

建成全领域信息网络，实现冬奥组委、国家级、省级、3 个赛区信息的互通互备共用。

建立统一规范的数据服务体系。提供包含雪温雪质、冰温冰质等非气象要素在内的冬奥 C49 天气报告及 ODF（实况、预报、预警）数据服务，在冬奥会历史上首次实现了数据采集、传输、整合全流程自动化，实时服务国际奥委会等“奥运大家庭”8 类用户。

4. 首次部署“云 + 端”核心业务系统，毫秒级数据响应支撑三地多赛区应用

牵头建成七大冬奥气象核心业务平台（多维度冬奥预报、冬奥现场气象服务、冬奥气象综合可视化、冬奥全流程实时监控、冬奥智慧气象 App、冬奥航空气象服务、智慧冬奥 2022 天气预报示范计划集成显示），实现“统一开发、京冀互备、三地共用”，有效提升预报服务精细化智能化集约化水平

（三）聚焦 3 个阶段保障，全程参与助“精彩”

1. 申办成功、气象助攻

开展延庆赛区气候特征及滑雪适宜性分析、冬奥会期间高影响天气风险分析，应用山地气象理论，科学模拟了海陀山区气候特征，创新性提出适于启动造雪和适宜持续开展冰雪运动的“结冰期”概念，为成功申办冬奥会提供详实科学的气象依据。

2. 筹办高效、气象发力

联合国家气候中心、河北省气候中心等连续 6 年向国际奥委会提供赛区天气风险分析报告，为基础设施建设及确定最佳比赛时段提供重要依据。为国际奥委会、国际雪联专家开展考察、踏勘、质询、场地认证等 100 余次活动提供服务。连续 2 年派专班进驻海陀山服务赛区建设。连续 4 年开展赛区气候预测、造雪窗口期气象条件分析。以实战标准完成第十四届全国冬运会和“相约北京”22 大项系列测试赛气象保障服务，期间高影响天气“全经历”、天气预报“零漏报”、保障服务“零差错”，获得多方肯定。

3. 赛事顺畅、气象给力

精密部署，助力开闭幕式“双精彩”。建成的国家体育场冠层、场内观礼台、舞台地面的“4+4+1”观测设施作用得到有效发挥。提前一个月的趋势预测、提前 10 天的过程研判、提前 3 天的精准预报和提前 1 天的逐小时温度和风预报与实况相吻合，助力焰火安全精彩燃放和冬奥会开闭幕式精彩纷呈。精准研判，全程护航北京火炬接力，支撑指挥部将大运河森林公园火炬水上传递调整为陆上，有效规避大风对船只安全航行的风险。

精准预报，科学严谨细致“护赛程”。准确预报 1 月 30 日蒙古国沙尘对赛区无影响、2 月 4–6 日大风天气和 9–11 日不利扩散天气需关注、12–13 日强降雪低能见度需防范、14–18 日“好天气”要利用和 19–20 日大风天气要“早安排”等，特别是提前 10 天研判出 12–13 日强降雪天气过程。期间，北京、延庆赛区 24 小时晴雨、气温、平均风速、阵风风速预报准确率分别达到 98%、85%、94%、76%，延庆赛区分别达 93%、84%、73%、60%，比 2020 年同期提升了 3～15 个百分点。精准预报和精致服务支撑 10 次赛事日程调整、助力首钢滑雪大跳台成为“双金”场馆，为实现“全项目参赛”“参赛精彩”提供了有力保障，国际

奥委会、北京奥组委赞为“一流的气象服务保障”。

精细服务，助力赛区运行“保畅通”。实现与北京城市运行指挥中心、重点交通枢纽、999 急救中心等气象信息共享和平台融入，“一户一策”为交通保畅、能源保供、扫雪铲冰、森林防火、空气质量、高山赛场直升机应急救援提供专属服务 1500 余期。在新媒体平台多渠道发布赛区天气信息、公众观赛指数预报等。中英双语版冬奥公众气象网站和冬奥智慧气象 App 纳入“冬奥通”，总访问量达 77 万多次。在中国气象局办公室、宣科中心的协调下，冬奥气象服务得到社会广泛赞誉，中央电视台《焦点访谈》《共同关注》栏目等 120 余家中外媒体集中关注报道，刊发各类媒体稿件 3000 余篇。制作《延庆区气象服务组进入闭环出征纪实》《气象人的冬奥时间》《冬奥气象人的一天》3 部宣传短片，得到各方好评。

（四）经验与启示

1. 提高政治站位，建立高效运行工作机制是前提

各级领导高度关心和重视北京冬奥会气象保障服务工作，蔡奇书记每日召开专题会议，听取开闭幕式和赛时气象信息及保障工作汇报，对精准预报提出明确要求。庄国泰局长、于新文和余勇副局长等领导在关键节点到北京市气象局一线坐镇指挥。在中国气象局冬奥气象中心统一协调下，北京市气象局不断优化完善跨地区、跨部门的协调机制和顺畅高效的赛时组织运行机制，统筹规划、整体推进。

2. 坚持科技创新，现代化成果落地应用是根本

探索形成的一套山地观测系统布局及建设技术体系、一套自主可控的高精度山地预报和服务技术、一组核心业务支撑平台、一系列数据服务规范、一张“一场一策”“一项一策”的赛事气象风险“阈值”表，得到有效实践，磨合了产学研用的创新机制，体现了集中力量办大事的举国科技创新优势。

3. 加强开放合作，建设高素质核心团队是基础

中国气象局统一组织国家气象中心、公共服务中心、京津晋冀蒙省级气象部门 52 名骨干组成“最优”山地预报团队，连续 5 个冬季驻实地训练复杂山地气象预报；汇集科研院校、企业等 30 家的 500 名技术骨干，组建“最精”科技研发团队；组建“最强”预报预测专家团队，“三级六方”联合会商天气 85 次；组建“最专”现场服务队伍，57 名业务骨干进驻 16 个点位，累计服务 300 人月。组建“最勤”运维保障团队，与华风、华云等 10 余家企业联手全程做好技术保障。

4. 强化遗产传承，冬奥气象成果可持续应用是关键

“冬奥会气象条件预测保障关键技术”项目已纳入世界气象组织示范项目，可为国际高影响天气高精度预报技术研发和应用提供中国经验。一系列科技成果、一套气象服务与各行业信息深度融合服务机制，将为“后冬奥时代”高水平体育赛事和冰雪经济气象服务提供

借鉴，还将在后期保障重大活动、韧性城市安全运行、极端天气风险防范等方面得到深化应用。

下一步，北京市气象局将按照“两个奥运，同样精彩”的原则，在中国气象局和北京市委市政府的坚强领导下，继续保持昂扬斗志，关注冬春季节转换期赛区复杂地形天气形势，无缝衔接做好冬残奥会保障服务，抓好北京冬奥会气象保障服务成果拓展应用。统筹做好全国“两会”、春季极端天气防范、森林防灭火、汛期气象服务等各项工作。

六、北京市气象局关于北京冬残奥会气象保障服务工作总结

在中国气象局、市委市政府的坚强领导下，在国家级气象业务科研单位、津冀晋蒙等省（区、市）气象局及科研院所、部队气象部门的大力支持下，北京市气象局集部门之力、聚行业之智，圆满完成冬残奥会开闭幕式及北京、延庆赛区赛事气象保障服务各项工作。

（一）应对“四个特殊”挑战，迎接冬残奥会气象保障服务面临的新考验

充分认识冬残奥会气象保障服务面临的新挑战，一是服务对象特殊，整体赛程安排紧。残奥运动员身体差异大，受天气影响造成伤害几率高，且单项比赛组织和运行时间长，完赛时间“窗口短”，需提供更加贴心、细致和个性化的气象服务；二是雪上项目占比高，赛事更易受天气影响，78 枚金牌中 76 枚为雪上项目，其中需在延庆高山滑雪中心赛场的 7 个比赛日中产生 30 枚金牌，完赛难度大；三是冬春交替时节天气复杂多变快变，大风、沙尘等天气多发快发，预报难度加大；四是与全国“两会”会期重叠，必须要做到气象服务“两手抓”“两不误”。

（二）坚持“四个同样”标准，高标准高质量完成冬残奥会气象保障服务任务

1. 坚持高效组织运行模式

经过短暂休整，2 月 25 日冬奥北京气象中心进入冬残奥会和“两会”气象保障服务特别工作状态。实施“两会议一报告”制度，每日上午冬奥北京气象中心主任参加蔡奇书记主持召开的冬奥专项调度会，汇报火炬点火、传递、开幕式及赛事期间天气预报情况。每天下午召开工作例会，通报当日工作重点，协调解决存在的问题和困难。每日 16 时向中国气象局报送工作情况简报。组织“三级六方”专题天气气候会商 42 次。

2. 坚持发挥核心技术成果作用

七大核心业务系统、CMA-BJ（短期、睿思、大涡、睿思细网格模式）、C49 及 ODF 数据服务均正常，发布 C49 产品 51 期，DT_VEN_COND 产品 858 期、DT_WEATHER 产品 76 期，被冬奥组委技术部赞为“高专业水准的产品和服务”。开展地面、高空加密观测 1428 站次，持续开展卫星加密观测。北京冬残奥气象服务 App 运行稳定，累计下载量 2770 次，访问量 3.3 万人次。强化网络安全措施应对，成功拦截 60 万余次攻击，无攻击成功案例。

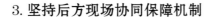

3. 坚持后方现场协同保障机制

继续坚持三级 (国家级、市级、区级) 大后方保障团队与分管局领导带队赴现场协同保障机制，来自国家气象中心、公服中心和京冀晋蒙等省（区、市）气象局以及华云、万云的 38 名前方保障人员继续在 11 个相关指挥机构、前方工作组和竞赛场馆等点位开展服务。4 名预报专班人员持续做好北京城区场馆服务；2 名预报首席、7 名探测保障人员，继续闭环驻守延庆高山滑雪中心，提供现场服务保障；7 名预报和 3 名探测保障团队人员在延庆分中心服务保障；4 名人员在反恐相关点位驻守。

4. 坚持高标准精致气象保障服务

一是提前研判、准确预报，助力冬残奥会开闭幕式顺利举行。逐小时发布火炬接力 10 个点位预报、开闭幕式现场预报，为开闭幕式举办、火种采集与汇集、火炬接力顺利开展提供保障。提前 10 天预测出 3 月 4 日开幕式当天大风、沙尘天气过程；提前 2 天准确预报大风、沙尘影响时段和强度，预判活动时段大风减弱；提前 1 天发布大风黄色和沙尘蓝色预警信号。准确预报 13 日闭幕式当天弱降水时段和对活动影响不大的结论。火炬传递保障指挥部领导认为气象预报精准、精益求精，有力保障了火炬传递活动万无一失。开闭幕式指挥部和焰火燃放工作组有关领导盛赞冬残奥开幕式气象保障服务，指出“这次天气预报很厉害，大风说什么时候小就小了，风预测很准，气象局的预报给筹备工作吃了一个定心丸，给残奥开幕式筹备工作很大帮助”，并赠送“预报精准、专业服务”锦旗表示感谢。

二是精细服务、支撑决策，助力冬残奥会各项赛事顺利完成。延庆赛区在冬奥会保障服务的基础上增加了竞技赛道 3 个点位及颁奖广场的预报服务，共 10 个点位。以尽早尽准尽细的标准，准确预报 3 月 4 日大风和沙尘天气、7–10 日高温融雪风险、9–10 日不利扩散天气、11–12 日降水天气过程、13 日弱强水天气过程的量级、影响范围、时段。自 2 月 25 日开始逐小时滚动更新发布各场馆预报产品。为官方训练和正赛赛程调整抢抓比赛“窗口期”、赛道处理等提供决策支撑。据了解，由于天气原因赛程安排提前 3 次、推迟 2 次。市领导认为气象部门提前一周研判出 9–10 日不利扩散天气，有力支撑了冬残奥会期间大气污染联防联控调度。北京冬残奥会指挥部调度中心有关负责人认为“进入冬残奥周期以来，气象预报精准，保障各项活动及赛事按时进行”。

三是主动融入、精致服务，全方位保障城市安全运行。做好赛事外围保障专项服务，数字化气象信息融入冬奥交通保障调度中心“2022 年北京冬奥会交通安保一体化平台”，提供三大赛区、19 个场馆和 16 个重要交通枢纽的气象实况、天气预报和预警信息。面向北京市城市运行及环境指挥调度中心、冬奥交通指挥调度中心、延庆赛区冬残奥直升机救援等滚动发布专项服务产品。联合河北省气象局向公安部交管局提供京津冀交通气象服务专报。市交管局认为“冬奥会和冬残奥会期间，天气实况、预报、预警等数据，对交通指挥决策提供了强有力支撑”。999 直升机救援指挥调度员称赞及时有效气象服务为直升机救援的安全提供了重要参考。做好城市安全运行气象服务，针对 3 月 4 日大风和沙尘天气，为市电力公司、交通委等城市安全运行单位提供逐小时天气监测和滚动预报服务，与森林防火办沟通协商，发布森林火险预警。与市城管委、发改委、财政局联合开展加密跟进式供暖气象服务会商，为科学决策供暖结束期和能源调度提供精准预报预测。与生态环境局，保持密切高效联动，助力大气污染联防联控。

（三）人影工作蓄势未发，安全有序开展试验和演练

坚持“宁可备而不用，不可用而无备”的原则，人影工作备而未用。一是多家联合开展降雪观测试验，加强技术储备。获取环北京区域的卫星、雷达、微波辐射计等实时探测资料，监测分析云降雪发展演变特征，升级优化专门针对冬奥赛区的数值模式预报产品，为作业方案设计和作业力量部署提供技术支撑。二是守住安全底线，随时闻令而行。针对开闭幕式人影保障服务，及时研判天气状态，联合指挥中心部署地面、飞机作业力量和相关人员在岗待命。

（四）强化舆情监测引导，冬残奥气象宣传“热点”持续

一是主流媒体持续关注。北京日报重点报道《预判大风沙尘，冬残奥开幕式气象预报再次精准无误》，中国青年报报道《延庆赛区因气温回暖调整赛程》。二是行业内媒体精彩纷呈。在《中国气象报》发表稿件 9 篇，其中头条报道 4 篇；在中国气象局门户网站发表稿件 10 篇。既聚焦“科技冬奥”成果、探测系统特色、天气预报示范、信息化系统应用等科技类气象盘点开展系列报道，也通过“冬奥气象・日记”栏目开展“冬残奥气象服务个人、团队”主题采访宣传。制作《冬奥气象人的十二时辰》短视频。

（五）经验和启示

历时 6 年多筹备、60 天的冬奥会和冬残奥会气象保障服务，从相对有基础的平原地区、夏季、降水要素天气的预报，转向基础薄弱的山区复杂地形下、冬季、风等要素的预报，气象部门接受了前所未有的严峻考验，摸索出了一个高效运行保障机制、积累了一系列丰硕的气象科技成果、打造出了一支国际水平的专业人才队伍，将在助力场馆赛后利用、冰雪运动普及发挥作用，也为续写重大活动气象保障服务新篇章、开启推动北京市气象高质量发展的新序章奠定坚实的基础。

1. 体制优势将继续为合力防灾减灾提供有力保障

中国气象局聚气象部门之力、集气象行业之智，建立的跨地区、跨部门的协调机制和顺畅高效的组织运行机制，充分体现了集中力量办大事的举国体制优势。形成的“三级六方”天气会商机制，有力保障了各种高影响天气过程的精准研判，将继续在气象防灾减灾中发挥更大作用。

2. 气象科技能力提升将为精准精细防灾减灾气象服务提供有力支撑

建立的以精准气象预报预警系统、精细气象服务系统等为主体的冬奥会气象保障核心业务平台，以及依托科技创新形成的“百米级、分钟级”预报服务技术，向全世界展示了我国的气象科技实力，将在极端天气应对和汛期气象服务中得到充分应用，为全年高影响天气的精细化预报服务提供业务支撑。

3. 气象人才队伍将成为后冬奥时代服务于冰雪运动的生力军

通过服务冬奥会和冬残奥会特殊需求，培养了一支技术过硬、具有国际水平的气象科研、预报、保障服务团队，积累的一整套预报员培养经验，将推动形成系列冰雪气象保障服务业务标准体系，为后冬奥时代服务于冰雪运动和重大活动保障以及北京韧性城市气象保障积累宝贵财富。

七、河北省气象局关于北京冬奥会气象保障服务工作情况的报告

2 月 20 日，北京 2022 年冬奥会圆满闭幕，全部比赛项目按计划顺利完赛。冬奥会期间，河北省气象局深入贯彻落实习近平总书记关于冬奥会筹办系列指示精神，按照中国气象局和省委、省政府工作部署，以及庄国泰局长、于新文副局长、余勇副局长的指示要求，围绕“监测精密、预报精准、服务精细”目标，高质量完成张家口赛区 51 个小项的赛事气象服务保障任务。现将有关情况报告如下。

（一）正赛期间天气形势“先扬后抑”，低温降雪成赛区高影响天气主角

正赛前半程，张家口赛区天气条件整体良好，除 5 日阵风稍大外，各比赛日以晴为主，适宜赛事的开展；后半程，于 12–13 日、17–18 日出现两次冷空气降雪天气，降雪、低能见度、低温、大风等对赛事进行造成不利影响，其中 18—20 日云顶滑雪公园连续 3 天极大风速超过 18 米 / 秒，16 日冬季两项赛场最低气温降至 –26.7℃。竞赛日程委员会根据预报，对自由式滑雪空中技巧、坡面障碍技巧、冬季两项、越野滑雪等项目做出 8 次赛事调整，跳台滑雪 1 项官方训练取消，自由式滑雪 U 型场地技巧 1 项官方训练推迟。在场馆预报员和竞赛团队的通力协作下，全部赛程调整科学准确。

（二）张家口赛区气象服务保障各领域工作“忙而不乱”，一流的气象服务保障得到各方肯定

1. 优化人员配备，指挥调度体系运转高效

张家口赛区气象服务保障工作受冬奥气象中心、河北省运行保障指挥部及各分指挥部以及张家口赛区城市运行和环境建设管理指挥部三重领导，对接云顶、古杨树 4 个竞赛场馆竞赛团队，组织和调度工作点位多、流线长、事务广。为此，赛事期间，分管局领导郭树军作为前方工作组组长在崇礼牵头各项指挥调度工作，在省指挥部、张家口市指挥部、省级各分指挥部分别派驻 1 名专职人员具体对接。前方核心力量全力做好与冬奥气象中心和各竞赛场馆对接，2 月 1 日开始，每日早 7 时以 30 分钟为最小单元更新日运行计划图，中午 12 时召开各点位“午餐碰头会”，17 时召开全体工作例会，随时研究服务需求，研判重要任务，有力保障了运转平稳高效。

2. 围绕比赛核心，赛事赛会气象预报服务精准精细

每日向省运行保障指挥部等 20 个服务对象提供 18 类预报产品，逐小时更新 9 个赛道预报点位气象要素预报、制发颁奖广场点位预报以及 4 个竞赛场馆气象通报 235 期，为场馆赛事运行提供气象风险提示 4 期，为中国体育代表团提供专项服务 3 期，制发赛会运行服务材料 237 期。准确预报了历次冷空气降雪、低温大风天气过程，“赛时超阈值风速占比低于 20%”的预报结论坚定了 5 日跳台滑雪比赛按计划进行的决心；精准的温度预报支撑了竞赛日程变更委员会对 4 项越野和 1 项冬季两项赛事小时级调整，其中 15 日北欧两项男子个人越野滑雪 10 公里赛事结束时段温度预报误差仅为 0.1℃。

围绕赛事赛会需求，每日进行体育—气象专题会商，3 名专职同志在省、市和场馆群运行指挥一线实时为省、市领导提供气象咨询，场馆预报员每日与竞赛主任、技术代表、奥组委特聘专家以及山地运行团队交流最新气象信息，搜集一线服务需求，参加 61 场领队会，及时部署应对措施。各场馆中外专家均对气象团队高度信任，对预报结论高度信服，对气象服务给予高度评价。其中，北京冬奥组委副主席杨树安、国际奥委会体育部部长吉特·麦克康奈尔等 35 名冬奥官员对气象预报服务给予高度肯定。云顶场馆群竞赛副主任高森表示“国际雪联屡次提到，我们的气象服务工作做得非常好，做得比平昌好，做得比任何一届冬奥会都好”。

3. 开展 24 小时值守，全部装备设备与数据系统运行平稳

赛事期间，场馆装备保障团队聚焦场馆核心区气象站，明确闭环内进场维修申报流程与工作流线，预制备件 200 余件、备站 12 套，每日实时监控闭环内 44 个赛道气象站和 1 个航空气象站运行状态，有序开展野外巡检维护 60 站次、114 人次、340 余工时，排除风险点 6 处，维修故障隐患点 4 处；外围装备保障团队开展驻场保障，保障其他各类气象站、天气雷达赛时零故障。同时建立站点数据快速备份切换机制，确保网站数据显示不缺测。

信息网络保障团队重点对冬奥数据环境、超级计算机、冬奥核心网络的安全运行及涉奥业务系统运行状态进行不间断监控，处理感染病毒主机 237 台次、漏洞 114 个、高危事件 5 起，拒绝非法访问 8 万余次，封禁非法 IP 地址 759 个，未出现一次网络攻击破防事件、未出现一台计算机因病毒感染影响预报服务，北京、石家庄、张家口、崇礼及核心场馆各节点网络通信保持畅通。

此外，在中国气象局的指导下，联合建立了人影指挥和作业体系，赛前，调集 5 架作业飞机，50 部地面作业设备，为张家口地区增加降水 7424 万吨，有效增加赛区景观降雪。赛中，增强作业技术储备，人员、装备和物资实时待命。

4. 宣传张弛有度，展示了赛区气象服务的科技水平和工作精神

冬奥会开幕后，张家口赛区气象服务保障信息宣传工作重心由“强化内外宣传，营造冬奥气象服务浓厚氛围”转向“实时监控舆情，做好内部信息收集上报”。一方面，严格采访程序，严把宣传口径，严审刊发稿件，严防外媒负面炒作，重点安排主流媒体发声，突出迎难而上、不惧挑战的工作精神，展现科技冬奥成果；另一方面，提前打通渠道，提炼工作亮

点，提高简报质量，提升信息报送效率，协调省运行保障指挥部综合办，在每日运行报告中增加“气象保障”板块，确保省、市有关领导逐日了解气象服务保障工作亮点。

比赛期间，召开新闻发布会 1 次，接受主流媒体采访 48 人次，在国家级主流媒体和世界气象组织官网刊稿 6 篇次，在地方主流媒体和行业媒体刊稿 23 篇次，在《北京 2022 年冬奥会和冬残奥会（张家口赛区）每日运行报告》专题刊发 13 次。基本实现了“讲好冬奥气象故事”“不发生负面舆情”的工作目标。

5. 坚持以人为本，后勤保障充分到位，疫情防控严密平稳

持续关注闭环内人员的工作生活情况与心理状态，提前研判问题，为团队购置 9.45 万元的生活物资、常用药品，优先配备 N95 口罩、消毒液、防护服等防疫物资，确保闭环内同志物资充足，集中精力完成保障任务。密切关注闭环内食宿情况与疫情形势变化，及时研究处置突发情况，确保疫情防控不出问题。细化一线人员疫情防控措施，协调北医三院崇礼院区每 2 天在驻地开展全员核酸检测，明确驻地和办公地点点对点通行要求。共计开展核酸检测 400 余人次，期间闭环内 2 人次出现发热情况，均已妥善处置，闭环外全体人员健康状态良好，无阳性和密接个例。

（三）下一步工作

省气象局将坚持“两个奥运、同样精彩”的要求，继续为冬残奥会提供一流的气象预报服务，确保冬残奥会张家口赛区气象服务保障各项工作更加精彩出彩，实现双奥保障的完胜。

一是继续做好冬残奥会转换期各项气象服务工作，前方工作组全体同志转换期全体留守崇礼一线，全力做好转换期各项工作，确保冬奥会、冬残奥会气象服务无缝衔接。

二是 2 月 24 日前，组织场馆装备保障团队完成冬残奥会各竞赛场馆赛道气象站的巡检维护工作，确保全部设备以最佳状态投入即将到来的冬残奥会保障任务。

三是边保障边总结，在高质量开展冬残奥会气象服务保障的同时，组织崇礼一线驻守同志分领域做好冬奥会、冬残奥会筹办复盘总结工作，梳理工作亮点，提炼成功经验。

四是全力做好新冠肺炎疫情防控工作，妥善组织冬残奥会没有保障任务的预报员与装备保障人员安全、有序完成移出工作，按照赛区疫情防控相关标准和要求，严格落实各项防控措施，确保不发生感染事故。

八、河北省气象局关于北京冬残奥会气象保障服务工作情况的报告

3 月 13 日，北京 2022 年冬残奥会圆满闭幕，张家口赛区全部比赛项目顺利完成，所有金牌如期产生。冬残奥会期间，河北省气象局深入贯彻落实习近平总书记关于冬奥会筹办工作的重要指示精神，按照省委省政府和中国气象局工作部署，坚持“两个冬奥、同样精彩”

要求，高质量完成冬残奥会气象保障任务。现将有关工作情况报告如下：

（一）赛区天气复杂多变，赛事经受各类高影响天气考验

冬残奥会期间，赛事高影响天气从冬奥会期间的大风、低温、低能见度转变为沙尘、高温、降水等，特别是高温融雪风险和降水相态变化成为关注重点。一是赛事前段天气较为平稳。3 月 5—7 日天气条件整体有利比赛进行，除 3 月 5 日上午风力稍大外，其他时段均以晴到多云天气为主，温度适宜。二是开幕日和赛事中后段高影响天气考验较大。3 月 4 日，赛区出现大风沙尘天气，云顶最大风速超过 28 米 / 秒，对赛道雪质和官方训练造成一定影响。8—10 日和 12 日，赛区出现连续升温天气，最高气温达 14.3℃，服务团队 3 次发布“注意”（次高级）等级高温融雪风险提示。3 月 11 日，赛区出现雨夹雪转雪天气，累计降水量 4.5～7.8 毫米，新增积雪深度 5～8 厘米。三是精准预报有力支撑 3 次官方训练和赛程调整。根据准确预报，12 日单板滑雪坡面回转因降雨风险做出赛程整体提前 1 天的调整，4 日冬季两项官方训练因大风风险做出提前 1 天的调整，4 日单板滑雪障碍追逐官方训练因大风取消，全部赛程调整科学准确，各项比赛均顺利完成。

（二）坚持“同样重要”，冬残奥指挥调度体系持续高效运行

河北省气象局按照王东峰书记讲话要求和王正谱省长在《河北省气象局关于北京 2022 年冬奥会张家口赛区气象服务保障工作情况的报告》上的批示精神，发扬连续作战精神，全力做好冬残奥会气象保障任务。一是持续强化指挥调度。2 月 25 日、3 月 3 日 2 次召开张家口赛区气象服务保障前方工作组调度会，研究部署冬残奥会转换期各项准备工作，安排部署冬残奥会赛事和赛会运行服务保障工作。主要负责人张晶局长要求继续发扬“舍小家、顾大家，不怕苦、不畏难，打硬仗、能打胜，不骄傲、不急躁”的工作精神，切实做到工作力度不减、标准不降、作风不松。分管负责人郭树军副局长全程驻守崇礼一线，组织调度各项工作有序展开。二是科学部署保障力量。根据冬残奥会赛事安排和保障需求，安排 12 名 P 类预报服务人员和 11 名 C 类装备保障人员进入场馆，直接面向场馆和竞赛团队提供直通式、跟进式服务保障；针对外围保障任务，冬奥会结束后赛会服务、赛事服务、装备保障和网信安保等核心业务领域工作人员全部留守崇礼，开展转换期和冬残奥会保障。三是运行体系高效有力。借鉴冬奥会扁平化指挥调度成功经验，继续实行每日挂图作战、每天 12 时各点位“午餐碰头会”和 17 时全体工作例会制度，综合研判气象条件对赛事的影响，协调解决各业务领域运行保障存在的问题，有力促进了冬残奥会气象保障工作顺利展开。四是景观增雪作业安全有效。调集河北、北京、山西 5 架人工影响天气作业飞机、50 部地面人工增雪作业设备，冬残奥会转换期以来，在张家口地区开展飞机作业 5 架次，飞行 13 小时 6 分钟，播撒机载碘化银烟条 78 根；组织地面作业 4 轮次，燃烧地基碘化银烟条 10 根，估算增加降水量 186 万吨。

（三）坚持“同样精细”，赛事和赛会运行气象服务无微不至

冬残奥会期间，正值季节转换，春季大风、快速升温、降雨相态转换等气象风险多发。河北省气象局紧盯赛事和赛会服务需求，坚持“百米级、分钟级”服务标准和“一场一策”服务方案，精准服务于每项赛事安排和城市运行每个领域。一是接续做好精细化赛事赛会服

务。赛事期间，向省运行保障指挥部等 20 个服务对象提供 17 类预报产品，每日逐小时更新 3 个赛道预报点位气象要素预报、制发颁奖广场点位预报以及 2 个竞赛场馆气象通报共 79 期，为场馆赛事运行提供气象风险提示 1 期，制发城市运行、交通电力、空气质量、区域安保等赛会运行服务材料 145 期。二是聚焦需求升级服务策略。为有效应对赛事期间高温融雪风险，在《张家口赛区冬残奥会赛事期间雪质风险服务专报》增加雪面及以下 5 厘米、10 厘米雪质逐小时监测与预报产品，同时建立与山地运行团队的会商研判机制，为山地运行团队赛道撒盐、压雪提供科学决策依据。在冬季两项靶场区增设 1 套三维超声风观测站，保障射击环节的顺利开展。三是服务保障贯穿转换期和撤离期。聚焦冬残奥会转换期筹备工作、开闭幕式、火炬传递以及人员撤离等服务需求，从 2 月 21 日提早开展各项服务保障，一直延续至 3 月 16 日张家口赛区各国涉奥人员全部撤离，真正做到服务不中断、善始善终。

（四）实现“同样精彩”，冬残奥会气象保障获各方高度肯定

张家口赛区冬残奥会气象服务有力保障了“金牌全产生、赛事零取消”，做到了与冬奥会气象服务保障一样精彩、精准、精细，再次受到冬奥组委以及中外专家一致肯定。冬奥组委体育部佟立新部长带领体育团队向气象团队表示感谢；单板滑雪坡面回转技术代表亚历克斯（Alex）感谢团队每天提供的杰出的天气预报服务；古杨树山地运行团队外籍负责人奥尔伯格（Aalberg）表示本届冬奥会和冬残奥会预报团队是 25 年奥运工作经历中最优秀的天气预报团队之一。

随着北京冬残奥会的完美闭幕，冬奥会和冬残奥会气象服务保障工作取得圆满胜利。下一步，河北省气象局将深入贯彻落实习近平总书记对河北工作和气象工作的重要指示精神，全面梳理固化冬奥气象服务保障科技成果、机制成果和服务经验，推动冬奥成果在重大活动保障和重要灾害性天气过程、重大突发事件应急保障中落地应用，为河北冰雪产业发展提供精细化、专业化气象服务。

九、国家气象中心关于北京冬奥会气象保障服务工作情况的报告

在中国气象局党组的正确领导下，在有关职能司的指导下，国家气象中心将“北京 2022 年冬奥会和冬残奥会”气象保障服务工作列为首要政治任务与头等大事来抓，高度重视、精心组织、全力以赴、勇于担当，圆满完成了北京 2022 年冬奥会气象保障服务工作。现将有关工作报告如下。

（一）以习近平总书记重要指示精神为指引，全力以赴做好冬奥气象保障服务

1. 坚决扛起政治责任，全面强化组织领导

国家气象中心高度重视北京 2022 年冬奥会和冬残奥会气象保障服务工作，把做好气象保障服务作为贯彻落实习近平总书记重要指示精神的生动实践，心怀“国之大者”，自觉扛起责任，从讲政治的高度全力以赴做好北京 2022 年冬奥会气象保障服务。2021 年 8 月印发

《国家气象中心北京 2022 年冬奥会和冬残奥会赛时气象保障服务工作方案》，提前组建冬奥气象服务工作领导组、运行指挥组、专家组，形成了从决策指挥—运行指导—服务运行 3 个层面的完整冬奥气象保障组织。设立 5 个工作专班，专人专职负责智慧冬奥示范项目、“火炬接力”、冬奥测试赛、赛时服务及宣传保障工作。1 月 5 日至 2 月 20 日，共参加中国气象局调度会 9 次，参加冬奥组委专题会议 2 次，召开气象中心专班工作调度会 11 次，确保各项工作有序完成。组建了一支以现场预报服务为前锋、中央气象台会商支持和决策服务为大本营、预报技术研发和系统平台保障为后卫的 39 人高效协作专家保障团队。其中，6 人分赴中国体育代表团团部、MOC 中心、北京赛区、延庆赛区、张家口赛区参加现场预报服务和首席把关；23 人负责中期、短期、环境气象会商支持，向党中央、国务院和中国气象局领导提供必要时的决策气象服务；10 人负责保障客观预报产品、冬奥气象保障专栏和支撑技术、产品和系统平台正常稳定运行。冬奥会期间，共 91 人直接参与保障服务。

2. 完善运行保障机制，确保工作有序有力

一是按照中国气象局党组“一项一策”的要求，先后制定“相约北京”系列测试赛实施方案、“火炬接力”和赛时服务实施方案、业务应急预案等，确保任务落实到位、问题处置及时。

二是充分吸收借鉴 2021 年冬奥测试赛、建党 100 周年等重大活动气象保障服务取得的经验，将组织领导机制、专人专岗专班工作机制、服务口径一致机制、专职协调通报机制和应急保障机制应用于本次冬奥气象服务保障工作中。

三是作为“火炬接力专项工作组”牵头单位，为确保火炬传递预报服务口径一致，充分对接减灾司、冬奥办、冬奥气象中心、北京市气象局和河北省气象局，理清任务、明确分工，统一材料模板、产品内容和报送时间。

四是与派驻前方的 6 位专家建立“前后方”团队协同作战机制，即“前线突击作战，后方会商保障”“前方贴身服务及时反馈需求、后方有效应对研发精细产品”，每日定时会商，将做好赛事全过程预报服务落地落实。

（二）以高度负责和精益求精的态度，举全中心之力圆满完成气象保障任务

1. 全力做好火炬接力、开闭幕式和赛时气象保障服务

一是派驻前线的精锐力量为赛事圆满完成和中国体育代表团夺金保驾护航。中国体育代表团成员于超同志充分调研参赛队伍需求，紧密围绕恶劣天气对交通、训练和比赛的不利影响，提前做好赛前和赛时器械保养工作，制定工作流程，形成产品推送方案，确保所有参赛队会根据预报结论和影响提示选择雪板打蜡时间和材质。在 4–5 日大风、12–14 日降雪降温、17–19 日降雪低温等天气过程发生前，针对自由式滑雪、空中技巧等比赛，提前告知领队和教练低能见度、顺逆风转换等情况，提醒领队和教练做好心理准备和合理的战术安排。保障期间，通过加强实地勘察和精细化预报产品检验，优化预报结果，提高预报准确率。有效改善了空中技巧场地 2 号站模式预报风速偏大和 U 型场地 6 号站大部时间预报风向为西南风的问题，14 日、16 日女子和男子空中技巧夺金比赛期间的预报与实况基本吻合，得到领队和教练们的肯定。赛事期间，共参加各类会商 15 次，制作各类材料 354 份，推送三大赛区天

气通报和场馆预报 410 份，充分发挥了为中国体育代表团贴身服务的保障作用。赛后满意度调查结果显示，国家队全部 12 位总领队和 6 位教练对此次气象保障服务工作非常满意并且认为对队伍训练和比赛有极大帮助，有 9 人留言表示本次气象保障工作专业、周到、完美、给力，希望今后继续进行体育和气象领域的合作，加强气象预报与国家重大体育赛事的融合和深度保障合作。驻 MOC 现场陈涛首席，每日参加各个赛区天气会商，发布各类预报服务产品 600 余期，对全部高影响天气均提前预报、滚动更新，其中在 2 月 4 日预报服务中首次提出 12—14 日降雪降温转折性天气过程，为奥组委竞赛指挥组提供了充分的决策空间；临近降雪时段中提醒各赛区密切关注降雪起止时间和强度变化调整，为场馆运行、竞赛组织、媒体采访提供了精准的预报服务。国家气象中心驻北京赛区、延庆赛区、张家口赛区等专家符娇兰、陶亦为、董全、李嘉睿都在前方岗位承担着重要值班任务，为运动员训练、比赛提供精细化气象预报服务，确保赛事活动和场馆运行万无一失。

二是重要天气过程和关键时间节点预报精准，为重大决策提供科学研判。专家组充分发扬中央气象台“铁军”精神，连续作战，围绕火炬传递、开闭幕式等关键时间节点以及赛时阶段高影响天气过程，多点同时保障、多线同步会商，充分发挥国家级业务单位的技术优势，提前两周开展分析研判和预报服务，并进行高频次无缝隙滚动订正，为相关部门科学决策提供指导和依据。针对 2 月 2–4 日火炬传递期间的大风天气，1 月 24 日国家气象中心牵头组织专题会商，对天气趋势和基本特点做出较准确判断，2 月 2 日明确提出将北京地区 4 日的阵风预报由 5 级订正为 6 级；3 日和 4 日的会商中进一步强调，在通州大运河森林公园传递期间，河面阵风可达 6 级左右，建议主办方考虑大风对水上传递的影响。在国省两级气象部门的共同努力下，主办方将传递方式改为陆上，保障了火炬传递安全、顺利完成。针对赛事活动，对接多个赛区、分别提供支持。为应对 2 月 12–14 日本届冬奥会影响范围和影响程度最大的强降雪和强降温天气过程，国家气象中心提前 10 天作出预判，随后对降雪量级、降温幅度、气温偏低等逐步作出较准确的预报，并点对点开展会商指导。专家组组长张芳华首席 2 月 8 日陪同局领导参加冬奥组委“竞赛指挥组气象服务保障专题会”，详细汇报此次过程，对各赛区的主要降雪时段、累计降雪量等赛事高影响气象要素提供了较精准的预报；汇报中指出 12 日开始赛区天气将出现转折，降雪和降温过程增多、气温偏低，18 日前后还可能有一次降雪和大风降温过程，引起奥组委领导的高度关注，也为后续赛事组织安排赢得了宝贵的时机。此外，冬奥空气质量保障进入攻坚阶段后，应生态环境部邀请，自 1 月 26 日起，国家气象中心每日派员至北京市生态环境局现场办公，开展空气质量预报预测工作，针对 2 月 8–11 日和 17–18 日的静稳天气过程均给出准确预报，为生态环境部门精准实施区域联防联控措施提供了重要参考依据。围绕北京周边省市气象部门参与当地空气质量联防联控服务需求，升级改造中央台业务内网环境气象版块，组织专题会商，根据参加生态环境部门的会商结论，每日制作京津冀及周边地区空气质量预报产品，为周边省市提供技术支持和结论参考，共同努力保障赛区空气质量整体保持在优良水平，“北京蓝”成为冬奥会靓丽底色，得到国际国内社会一致好评。1 月 5 日至 2 月 20 日，共组织专题会商 6 次，参加专题会商 53 次，参加生态环境部会商 27 次，参加应急管理部调度会 11 次。优质的气象预报服务获得了国际奥组委和各国参赛代表团的一致肯定。

三是为党中央和各部委提供及时精准决策气象服务。国家气象中心主动对接减灾司、上下游单位，积极谋划、研判需求，在不同时段及时调整服务重点，面向火炬接力、开闭幕式及赛时阶段全过程滚动提供跟进式、精细化服务材料。1 月 13 日正式启动冬奥气象服务以来，双线作战，一方面，重点关注天气对开幕式演练及正式活动的影响，聚焦开幕式活动当天各个环节，关注天气对活动集结、进场、活动及撤场期间的影响预报和对策建议；另一方面，关注火炬传递时段各区域天气，组织北京、河北等省（市）气象局及公共服务中心就火炬接力沿线地区的重大天气过程和高影响天气细化服务内容，调整服务模板，从逐日到逐时预报，从北京城区、郊区到河北张家口，决策服务有序推进。针对 2 月 12–14 日强降雪天气过程，在 2 月 9 日的《赛区天气预报》服务材料中明确给出 3 个赛区的降雪量和新增积雪深度预报，提醒降雪对室外赛道、赛事运维保障的可能影响；及时报送赛区实况，在降雪最强时段，增加各赛区室外场馆精细化预报信息，为政府和相关领导及时制定决策提供了依据。共提供火炬接力境外气象服务专报 7 期、境内气象服务专报 10 期，报送冬奥气象服务专报 65 期，向外交部、武警部队报送专项服务材料 28 期。

2. 科技创新新成果助力冬奥气象保障服务更精更准更细

一是 FDP 冬奥示范产品预报性能名列前茅。2020 年，国家气象中心组织落实《智慧冬奥 2022 天气预报示范计划技术保障方案》要求，针对赛场特殊地理环境特征和预报难点，研发形成涵盖阵风、平均风、降水、气温、相对湿度、相态、新增积雪深度、沙尘、能见度等要素和异常天气的短临到延伸期、确定性和概率预报的无缝隙专项保障预报产品体系，包括冬奥 34 个站点 STNF 预报和京津冀地区 1 公里分辨率网格预报，共计 17 类 42 种；产品最小时间分辨率 10 分钟，最长时效 15 天。检验评估显示，在冬奥赛事期间，STNF 产品各要素评分在 FDP 同类产品中名列前茅，其中阵风和风向的短期（3 天）预报居第一位，较同类预报有超过 10% 的性能优势。对高影响天气，STNF 也提供强有力支撑，如开幕式鸟巢天气 STNF 气温预报误差约为 1℃，阵风短期预报误差约 1 米 / 秒，中期小于 3 米 / 秒；对于 12—14 日降雪、大风降温过程，STNF 提前 8 天给出稳定且较为准确的降水预报（晴雨 TS 评分 0.7 以上），短期时效内给出较为准确的降雪起止时间，气温预报误差小于 1℃，风向和风速相对 EC 模式提升率均超过 20%。此外，冬奥赛事期间，技术支持组研发的集合预报产品、逐日滚动检验评估报告、逐小时快速滚动预报产品、高分辨率网格预报三维显示产品、公里级模式边界层产品等在日常天气分析和会商中得到广泛应用和展示。

二是攻坚克难技术研发为贴身服务提供分钟级精细化客观预报支撑产品。为保障好中国代表团驻场首席于超的服务需求，与数值预报中心、北京市气象局和信息中心等单位合作，引入 CMA–MESO–1km 和 RMAPS–RISE–100 米模式，研发和实时推送逐 10 分钟滚动更新的 34 个赛场未来 2 小时逐 10 分钟客观订正产品，体现了国家级研发团队技术引领和支撑作用。截至 19 日，通过驻场服务首席向 3 个赛区 22 个比赛项目推送产品达 300 余次，产品误差较 CMA–MESO–1km(RMAPS–RISE) 模式误差降低了 30%～50%（10%～30%）；在国家队夺金比赛期间制作推送的分钟级预报与实况基本吻合，发挥重要作用。为保障开闭幕式、焰火燃放、火炬接力和赛场赛事等预报服务需求，国家气象中心开发了 MOAP 冬奥专项保障平台和冬奥专题栏目，支持 26 站的 6 大类 13 种气象要素、过去 48 小时的实况追溯，8 家主流数值预报和智能网格预报多起报时次结果的时空对比检验，可通过选定参考模式或智能网格产品对预报进行批量（单点）在线订正。冬奥专题栏目上线全部 FDP 客观产品，栏目建立以来访问量达到 1.9 万次，展示内容包括智能网格预报、环境预报、强天气预报、CMA 数值预报等 5 大类 59 种共计上千个产品，实现了预报员一站式、多类型天气预报产品的获取和交互显示分析。此外，在卫星中心的大力支持下，获取米级分辨率的赛区地形图，为预报员分析山地赛区精细化预报提供有力支撑；新增赛区通航气象条件预报产品保障赛事救援活动需求等。

3. 技术培训和复盘总结助力预报服务经验快速积累

2021 年以来，国家气象中心组织了 3 轮冬奥气象保障预报技术和产品应用培训，并邀请了北京、河北冬奥气象服务保障团队成员视频参会。内容涵盖冬奥赛区的天气特点和预报经验以及集成于业务内网的客观订正预报和检验产品、MOAP 专项保障平台功能介绍等，进一步提升支撑产品的应用效果；梳理编制《冬奥支撑客观预报产品手册》，提供给北京市和河北省气象局参加冬奥保障的预报员参阅。针对上半年冬奥测试赛期间暴露出来的北京及周边地区冬春季预报短板，先后组织气候中心、气科院、北京市气象局专家召开 2 次专题研讨总结和问题提炼。针对 FDP 示范检验评估中暴露的预报短板组织攻关，重点解决了延庆等地形复杂地区的预报精度，以及高温预报偏低等问题。通过这些冬奥测试赛预报技术和服务专题总结，专家保障团队不断积累大风、融雪等风险预报以及山地气象等高影响天气预报服务经验。

4. 应急处置和风险防控助力冬奥保障安全

一是面向春运、疫情防控的风险挑战，从业务系统备份、人员备份、场所备份和突发事件应急处置方面编制了业务应急预案和网络安全保障方案，搭建应急备份业务平台，针对视频会商、产品制作发布等全流程开展 2 次应急演练，参加中国气象局组织的冬奥数值预报业务应急演练 3 次，各项预报服务产品制作正常。进一步强化外网和微博、微信管理，全面组织开展中央气象台外网隐患排查，设置专岗监控网站。

二是积极营造宣传氛围，讲好气象人冬奥故事。在中心内网开设“一起向未来”专栏，收录相关宣传报道 70 余篇，营造齐心协力做好冬奥气象服务的良好氛围。主动策划选题，7 篇专稿刊发于《中国气象报》和 CMA 新媒体，展示了国家气象中心精细化赛事预报预警技术、党建与业务融合服务冬奥盛会、一线预报员冬奥服务保障等工作内容，激发了干部职工冬奥保障工作干劲和热情。此外，中央气象台驻场专家陶亦为、李嘉睿联合科普中国和中国气象学会开展了 2 期冬奥气象主题科普，有关视频内容在腾讯视频、哔哩哔哩和澎湃等平台播出，视频取得良好的社会效果。

（三）工作经验和启示

这次北京冬奥会气象保障服务任务的成功，主要得益于以下几个方面：

一是得益于习近平总书记关于北京冬奥会筹办系列重要指示精神的指引。国家气象中心将做好此次气象保障服务与贯彻落实习近平总书记对气象工作重要指示精神结合起来，与正在开展的党史学习教育结合起来，以高度的使命感和强烈的政治责任感，胸怀“国之大者”，组织动员大会和誓师会，在气象保障中充分发扬中央气象台“铁军”精神。

二是得益于中国气象局的正确领导和周密部署。2021 年 1 月制定印发《北京 2022 年冬奥会和冬残奥会赛时气象保障服务运行指挥机制工作方案》，强化组织领导和统筹协调，建立了高效稳定的工作机制。各职能司、国家级气象业务单位、北京和相关省（区、市）气象部门等兄弟单位精诚协作、密切配合、攻坚克难，推动各项工作有力落实。

三是得益于先进经验的充分应用。将以往重大活动气象保障服务中创建的“非常之举”固化为专项保障的工作流程，凝练出的 5 项工作机制应用于本次冬奥气象服务保障工作中；在确保“火炬传递”异城气象保障中服务口径一致，与北京、河北省（市）气象局建立起联动工作模式；在贴身服务中国气象局体育代表团中，建立起前方反馈精细服务需求、后方大本营突击研发精细产品和会商研判的协同作战工作机制，推动冬奥气象服务工作有序运行。

四是得益于“五年磨一剑”的工匠精神。2017 年以来，通过培养专项保障预报员、研发山地精细化气象预报技术和开展系列冬季运动会气象保障服务，不断打磨冬奥气象保障技术，积累冬奥气象保障服务经验。参加冬奥气象服务团队的 4 名优秀青年骨干，通过赛场冬训、出国培训、英语培训、赛事观摩，逐步成长为各赛区合格的现场预报员，并承担起张家口赛区的总首席和北京赛区首席以及赛时领队发言。科技部“科技冬奥”重点专项项目、中国气象局以及中心现代化项目研发，不断攻克山地精细化气象预报技术难题。平昌冬奥会、十四冬高山滑雪，2021 年冬奥系列测试赛等活动，以战代练，为积累冬奥气象保障服务积累了丰富的实战经验。

第八章　重要会议讲话

北京冬奥组委、北京市政府、河北省政府领导同志高度关心支持北京冬奥会气象保障服务工作，多次组织召开会议对冬奥气象保障服务工作进行部署。中国气象局党组高度重视，始终将北京冬奥会气象保障服务工作作为最重要的一项政治任务抓实抓细各项任务的部署落实。本章选取了北京冬奥组委、北京市、河北省领导同志有关重要讲话和中国气象局领导有关会议部署要求进行了汇编。

一、北京冬奥组委杨树安副主席在气象服务协调小组全体会议上的讲话（2020 年 10 月 20 日）

刚才，余勇同志和祖强同志分别介绍了协调小组组建情况和冬奥气象服务各项筹备工作进展情况，大家一起观看了工作进展宣传片，在场的同志交流了各自的工作体会，可以看出各部门在统筹推进冬奥会气象服务方面取得了显著成效。映川、清霜同志对大家的工作给予了鼓励和肯定，也提出了更高的要求，这些我都赞同。我了解到，前段时间中国气象局已经按照习近平总书记系列重要指示批示精神，加强了对大风、强降雨雪、低温等恶劣天气的防范，制定了北京冬奥会气象风险应急预案，进一步巩固和完善了冬奥气象服务保障机制。我代表北京冬奥组委，对大家的工作，对所有参与人员表示衷心的感谢！通过这次会议，我有两点感触。

（一）对气象成绩的两点感受

1. 冬奥气象服务工作实现了从 0 到 1 的突破

我们都知道，北京冬奥会是首次在大陆季风性气候条件下举办的一届冬奥会，延庆赛区和张家口赛区地形地貌条件复杂，气候条件严峻，对比赛的影响非常显著。因此，赛事筹办对于气象预报的精准度要求极高，气象预报难度非常大。经过这几年的努力，在中国气象局、北京市、河北省两地气象部门的通力协作、积极配合下，冬奥气象工作从零起步，一步一步发展到今天兵强马壮的局面，可以说实现了跨越式发展。我记得在 2014 年，延庆和张家口的山区是没有气象设施的，更没有场馆和赛道的气象资料。到今天，我们在延庆赛区和张家口赛区已经建设了 50 多个赛道气象站、2 部气象雷达，连续积累了 6 年的观测数据，每年为国际奥委会、各国际冬季单项体育联合会和国家（地区）奥委会、业主单位等利益相关方提供内容丰富、精准细致的气象报告，为顺利开展北京冬奥会各项筹备工作提供了强有力的支持。

冬奥气象工作取得的这些成果来之不易，需要投入大量人力、物力和财力，开展大量深入、专业、细致的工作，更需要气象工作者无私辛勤的付出。在建设延庆小海陀气象站和天气雷达时，山里没有施工道路，车辆无法上山，成吨重的器材都是靠人背马驼、顶风冒雪、一步一步运到海拔 2000 多米的山顶的。气象团队展现出来的这种迎难而上、不怕吃苦、敢拼敢干的劲头和精神让我深受感动。也正是大家前期的艰辛付出，才有了今天的丰硕成果。北京市、河北省也投入了大量力量，给予鼎力支持。

2. 气象服务水平快速提升

2017 年，中国气象局与北京冬奥组委签署了气象服务合作协议，向国际社会承诺，将为北京冬奥会提供“百米级、分钟级”精准气象预报服务，向全世界释放出一个强烈信号，表明中国作为世界气象强国，有信心、有能力为冬奥会做出更大的贡献。这意味着相比往届冬奥会，北京冬奥会的气象服务工作将实现新的跃升。

在前期气象数据缺乏和预报经验不足的情况下，想要实现这一目标，对气象部门来说挑战巨大。这几年，中国气象局做了大量的工作，付出了大量的努力，一方面积极争取科技部、北京市、河北省政府等方面的科技专项支持，集中力量攻克冬奥会气象预报核心关键技术，最大程度提高气象预报准确率；另一方面通过与北京冬奥组委沟通合作，派遣冬奥气象团队到国内外冬季赛事实习观摩，帮助预报员快速积累冬季赛事气象服务经验，摸索预报技巧，推动预报水平不断提升。总的来看，效果还是令人满意的。在今年年初延庆赛区全国十四冬高山滑雪比赛中，气象团队发挥了至关重要的作用，帮助组委会及时决策，进行了 2 次精准的竞赛日程调整，得到各参赛队的好评和信任，国际雪联也给予了充分的肯定。

（二）下一步的工作要求

在看到成绩的同时，我们也要意识到目前的工作仍然还有继续提高的空间。对下一阶段冬奥气象服务工作，我也想提 3 个要求。

1. 紧紧盯住冬奥会对于气象服务的核心诉求，继续尽全力提高预报准确率

大家都知道，冬奥会的首要任务是顺利完成所有比赛，而赛时的气象情况将直接决定冬奥会能否在 16 天内完成所有比赛、产生所有金牌。特别是室外场地举办的比赛，冬奥会有一半的项目在山区举办，会受到恶劣天气的影响，因此，我们需要气象部门提供精准的预报，特别是对风的研究，帮助我们在进行竞赛日程调整的时候做出正确的决策。这几年，我们看到气象部门为此付出了很大的努力，建设了很多气象观测设施、采用了大量新技术、研发了很多新预报模式，基本实现了“百米级、分钟级”精准预报，大大提升了预报准确率。

但是，我想我们还可以做得更好，希望气象部门继续与其他部门加强合作，加大研究力度，加快研究速度，全力推进研究成果向实际应用的转化，力争百尺竿头更进一步，在冬奥会赛时能够实现 100% 预报准确率。

2. 继续加大预报员的培养力度，提高预报能力和水平，尽早熟悉适应冬奥会赛时服务工作方式

专业的工作需要专业的人来干，气象预报员的能力和水平决定了预报水平。因此，下一阶段还要继续将提升预报员的专业水平和能力作为一项重点工作，下大力气抓好。一方面要加强专业能力培训，掌握最适合冬奥会赛事气象特点的预报规律和方法，实实在在提升专业技能水平；另一方面要进一步熟悉冬奥会赛事组织和运行情况，把握不同项目比赛对气象服务的需求情况和特点，利用好冬奥会开始前这最后一个赛季，深入一线开展实践演练，加快和竞赛团队的磨合。

3. 能够提供方便的，符合国际通行方式的服务

北京冬奥会需要面对不同种类的客户群，比如国际奥委会、国际冬季单项体育联合会、媒体、各国家（地区）参赛运动员和观众等。气象部门在提供服务的时候需要考虑到不同客户群对气象服务内容和形式需求的差异。因此，一方面要研究气象产品多样化提供的方式，让不同客户群能在第一时间便捷、快速地获取需要的气象信息；另一方面要按照国际通行规则提供气象产品的内容，让不同客户群都能看明白、用得上，充分满足冬奥会气象服务的标准，最大程度保证气象信息被大家所认可和接受。

同志们，距离北京冬奥会开幕式还剩不到 500 天，各项筹备工作将更加紧锣密鼓地开展，气象服务工作要有时不我待的精神。希望协调小组各成员单位继续深入学习领会习近平总书记关于北京冬奥会的系列重要指示精神，加强协作配合，围绕冬奥会赛时核心需求，找差距、补短板，共同努力，推动气象服务工作再上新台阶，为北京冬奥会提供坚实保障。

二、北京市卢映川副市长在气象服务协调小组全体会议上的讲话（2021 年 9 月 22 日）

非常高兴代表北京市参加北京冬奥会气象服务协调小组第二次全体会议，与大家再次见面，也借这个机会感谢各单位和部门在高质量服务首都经济社会发展中给予的直接指导和鼎力支持。

刚才中国气象局余勇副局长传达了近期中央领导同志关于冬奥会的重要指示批示精神，祖强同志、张晶同志分别就冬奥气象服务工作进展进行了汇报，时清霜副省长代表河北省做了重要讲话，再次感谢大家对北京市冬奥会筹办工作的大力支持，在大家的通力协作，积极配合下，我们顺利完成了相约北京冬季体育系列测试赛各项比赛，成功应对了各类复杂天气过程。一会儿，国泰局长还将对冬奥气象服务保障工作做具体部署和指导，我们一并贯彻落实好。

当前，已全面进入北京冬奥会时间，冬奥会筹备已经进入决战决胜的关键时期。特别是新冠肺炎疫情对各项筹备工作的影响还有很大的不确定性。可以说，今天这个会议召开得非常及时，也很有必要。下面，我提几点想法和建议：

（一）积极贯彻落实中央领导同志的重要指示精神，坚决落实主办城市责任

冬奥会是国家大事，更是北京市的大事和要事。北京冬奥组委主席、北京市委书记蔡奇同志多次强调，筹办好 2022 年北京冬奥会、冬残奥会是北京要全力办好的三件大事之一，更是北京的重大政治责任。今年 1 月 18–20 日，习近平总书记全面考察了北京、河北赛区筹备工作情况，并做了重要讲话。前段时间，在中国共产党北京市第十二届委员会第十七次全体会议上，明确了北京下半年要全力以赴冲刺冬奥会和冬残奥会筹办工作。深入贯彻习近平总书记关于北京冬奥会筹办工作系列重要指示精神，坚持“四个办奥”理念，牢牢把握坚定不移如期办赛目标和“简约、安全、精彩”办赛要求，保持“一刻也不能停、一步也不能错、一天也误不起”的状态，全力推动各项筹办工作，确保全力以赴落实习近平总书记重要指示精神，办好北京冬奥会和冬残奥会这件“党和国家的大事”。北京市气象部门要把思想和行动统一到党中央、市委市政府对北京冬奥会筹办的部署和要求上来，全面落实好各项气象服务保障工作。

（二）坚持问题为导向，深刻认识冬奥会筹办面临的挑战

气象服务保障工作作为一项极为重要的工作，气象条件对冬奥会的成功举办具有决定性影响，冬奥赛事、运动员成绩及安全、观赛、交通、媒体转播、应急救援都与气象关系非常大。从平昌冬奥会的数据来看，19 项赛事因天气原因进行了调整，1 项赛事更是因天气取消。今年年初相约北京系列体育测试赛，也是经历了大风、沙尘、降雪、低能见度等几乎所有可能对比赛不利的高影响天气。有挑战就有机遇。刚才，祖强同志讲到，在各方的支持下，冬奥气象筹备工作已全面准备就绪，气象保障工作也全面进入实战阶段，“三维、秒级、多要素”综合立体观测网运行稳定，“百米级、分钟级”预报精准，预报团队也在连续的培训及测试赛服务中得到了很好的锻炼。特别是要抓住下半年测试赛这一冬奥开幕前的最后一次磨合检验机会，坚持问题导向，查摆可能存在的漏洞，把不足和问题在冬奥会前排除掉，总结用好建党百年庆祝活动的气象保障经验，全力以赴保障冬奥会顺利举办。北京市气象部门应以此为契机，通过实战锻炼，利用好“冬奥遗产”，将北京气象事业推向新的高度，努力服务好首都经济社会高质量发展。

（三）瞄准国际标准和要求，全力以赴做好气象服务保障工作

目前，冬奥会气象筹备保障工作也已进入倒计时，我们必须进一步增强责任感、紧迫感，各方面都要压上去，以严谨的态度、过硬的作风、细致的工作，确保北京冬奥会如期安全顺利举办。

一要统筹协调，密切联动。蔡奇书记要求，及时启动一体化赛时运行指挥体系，落实好

各项工作调度制度，重要事项、重要情况随时研究。刚才，余勇副局长也介绍了气象赛时运行指挥实施方案，可以说职责清晰、机制完善。北京市气象部门也制定了气象服务保障工作方案，要积极落实好这个方案，及时与中国气象局做好沟通，做好与市运行保障指挥部的对接。随着冬奥会各项工作的深入，对气象保障的需求也会越来越多，越来越具体。希望各单位充分利用协调机制，各方加强沟通协作，把握关键重点，让北京、延庆、张家口 3 个赛区协同作战，有针对性地开展冬奥气象服务。

二要精密监测，精准预报。在今年建党百年庆祝活动保障和汛期期间，市领导多次对气象部门提出要求，我们的预报员在加密监测的基础上，通过细致的分析，接下来就需要“大胆预报”。也正是庆祝活动预报专班敢担当、善作为，为文艺演出和庆祝大会调整提供了科学决策依据。尽管冬奥会气象筹备保障工作已经准备就绪，还是要坚持细致再细致、周密再周密。希望中国气象局继续发挥部门优势给予支持和指导，各部门给予关心和支持，增强冬奥气象服务保障能力。

三要加强合作，充分发挥人工影响天气作用。通过建党 100 周年庆祝活动保障工作，我们与兄弟省份气象部门共同开展的人影保障工作，得到了充分的磨合和检验。虽然对冬季大风、强雨雪、极端低温等空间范围大、系统性强的极端天气，人工影响天气科学理论支撑不足，成功实施冬季消减作业的可行性和把握性均较小。但我们仍然要把握机会，做好方案，希望中国气象局继续举全部门之力，调动周边作业力量，发挥好协同机制作用，继续按照“打远、打早、打足、打小”的总体要求，全力做好人工影响天气各项准备工作。

（四）坚持底线思维，从严从紧落实好冬奥会筹办与疫情防控两手抓

疫情防控依然是当前全市上下的头等大事，在做好气象服务保障工作的同时，同样也要坚持科学精准、适度从紧，抓好常态化疫情防控。细化疫情防控方案、明确应急处置流程，加强应急演练，严格闭环管理，做好气象服务保障工作双备份。特别是要在现场预报的团队，要严格按照场馆防控方案做好个人防护，外围保障还要做好属地管理，实现涉奥场所及相关活动疫情防控统一管理、一体防控。

请各单位和部门继续加大对北京的支持，共享共担北京“双奥”城市的巨大荣耀与责任。

三、河北省时清霜副省长在北京冬奥会气象服务协调小组全体会议上的讲话（2021 年 9 月 22 日）

今天，距离北京冬奥会开幕还有 135 天，冬奥筹办各项工作已经进入决战决胜的关键时刻。这次会议可以说既是对气象服务保障工作的阶段性总结会，又是一次战前动员部署会，十分重要、十分及时。

（一）传达近期中央领导同志重要指示批示精神及前期工作情况

刚才，余勇副局长传达了近期中央领导同志重要指示批示精神，我们要认真学习领会，紧紧围绕“简约、安全、精彩”的办赛要求，全力抓好贯彻落实。从祖强、张晶两位同志的工作汇报中可以看出，上次会议以来，在冬奥组委和中国气象局的大力指导下，北京、河北两地密切协作，扎实推进相关工作，冬奥气象服务各类装备、人员、技术、流程，经受住了年初测试活动的考验，赛时运行指挥体系也得到有效磨合，进一步增强了我们成功保障冬奥会的信心。测试活动之后，京冀两地同步召开“深入推进北京冬奥会冬残奥会筹办决战决胜动员部署大会”，会后，河北省组织有关部门对冬奥会气象服务领域准备工作开展“回头看”，针对发现的问题拉条挂账，逐项调度解决，确保不留隐患。同时，持续做好预报团队培训，加快“科技冬奥”项目成果孵化，优化完善赛区气象观测系统和赛事预报系统。目前，张家口赛区气象服务保障前期工作基本就绪，竞赛服务专项工作组已转为竞赛服务分指挥部，即将全面进入赛时运行阶段。今天审议通过的《赛时气象保障服务运行指挥实施方案》，是气象服务工作转入赛时阶段的重要标志。

（二）下一步工作的三点要求

下一步，河北省气象局要在协调小组、中国气象局的指导下，与各成员单位协同配合，利用最后 3 个月时间，进一步查漏补缺，完善机制，改进工作，以最佳状态迎接冬奥会气象服务保障“大考”。

一是完善赛时运行协调机制。河北省气象局要在协调小组、中国气象局的指导下，充分发挥连接地方与部门的桥梁纽带作用，按照《国家赛时气象保障服务运行指挥实施方案》要求，进一步完善赛时运行方案，做好衔接配合，实现无缝对接。要厘清国家、省、赛区气象服务相关职责，优化指挥调度程序，做到各司其职、互相配合，上下畅通、协调有序，切实提高工作效率，提升工作质量，确保冬奥会气象服务工作万无一失。

二是加强赛区人工增雪作业。河北省气象局要主动加强与北京、山西、内蒙古气象部门的沟通联系，抓住有利气象条件，适时开展张家口区域人工增雪作业，增加赛区场馆及周边地区降雪量，最大限度解决可能出现的冬季少雪问题，打造赛区“林海雪原”效果，以一流的景观衬托一流的场馆，真切体现“纯洁的冰雪、激情的约会”这一办赛口号。希望中国气象局对人工增雪作业给予必要的协调支持，也希望北京市气象局在装备、技术等方面给予更多支援。

三是夯实气象服务保障基础。进入赛时运行阶段后，河北省气象局要立即组织队伍进驻崇礼赛区一线，利用 11 月、12 月的测试活动机会，对装备、人员、技术、流程进行最后优化调整。特别要针对涉及的观测、预报、服务、通信、人影等重点领域，开展专项应急演练，查找隐患问题，完善应急预案与处置方案。河北省气象局要加强与省交通、公安、通信、卫生、供水、供电等相关部门和单位的对接联系，细化实化应对措施，提前研判恶劣天气，共享共用相关信息，全力防范化解可能出现的气象风险和作业风险。河北省气象局要多向中国气象局汇报，多与兄弟省份气象部门沟通，及时获取预测技术和数据方面的支持，确保做到“监测精密、预报精准、服务精细”。

四、中国气象局刘雅鸣局长在北京延庆调研北京冬奥会气象服务筹备工作座谈会上的讲话（2020 年 4 月 28 日）

在抗击新冠肺炎的非常时期，各位领导和同志们共聚冬奥延庆赛区调研北京冬奥气象服务筹备工作，充分体现了北京冬奥组委、北京市政府对冬奥气象服务筹备工作的高度重视和关心！韩主席、陈蓓副秘书长的讲话我完全赞同。冬奥会气象筹备工作，得到了北京市政府、冬奥组委的大力支持和帮助，在此，向大家表示衷心的感谢！

刚才祖强同志汇报了冬奥气象服务筹备工作情况。可以看到，经过几年的不懈努力，冬奥气象服务筹备工作已经取得了明显的进展，冬奥气象探测系统形成规模，预报服务水平明显提升，冬奥气象科技支撑初步形成，预报服务团队能力不断提高。在筹备过程中，圆满完成了第十四届冬运会延庆赛事气象保障服务，赢得各界的充分肯定。前段时间我看到中央电视台播放的疫情期间冬奥气象服务团队克服困难，顶风冒雪上山维护冬奥气象观测设备的报道，非常令人感动。在此，我为冬奥气象保障付出辛勤努力的同志们表示衷心感谢和诚挚问候！

下面我就进一步做好冬奥气象服务筹备工作讲几点意见：

（一）做好冬奥气象保障是贯彻落实习近平总书记对气象工作重要指示的最好实践

北京冬奥会和冬残奥会是习近平总书记亲自决策、亲自推动的国家重大活动，近年来习近平总书记多次对冬奥会筹办工作作出了重要指示，为冬奥筹办提供了根本遵循。去年 12 月，在庆祝中国气象事业 70 周年之际，习近平总书记对气象工作做出重要指示，要求气象部门做到监测精密、预报精准、服务精细。中国气象局党组始终将保障服务冬奥会作为重大政治任务，把做好冬奥气象保障服务作为贯彻落实习近平总书记重要指示精神的试金石，举全部门之力抓好冬奥气象服务的筹备工作。

中国气象局已经采取了一系列措施，一是强化组织领导。成立了北京冬奥会气象服务领导小组和协调小组，多次对冬奥气象保障工作进行研究部署。二是加强冬奥气象业务能力建设。完成海陀山、康保天气雷达建设，建成赛道气象站 42 套。延庆、张家口冬奥气象分中心投入使用。冬奥气象业务支撑系统和冬奥气象服务网站完成建设并在第十四届冬运会赛事服务中得到试用。三是强化冬奥气象科技攻关。针对需求，研发了京津冀区域 500 米分辨率、冬奥山地赛场核心区域 100 米分辨率、逐 10 分钟快速更新的风速、风向、气温等精细化预报产品。四是精心打造冬奥气象服务团队。抽调国家级及 6 个省（区、市）气象业务骨干组建了 52 人的冬奥气象团队，连续 3 个冬季在延庆、张家口赛区实地训练。组织 56 人次赴美国、韩国、奥地利等地参加冬奥山地天气预报培训和赛事服务观摩。强化与韩国、俄罗斯、加拿大、美国等冬奥气象国际合作。五是持续加大投入力度。中国气象局已安排项目建设 9669 万元，申请科技部专项 4109 万元，支持冬奥气象服务筹备工作。

（二）毫不松懈地抓好下阶段冬奥气象服务筹备工作

冬奥气象保障服务责任重大、任务艰巨。总体上气象保障筹备工作已经取得了很大成绩，也通过上个赛季得到了初步的检验，但要真正达到冬奥会气象服务的实战水平，保证北京冬奥会的顺利举办，还需要加倍努力。随着冬奥会的临近，对气象服务的需求会不断增加，要求越来越高，需要我们继续全力以赴做好冬奥气象筹备工作。

1. 继续加强预报核心技术的研发

“精准预报”是整个冬奥气象服务保障工作的核心。一是要扎实做好“预报示范计划”项目的实施，集中气象部门以及全国高校、科研院所、企业等22家单位先进的数值天气模式和预报技术方法，提升预报能力；二是要抓实抓好科技项目的研发，进一步完善冬奥会“百米级、分钟级”精细化天气预报技术；三是继续扩大科技开放合作，强化大数据、人工智能等技术在冬奥气象服务中的应用。

2. 进一步完善冬奥预报服务业务系统的建设

建设好气象业务系统是做好冬奥气象保障的基础。一是要整合完善气象探测系统，确保今冬明春延庆、崇礼测试赛期间的观测数据不中断。同时补充增加一些特殊需要的气象探测设施，如医疗救援直升机所需的赛场垂直探测设备、探测设备受环境影响等问题（这方面北京局已经有了一些想法，请市政府和中国气象局一起共同建设）。做好探测数据质量控制和共享工作，让数据真正发挥作用；二是进一步完善冬奥气象预报预警平台、冬奥现场气象服务系统的建设。做到方便、高效，为气象服务人员提供最有力的支持；三是继续完善冬奥气象服务网站的建设。为赛事组织者、参赛人员提供更加便捷的气象服务。

3. 继续举部门之力做好冬奥气象筹备工作

冬奥气象服务保障涉及面广，参加单位多，需要上下联动，左右配合，形成合力。北京市气象局要发挥好牵头单位的作用和主体责任，及时反馈信息，协调各方，理顺工作机制，充分借鉴历届冬奥会的成功经验，加强向冬奥组委、北京市政府的汇报，跟进冬奥会筹办总体进展，全方位为冬奥会提供气象服务。中国局相关职能部门要从业务建设、项目投入、科技研发、人员培训等方面继续支持北京市局的气象筹备工作，对调研中发现的问题要积极帮助协调解决。根据需要，我们还会调动全国其他省区市气象部门的资源支持冬奥会气象筹备。气象部门一定会发挥我们的体制优势，举全国气象部门之力做好冬奥会气象服务。

针对北京市气象局提出的气象探测设备问题，中国气象局将安排专项资金解决观测设备结冰，以及雪车雪橇站点气象设备建设等问题。其他几个问题还要请北京市、冬奥组委给予帮助解决，一是保障医疗救援直升机的专用气象观测设备建设，恳请北京市政府给予支持。二是赛场监测设备的安装、用电等问题还要请冬奥组委帮助协调。三是一线气象业务人员的待遇保障问题，恳请市政府和冬奥组委将其纳入冬奥工作人员队伍予以一并考虑。

同志们，冬奥气象服务时间紧，任务重，挑战大。我相信，在北京市政府、北京冬奥组委的大力支持下，在气象部门不断努力下，一定能够圆满完成冬奥气象保障任务。

五、中国气象局刘雅鸣局长在北京冬奥会气象服务协调小组全体会议上的讲话（2020 年 10 月 20 日）

随着北京冬奥会举办之前最后一个测试赛季的日益临近，今天，我们召开北京冬奥会气象服务协调小组会议，很有必要，也很重要。在刚才各位组长发表重要讲话的基础上，我代表中国气象局再谈几点意见。

（一）做好北京冬奥会气象服务意义重大

做好冬奥会气象服务是一项重大政治任务，我们必须完成好。北京冬奥会和冬残奥会是习近平总书记亲自决策、亲自推动的国家重大活动，近年来，习总书记多次对冬奥会筹办工作作出了重要指示，为冬奥筹办提供了根本遵循。今年 6 月，韩正副总理主持召开冬奥会工作领导小组会议，专题听取了气象筹备工作汇报，对做好冬奥会气象服务工作提出了要求。我们要提高政治站位，从“两个大局”中思考，增强“四个意识”、坚定“四个自信”、做到“两个维护”，落实“绿色、共享、开放、廉洁”办奥理念，坚持“一刻也不能停、一步也不能错、一天也误不起”的要求，以高度的政治责任感和只争朝夕的紧迫感，全力以赴，高质量地完成好党中央、国务院交给我们的冬奥会气象服务任务。

做好冬奥会气象服务是展现我国科技实力的重要平台，我们必须准备好。冬奥会各类冰雪比赛与气象条件关系密切，对气象要素的敏感度远超夏季奥运会比赛项目。赛道维护、赛事运行保障、运动员安全、观众观赛等都需要精细化的气象预报服务。风、温度、降雨、降雪、沙尘、能见度、湿度、日照等气象因素都会影响冰雪项目进行。如风力过大会严重影响运动员安全和比赛的公平性，造成比赛不能正常进行；温度过高造成赛道融化、温度过低容易冻伤；能见度不好对高速滑行的运动员非常危险；降雪和降雨都会严重影响比赛进行，冬奥会对气象精密监测、精准预报、精细服务提出了更多、更高的要求。与此同时，冬奥会的室外赛场地处山区，严寒大风天气使气象观测设备的稳定运行和维护保障更难；山区天气复杂多变使精准预报更难，这些都是世界性难题，需要我们依托科技创新，给出中国答案。我们要发扬越是艰险越向前的斗争精神，全力以赴做好各项筹备工作。

（二）抓好前期冬奥会气象服务筹备工作总结评估

在北京冬奥组委、北京市委市政府、河北省委省政府、国家体育总局等单位大力支持下，目前冬奥会气象服务准备工作已基本就绪。

一是冬奥气象基础能力建设全面完成。完成北京海陀山、河北康保天气雷达建设、49 套赛道气象站建设 441 套周边各类气象探测设备，新建了 3 部新型激光测风雷达。延庆、张家口冬奥气象分中心投入使用。初步完成冬奥气象业务支撑系统和冬奥气象服务网站建设，实现京冀赛区气象数据同步共享。

二是冬奥气象科技研发取得成效。基本形成了京津冀区域 500 米分辨率、冬奥山地赛场核心区域 100 米分辨率、逐 10 分钟快速更新的气象预报业务。人工智能气象预报方法取得初步成果，组织实施气象部门、高校、科研院所、社会企业广泛参与的“智慧冬奥 2022 天气预报示范计划”。

三是冬奥气象服务团队能力明显提升。连续 3 年在延庆、张家口赛区开展冬奥气象预报员实地预报训练。已选派 35 人次预报员赴美国开展冬奥山地天气预报技术培训，实施 8 期冬奥气象英语轮训。强化与韩国、俄罗斯、加拿大、美国等冬奥气象国际合作，学习借鉴他们的成功经验。

四是冬奥气象服务任务有序推进。边筹备、边服务，在实际应用中不断提升服务能力。完成冬奥会赛区气象条件分析、赛区风场分析、冬奥会赛事日程风险分析等报告。连续 3 个赛季开展人工增雪作业。特别是把年初第十四届冬运会高山滑雪项目（延庆站）当作一次实战演练机会，主动对接需求，全流程开展气象服务。

五是克服疫情影响做好冬奥气象服务测试。尽管受新冠肺炎疫情影响取消了今年首场冬奥会测试赛，但我们坚持在原定的测试赛比赛时段，模拟制作高山滑雪竞速赛道天气预报，锻炼实战保障能力。

尽管冬奥会气象服务筹备工作取得了较好进展，但依然存在很多短板和弱项，如精细化预报产品缺乏多样本检验，预报服务团队实战经验不足，经受测试赛的实战检验和考验不足等等，这些都是制约冬奥会气象服务能力和水平提升的重要因素，我们要进一步强化底线思维，既要总结前期筹备工作的成绩和经验，也要认真查找筹备工作存在的短板和风险，坚持问题导向，查漏补缺，做到有备无患，提高筹备工作的实效。

（三）高质量高标准做好下一阶段北京冬奥会气象服务筹备工作

北京冬奥会筹备工作已全面进入测试就绪阶段，是各项计划完善定型、实战演练的关键时期，也是各项工作检验提升、全面就绪的冲刺阶段。气象保障筹备工作要真正达到冬奥会气象服务的水平，保证北京冬奥会的顺利举办，还需要加倍努力，需要我们继续全力以赴做好冬奥气象筹备工作。

1. 加强组织领导，形成工作合力

冬奥会气象服务涉及面广，气象服务协调小组各成员单位要牢固树立“一盘棋”思想，不断完善工作机制，强化协同配合。希望并请冬奥组委进一步加强指导，在气象需求分析（如缆车运行、直升机救援等新需求）、气象服务系统建设、应急预案落实、国家培训交流、志愿者招募服务，以及为气象工作人员提供必要工作和生活条件等方面给予支持。请北京市政府、河北省政府切实发挥好北京、张家口两个主办城市气象服务的属地责任，完善气象灾害风险应对措施，在赛场气象设施建设和运行保障方面（如赛场气象设施供电、通信等基础条件），加强指导和支持。请体育总局在冬奥各比赛项目气象服务提供技术支撑，共同为中国体育代表团取得优异成绩提供保障。总之，希望通过我们大家的共同努力，形成跨地区、跨部门的工作强大合力。

2. 强化科技创新，提升冬奥会气象服务能力

“精准预报”是整个冬奥气象服务保障工作的核心，“百米级、分钟级”的预报目标不是一句空话，必须要通过科技进步来支撑。一是要扎实做好“预报示范计划”项目的实施，集

中全国领先的数值天气模式和人工智能等客观预报技术、方法和系统，通过开放合作提高预报能力；二是要抓实抓好科技冬奥项目的成果应用，切实为冬奥会“百米级、分钟级”精细化天气预报提供有力的技术支撑；三是继续扩大科技开放合作，充分利用各种资源和新技术、新手段，在气象大数据、智慧气象等领域开展广泛合作，众创众扶，为冬奥会提供更高质量的气象服务。

3. 认真组织测试，抓好冬奥气象服务大练兵

要按照北京冬奥组委的安排部署，组织做好进入冬奥会气象服务测试演练阶段的各项准备工作。要把今年冬季系列测试赛的气象服务作为冬奥会前的实战演练，作为检验前期筹备工作成效的平台，在实战中检验装备、平台和流程、磨合机制、锻炼队伍，在实战中不断地发现短板和问题并及时采取措施予以改进，实现打一仗进一步的目标。

同志们，北京冬奥会气象服务即将进入实战演练阶段，接受今年测试赛实战检验，时间紧，任务重，挑战大。我相信，在北京冬奥组委、北京市政府、河北省政府国家体育总局的大力支持下，我们齐心协力，攻坚克难，一定能够圆满完成冬奥会气象保障任务。

六、中国气象局庄国泰局长在听取北京冬奥会气象保障服务工作汇报时的讲话（2021 年 1 月 11 日）

今天我们专题听取北京冬奥会气象保障服务工作情况汇报，主要任务是：深入贯彻习近平总书记关于冬奥会筹办工作重要指示精神，认真梳理总结前期工作进展，研究谋划下一阶段重点任务。刚才冬奥气象中心、河北省气象局分别汇报了气象保障服务筹备工作情况，各职能部门结合本单位职责提出了很好的意见和建议，讲得都很好，我完全赞同。下面，我谈四点意见。

（一）充分认识冬奥会气象保障服务工作的极端重要性

举办北京冬奥会是以习近平同志为核心的党中央着眼于我国改革开放和现代化建设全局做出的重大决策，是习近平总书记亲自决策、亲自部署、亲自推动的一件大事。北京冬奥会也是在我国全面建成小康社会、胜利完成第一个“百年奋斗目标”之后举办的最重要的国际体育赛事，是满足广大人民群众美好生活需要的重要载体。举办冬奥会、冬残奥会是我国重要历史节点的重大标志性活动。党中央国务院高度重视北京冬奥会筹备工作。习近平总书记时刻关注冬奥筹办，作出一系列重要指示，为做好冬奥会筹备提供了根本遵循。从国际上来看，当今世界正经历百年未有之大变局，大国战略博弈全面加剧，国际体系和国际秩序深度调整，不稳定不确定因素明显增多。新冠肺炎疫情全球大流行使这个大变局加速演进，世界进入动荡变革期，国内改革发展稳定任务艰巨繁重。办好北京冬奥会必将极大振奋民族精神，有利于凝聚中华儿女为实现中华民族伟大复兴而团结奋斗，也有利于向世界展示我国改革开放伟大成就。

天气是影响冬季运动能否顺利开展的重要因素，冬奥会的成功举办与气象条件密切相关。做好冬奥会气象保障服务是一项重大政治任务，同时也是检验气象现代化建设成果的重要平台，是实现气象强国目标的必由之路。各部门要充分认识冬奥会气象保障服务工作的极端重要性，从“两个大局”中思考，增强“四个意识”、坚定“四个自信”、做到“两个维护”，落实“绿色、共享、开放、廉洁”的办奥理念，全力以赴，高质量地完成好党中央、国务院交付的冬奥会气象服务任务。

（二）充分肯定前一阶段冬奥会气象保障服务工作取得的成绩

自北京冬奥会成功申办以来，经过 5 年的不懈努力，冬奥会气象保障服务工作已经取得了突破性的进展。全面完成了冬奥气象观测系统建设。特别是北京市气象局、河北省气象局在各职能司、国家级业务单位和有关省气象局的支持帮助下，克服种种困难，气象综合观测能力上了一个台阶，“三维、秒级、多要素”观测系统基本形成。建立了较为可靠的气象预报服务系统。冬奥气象综合可视化系统、多维度气象预报预警系统、现场气象服务系统、雪务专项气象预报预测系统等为主体的冬奥会气象预报服务支撑平台得到应用，“百米级、分钟级”预报服务技术初现成效。锤炼了预报服务团队。通过连续 3 年在延庆、张家口赛区开展冬奥气象保障服务实地训练，以及出国培训、英语培训、赛事观摩等，气象预报服务团队的能力得到稳步提高。

同时，北京市气象局、河北省气象局坚持边建设、边服务，每年为赛区施工提供很好的气象保障，圆满完成了第十四届冬运会（延庆站）等各项气象保障。特别是在去年，虽然受新冠肺炎疫情影响取消了首场冬奥会测试赛，但气象部门坚持利用难得的机会开展预报服务模拟演练，在原定的测试赛比赛时段与竞赛组委会协作，模拟制作高山滑雪竞速赛道天气预报，锻炼实战能力，赢得各方面的充分肯定。

在此，我代表中国气象局党组向北京市气象局、河北省气象局以及参加冬奥会气象筹备工作的全体同志表示衷心的感谢！

（三）进一步提高政治站位，深刻认识做好冬奥会气象保障服务的紧迫性和艰巨性

刚才同志们在汇报中提到，冬奥会各类冰雪比赛与气象条件关系密切，对气象要素的敏感度远超夏季奥运会比赛项目。赛道维护、赛事运行保障、运动员安全、观众观赛等都需要精细化的气象预报服务。历史的经验教训值得我们重视，如 2014 年的俄罗斯联邦索契冬奥会遭遇暖冬，导致赛道融化。2018 年的韩国平昌冬奥会遭遇低温、大风、降雪等极端天气，有 17 项赛事进行了调整。北京冬奥会是首次在大陆季风性气候条件下举办的一届冬奥会，延庆赛区和张家口赛区地形地貌条件复杂，气候条件严峻，对比赛的影响非常显著。与此同时，冬奥会的室外赛场地处山区，严寒大风天气使气象观测设备的稳定运行和维护保障更难；山区天气复杂多变使精准预报更难，这些都是世界性难题，需要我们攻坚克难，不断提高气象保障服务能力和水平。我们就不难理解在去年 12 月 15 日，北京冬奥组委召开主席办公会，北京市委书记、北京冬奥组委主席蔡奇进一步强调，要完善气象监测体系，努力实现精准预报。

今年是冬奥筹办全力冲刺、全面就绪、决战决胜的关键时期，气象服务筹备任务十分繁重，时间非常紧迫。当前新冠肺炎疫情在国内还存在多点散发，局部出现聚集性疫情的风险，国际疫情还在加速蔓延，这对冬奥会的筹备和举办必将带来严重影响。各单位要进一步提高政治站位，深刻认识做好冬奥会气象保障服务工作的紧迫性和艰巨性，坚持“一刻也不能停、一步也不能错、一天也误不起”的要求，以高度的政治责任感和只争朝夕的紧迫感，围绕“精彩、非凡、卓越”的办赛目标，扎实做好各项气象保障服务工作。同时，要注重冬奥气象保障服务工作的普遍性和延伸性，将新技术新成果新产品更多应用到冰雪运动、冰雪产业等更宽领域、更大范围。

（四）强化责任担当，高质量高标准做好下一阶段北京冬奥会气象服务筹备工作

从去年冬季对有关赛事的气象服务和今天大家的汇报讨论看，我们在精准化预报预测、探测系统运维保障、科技研发和应用、气象服务能力、组织管理等方面还存在不足，装备、系统和团队还缺乏实战测试和检验，要保证北京冬奥会的顺利举办，还需要加倍努力，切实履行好北京冬奥会气象服务协调小组牵头单位的职责。

1. 抓好统筹协调，凝聚工作合力

冬奥气象服务保障涉及方方面面，要坚持问题导向、目标导向，统筹做好气象筹备工作。冬奥气象中心、北京市气象局、河北省气象局要强化主体责任，发挥好牵头单位的作用，理顺工作机制，充分借鉴历届冬奥会的成功经验，加强向北京冬奥组委、北京市政府、河北省政府的汇报，跟进冬奥会筹办总体进展，全方位为冬奥会提供气象服务。各相关职能部门、各直属单位要从业务建设、项目投入、科技研发、人员培训等方面继续全力支持北京市、河北省局的气象筹备工作，对提出的问题要积极帮助协调解决。气象协调小组办公室（减灾司）要进一步发挥好综合统筹作用，做好跨部门、跨区域的协调工作。

2. 细化任务分工，抓实抓细各项筹备工作

建立健全赛时保障体制机制，推进冬奥气象服务领导小组办公室实体化运行，办公地点设在北京市气象局，请减灾司、人事司、北京市气象局牵头落实。领导小组办公室、冬奥气象中心研究提出分阶段任务细化分工，严格按照时间节点督促各单位完成各项任务。要坚持风险意识、底线思维，请北京市局、河北省局、预报司、观测司等单位针对预报服务团队人员安全、信息网络安全、预报业务系统和观测设备安全建立健全应急预案，做好应急演练。

3. 抓好测试检验，全方位开展实战演练

要认真组织好下一阶段冬奥会测试赛气象保障服务，开展全方位、全流程演练，逐步使各个保障环节走向实战化。通过演练实战测试检验装备、系统和团队的性能和水平，查找薄弱环节和短板，拿出切实可行的措施加以解决，通过补短板、强弱项，进一步提高筹备工作水平。

4. 强化科技创新，提升冬奥会气象保障服务能力

抓实科技冬奥项目的成果应用，切实为冬奥会“百米级、分钟级”精细化天气预报提供有力的技术支撑。做好“冬奥会气象预报示范计划”项目的实施，不断提高精准预报能力。充分利用新技术新手段，在新媒体传播、大数据分析、人工智能服务等领域，为冬奥会提供更高质量的精细服务。

5. 整合资源力量，为冬奥会气象服务提供坚强保障

计财司、减灾司要进一步梳理存在的各项困难问题，多措并举，举部门之力，切实保障冬奥气象服务建设和服务需求。人事司、办公室要统筹部门资源和力量，为冬奥气象预报服务团队做好组织人才保证和后勤保障。

6. 做好疫情防控，坚决完成冬奥会测试赛各项任务

继续高标准做好疫情防控工作，确保冬奥会气象保障服务所有业务服务人员健康。瞄准今年冬奥会系列测试赛气象服务工作目标，切实做到组织领导到位、业务系统到位、技术保障到位、人员队伍到位，确保圆满完成保障服务任务。对于在冬奥会气象服务中表现优秀的集体和个人要给予必要的奖励。

同志们，北京冬奥会气象保障服务是历史赋予气象工作者的重任，更是我们难得的机遇和挑战，责任重大，使命光荣。我们要以习近平总书记对冬奥会筹办和对气象工作的重要指示精神为根本遵循，扎扎实实做好冬奥会气象服务各项筹备工作，提供优质的保障服务，做出我们气象人应有的贡献。

七、中国气象局庄国泰局长在北京冬奥会气象服务协调小组第二次全体会议上的讲话（2021 年 9 月 22 日）

刚才余勇同志传达了习近平总书记和中央领导同志近期对冬奥会筹办工作的重要指示要求，并对《北京 2022 年冬奥会冬残奥会赛时气象保障服务运行指挥实施方案》等做了简要说明。祖强同志、张晶同志分别汇报冬奥气象服务工作进展，与会代表针对冬奥会气象服务下一步工作发表很好的意见和建议。杨树安副主席、卢映川副市长、时清霜副省长分别作了重要讲话，对下一步工作提出了指示要求，我们一定要深刻学习领会，切实抓好贯彻落实。

下面，我代表中国气象局再谈几点体会和意见。

（一）深入学习贯彻习近平总书记关于冬奥会筹办工作系列重要指示精神

申办和举办北京冬奥会、冬残奥会是以习近平同志为核心的党中央作出的重大战略性部署，是党和国家的一件大事，是我国重要历史节点的重大标志性活动。筹办以来，习近平总书记始终高度重视，多次深入赛区考察、专题听取工作汇报，并对筹办工作做出了一系列重要指示，为做好冬奥、冬残奥气象服务工作指明了方向、提供了根本遵循。

今年 1 月 18 日至 20 日，习近平总书记先后到北京、河北等地，实地了解北京冬奥会、冬残奥会筹办情况，主持召开冬奥会和冬残奥会筹办工作汇报会并发表重要讲话。刚才余勇同志已经传达了习近平总书记重要指示精神。今年 1 月和 5 月，总书记分别两次同国际奥委会主席巴赫通电话，强调中方正在围绕如期办赛的目标，稳步推进各项筹办工作，将组织好下半年各项测试赛，为北京冬奥会、冬残奥会打下更加坚实的基础；北京冬奥会、冬残奥会是世界各国的盛会，中方对赛事如期举办充满信心，愿与国际奥委会和国际社会一道，确保北京冬奥会、冬残奥会成为一届简约、安全、精彩的奥运盛会。7 月 30 日，习近平总书记主持中共中央政治局会议，再次强调做好北京冬奥会、冬残奥会筹办工作。

我们一定要深入贯彻习近平总书记关于北京冬奥会、冬残奥会筹办工作系列重要指示精神，按照冬奥会工作领导小组部署，坚持把做好冬奥、冬残奥气象服务工作与深入学习贯彻习近平总书记在庆祝中国共产党成立 100 周年大会上的重要讲话精神相结合，与深入开展党史学习教育相结合，与贯彻落实习近平总书记对气象工作重要指示精神相结合，增强政治判断力、政治领悟力、政治执行力，牢牢把握坚定如期办赛目标和“简约、安全、精彩”办赛要求，尽职尽责、凝心聚力，确保完成决战决胜阶段冬奥气象服务各项工作。

（二）坚持问题导向，深刻认识冬奥气象服务工作面临巨大挑战

去年 10 月冬奥气象服务协调小组第一次会议以来，协调小组各成员单位密切配合、团结协作，冬奥会气象保障服务工作取得了突破性的进展。特别是圆满完成 2021 年 2 月“相约北京”冬季体育系列测试活动气象保障服务任务，全方面检验了业务建设成果，全流程测试了工作流程、全方位磨炼了队伍实战能力。面对今年汛期北方降雨明显偏多，防汛形势异常严峻的形势，气象部门加强与北京、河北两地冬奥筹备部门的沟通联系，组建服务专班，做好强对流、暴雨、大风等灾害性天气的监测预报预警工作，确保冬奥场馆设施安全度汛的气象服务工作。同时，我们深刻认识到，当前冬奥气象保障工作已进入全力冲刺、全面就绪、决战决胜的关键时期，气象保障服务工作日益繁重。我们一定要进一步增强工作责任感、使命感和紧迫感，深刻认识面临的挑战，强化底线思维，确保冬奥气象保障工作有序有力。

一是冬奥赛事各方面对气象服务的需求多。冬季雪上项目在野外、室外复杂地形条件下开展，海拔高、高差大、弯道急。从今年测试赛气象服务情况看，无论是赛事项目组织实施本身，还是登山缆车运行、直升机医疗救援、地面交通、观众现场观赛等赛场保障的方方面面都对气象各要素提出了非常高的服务需求。除此之外，火炬接力、开闭幕式等重大活动、交通物流保证、城市安全运行等也很大程度上受到天气条件的影响。这就需要我们不断总结测试演练的经验，进一步细化冬奥气象服务需求，一项一策、一馆一策制定气象保障服务措施，加强实战演练，特别是针对可能出现的突发应急事件，增加意外性试验，提前做好防范措施，切实提升冬奥气象保障服务水平。

二是冬奥会气象保障技术难度大。北京冬奥会在大陆性冬季风气候条件下举办，室外竞赛项目地区地形复杂、天气多变。复杂山地小尺度精细精准的气象预报，依然是国际气象学界尚未解决的难题。加之在全球气候变化背景下，近年来极端天气气候事件呈现出偏多偏强的趋势，特别是今年以来我国极端天气频发，进一步增加了精准预报的难度。这都需要我们通过实战不断改进完善气象业务系统功能和应用能力，提高监测预报技术水平和保障赛事的

服务效果。

三是没有经受全压力测试检验。尽管今年2月份举行了冬奥会冬残奥会同期的系列测试活动。但由于受新冠肺炎疫情影响，各项测试赛没有国外运动员和裁判员参加、没有观众、没有现场直播，气象保障服务中的综合观测系统、预报及业务等系统还没有固化版本，各业务系统没有进行充分的应用及专项应急演练，部分研发成果没有进行同期检验，特别是现场的服务工作距离冬奥会实战要求还有很大差距。

四是新冠疫情防控任务叠加。当前全球疫情仍在肆虐，国内仍有散发疫情，疫情防控形势依然十分严峻。这就需要我们始终紧绷疫情防控这根弦，慎终如始，抓好冬奥气象服务保障人员管理，抓实抓细各项疫情防控措施，严格落实各项应急预案，做到防疫情与气象保障两手抓、两手硬。

（三）精益求精抓好冬奥气象保障工作，确保北京冬奥会如期安全顺利举办

全力做好冬奥测试赛、火炬传递等气象服务保障工作。

今年10–12月，将在北京、延庆、张家口3个赛区举办15项“相约北京”系列测试活动，是冬奥会正赛前最后一次演练机会，对于磨合赛时气象保障机制、全流程业务系统测试、现场团队保障水平提升具有重要作用。冬奥气象中心各单位要牢牢抓住这次难得的实战演练机会，加强统筹协调、密切联动配合，按照“三个赛区、一个标准”的要求，全力以赴做好测试赛气象保障服务工作，确保赛事安全顺利举办。同时，要按照《北京2022年冬奥会冬残奥会火炬接力气象保障服务实施方案》的要求，将各项任务落实到岗落实到人，圆满完成火炬接力气象服务任务。

健全完善赛时运行指挥机制。

9月1日，北京冬奥组委印发了赛时运行指挥实施方案。冬奥会气象服务协调小组办公室要根据会议讨论意见修改完善《冬奥会赛时气象保障服务运行指挥实施方案》，并在后续的测试赛服务中不断总结经验，加强动态管理，不断健全完善职责清晰、指挥有力、协调高效、运行流畅的赛时运行机制。冬奥气象中心要切实发挥统筹协调作用，主动做好与北京冬奥组委等部门沟通，加强冬奥气象中心内部协调，加强后方预报人员和赛场一线预报人员的沟通交流。北京市和河北省气象局要强化主体责任，发挥好牵头单位的作用，加强面向北京市政府、河北省政府和赛区组委会的汇报，跟进冬奥会筹办总体进展，全方位为冬奥会提供气象服务。

优化固化冬奥气象业务服务系统。

加强冬奥气象科技研发项目、气象预报示范计划（FDP）等成果在冬奥测试赛中的应用，滚动进行分析评估和优化更新。继续扩大科技开放合作，强化风云4号B星等新手段、新技术的应用，进一步优化业务服务系统，并在12月底测试赛结束后完成对冬奥气象所有业务服务系统的固化。冬奥气象中心加强与北京冬奥组委对接，将各类气象预报服务信息纳入北京冬奥组委官方App。要高度重视网络安全工作，编制冬奥会气象网络安全事件应急处置预案，明确责任分工，做好网络安全应急准备。抓紧做好系统联调联试，制定冬奥气象服务保障应急预案，对各业务系统和岗位人员进行全压力演练。要做好延伸服务，在冬奥气象服务保障工作基础上，围绕冰雪经济和京津冀协同发展等需求，建立健全综合立体气象监测和智能化预报服务保障体系。

汇聚部门、地方等各方面合力。

筹办北京冬奥会、冬残奥会，是一项系统工程，需要集各方之智，汇各方之力，形成冬奥气象保障工作的强大合力。希望冬奥组委进一步加强指导，在赛时运行机制、气象工作人员保障、应急预案落实等方面给予支持。北京市政府、河北省政府切实发挥好北京、张家口两个主办城市气象服务的属地责任，完善气象灾害风险应对措施，在赛时气象服务和设施运行维护方面给予保障和支持。体育总局在冬奥各比赛项目气象服务提供技术支撑，共同为中国体育代表团取得优异成绩提供保障。

从严从紧抓好疫情防控工作。

参与冬奥气象保障工作各个单位，要严格执行北京冬奥会各项疫情防控要求，进一步细化疫情防控方案和各类服务场景下疫情防控操作细则，并指导气象保障服务团队强化落实。按照闭环管理人员和非闭环管理人员分类施策的原则，做好业务服务人员特别是前方团队队伍轮换和人员储备，明确封闭管理时间和要求，切实做好气象保障人员管理，确保安全。

同志们，办好北京冬奥会责任重大、使命光荣，中国气象局将和各成员单位一起，齐心协力、开拓创新、攻坚克难，出色完成好冬奥气象保障任务，为举办一届精彩、非凡、卓越的奥运盛会，做出新的更大贡献。

八、中国气象局庄国泰局长在北京 2022 年冬奥会和冬残奥会气象服务动员部署会上的讲话（2022 年 1 月 5 日）

首先向大家致以新年的问候，对大家一年来的辛勤努力表示感谢！今天距北京冬奥会开幕还有 30 天。2021 年 12 月 31 日下午，北京 2022 年冬奥会和冬残奥会誓师动员大会已召开，冬奥会气象预报服务一线团队昨天已进入赛时闭环管理，意味着北京冬奥会已经全面进入赛时决战状态。昨天，习近平总书记在北京深入体育场馆、媒体中心、训练基地等，实地考察 2022 年冬奥会、冬残奥会筹办备赛工作情况，进一步强调，坚定信心、再接再厉抓好各项筹备工作，确保北京冬奥会、冬残奥会圆满成功。今天，我们召开北京冬奥会和冬残奥会气象服务保障动员部署会，主要任务是：深入贯彻落实习近平总书记关于北京冬奥会系列重要指示精神和党中央决策部署，进一步动员和组织大家齐心协力做好北京冬奥会赛时气象服务，为确保办成一届“简约、安全、精彩”的奥运盛会贡献气象力量。刚才，北京市气象局、河北省气象局、国家气象中心分别作了汇报发言，北京、延庆、张家口三个赛区的预报服务团队代表也作了很好的发言，总体来看，各项气象服务保障工作均已准备就绪，大家正以饱满的精神状态投入到赛时状态。下面我就进一步做好赛时决战阶段北京冬奥会气象服务工作再谈几点意见。

（一）深入贯彻落实习近平总书记重要指示精神，增强做好北京冬奥会气象服务工作的使命感、责任感、紧迫感

做好北京冬奥会气象服务工作是一项重要政治任务，我们必须全力以赴。举办北京冬奥

会、冬残奥会，是以习近平同志为核心的党中央着眼于我国改革开放和现代化建设全局作出的重大决策，是我国重要历史节点的重大标志性活动。习近平总书记亲自谋划、亲自推动，在每个关键节点都作出重要指示，为我们办好冬奥提供了根本遵循。习近平总书记在2022年新年贺词中强调：再过一个多月，北京冬奥会、冬残奥会就要开幕了。我们将竭诚为世界奉献一届冬奥盛会。世界期待中国，中国做好了准备。我们要深入学习领会，更加自觉站在“国之大者”的高度，深刻认识举办北京冬奥会、冬残奥会的重大意义，全力以赴做好北京冬奥会气象服务保障。目前各项筹办工作均已准备就绪，真可谓“万事俱备，只欠东风”，天气条件成为影响北京冬奥会能否顺利举办的重要因素。我们要深入贯彻落实习近平总书记关于北京冬奥会筹办工作系列重要指示精神，把做好北京冬奥会气象服务工作作为深入贯彻落实习近平总书记关于气象工作重要指示精神的生动实践，深刻理解把握绿色、共享、开放、廉洁的办奥理念和“简约、安全、精彩”办赛要求，全力以赴，高质量圆满完成好党中央交给我们的任务。

做好北京冬奥会气象服务是向全世界展示我国气象科技实力的重要窗口，我们必须迎难而上。在当前复杂的国际环境和疫情防控形势下，北京冬奥会、冬残奥会倍受全世界瞩目，精细化气象预报服务是科技冬奥的重要组成部分，全世界科技界、气象界都在关注北京冬奥气象服务，都在看着我们，我们必须为国争光，为荣誉而战，向世界充分展示中国气象的形象和实力，续写重大活动气象保障服务新篇章，开启推动气象高质量发展的新序章。做好冬奥会气象服务任务艰巨，需要我们挑战复杂地形条件下精细化预报极限，挑战极端天气条件下气象装备稳定运行和保障的极限，挑战疫情防控要求下长时间闭环作战的生理心理极限。特别是在全球气候变化大背景下，极端天气多发重发，更增加了北京冬奥气象保障服务的难度。挑战越大、风险越大、关注度越高，越是需要我们积极主动作为，迎难而上，聚各方之力做好北京冬奥会气象保障服务。

（二）充分肯定筹备工作取得进展，增强做好冬奥会赛时气象保障服务的信心

在党中央国务院的坚强领导下，在北京市政府、河北省政府、北京冬奥组委，中央纪委国家监委驻农业农村部纪检监察组和各相关部门的关心支持下，在广大气象干部职工的努力拼搏下，自北京冬奥会成功申办以来，经过6年多的不懈努力，冬奥会气象服务筹备工作取得了很好的进展。一是建立了现代化冬奥气象保障系统。以冬奥赛场为核心，气象综合观测能力显著增强，“三维、秒级、多要素”观测系统基本形成。建立了以精准气象预报预警系统、精细气象服务系统、雪务专项气象预报系统等为主体的冬奥会气象保障平台，依托科技创新形成了“百米级、分钟级”预报服务能力。二是锤炼了一支过硬的气象保障服务团队。抽调全国气象部门的精兵强将，组建了一支高素质冬奥气象保障服务专家队伍。2018年以来，开展了各类培训，每年都在延庆、张家口赛区开展冬奥气象保障服务实地训练，为圆满完成冬奥气象保障服务任务打下了坚实的基础。三是健全了跨地区跨部门冬奥气象保障服务工作机制。在北京冬奥会工作领导小组指导下，组建了北京冬奥会气象服务协调小组和冬奥会气象服务中心，建立了职责清晰、指挥有力、协调高效、运行流畅的赛时气象运行指挥机制。四是为冬奥筹备工作提供全方位全过程气象保障服务。我们坚持边筹备、边服务、边完

善，根据国际奥委会、国际雪联需求提供了针对性的气象保障服务，圆满完成系列测试活动气象保障服务，为完成赛时决战阶段气象保障服务打下了坚实的基础。2021 年 10 月 27 日，距北京冬奥会开幕倒计时 100 天之际，胡春华副总理专门到中国气象局视察听取冬奥气象服务工作汇报，充分肯定了气象部门在冬奥气象服务方面所做的工作、所取得的进展，并提出了明确的工作要求。

在过去的 6 年多里，我们付出了最大的努力，做了最精心的准备，我们有信心、有底气相信，一定能打好北京冬奥会气象保障服务关键之战，圆满完成党和人民交给我们的光荣任务。

（三）进一步提高政治站位，以饱满的热情和昂扬的斗志做好北京冬奥会赛时气象服务工作

1. 强化组织领导，确保赛时气象服务有力有序

冬奥气象保障服务任务繁重、涉及面广，需要各职能部门、各国家级业务单位和北京、河北两地各级气象部门团结协作，共同努力才能圆满完成各项任务，同时也需要周边相关地区气象部门给予大力的配合支持。各单位要加强组织领导，广泛动员、精心组织、科学调度、靠前指挥。一要加强统筹协调。落实好冬奥会赛时气象服务运行和指挥机制，各工作组要认真履职尽责，确保冬奥会期间各环节运转顺利，各流程衔接顺畅。二要加强协作配合。充分发挥部门优势，形成领导有力、部门协作联动、大家共同参与的冬奥气象服务工作格局。各职能部门、各直属单位要主动靠前一步，积极主动发现和帮助解决问题和困难，全力支持两地三赛区气象服务保障任务。三要落实工作责任。北京市局、河北省局要强化主体责任，狠抓冬奥气象服务运行管理，对冬奥气象服务的每一个岗位、每一个细节再检查、再完善，对每个细节再演练、再磨合、再完善，确保赛时气象保障服务万无一失。四要抓好宣传科普工作，为冬奥气象保障服务营造良好氛围。

2. 紧盯赛事需求，不断提高气象预测预报精准度

北京冬奥会的首要任务是如期、安全、顺利完成所有比赛，而赛时的气象情况将直接决定冬奥会能否在预定的时间内完成所有比赛、产生所有金牌，需要气象部门提供精准的气象预报，特别是对大风、低温等极端天气的精准预报，是帮助赛事组织部门进行竞赛日程调整，确保安全办赛的重要决策依据。中国气象局作为北京冬奥组委赛时运行指挥部竞赛指挥组的成员单位，我们一定要认真履职尽责，坚决落实好北京奥组委提出的“精准开展气象预报，保证各项系统和设施设备赛时正常运行”要求。聚焦预报预测准确率这一核心需求，充分应用风云卫星、天气雷达、自动气象站等现代化气象监测手段和各类数值预报产品，充分发挥气象保障服务专家团队作用，紧盯高影响赛区赛道和比赛项目，按照“三个赛区、一个标准”和“一场一策”“一项一策”的要求，精益求精做好气象预报服务，最大程度满足各项赛事气象服务需求。要进一步做好应对极端天气等风险挑战的充分准备，细化实化各项应对预案，确保在不利天气发生时，能够有力有序应对。要抓好以下三方面工作：一是要注意把握极端低温天气气候的规律，在全球尺度上关注北美、欧洲和东亚地区的极端低温事件变

化，特别在东北地区、华北地区要特别关注低温寒潮过程的路径、走向。二是要注意把握气候变化的预兆因子，尤其是对北京冬奥会赛区相关的影响地区，严密监视各类气候异常的先兆信号。三是要注意把握春季天气预报难点，冬春季节转换期间天气复杂多变，要做好长、中、短期的滚动预报服务。请预报司加强指导和支持。

3. 突出关键环节，做好开闭幕式和赛会活动气象保障服务

举办冬奥会期间，各项赛会活动多。要紧盯开闭幕式、火炬传递等重要活动节点，采取递进式的动态预报流程，持续做好气候预测、中短期天气滚动跟踪预报。特别是 2 月 4 日开幕式气象服务是冬奥会气象服务的重中之重。重大活动气象保障越是临近，卫星和雷达在预报服务上的作用愈发凸显，要继续发扬建党 100 周年和“十四运”气象服务保障好的经验和做法，卫星中心、信息中心、探测中心等各单位要加强实时监测分析，各方面做好协调配合。要动态跟踪需求，不断细化完善开幕式气象服务工作方案，加强会商分析，滚动提供长、中、短期和短时临近天气预报，及时提出防范高影响天气风险的意见建议，全力做好人工影响天气作业准备工作。

4. 坚持统筹兼顾，做好城市运行气象保障服务

要全力做好冬奥会期间城市生命线运行气象保障服务。要积极配合生态环境部门做好 3 个赛区空气质量预报和重污染天气预警。配合应急管理部、国家林草局做好赛区周边森林草原防灭火气象保障服务。配合交通运输部门做好城市交通运行保障。北京冬奥会期间，又正值春节假期，要主动对接发展改革、公安、交通运输、应急管理、能源电力等部门，强化高影响天气监测预警，做好城市运行及赛区交通物流、能源保供等气象保障服务。

5. 坚持底线思维，全力做好疫情防控和安全生产工作

平安冬奥是北京冬奥会取得圆满成功的重要标志。一是抓好冬奥期间疫情防控工作。各单位要严格执行北京冬奥会和属地化的疫情防控要求，按照闭环管理人员和非闭环管理人员分类施策的原则，做好业务服务人员特别是前方团队队伍轮换和人员储备，切实做好气象服务保障人员管理，确保安全。遇有重大突发情况能够做到迅速反应、有效处置。二是抓好冬奥会期间安全生产工作。各单位要进一步加强内部安全管理，确保消防、交通等安全。进一步加强人工影响天气作业装备和弹药动态安全管理，及时消除安全隐患。三是进一步加强网络安全和应急工作。围绕冬奥会网络安全保障任务，全面排查消除风险隐患，提高网络安全整体防御能力。各项核心业务系统都要按要求做好应急备份，确保稳定运行。目前冬奥会开幕在即，要抓住最后的 30 天，强化各项预案的应急演练，强化冬奥气象服务应急处突能力，确保在关键时刻应对有序有效。

6. 关心关爱一线人员，凝心聚力打好冬奥气象服务决胜之战

自 2021 年 10 月 11 日进驻各赛区以来，各赛区气象预报服务人员已经连续高强度工作了 80 多天。从昨天开始，各赛区陆续进入赛前闭环管理状态，许多一线驻场业务服务人员还要封闭工作近 100 天，面临经受巨大的工作和精神压力。冬奥会期间正值新春佳节，很多

同志将无法与家人团聚。各单位各部门要切实关心关爱冬奥会气象预报服务工作人员，一是组织做好生活服务，以需求为导向，统筹各方面资源，做好饮食、御寒、交通、应急药品等后勤保障服务。二是做好心理疏导，冬奥气象服务人员所在单位党组织，要通过谈心交流、关怀慰问等方式，有针对性地做好人文关怀工作。中华全国总工会党组书记、副主席陈刚同志率队专门慰问冬奥气象服务一线干部职工，给大家送来了温暖，为我们树立了榜样。三是积极解决后顾之忧，了解一线工作人员的家庭困难、生活困难，及时报告中国气象局办公室，由局办公室联系各地气象部门有针对性地予以解决，让一线业务人员全身心投入冬奥气象保障服务中去。

同志们，做好北京冬奥气象保障服务是一项光荣而神圣的任务，各单位从今天起，要保持“一刻也不能停、一步也不能错、一天也误不起”的工作状态，牵头单位发挥带头作用，配合单位向前一步，各级领导干部靠前指挥，做到层层推进、步步落实。所有冬奥气象服务人员都要珍惜荣誉，珍惜参与冬奥气象服务的无上光荣，以饱满的精神状态、高昂的工作热情、严格的工作标准，精准精细的气象预报服务，坚决扛起高质量完成北京冬奥会气象保障服务的历史责任，为举办一届“简约、安全、精彩”的奥运盛会贡献气象力量！

预祝北京冬奥会和冬残奥会气象服务取得圆满成功！预祝北京冬奥会和冬残奥会取得圆满成功！

九、中国气象局庄国泰局长在北京冬奥会气象服务特别工作状态启动会上的讲话（2022 年 1 月 27 日）

今天距北京冬奥会开幕还有 8 天，从现在开始，已经进入北京 2022 年冬奥会气象服务特别工作状态，冬奥会气象服务进入决战决胜阶段。为做好各项气象保障服务工作，我提六点要求。

（一）坚决扛起政治责任，严格落实特别工作状态的工作要求

举办北京冬奥会、冬残奥会，是以习近平同志为核心的党中央着眼于我国改革开放和现代化建设全局作出的重大决策，是我国重要历史节点的重大标志性活动。习近平总书记亲自谋划、亲自推动，在每个关键节点都亲临视察作出重要指示，为我们办好冬奥提供了根本遵循。在党中央国务院的坚强领导下，在北京市政府、河北省政府，以及北京冬奥组委、相关部门的支持下，特别是在广大气象干部职工的努力拼搏下，经过 6 年多的不懈努力，北京冬奥会气象服务筹备工作已全面就绪进入决战决胜阶段，各单位要牢记习近平总书记的重托，心怀“国之大者”，进一步增强做好冬奥会气象服务的责任感、使命感、荣誉感，更加自觉地扛起责任，从讲政治的高度全力以赴做好北京冬奥会气象保障服务。进入特别工作状态意味着冬奥气象服务已经进入决战决胜阶段，到了最关键的时刻，各单位要严格落实特别工作状态和赛时气象保障服务工作方案的各项要求，强化值班值守，积极主动作为，确保各项工作万无一失。

（二）严密监视天气变化，全力做好开闭幕式气象保障服务

从目前天气分析来看，开幕式期间天气形势还有一定的不确定性，各类数值预报模式对关键区域、关键时段的具体预报还有分歧，尤其是在风、能见度等的预报上还存在一定差异，而风速风向变化又会对开幕式演出特别是焰火表演带来很大的影响。这就要求我们在前期工作的基础上，再进行更加细致地研判，把监测做得更精密一些，把预报做得更精准一些，把服务做得更精细一些，把最好的观测和预报技术、产品应用到开幕式的保障服务中。同时，要强化滚动预报，及时根据新的资料更新预报，一旦预报意见有新的变化，第一时间向两办、北京市委市政府、河北省委省政府以及开幕式组织和保障的相关工作组报告。同时，要做好人工影响天气作业准备工作，根据需求和天气条件，科学作业、精准作业、安全作业。

（三）紧贴赛事需求，全力以赴做好赛时气象保障服务

赛时的气象情况直接决定能否如期、安全、顺利完成北京冬奥会所有比赛项目，特别是对大风、低温、强降雪等极端天气的精准预报，是帮助赛事组织部门进行竞赛日程调整，确保安全办赛的重要决策依据。前方一线预报服务团队要进一步加强与赛事组织部门、竞赛团队的沟通，牢牢把握不同比赛项目对不同气象要素的需求，聚焦预报预测准确率这一核心，及时与后方保障团队沟通联系，充分发挥后方支撑团队的作用，按照“一场一策”“一项一策”要求，精益求精做好气象预报服务，最大程度满足各项赛事气象服务需求。同时，要做好应对极端天气的充分准备，落实好应急预案，为可能因天气造成的赛事调整提供好气象服务保障。

（四）坚持统筹兼顾，做好冬奥会期间各项气象服务工作

北京、河北两地气象部门要统筹做好城市气象服务，为组织群众出行观赛、城市生命线安全运行提供优质的服务。国家级各单位要积极配合国家林草局、应急管理部做好赛区周边森林草原防灭火气象保障服务，配合应急管理部门做好冬奥会应急救援气象保障服务，配合生态环境部门做好 3 个赛区空气质量预报和重污染天气预警，配合交通部门做好参加开幕式人员和参赛人员转运、春运春节交通运行保障，配合发展改革委和能源部门做好能源保供气象服务。中央气象台还专门派出首席预报员加入到北京冬奥会中国体育代表团，要加强与后方支撑团队的沟通协调，尽最大努力为国家队争取金牌贡献气象智慧。此外，还要进一步做好面向中办国办的信息报送工作。

（五）做好疫情防控和安全保护，确保气象服务人员绝对安全

要始终把疫情防控作为重点工作，严格落实《北京冬奥会防疫手册》要求，严格执行属地疫情防控要求。前方气象服务团队要严格按照闭环管理人员要求，切实做好气象服务保障人员管理，确保安全。后方支撑保障部门，要加强重点场所和人员管控，做好工作场所和人员的应急备份，遇有重大突发情况能够做到迅速反应、有效处置，并及时报告。

（六）强化组织领导，确保各项工作到位有序。冬奥气象服务涉及两地三赛区，气象保障服务的组织难度前所未有

从今天起，各单位要把做好冬奥气象服务作为头等大事来抓，按照赛事气象保障服务工作方案和应急预案要求，进一步强化组织部署，落细落实责任分工，将每一项任务落实到岗、落实到人。冬奥气象中心要切实发挥好组织协调作用；北京市气象局、河北省气象局要切实承担起冬奥气象服务的主体责任；减灾司要做好冬奥会气象服务工作的综合协调，局办公室要加强后方支撑保障工作的总体统筹。各职能部门、各直属单位要主动靠前一步，积极主动帮助协调解决问题和困难，全力支持两地三赛区完成气象服务保障任务。

同志们，做好北京冬奥会气象服务是党中央交给我们气象工作者的一项光荣而神圣的任务，也是全国人民对我们气象工作者的重托和期望。在这最关键时期，让我们迎难而上、齐心协力，以严谨科学精神、高昂的斗志、饱满的状态、必胜的信心，圆满完成北京冬奥会、冬残奥会气象保障服务任务，以优异成绩迎接党的二十大胜利召开。

十、中国气象局庄国泰局长在北京冬奥会冬残奥会气象保障服务工作总结大会上的讲话（2022 年 3 月 29 日）

今天，我们召开北京 2022 年冬奥会和冬残奥会气象保障服务工作总结大会，主要任务是深入贯彻落实习近平总书记关于办好北京冬奥会和冬残奥会系列重要指示和对气象工作重要指示精神，回顾总结北京冬奥会和冬残奥会气象保障服务工作，总结成绩，凝练成果，传承精神，接续奋斗，不断推进气象事业高质量发展。刚才，新文同志宣读了中国气象局对北京冬奥会和冬残奥会筹办和举办期间表现优秀的集体和个人通报表扬的决定；北京市气象局、河北省气象局、国家气象中心分别进行了总结汇报，7 位气象保障一线队员代表作了生动、精彩的发言，我们倍感振奋，倍感骄傲和自豪。在这里，我谨代表中国气象局向受到表扬的优秀集体和个人表示热烈祝贺！向所有为北京冬奥会和冬残奥会气象保障服务做出贡献的单位和同志们表示衷心的感谢！

借此机会，我谈几点意见。

（一）充分认识和准确把握北京冬奥会和冬残奥会气象保障服务取得的成绩，坚定气象事业发展的信心和决心

全国气象部门认真贯彻习近平总书记关于北京冬奥会和冬残奥会系列重要指示和对气象工作重要指示精神，深入落实党中央、国务院决策部署，紧紧围绕“简约、安全、精彩”办赛目标，举全部门之力，集气象行业之智，坚持“三个赛区、一个标准”，圆满完成了北京冬奥会和冬残奥会气象保障服务各项任务。

经过 6 年多的努力，我们以实际行动兑现了“两个奥运、同样精彩”的庄严承诺。一是精准天气预报为冬奥会和冬残奥会竞赛指挥决策提供强大支撑，确保所有赛事顺利完赛。北京、延庆、张家口 3 个赛区两个冬奥期间，先后共经历了降雪、大风、沙尘等 9 次高影响天

气过程，28 项官方训练或比赛活动受到影响，气象部门派出优秀工作专班进驻冬奥组委主运行中心、各个赛区场馆、冬奥村，与各场馆竞赛指挥团队会商沟通，滚动提供精准预报和赛事调整建议，为各项比赛在合适的窗口期顺利完成比赛提供重要的决策支撑，确保安全、顺利完赛。二是精细服务有力保障了冬奥会和冬残奥会开闭幕式圆满举行。组建开闭幕式气象保障专项工作组和预报服务专班团队，针对开闭幕式彩排演练开展了 20 次天气会商，提供了 80 余次专项预报，提前 3 天精准预报冬奥会、冬残奥会开幕式和闭幕式天气，派出专家赴国家体育场提供了为期 3 个月的现场服务，为文艺演出、焰火燃放等提供精细服务。三是专项服务为中国体育代表团夺金保驾护航。首次选派中央气象台首席预报员参加中国体育代表团，充分调研参赛队伍需求，提供针对性专项服务，确保所有中国体育代表团参赛队能够根据天气预报和影响提示选择雪板打蜡时间和材质，为谷爱凌、苏翊鸣等夺得金牌提供气象保障。四是为冬奥会和冬残奥会应急救援和空气质量保障提供专项气象服务。积极主动对接生态环境、应急管理、交通运输等部门，配合做好北京冬奥会和冬残奥会期间空气质量、应急救援、森林草原防火、交通保畅以及城市运行保障等服务工作。此外，冬奥气象中心还为火炬传递提供了专项气象保障服务。五是深度融合构建联合人影指挥体系。中国气象局牵头，联合北京市政府、河北省政府构建了职责清晰、统一指挥、运行有序、保障有力的联合人影作业指挥体系。科学设计部署空地一体化作业力量，分别设置以“鸟巢”国家体育场、张家口崇礼、延庆海陀山为中心，半径 180 公里范围的三道防线，为冬春季重大活动保障积累了丰富经验。北京冬奥组委副主席杨树安在例行新闻发布会上指出，北京冬奥会很好地体现了“一流的气象保障服务”。国际奥委会奥运会部执行主任克里斯托夫·杜比说：“我认为，恶劣天气是冬奥会的组成部分，北京冬奥组委拥有最先进的天气预报系统。因此，无论遭遇什么样的坏天气，我们都可以克服。”国际奥委会体育部部长吉特·麦克康奈尔在竞赛变更委员会例会上表示，准确可靠的气象预报确保了高山滑雪、自由式滑雪坡面障碍技巧、越野滑雪等比赛日程成功调整。国际雪联负责人多次提到，北京冬奥会气象服务工作做得非常好，做得比任何一届冬奥会都好，这和气象保障服务人员的努力是分不开的，非常感谢！

经过 6 年多的努力，我们建立了相较历届冬奥会更为完善精密的气象观测系统。以北京冬奥会和冬残奥会赛场为核心，在北京、延庆和张家口 3 个赛区及周边共建设各种现代立体气象探测设施 441 套，建成延庆海陀山和张家口康保新一代天气雷达，实现了超精密复杂山地和超大城市一体化的“三维、秒级、多要素”冬奥气象综合监测。克服各种困难，全面保障赛时气象观测设备安全稳定运行。

经过 6 年多的努力，我们首次建成“百米级、分钟级”冬奥气象预报服务系统。在科技部“科技冬奥”项目支持下，组织全部门、全行业冬奥气象预报技术攻关，在冬奥会历史上首次实现了“百米级、分钟级”天气预报服务，首次实现了气象服务数据采集、制作、传输的全流程自动化。启动“智慧冬奥 2022 天气预报示范计划 (FDP)”，为精细化气象预报服务提供了有力支撑。建成智慧化、数字化冬奥气象服务网站和手机客户端，全面融入北京冬奥会和冬残奥会服务体系。

经过 6 年多的努力，我们培养了一大批优秀冬奥会气象保障服务人才。2017 年从全国气象部门选派优秀业务骨干组成冬奥气象预报服务核心团队，连续 5 年开展赛区冬训、赛事观摩、出国培训、英语训练等，克服新冠肺炎疫情影响，为赛时气象保障服务打下坚实基础。

精心组织测试赛气象保障服务，检验系统、锻炼队伍、积累经验。按照“一馆一策”“一项一策”要求，在北京冬奥会和冬残奥会赛时期间，气象部门选派 45 名预报服务和保障人员闭环进驻 3 个赛区各场馆以及北京冬奥组委主运行中心、竞赛指挥组前方指挥部，根据国家体育总局要求首次派出气象预报专家参加中国体育代表团，形成了“三地六方”（北京城区、延庆、张家口三地，北京赛区、延庆赛区、张家口赛区、北京冬奥组委主运行中心、竞赛指挥组前方指挥部、中国体育代表团团部六方）伴随式气象服务新模式，得到北京冬奥组委、国家体育总局和北京冬奥会各竞赛团队的高度赞誉，重大体育赛事气象保障服务机制不断完善。北京市气象局、河北省气象局，以及气象中心、气候中心、卫星中心、信息中心、数值预报中心、探测中心、公共服务中心、人工影响天气中心等国家级气象业务单位组建 10 余个专项支撑团队，全力支持和保障前方一线预报服务团队开展工作。

经过 6 年多的努力，我们硕果累累，交出了令党和人民满意的答卷，广大气象人用自己的实际行动践行了服务国家服务人民的根本宗旨，为国家发展强大做出了新的贡献，我们有理由感到骄傲和自豪。

（二）认真深入总结北京冬奥会和冬残奥会气象保障服务成功经验，凝聚砥砺奋进的共识

北京冬奥会和冬残奥会气象保障服务创造了许多生动实践，留下了很多宝贵经验。党中央国务院高度重视是做好北京冬奥会和冬残奥会气象保障服务的根本保证。气象部门始终以习近平总书记关于冬奥会和冬残奥会系列重要指示精神为指引，坚持把做好北京冬奥会和冬残奥会气象保障服务工作与贯彻落实习近平总书记对气象工作重要指示精神紧密结合。在北京冬奥会和冬残奥会气象保障服务决战前夕，李克强总理对气象工作作出重要批示，激励我们迎接终考。2020 年 6 月，韩正副总理专题听取气象保障服务工作汇报，要求妥善防范应对冬奥会筹办重大风险，制定专门的工作方案和应急预案。在北京冬奥会开幕倒计时 100 天之际，胡春华副总理亲自到中国气象局考察督导北京冬奥会和冬残奥会气象保障服务工作。党中央国务院领导同志的高度重视，为做好北京冬奥会和冬残奥会气象保障服务工作指明了方向，极大地鼓舞了士气，坚定了我们夺取胜利的信心。

各地方各部门全力支持是做好北京冬奥会和冬残奥会气象保障服务的坚强保障。在北京冬奥会和冬残奥会气象保障服务筹备和赛事气象保障服务全过程中，始终得到北京冬奥组委、北京市委市政府、河北省委省政府的指导、支持和帮助。中共中央政治局委员、北京市委书记蔡奇同志和北京市市长陈吉宁同志多次召开专题会议，调度并听取开闭幕式和赛时气象保障服务工作汇报；北京市有关方面积极帮助解决气象骨干出国培训遇到的实际困难。河北省委书记王东峰同志多次指挥调度张家口赛区冬奥会气象保障服务工作；河北省王正谱省长亲自到张家口赛区气象服务中心，检查赛事气象保障服务工作，看望慰问一线同志。北京冬奥组委专门设立气象办公室，协调做好气象保障服务工作，张建东副主席、杨树安副主席、韩子荣副主席多次组织召开专题会议，研究部署气象保障服务工作。科技部设立了“科技冬奥”专项，有力有效地帮助我们攻克冬奥气象保障服务科技难关。各地方各部门的全力支持和配合，凝聚形成了北京冬奥会和冬残奥会气象保障服务强大合力。

超前谋划强化组织部署是确保各项工作有力有序开展的坚强保障。2015 年北京申奥成功

后，中国气象局在第一时间主动启动北京冬奥会和冬残奥会气象服务筹备工作。2016 年中国气象局成立北京冬奥会气象服务工作领导小组，2017 年组建冬奥气象中心，与北京冬奥组委签署冬奥气象服务协议，全面对接北京冬奥组委需求做好各项气象保障服务筹备工作。2020 年联合北京冬奥组委、国家体育总局、北京市政府、河北省政府组建北京冬奥会气象服务协调小组，不断优化完善跨地区、跨部门的协调机制，多次组织召开会议，研究部署北京冬奥会和冬残奥会气象保障服务工作。制定印发北京冬奥会和冬残奥会气象保障服务赛时运行指挥工作方案和各项应急预案，建立了职责清晰、指挥有力、协调高效、运行流畅的赛时运行指挥机制。

科技创新和气象现代化是做好北京冬奥会和冬残奥会气象保障服务的核心支撑。我们勇闯“无人区”，首次在我国中纬度山区复杂地形下实施冬季多维度气象综合观测；首次实现赛道“秒级风”监测，山地精密气象观测技术取得长足进步。实施智慧冬奥 2022 天气预报示范计划，聚行业之智合力支撑保障，首次实现复杂山地“百米级、分钟级”精细化气象预报，自主可控的小尺度局地精准预报技术取得明显进展。按照“三个赛区、一个标准”，建成 7 大冬奥气象核心业务平台，实现“统一开发、京冀互备、三地共用”，有效提升预报服务精细化智能化集约化水平。建成信息网络“高速公路”，实现北京冬奥组委、国家级、省级、3 个赛区信息的互通互备共用，首次实现冬奥专用气象信息报告的全自动化，彰显中国冬奥会赛事气象技术支撑的现代化水平。可以说，如果没有气象科学技术创新，没有经过长期努力打下的气象现代化建设成果，就难以取得北京冬奥会和冬残奥会气象保障服务的胜利。

气象人不懈奋斗是做好北京冬奥会和冬残奥会气象保障服务的关键所在。伟大的事业孕育伟大的精神，伟大的精神必将推进伟大的事业。在北京冬奥会和冬残奥会气象保障服务全过程中，全体气象工作者用党性自觉、用使命责任、用科学技术和专业技能，充分展现了气象人爱岗敬业的良好形象，彰显了气象人无私奉献的精神境界，弘扬了气象人开拓创新、担当作为的优秀品格，冬奥气象保障服务团队团结协作、恪尽职守、奋发有为，大家顶住新冠肺炎疫情防控压力，为冬奥会和冬残奥会气象保障服务发挥了重要作用，作出了重要贡献。我们很难忘记，冬奥气象服务团队牢记使命、夜以继日地拼搏。我们很难忘记，有多少气象干部职工克服新冠肺炎疫情防控影响，放弃了与家人春节团聚的时间，在不同的岗位上为了共同的目标默默地耕耘。我们很难忘记，一线气象服务保障团队多年高强度的备战和赛时连续紧张工作需要付出多少艰辛。事实再次证明，我们气象部门的干部职工是一支特别团结协作，特别能打硬仗的队伍。

这些经验是我们在冬奥会和冬残奥会气象保障服务的实践中总结出来的，来之不易，弥足珍贵，是我们做好各项重大活动气象保障服务的法宝，也是我们战胜重大气象服务挑战的利器，我们要总结好、坚持好、传承好！

（三）巩固拓展北京冬奥会和冬残奥会气象保障服务成果，全面推进气象高质量发展

北京冬奥会和冬残奥会气象保障服务这项工作从申办、筹备到举办已持续了近 10 年时间，我们最后以优质的保障服务完美收官。我们要认真总结好取得的成果，强化成果的应

用，并在今后的实践中不断丰富和完善。

一要加强系统总结。按照分层级、分领域的总结要求，各单位要认真总结组织管理、运行指挥方面的宝贵经验，继续完善重大活动气象保障服务运行指挥机制。认真总结冬奥气象观测、预报、服务系统规划建设方面的宝贵经验，进一步推进集约化、协同化建设水平。认真总结科技冬奥的宝贵经验，将最新研究应用成果辐射到全国，力求惠及广大人民群众。认真总结信息安全、应急备份、疫情防控方面的宝贵经验，确保遇有重大突发情况能够做到迅速反应、有效处置。认真总结冬奥气象科普宣传方面的宝贵经验，加大媒体服务力度，展示气象事业发展、技术进步、文明开放的部门形象，不断增强气象部门社会影响力。认真总结冬奥气象服务一线人员团结协作、攻坚克难的宝贵经验，不断凝聚广大气象工作者攻无不克、战无不胜的强大力量。

二要强化成果应用。要写好冬奥气象保障服务“后半篇”文章，大力推动北京冬奥会和冬残奥会气象保障服务各项成果的推广应用，为国家重大活动开展和京津冀协同发展、区域防灾减灾、生态文明建设以及国家重大工程建设等提供更有力的气象保障服务。例如，今年杭州亚运会、成都大运会气象保障服务工作就要强化精细化监测预报服务系统推广使用；在大城市气象保障服务中也要加强精细化监测预报系统的推广应用；在京津冀协同发展气象服务中，就要加强“一个标准，多地协同”的气象服务机制和服务体系的推广应用。要继续发挥好北京冬奥会和冬残奥会气象服务保障团队的作用，大力推广复杂地形下精细化气象预报预测技术、冰雪运动气象保障技术，为国家冰雪经济和产业发展提供更好支撑。继续推进冬季体育运动和气象领域的合作，为后续国际冬季体育赛事提供中国经验、中国智慧，也为中国体育代表团参加重大国际赛事保驾护航。

三要持续做好重大服务。当前华南前汛期已开始，北方冷空气接连不断，大风、强对流天气多发，春耕春管进入高潮，春季森林草原防灭火处于关键期。上周国家气候中心刚刚组织了汛期全国气候趋势预测会商，结果表明今年汛期我国气候状况总体为一般到偏差，旱涝并重，区域性、阶段性旱涝灾害明显，极端天气气候事件偏多，登陆我国的台风总体强度偏强。面对今年异常复杂的天气气候形势，我们要发扬攻坚克难、连续作战的精神，密切监视天气变化，加强滚动会商研判，及时组织各地气象部门做好气象灾害监测预报预警服务。强化与农业农村、应急管理、自然资源、交通运输、水利等相关部门的合作联动，全力做好春季农业生产、森林草原防灭火等气象服务和汛期气象服务各项工作，发挥好气象防灾减灾第一道防线作用，最大限度减轻气象灾害造成的损失和影响。

四要大力弘扬北京冬奥精神。各单位各部门要充分应用北京冬奥会和冬残奥会气象保障服务成果，凝心聚力不断推动气象高质量发展。广大气象工作者要继续发扬北京冬奥会和冬残奥会气象保障服务科学严谨、精益求精、团结拼搏、无私奉献、奋勇争先的精神，心怀“国之大者”，敢于担当作为、勇于攻坚克难，甘于无私奉献，立足本职岗位，再创新佳绩，续写新辉煌。

同志们，成绩属于过去，奋进正当其时。站在新的起点上，我们要以更加昂扬的姿态，奋进新征程，建功新时代，一起向未来，为推动我国气象高质量发展作出新的更大的贡献，以优异的成绩迎接党的二十大胜利召开！

第九章　气象服务社会评价

北京冬奥会和冬残奥会赛事期间，经历了 9 次低温、降雪、大风等高影响天气过程，给赛事运行和赛会组织带来严峻挑战。冬奥气象预报服务团队强化监测预报和服务对接，为竞赛组织、日程变更提供了精准及时的气象信息，确保了北京冬奥会在预定时间内完成所有比赛、产生所有金牌，也为赛会各项组织运行和保障工作提供了强有力支撑，得到了北京冬奥组委，各竞赛团队的高度肯定。本章将有关领导同志、各单位以及国际奥委会和单项体育组织对气象服务的评价进行了收集整理。

一、各有关部门对冬奥气象保障服务工作的反馈

北京冬奥组委：2022 年 3 月 28 日给中国气象局发来感谢信表示，中国气象局深入贯彻习近平总书记关于北京冬奥会和冬残奥会筹办工作的重要指示精神，为冬奥盛会成功举办提供了有力支持，特别是在统筹协调和组织实施气象服务保障、推荐优秀干部参与冬奥会筹办等方面做出了重要贡献，共同凝聚起万众一心、奉献冬奥的强大合力，充分体现了高度的政治站位和强烈的责任担当，充分彰显了举国体制、集中力量办大事的制度优势，充分诠释了中华民族同心同德、团结奋斗的优良传统。北京冬奥组委向中国气象局表示衷心的感谢并致以崇高的敬意！

第二十四届冬奥会中国体育代表团：2022 年 3 月 25 日给中国气象局发来感谢信表示，中国气象局周密部署，围绕参赛需求建立了科学的赛事气象保障服务机制，精准做好赛时气象保障，为中国体育代表团训练参赛科学决策提供气象支撑。特别是为受气候条件影响较大的自由式空中技巧、U 型场地等雪上项目队伍提供精密监测、精准预报和精细化气象服务，全力保障重点项目争夺金牌，为中国体育代表团安全参赛和取得优异成绩发挥了重要作用。在此，谨向中国气象局及参与冬奥会的气象工作者表示衷心感谢，并致以崇高的敬意！

生态环境部：2022 年 3 月 29 日给中国气象局发来感谢信表示，北京冬奥会和冬残奥会空气质量保障任务的圆满成功，得益于中国气象局的高度重视和密切配合。局领导多次部署，职能部门领导和专家多次参加空气质量保障决策会商会议，并协调部署相关工作。在此，特向中国气象局表示感谢！

公安部：2022 年 3 月 18 日给中国气象局发来感谢信表示，北京冬奥会和冬残奥会期间，

中国气象局强化与公安部牵头成立的道路交通管控工作组协同配合，每日提供涉奥道路恶劣天气预警信息，联合发出预警提示，为有效应对处置恶劣天气影响、服务群众出行做出了积极贡献。在此，特向中国气象局表示感谢！

应急管理部：2022 年 3 月 15 日给中国气象局发来感谢信表示，中国气象局超前谋划、精心组织，围绕应急救援安保任务需求，提供了精准的监测预警预报服务，提出了针对性防范应对提示，指导重点地区、重点领域做好极端天气的风险防范和应急救援准备，以饱满的热情全面完成冬奥会和冬残奥会气象服务。应急减灾与公共服务司领导全程指挥值守，各业务单位领导和值班人员到岗到位，圆满完成冬奥会和冬残奥会应急救援安保各项任务。充分体现了中国气象局高度的政治站位和强烈的责任担当，以实际行动展现了广大干部职工的过硬素质、优良作风和坚强战斗力。在此，谨向中国气象局全体干部职工，特别是应急减灾与公共服务司共同指挥值守、并肩战斗的所有同志表示衷心的感谢和崇高的敬意！

中华全国总工会：党组书记、副主席陈刚 2022 年 4 月 29 日批示指出，农林水利工会围绕中心服务大局，团结带领冬奥会和冬残奥会气象保障服务团队，克服种种困难，取得了优异成绩。我谨代表全总向北京冬奥会和冬残奥会气象保障服务团队表示崇高的敬意。

科技部：2022 年 4 月 30 日给中国气象局发来感谢信表示，中国气象局深入贯彻习近平总书记关于北京冬奥会和冬残奥会筹办工作的重要指示精神，以勇于创新、不畏艰难、不惧挑战、尽职尽责、兢兢业业的工作精神，高标准筹划推进科技冬奥项目研发，高质量推动科技成果在冬奥会和冬残奥会实际应用，出色完成了冬奥会和冬残奥会相关科技管理工作！在此，谨向贵单位各位同志的辛苦付出表示衷心的感谢！

二、北京冬奥会组织筹办部门对冬奥气象保障服务工作的反馈

2022 年 4 月 19 日，北京市·北京冬奥组委总结表彰大会召开，北京市委书记蔡奇向中央各单位和兄弟省、区、市给予的大力指导和帮助表示感谢，“中国气象局派出了最优秀的技术专家，提供了有力的气象监测和预报技术支撑。”对气象保障服务给予高度肯定，“气象预报精确到百米级（以往只能做到 500 米级），根据预报变更 29 个场次比赛日程，确保了比赛顺利举办”。

北京冬奥组委杨树安副主席：2021 年 2 月 13 日在例行新闻发布会上指出，北京冬奥会很好地体现了“一流的气象保障服务”。针对 2 月 13 日降雪过程，杨树安表示，气象专家为赛事提供了精准的天气预报。今天降雪在 4 号已得到气象部门预测信息，两天前确定了每个场馆降雪时段和量级，提前发出了天气预警。

北京延庆场馆群主任、延庆区委书记穆鹏：气象服务团队是冬奥的“先行官”。火炬接力保障组负责人指出，气象预报几天前就非常精准，每天多期的预报专报很及时，对火炬传递工作的提前部署安排，起到非常重要的指导作用。

河北张家口市委书记武卫东：在 2022 年 2 月 8 日批示要求各相关部门根据气象预报，安排部署清雪工作。河北省公安厅高速交警总队张家口支队发函对气象服务中心在冬奥会期间及前期提供的交通气象服务表示感谢。河北高速公路集团有限公司张承张家口分公司和河

北省高速公路延崇管理中心分别发函致谢，针对 2 月 12 日至 13 日降雪过程，向其提供的交通气象服务专报对天气变化预判准确度高，信息详细，更新时间快，为科学部署和高质量完成除雪保畅任务打下坚实基础、发挥了重要作用，表示诚挚感谢。

北京延庆场馆群常务副主任兼高山滑雪场馆常务副主任杨阳：在我们气象预报团队抓窗口精确的、准确的预报下，我们在大风的间隙当中见缝插针地完成了最后一项团体赛，北京冬奥会注定会成为我们共和国发展历史当中重重的一笔。

云顶场馆群执行主任李莉：云顶气象团队专业水准高，预报业务精，工作作风硬，为赛事举办提供了非常有价值的气象信息。特别是为场馆铲冰除雪早谋早动早应对争取了有效的时间，有力保障了场馆赛事运行，望再接再厉，再创辉煌！

国家冬季两项中心场馆主任戎均文：在 2 月 13 日强降雪过程中表示：你们气象预报得很准，水平很高，能够摸清老天爷的脾气，我们就需要你们这样准确的服务。国家冬季两项中心常务副主任李冰多次表示，你们的天气预报非常重要，不仅仅是比赛，场馆运行也和你们的工作关系很大。国家冬季两项中心竞赛主任王文谦多次对预报提出表扬：“你们的预报相当准确，你们的每次预报我都会转给老外，大家都非常重视咱们的预报。”

国家跳台滑雪中心场馆常务副主任穆勇：“我们与国家跳台滑雪中心气象团队并肩作战，完成了冬奥会跳台滑雪与北欧两项项目，齐翔老师们对待工作热情、认真、严谨，深深地影响和激励着我们所有人，很高兴与你们同行一程。”

国家越野滑雪中心场馆主任申全民：2 月 13 日强降雪过程中，场馆早例会期间申主席强调，要以雪为令，及时掌握气象信息，做好铲冰除雪人员、车辆、物资准备。

北京冬奥会和冬残奥会开、闭幕式指挥部和焰火燃放工作组：精准的风力等级和起止时段预报给筹备工作吃了一个定心丸。东信烟花集团给北京市气象局赠送锦旗，在冬奥会、冬残奥会烟火燃放期间预报精准、服务专业。

北京冬奥会和冬残奥会火炬接力保障组：气象预报几天前就非常精准，每天多期的预报专报很及时，对火炬传递工作的提前部署安排起到非常重要的指导作用。

三、北京冬奥会各竞赛团队对冬奥气象保障服务工作的反馈

国际奥委会体育部部长吉特·麦克康奈尔：2 月 17 日竞赛日程变更委员会召开日例会，国际奥委会体育部部长吉特·麦克康奈尔表示，2 月 16 日高山滑雪官方训练、自由式滑雪坡面障碍技巧、越野滑雪团体短距离日程调整非常成功，当天转播效果很好，国际奥林匹克公司给予了高度评价，认为气象预报可靠。同时，国际雪联、国际冬季两项联盟以及相关场馆团队也认为风和温度的预报很准确。

国际奥委会奥运会部执行主任克里斯托夫·杜比：北京冬奥组委拥有最先进的天气预报系统。因此，无论遭遇什么样的坏天气，我们都可以克服。

针对 2 月 6 日北京延庆赛区高山滑雪项目的揭幕战气象服务工作，高山滑雪主裁判马库斯·瓦尔德纳对气象服务赞不绝口，他表示：“预报非常专业，非常棒！我们叫给我们提供咨询的那位女士‘天气女孩’。我们以为风会大的时候，她说风会小，果然就小了，这简直

是不可能的事！”国际雪联新闻传播总监珍妮·维德克表示：“他们的预报一直很准确，值得我们信任。”

国家雪车雪橇中心场馆竞赛技术专家诺蒙兹：“气象服务团队提供的场馆天气预报非常及时并且非常的通俗易懂，需要关注的重点天气一目了然，我不需要从大量的天气信息中找重点，因为他们都把重点天气和提示就放在首页，我们的场馆气象服务非常完美”；赛道制冰主管理查德：“他们提供的天气预报非常精准，说刮大风就刮大风，说下雪就下雪，我和我的团队每天都会查看场馆天气预报，他们做得很好”。

针对自由式滑雪大跳台和单板滑雪大跳台项目比赛，中国代表团获双金。首钢滑雪大跳台运行团队特别感谢两名现场预报人员的贴身服务，为赛事顺利开展提供有力的决策基础，助力中国双金。两位二次塑形专家评价“Thank you. Really nice! And super important for us.”和“Great service！ Would recommend”。荷兰籍国际雪联技术代表评价现场气象预报服务工作是“an amazing job”，“very nice, helpful and professional”。

附录 1　北京冬奥会和冬残奥会气象保障服务大事记

2014 年 10 月 1 日，中国气象局党组书记、局长郑国光赴北京市气象局，检查指导气象预报服务工作，强调要充分发挥 2022 年北京冬奥会申办中气象科技支撑的作用。

2014 年 11 月 20 日，北京冬奥会申办工作进入关键阶段，中国气象局制定印发《2022 年冬奥会申办气象保障工作方案》（气办函〔2014〕301 号），全力组织做好冬奥会申办气象保障工作。

2014 年 12 月至 2015 年 2 月，为迎接国际滑雪联合会专项考察和国际奥委会摄影师实地拍摄，北京市气象局在延庆小海陀及周边地区累计开展增雪作业 17 次，取得较好效果。

2015 年 2 月 28 日，中国气象局党组书记、局长郑国光赴北京市气象局，检查指导降雨预报服务和重大活动保障工作，要求全力做好北京冬奥会申办气象服务工作。

2015 年 3 月 4 日，中国气象局制定印发《国际奥委会 2022 年冬奥评估委员会考察工作气象保障方案》（气减函〔2015〕16 号），全力组织做好考察期间气象保障服务工作。

2015 年 7 月 31 日，在马来西亚举行的国际奥委会 128 次全会上，北京携手张家口获得 2022 年冬奥会举办权。

2016 年 4 月 25 日，北京市政府与中国气象局召开第二届部市合作联席会，签署《共同推进气象为首都社会发展服务合作协议》。北京市委书记郭金龙，市委副书记、市长王安顺与中国气象局党组书记、局长郑国光座谈，共商加快推进北京实现更高层次、更高水平气象现代化。根据协议，双方将共同推进北京冬奥会气象保障服务工作。

2016 年 7 月 4 日，中国气象局印发《关于做好 2022 年北京冬奥会气象服务筹备工作的通知》（气办函〔2016〕218 号），制定北京冬奥会气象服务筹备工作方案，成立中国气象局北京冬奥会气象服务领导小组及其办公室。

2017 年 1 月 4 日，中国气象局北京冬奥会气象服务领导小组召开 2017 年第一次会议。

2017 年 1 月 23 日，中国气象局党组书记、局长刘雅鸣赴北京延庆、河北张家口调研北京冬奥气象服务保障各项筹备工作。

2017 年 1 月，北京冬奥组委规划建设和可持续发展部致函中国气象局（冬奥组委规函〔2017〕16 号），提出北京冬奥会气象服务需求，联合推进北京 2022 年冬奥会和冬残奥会气象服务保障工作。

2017 年 3 月 29 日，在第 396 期中国气象局机关学习报告会上，特邀北京冬奥组委体育部部长佟立新作题为《北京 2022 年冬奥会和冬残奥会筹备情况及气象服务需求》的报告。中国气象局副局长沈晓农、矫梅燕、于新文和全体机关人员、直属单位负责人以及北京市气象局相关人员与会。

2017 年 4 月，气象部门编制完成第 1 期《赛区气象条件及气象风险分析报告》，并报送北京冬奥组委和国际奥委会。

2017 年 5 月 5 日，中国气象局党组书记、局长刘雅鸣主持局党组会，专题听取冬奥气象服务保障工作进展汇报，研究部署下阶段工作。

2017 年 6 月 8 日，中国气象局成立北京 2022 年冬奥会和冬残奥会气象中心。

2017 年 7 月 3 日，中国气象局北京冬奥会气象服务领导小组召开 2017 年第二次会议。

2017 年 7 月 20 日，中国气象局副局长矫梅燕与北京冬奥组委执行副主席张建东共同签署《中国气象局北京冬奥组委冬奥气象服务协议》。

2017 年 8 月 10 日，北京冬奥组委秘书长韩子荣带队赴中国气象局调研，与中国气象局副局长矫梅燕及冬奥会气象服务领导小组相关负责同志座谈交流冬奥气象服务保障工作。

2017 年 8 月 21 日，北京 2022 年冬奥会和冬残奥会气象中心印发《北京冬奥会气象服务行动计划》（气减函〔2017〕39 号）。

2017 年 12 月 11 日，中国气象局党组书记、局长刘雅鸣主持局长办公会，专题听取北京冬奥会气象保障服务工作进展汇报。

2017 年 12 月 28 日，中国气象局北京冬奥会气象服务领导小组召开 2017 年第三次会议。

2018 年 2 月 8 日，气象部门选派气象服务团队人员参加北京冬奥组委组织的观察员团队，赴韩国平昌观摩学习 2018 年冬奥会气象保障服务工作。

2018 年 4 月 11 日，北京冬奥组委与气象部门联合召开气象服务保障工作专题会议，分析借鉴平昌冬奥会服务经验，研讨北京冬奥会气象服务重点难点，并就进一步完善领导协调机制、加快推进相关重点项目建设达成共识。

2018 年 5 月 17 日，中国气象局党组书记、局长刘雅鸣主持局党组会，专题听取北京冬奥会气象筹备进展及有关情况汇报。

2018 年 6 月 15 日，中国气象局北京冬奥会气象服务领导小组召开 2018 年第一次会议。

2018 年 8 月 17 日，中国气象局北京冬奥会气象服务领导小组召开 2018 年第二次会议。

2018 年 9 月 18 日，中国气象局组建北京冬奥会气象服务团队。

2018 年 11 月 25 日—12 月 9 日，中国气象局组织第一批 15 名北京冬奥会气象服务团队赴美国参加冬奥山地天气预报技术（COMET）培训。

2019 年 1 月 23 日，中国气象局北京冬奥会气象服务领导小组召开 2019 年第一次会议。

2019 年 3 月 13 日，中国气象局副局长余勇率队赴北京市延庆区、河北省张家口市崇礼区，调研冬奥会气象保障服务工作。北京市副市长卢彦一同前往延庆区调研，并就推进冬奥气象筹备工作座谈。

2019 年 3 月 18—19 日，中国气象局副局长余勇率冬奥气象服务工作领导小组成员一行到河北省张家口市崇礼区调研冬奥会河北赛区气象服务保障工作，北京冬奥会气象服务领导小组召开 2019 年第二次会议。

2019 年 3 月 28—29 日，中国气象局北京冬奥会气象服务领导小组办公室召开冬奥气象服务团队工作总结暨预报技术交流会。

2019 年 6 月 6 日，中国气象局副局长沈晓农赴北京延庆调研指导冬奥会气象服务工作，特别指出要利用现有气象雷达资料和预报技术做好冬奥施工场地安全度汛工作。

2019 年 7 月 23 日，受中国气象局党组书记、局长刘雅鸣委派，余勇副局长赴北京冬奥组委调研交流气象保障服务工作。

2019 年 9 月 22 日—10 月 6 日，中国气象局组织第二批 20 名北京冬奥会气象服务团队赴美国参加冬奥山地天气预报技术（COMET）培训。

2019 年 11 月 21 日，中国气象局北京冬奥会气象服务领导小组召开 2019 年第三次会议。

2020 年 1 月 8 日，北京冬奥会首场测试赛“相约北京—2019/2020 国际雪联高山滑雪世界杯”气象保障服务工作动员会在京召开，动员部署冬奥会首场测试赛气象服务工作，高标准、高质量推动做好冬奥气象保障服务。

2020 年 2 月 21 日，中国气象局北京冬奥会气象服务领导小组召开 2020 年第一次会议。

2020 年 3 月 20 日，中国气象局副局长宇如聪主持召开智慧冬奥 2022 天气预报示范计划启动视频会。

2020 年 4 月 10 日，北京冬奥会气象中心召开冬奥气象筹备工作暨冬奥气象服务团队 2019/2020 年冬训工作总结会。

2020 年 4 月 28 日，中国气象局党组书记、局长刘雅鸣、副局长于新文、余勇，北京市副市长卢彦、北京冬奥组委专职副主席韩子荣赴延庆区调研北京冬奥会气象服务筹备工作。

2020 年 6 月 11 日，中共中央政治局常委、国务院副总理、第 24 届冬奥会工作领导小组组长韩正同志主持召开第 24 届冬奥会工作领导小组全体会议，深入贯彻落实习近平总书记关于冬奥会和冬残奥会筹办工作的重要指示精神，研究部署下一阶段重点工作。中国气象局党组书记、局长刘雅鸣参加会议。

2020 年 7 月 2 日，中国气象局北京冬奥会气象服务领导小组召开 2020 年第二次会议。

2020 年 9 月 27 日，经第 24 届北京冬奥会工作领导小组批准，北京冬奥组委和中国气象局联合印发北京冬奥会气象服务协调小组调整方案（中气函〔2020〕154 号），协调小组包括中国气象局、北京冬奥组委、北京市政府、河北省政府、国家体育总局等多个成员单位，旨在统筹凝聚各方面力量，统筹协调北京冬奥会跨区域、跨部门的气象保障服务各项任务。

2020 年 9 月 28 日，北京冬奥会气象服务协调小组印发《北京冬奥会和冬残奥会气象重大风险应急预案》。

2020 年 10 月 20 日，中国气象局党组书记、局长刘雅鸣主持召开北京冬奥会气象服务协调小组 2020 年第一次会议，全面启动气象协调小组工作机制，高质量、高标准推进气象筹备工作。

2021 年 1 月 11 日，中国气象局党组书记、局长庄国泰主持专题会议，听取北京冬奥会气象保障服务工作汇报。

2021 年 1 月 22 日，中国气象局党组书记、局长庄国泰主持党组会议，学习贯彻习近平总书记在北京河北考察并主持召开北京冬奥会筹办工作汇报会重要指示精神。

2021 年 1 月 29 日，中国气象局办公室印发《北京 2022 年冬奥会和冬残奥会赛时气象保障服务运行指挥机制工作方案》(气办发〔2021〕4 号)。

2021 年 2 月 5 日，中国气象局党组书记、局长庄国泰率队赴北京冬奥会延庆赛区、延庆冬奥气象服务分中心考察调研，慰问延庆、张家口赛区冬奥气象团队代表，向坚守在一线的基层气象干部职工致以美好的新春祝福。

2021 年 2 月 15 日 8 时至 26 日 17 时，中国气象局进入相约北京冬季体育系列测试赛活动气象保障服务特别工作状态。

2021 年 3 月 24 日，中国气象局北京冬奥会气象服务领导小组召开 2021 年第一次会议。

2021 年 3 月 31 日，中国气象局党组书记、局长庄国泰赴河北调研北京冬奥会气象服务工作。

2021 年 4 月 1 日，中国气象局副局长余勇主持召开冬奥气象服务专题协调会，研究部署冬奥气象专项气象影响预报及智能化气象服务技术研究应用工作。

2021 年 9 月 2 日，中央纪委国家监委驻农业农村部纪检监察组专题听取冬奥气象服务保障工作情况汇报。

2021 年 9 月 22 日，中国气象局党组书记、局长庄国泰主持召开北京冬奥会气象服务协调小组第二次全体会议，部署全面推进冬奥会筹办全力冲刺、全面就绪、决战决胜阶段气象服务工作。

2021 年 9 月 29 日，北京冬奥会气象服务协调小组印发《北京 2022 年冬奥会和冬残奥会赛时气象保障服务运行指挥实施方案》(冬奥气象协调小组〔2021〕5 号)。

2021 年 10 月，冬奥气象服务团队分别进驻冬奥北京赛区、延庆赛区和张家口赛区，正式开启北京 2022 年冬奥会和冬残奥会气象服务保障工作。

2021 年 10 月 21—22 日，中央纪委国家监委驻农业农村部纪检监察组专项调研监督工作组赴河北张家口、北京延庆气象部门现场开展冬奥气象保障服务检查督导工作。

2021 年 10 月 27 日，北京冬奥会开幕倒计时 100 天之际，中共中央政治局委员、国务院副总理胡春华到中国气象局调研督导北京冬奥会气象服务保障工作。胡春华副总理强调，要深入贯彻习近平总书记重要指示精神，以高度负责、精益求精的态度，高标准、高质量做好气象服务保障各项工作，切实保障北京冬奥会顺利举办。

2021 年 10 月 29 日，中国气象局党组书记、局长庄国泰主持局党组专题会议，学习贯彻落实胡春华副总理视察气象工作重要指示精神。

2021 年 11 月 1 日，中国气象局党组书记、局长庄国泰出席北京 2022 年冬奥会和冬残奥会运行指挥部竞赛组第一次全体会议。

2021 年 11 月 4 日，中共中央政治局常委、国务院副总理、第 24 届冬奥会工作领导小组组长韩正同志主持召开第 24 届冬奥会工作领导小组会议，深入贯彻落实习近平总书记关于冬奥会和冬残奥会筹办工作的重要指示精神，全面启动赛时运行指挥体系，研究部署北京冬奥会、冬残奥会筹办重点任务。中国气象局党组书记、局长庄国泰参加会议。

2021 年 11 月 23 日，中国气象局副局长余勇主持召开专题会议，听取冬奥河北气象中心工作汇报。

2021 年 12 月 29 日，中国气象局组织召开“智慧冬奥 2022 天气预报示范计划”测试赛评估汇报会，综合评估 10 月 8 日至 12 月 10 日冬奥测试赛期间 FDP 预报产品性能。中国气象局副局长宇如聪、余勇出席会议。

2021 年 12 月 31 日，中华全国总工会党组书记、副主席陈刚赴北京冬奥会张家口赛区慰问气象服务保障人员，中国气象局副局长矫梅燕参加慰问并调研。

2022 年 1 月 5 日，中国气象局党组书记、局长庄国泰主持召开 2022 年冬奥会和冬残奥会气象服务动员部署会。

2022 年 1 月 11 日，中国气象局副局长宇如聪率队赴北京冬奥会延庆气象服务分中心和张家口赛区气象中心调研指导冬奥气象服务工作，并看望慰问气象干部职工。

2022 年 1 月 22 日，中国气象局党组书记、局长庄国泰在中央气象台视频连线冬奥北京气象中心，听取冬奥气象预报服务工作进展汇报，与一线气象保障人员进行交流，并就深入做好北京冬奥会气象保障服务工作提出要求。

2022 年 1 月 27 日 9 时至 2 月 21 日 17 时，中国气象局进入北京 2022 年冬奥会气象服务特别工作状态。

2022 年 1 月 29 日，中国气象局副局长余勇主持召开北京冬奥会人工影响天气服务保障调度会，各现场服务点进行了呼点演练，各任务小组分别就工作方案、实施方案、空域保障、安全检查等近期工作进展情况作了汇报。

2022 年 2 月 4 日，北京冬奥会开幕。

2022 年 2 月 4 日，中国气象局党组书记、局长庄国泰主持召开北京冬奥会气象服务视频连线调度会议，对开幕式天气和赛事气象服务进行再部署、再检查。开幕式结束后，庄国泰局长视频连线慰问气象服务保障人员，并进一步部署后续赛事气象服务工作。副局长于新文、余勇，总工程师黎健参加调度会议及连线慰问。

2022 年 2 月 8 日，中国气象局与北京冬奥组委召开竞赛指挥组气象服务保障专题会议，聚焦赛事期间天气趋势及影响，进一步明确冬奥赛事运行保障气象服务重点需求。

2022 年 2 月 10—11 日，中国气象局副局长余勇在北京延庆、河北张家口等地调研指导北京冬奥会赛时气象服务工作，并到冀西北飞机增雨基地调研指导工作，看望慰问机组和作业人员。

2022 年 2 月 20 日，北京冬奥会闭幕。

2022 年 2 月 20 日，中国气象局党组书记、局长庄国泰主持召开北京冬奥会气象服务视频连线调度会议，部署安排闭幕式气象服务保障工作。闭幕式后，庄国泰局长视频连线慰问气象服务保障人员，充分肯定北京冬奥会气象服务保障工作，并进一步部署冬残奥会气象服务工作。副局长于新文、余勇参加调度会议及连线慰问。

2022 年 2 月 28 日，中国气象局副局长余勇赴北京市气象局，现场调度北京冬残奥会人工影响天气作业演练。

2022 年 3 月 2 日，中国气象局与北京冬奥组委联合召开竞赛指挥组冬残奥会气象保障服务专题会，进一步对接赛时气象服务需求。

2022 年 3 月 4 日，北京冬残奥会开幕。

2022 年 3 月 4 日，中国气象局党组书记、局长庄国泰主持召开北京冬残奥会气象服务工作调度会，对开幕式和赛事气象服务进行再部署、再检查。开幕式结束后，庄国泰局长连线慰问气象服务保障人员，并进一步部署后续赛事气象服务工作。副局长于新文、余勇，总工程师黎健参加调度会议及连线慰问。

2022 年 3 月 9 日，中国气象局副局长余勇赴北京延庆赛区看望慰问气象服务保障人员，视频连线河北张家口赛区云顶场馆和冬季两项场馆预报服务人员，调研指导冬残奥会气象服务保障工作。

2022 年 3 月 13 日，北京冬残奥会闭幕。

2022 年 3 月 13 日，中国气象局召开冬奥会和冬残奥会现场气象服务保障人员座谈会和冬残奥会闭幕式气象保障服务工作调度会，慰问并勉励北京冬奥会和冬残奥会气象服务现场保障人员，指导部署后续相关工作。

2022 年 3 月 29 日，中国气象局召开北京冬奥会、冬残奥会气象保障服务工作总结大会，深入分析北京冬奥会、冬残奥会气象保障服务成功经验，对优秀集体和优秀个人进行通报表扬。

2022 年 4 月 8 日，北京冬奥会、冬残奥会总结表彰大会在人民大会堂隆重举行。中共中央总书记、国家主席、中央军委主席习近平出席大会并发表重要讲话。北京 2022 年冬奥会和冬残奥会气象中心获评“北京冬奥会、冬残奥会突出贡献集体”。

附录 2　北京冬奥会和冬残奥会气象保障服务获表彰情况

北京 2022 年冬奥会和冬残奥会气象中心获得党中央、国务院颁发的“北京冬奥会、冬残奥会突出贡献集体”称号。2022 年 4 月 8 日，北京冬奥会、冬残奥会总结表彰大会在人民大会堂隆重举行。中共中央总书记、国家主席、中央军委主席习近平出席大会并发表重要讲话。韩正副总理宣读《中共中央、国务院关于表彰北京冬奥会、冬残奥会突出贡献集体和突出贡献个人的决定》，授予 148 个集体“北京冬奥会、冬残奥会突出贡献集体”称号；授予 147 名同志、追授邓小岚同志“北京冬奥会、冬残奥会突出贡献个人”称号。北京 2022 年冬奥会和冬残奥会气象中心被授予“北京冬奥会、冬残奥会突出贡献集体”称号。

北京市气象局 3 个单位和 7 名同志获冬奥会北京市先进集体和先进个人称号。2022 年 4 月 19 日，北京冬奥会冬残奥会北京市・北京冬奥组委总结表彰大会召开，授予 500 个集体“北京 2022 年冬奥会、冬残奥会北京市先进集体”称号，1802 名同志“北京 2022 年冬奥会、冬残奥会北京市先进个人”称号。其中北京市气象台、信息中心、延庆区局获先进集体，城市运行和环境气象服务组副组长闵晶晶、延庆赛区外围气象服务团队队长张曼、市气象台冬奥开闭幕式及火炬传递预报服务团队队长翟亮、冬奥组委体育部竞赛处（气象服务保障工作办公室）主管刘博、冬奥组委延庆运行中心运行管理处主管杨光焰、气候中心高级工程师张潇潇、城市院工程师秦睿获先进个人。

河北气象局 3 个单位和 13 名同志获冬奥会河北省先进集体和先进个人称号。2022 年 4 月 19 日，北京冬奥会冬残奥会河北省・北京冬奥组委总结表彰大会召开，授予 400 个集体“北京 2022 年冬奥会、冬残奥会河北省先进集体”称号、1400 名同志“北京 2022 年冬奥会、冬残奥会河北省先进个人”称号。其中张家口市气象局、河北省人工影响天气中心、河北省气象局应急与减灾处获先进集体，河北省气象台段宇辉、孔凡超、河北省气候中心杨宜昌、河北省气象信息中心董保华、河北省气象技术装备中心金龙、河北省气象行政技术服务中心王凤杰、张家口市气象局樊武、黄山江、白连忠、李景宇、赵海江、黄岳、张家口云顶滑雪公园场馆群运行团队气象预报员李宗涛（河北省气象服务中心）获先进个人。

2022 年 3 月 28 日，中国气象局印发通知对在北京 2022 年冬奥会和冬残奥会筹办和举办期间气象保障服务中表现突出的北京市气象台等 40 个集体和北京市气象台副台长时少英等 232 名同志予以通报表扬（气发〔2022〕40 号）。

优秀集体通报表扬名单（40 个）：

北京市气象台

北京市延庆区气象局

北京城市气象研究院

北京市气候中心

北京市气象服务中心

北京市气象探测中心

北京市气象信息中心

北京市气象局办公室

北京市气象局应急与减灾处

北京市气象局观测与预报处

张家口市气象局

河北省气象台

河北省气候中心

河北省气象信息中心

河北省气象技术装备中心

河北省气象服务中心（河北省气象影视中心）

河北省人工影响天气中心

河北省气象局应急与减灾处

河北省气象局计划财务处

河北省张家口市崇礼区气象局

天津市人工影响天气办公室

山西省气象科学研究所环境气象研究室

内蒙古自治区气象台

吉林省气象台

黑龙江省气象台

国家气象中心天气预报室

国家气象中心天气预报技术研发室

国家气候中心气候预测室

国家卫星气象中心遥感应用服务中心

国家气象信息中心气象数据研究室

中国气象局地球系统数值预报中心“北京 2022 年冬奥会和冬残奥会”数值预报保障服务工作组

中国气象局气象探测中心数据质量室

中国气象局公共气象服务中心服务系统开放室

中国气象科学研究院灾害天气国家重点实验室
中国气象局气象干部培训学院国际培训部（外事服务中心）
中国气象局人工影响天气中心作业指挥室
中国气象局气象宣传与科普中心新媒体中心
中国气象局机关服务中心物业管理部
华云升达（北京）气象科技有限责任公司
北京天译科技有限公司
优秀个人通报表扬名单（232 名）：
时少英　北京市气象台　副台长
于　波　北京市气象台　副台长
荆　浩　北京市气象台决策服务室　高级工程师
王媛媛　北京市气象台决策服务室　高级工程师
吴宏议　北京市气象台决策服务室　高级工程师
何　娜　北京市气象台中短期预报室　高级工程师
秦庆昌　北京市气象台中短期预报室　工程师
刘　博　北京市气象台　工程师
杨　洁　北京市气象台　高级工程师
杜　佳　北京市气象台短临监测预报室　高级工程师
翟　亮　北京市气象台短临监测预报室　正高级工程师
赵　玮　北京市气象台短临监测预报室　高级工程师
荀　璐　北京市气象台技术开发室　工程师
刘　璐　北京市气象台办公室　主任
闫　巍　北京市延庆区气象局　局长
张　曼　北京市延庆区气象局　副局长（挂职）
伍永学　北京市延庆区气象局　副局长
马姗姗　北京市延庆区气象局　副局长
杨光焰　北京市延庆区气象局　工程师
高　猛　北京市延庆区气象局业务管理科　科长
王　健　北京市延庆区气象局业务管理科　工程师
宋　楠　北京市延庆区气象局气象服务中心　工程师
王燕娜　北京市延庆区气象局气象台　工程师
阎宏亮　北京市延庆区气象局气象台　工程师
贾　良　北京市延庆区气象局综合办公室　主任
杨静超　北京市延庆区气象局社会管理与法制科　科长
杨　璐　北京城市气象研究院城市气象精细预报研究中心　副研究员
秦　睿　北京城市气象研究院城市气象精细预报研究中心　工程师
宋林烨　北京城市气象研究院城市气象精细预报研究中心　副研究员
仲跻芹　北京城市气象研究院成果转化中试基地　研究员

王　冀　北京市气候中心　主任
施洪波　北京市气候中心　副主任
张潇潇　北京市气候中心气候预测与评估室　高级工程师
张英娟　北京市气候中心气候预测与评估室　高级工程师
李　琛　北京市气象服务中心　高级工程师
闵晶晶　北京市气象服务中心　副主任
金晨曦　北京市气象服务中心　高级工程师
叶芳璐　北京市气象服务中心办公室　助理工程师
穆启占　北京华象信息服务有限公司　总经理
乔　林　京津冀环境气象预报预警中心　主任
李梓铭　京津冀环境气象预报预警中心　高级工程师
马小会　京津冀环境气象预报预警中心　研究员
常　晨　北京市气象探测中心综合保障科　高级工程师
张治国　北京市气象探测中心综合保障科　高级工程师
聂　凯　北京市气象探测中心综合保障科　高级工程师
王　辉　北京市气象探测中心综合保障科　高级工程师
张　鹏　北京市气象探测中心综合保障科　工程师
尹佳莉　北京市气象探测中心综合保障科　工程师
伏　鹏　北京万云易博达信息技术有限公司系统集成部　部门经理
张冠鹤　北京万云易博达信息技术有限公司系统集成部　项目经理
姚　勇　北京市气象信息中心智能运维室　高级工程师
田东晓　北京市气象信息中心综合办公室　工程师
余东昌　北京市气象信息中心计算技术研究室　高级工程师
卢　俐　北京市气象信息中心数据应用研究室　高级工程师
张　龙　北京市气象局办公室　四级调研员
张　敏　北京市气象局办公室　一级主任科员
韩　超　北京市气象局应急与减灾处　三级调研员
古　月　北京市气象局应急与减灾处　一级主任科员
杨秋岩　北京市气象局观测与预报处　一级主任科员
秦彦硕　北京市气象局观测与预报处　一级主任科员
宋　歌　北京市气象局观测与预报处（挂职）　二级主任科员
孙跃强　北京市气象局科技发展处　四级调研员
何　晖　北京市人工影响天气中心　副主任
马新成　北京市人工影响天气中心　正高级工程师
陈羿辰　北京市人工影响天气中心　高级工程师
刘香娥　北京市人工影响天气中心　正高级工程师
李　喆　北京市人工影响天气中心　工程师
黄建清　北京市气象局机关服务中心　主任

薛禄宇　北京市大兴区气象局气象台　高级工程师
李　辉　北京市石景山区气象局气象台　工程师
虞海燕　北京市顺义区气象局　副局长
马俊岭　北京市房山区气象局气象台　工程师
孙　丹　北京市海淀区气象局　副局长
杨　宁　北京市怀柔区气象局　副局长
张子曰　北京市朝阳区气象局　副局长
程月星　北京市朝阳区气象台　台长
焦子奇　北京市昌平区气象台　助理工程师
张建丽　北京市昌平区气象台　工程师
黄福应　北京市通州区气象台　技术员
刘燕辉　北京市气象局　原一级巡视员
赵彦厂　石家庄市气象灾害防御中心　主任
杨　玥　石家庄市气象灾害防御中心　工程师
李禧亮　石家庄市人工影响天气中心　工程师
王　磊　石家庄市气象探测中心　主任
吴裴裴　承德市气象探测中心　副主任
何　涛　承德市气象探测中心　工程师
杨　杰　承德市气象台　工程师
胡赛安　承德市气象台　工程师
冯钰博　承德市气象台　工程师
卢建立　张家口市气象局　局长
苗志成　张家口市气象局　副局长
马　光　张家口市气象局　副局长
樊　武　张家口市气象局办公室　主任
白　万　张家口市气象局业务科技科　四级主任科员
黄山江　张家口市气象台　高级工程师
郭　宏　张家口市气象台　工程师
姬雪帅　张家口市气象台　工程师
张曦丹　张家口市气象台　助理工程师
石文伯　张家口市气象台　助理工程师
李景宇　张家口市气象探测中心　主任
杨　斌　张家口市气象探测中心　副主任
郭金河　张家口市气象探测中心　工程师
黄　岳　张家口市气象探测中心　助理工程师
范文波　张家口市气象局财务核算中心（气象事务中心）
彭德利　张家口市气象局财务核算中心（气象事务中心）
田建东　张家口市气象局财务核算中心（气象事务中心）

胡　雪　张家口市气象服务中心　主任
赵海江　张家口市气象服务中心　副主任
郝　瑛　张家口市气象灾害防御中心　主任
王　淼　张家口市气象灾害防御中心　副主任
刘剑军　张家口市崇礼区气象局　局长
王旭海　张家口市崇礼区气象局　副局长
张佳程　张家口市崇礼区气象局　四级主任科员
李彤彤　秦皇岛市气象局业务科技科
刘昊野　秦皇岛市气象台　工程师
赵　铭　北戴河海洋气象预报台　台长
孙云锁　唐山市气象探测中心　工程师
付晓明　唐山市气象台　工程师
郭志强　保定市气象台　工程师
王彦朝　沧州市气象探测中心　助理工程师
闫春旺　沧州市气象探测中心　副主任
于海磊　衡水市气象探测中心　副主任
张可嘉　邢台市气象局财务核算中心（气象事务中心）　副主任
黄　毅　邢台市气象探测中心　工程师
王宗敏　河北省气象台　副台长
李江波　河北省气象台　正高级工程师
段宇辉　河北省气象台　高级工程师
孔凡超　河北省气象台　高级工程师
金晓青　河北省气象台　高级工程师
张江涛　河北省气象台　高级工程师
陈子健　河北省气象台　工程师
朱　刚　河北省气象台　工程师
陈　霞　河北省气候中心　正高级工程师
向　亮　河北省气候中心　高级工程师
杨宜昌　河北省气候中心　助理工程师
许　康　河北省气候中心　助理工程师
钱倩霞　河北省气象灾害防御和环境气象中心　工程师
田志广　河北省气象信息中心　副主任
聂恩旺　河北省气象信息中心　高级工程师
幺伦韬　河北省气象技术装备中心　副主任
蒋　涛　河北省气象技术装备中心　高级工程师
金　龙　河北省气象技术装备中心　工程师
李宗涛　河北省气象服务中心（河北省气象影视中心）　副主任
曲晓黎　河北省气象服务中心（河北省气象影视中心）　副主任

刘华悦　河北省气象服务中心（河北省气象影视中心）　工程师
范俊红　河北省气象服务中心（河北省气象影视中心）　正高级工程师
王跃峰　河北省气象服务中心（河北省气象影视中心）　高级工程师
武辉芹　河北省气象服务中心（河北省气象影视中心）　高级工程师
王凤杰　河北省气象行政技术服务中心　高级工程师
董晓波　河北省人工影响天气中心　副主任
孙玉稳　河北省人工影响天气中心　正高级工程师
胡向峰　河北省人工影响天气中心　高级工程师
张晓瑞　河北省人工影响天气中心　助理工程师
谢　盼　河北冀云气象技术服务有限责任公司　副总监
关子盛　河北冀云气象技术服务有限责任公司　高级摄影师
杨雪川　河北省气象局办公室　副主任
李　崴　河北省气象局应急与减灾处　副处长
闫　峰　河北省气象局应急与减灾处　四级调研员
安文献　河北省气象局观测与网络处　副处长
秦宝国　河北省气象局科技与预报处　副处长
段丽瑶　天津市气象台　正高级工程师
罗传军　天津市气象信息中心　高级工程师
邱贵强　山西省气象台　高级工程师
赵　斐　内蒙古自治区气象台　工程师
马学峰　内蒙古自治区气象台　工程师
王　颖　呼伦贝尔市气象台　工程师
隋沆锐　呼伦贝尔市气象台　工程师
洪潇宇　内蒙古巴林右旗气象台　台长
晋亮亮　赤峰市气象台　工程师
马梁臣　吉林省气象台　副台长
马洪波　吉林省气象台　高级工程师
陈　雷　吉林省气象服务中心　高级工程师
田忠臣　白山市气象局　高级工程师
徐　玥　黑龙江省气象台　高级工程师
唐　凯　黑龙江省气象台　高级工程师
张　宇　黑龙江省气象台　高级工程师
王永超　齐齐哈尔市气象台　高级工程师
于　超　国家气象中心天气预报室　高级工程师
陈　涛　国家气象中心天气预报室　正高级工程师
符娇兰　国家气象中心天气预报室　正高级工程师
董　全　国家气象中心天气预报室　高级工程师
陶亦为　国家气象中心天气预报室　高级工程师

李嘉睿　国家气象中心天气预报室　工程师
张芳华　国家气象中心天气预报室　正高级工程师
周宁芳　国家气象中心天气预报室　正高级工程师
杨舒楠　国家气象中心天气预报室　高级工程师
张　博　国家气象中心天气预报室　正高级工程师
宫　宇　国家气象中心天气预报技术研发室　高级工程师
刘凑华　国家气象中心天气预报技术研发室　高级工程师
桂海林　国家气象中心环境气象室　正高级工程师
王继康　国家气象中心环境气象室　工程师
李佳英　国家气象中心气象服务室　高级工程师
胡争光　国家气象中心预报系统开放实验室　高级工程师
高　辉　国家气候中心气候预测室　研究员
汪　方　国家气候中心气候研究开放实验室　研究员
赵　琳　国家气候中心气候服务室　高级工程师
林曼筠　国家卫星气象中心卫星数据与资源室　正高级工程师
郑照军　国家卫星气象中心卫星气象研究所　副研究员
刘　然　国家气象信息中心运行监控室　高级工程师
杨和平　国家气象信息中心资料服务室　高级工程师
孙海燕　国家气象信息中心业务处　副处长
邓　国　中国气象局地球系统数值预报中心集合预报室　正高级工程师
佟　华　中国气象局地球系统数值预报中心业务运行室　正高级工程师
高　岑　中国气象局气象探测中心数据质量室　工程师
姚　聃　中国气象局气象探测中心雷达应用室　副研究员
陈仲榆　中国气象局公共气象服务中心行业服务室　工程师
李蔼恂　中国气象局公共气象服务中心行业服务室　高级工程师
邓美玲　中国气象局公共气象服务中心服务产品研发室　工程师
刘国刚　中国气象局公共气象服务中心服务系统开放室　高级工程师
鄢钰函　中国气象科学研究院气候与气候变化研究所　助理研究员
刘洪利　中国气象科学研究院大气成分与环境气象研究所　正高级工程师
刘　华　中国气象局气象干部培训学院国际培训部（外事服务中心）　正高级工程师
韩　锦　中国气象局气象干部培训学院干部进修部　副处长
刘卫国　中国气象局人工影响天气中心作业指挥室　副研究员
唐雅慧　中国气象局人工影响天气中心效果评估室　工程师
叶奕宏　中国气象局气象宣传与科普中心采访中心　助理记者
胡　亚　中国气象局气象宣传与科普中心网站中心　主任
罗永春　中国气象局机关服务中心办公室　副主任
王　卓　中国气象局机关服务中心餐饮管理部　主任
陈　泽　华云升达（北京）气象科技有限责任公司技术服务中心　助理工程师

王　栋　北京敏视达雷达有限公司生产部集成测试室　工程师
赵　军　华云升达（北京）气象科技有限责任公司技术服务中心
马文明　北京敏视达雷达有限公司生产部集成测试室　助理工程师
周　希　北京天译科技有限公司技术部　高级工程师
鲁　婷　北京华风气象影视有限公司行业服务节目中心　高级工程师
闫志刚　中国气象局办公室宣传科普处　科员
喇果涛　中国气象局办公室应急办（值班室）助理工程师
吴瑞霞　中国气象局应急减灾与公共服务司应急减灾处　二级调研员
薛红喜　中国气象局预报与网络司数值预报处　处长
庞　晶　中国气象局综合观测司运行管理处　二级调研员
范增禄　冬奥气象中心综合协调办公室　专职副主任
甘　璐　冬奥气象中心综合协调办公室　高级工程师